IUV-ICT 技术实训教学系列丛书

新一代 5G 网络
——从原理到应用

刘 忠 陈佳莹 林 磊 编著

中国铁道出版社有限公司
CHINA RAILWAY PUBLISHING HOUSE CO., LTD.

内 容 简 介

本书基于成熟的3GPP协议和商用5G网络编写，共分8章，主要介绍了5G网络基础、5G系统架构与接口协议、5G物理层基础、数据链路层原理、5G关键流程解析、5G关键技术、5G网络规划设计、5G网络优化等5G移动通信网络理论基础知识。

本书以5G网络的理论知识为基础，结合“IUV-5G全网部署与优化”仿真软件进行相关知识的实训，并配套有相应的线上学习资源。

本书适合作为高等院校通信类相关专业的教材，也可作为通信技术人员了解5G基础原理的阅读资料。

图书在版编目（CIP）数据

新一代5G网络：从原理到应用 / 刘忠，陈佳莹，林磊编著．—北京：中国铁道出版社有限公司，2021.10（2024.1重印）
（IUV-ICT技术实训教学系列丛书）
ISBN 978-7-113-28081-9

Ⅰ.①新… Ⅱ.①刘…②陈…③林… Ⅲ.①第五代移动通信系统 Ⅳ.①TN929.53

中国版本图书馆CIP数据核字（2021）第120083号

书　　名：新一代5G网络——从原理到应用
作　　者：刘　忠　陈佳莹　林　磊

策　　划：王春霞　　　　编辑部电话：（010）63561006
责任编辑：王春霞　绳　超
封面设计：郑春鹏
责任校对：孙　玫
责任印制：樊启鹏

出版发行：中国铁道出版社有限公司（100054，北京市西城区右安门西街8号）
网　　址：http://www.tdpress.com/51eds/
印　　刷：番茄云印刷（沧州）有限公司
版　　次：2021年10月第1版　2024年1月第3次印刷
开　　本：850 mm×1 168 mm 1/16　印张：18　字数：460千
书　　号：ISBN 978-7-113-28081-9
定　　价：55.00元

前言

4G网络开创了移动互联网的时代，也促进了移动应用相关产业的飞速发展。数以万计的互联网公司把握发展潮头，成功进入了消费市场，归属于移动带宽方向的消费者业务在过去十年间基本上已发掘殆尽。如何进一步提高移动网络的服务质量？如何深度挖掘移动互联网业务已成为未来十年产业新的发展方向。在此需求下5G移动网络应运而生。

5G网络早在2016年便启动了研究，在首个R15标准冻结后便开始了其商用步伐，随着标准的不断完成，越来越多的行业垂直应用也将迎来新的发展契机。在党和各级政府的大力推动下，我国的5G网络的建设速度走上了快车道，在全世界处于领先地位。加快5G网络部署、丰富5G场景应用、加大5G研发投入、构建基于5G的安全体系已成为各级政府会议中的热门话题。从2017年政府工作报告首次提到5G，再到2019年5G应用从移动互联网走向工业互联网，5G进入商用元年，国家政策对5G的重视度不断上升。2020年是5G发展的关键年份，中共中央政治局常务委员会会议、中共中央政治局会议、国务院常务会议等会议和相关文件多次强调“加快5G商用步伐”，充分体现了5G新基建对于产业发展的重要性。

截止到2020年底，3GPP R16标准协议已冻结，但商用局点均基于R15标准建设。本书理论部分基于2020年发布的3GPP R16标准协议编写，部分实践内容基于当前商用局点实际建设内容，详细介绍了5G的网络架构、基础原理、关键技术、信令流程、网规网优等内容。同时本书可配套“IUV-5G全网部署与优化”仿真软件进行实训，以便进一步理解相关5G基础理论和工程建设内容。5G移动通信技术方向采用“1+1”结构编写，1本理论教材+1本实训指导，归属于IUV-ICT技术实训教学系列丛书。理论教材《新一代5G网络——从原理到应用》与实训指导《新一代5G网络——全网部署与优化》相结合，全面解析5G网络理论与工程规范。

本书的章节构成如下：

第1章主要介绍了移动网络发展历程，并对5G网络的三大应用场景及各场景的性能指标做了详细解读，同时简要阐述了5G网络相关的标准与国际组织，并在产业发展的基础上对5G网络的未来进行展望。

第2章主要介绍了5G的网络架构、关键协议和网络标识参数，在不同部署模式的多种组网选项下对5GC核心网、NR空口的关键接口、控制面与用户面协议栈进行了深度解析。

第3章主要介绍了5G网络的物理层原理，在了解基础的时频域资源的基础上，以3GPP

标准协议为基础，深度剖析了不同物理信道与物理信号的时频域位置、功能含义，并对LTE和NR物理层进行了详细对比。

第4章主要介绍了数据链路层（L2）的数据传输流程，并对不同协议层的数据包结构进行了详细解析，同时对NR中的HARQ、RLC重传、PDCP数据传输进行了简要描述。

第5章对5G网络中的关键流程进行了简单介绍，包含注册、切片选择、会话、双连接、重选切换、寻呼等关键流程，通过具体的端到端信令流程，对每个节点的UE行为进行了详细说明。

第6章主要介绍了5G的关键技术，如网络切片、超密集组网、大规模天线阵列等内容，着重描述了不同关键技术中的基本概念、关键原理等。

第7章从覆盖与容量两个维度对5G网络的规划设计进行了详细说明，包含国内外主流传播模型、一般情况下链路预算流程、峰值速率计算原理、基站容量性能等。此外，对5G网络中关键的基站参数、小区参数、邻区、网络对接参数等进行了详细说明，读者也可通过“IUV-5G全网部署与优化”仿真软件进行相关参数的实训。

第8章简要介绍了5G网络优化的一般方法，从网络覆盖和网络容量两个方向对一般优化指标、考核标准、优化流程与优化方法进行了简要分析。

本书主要侧重于5G NR无线方面，对5G核心网仅做简要描述。

本书由刘忠、陈佳莹、林磊编著。

由于编著者水平有限，且协议版本不断变化，一些技术细节可能存在遗漏，敬请广大读者谅解并指正。

编著者

2021年5月

目录

第1章 5G网络基础 1
1.1 5G网络概述 1
1.1.1 移动通信演进历史概述 1
1.1.2 5G主要性能和目标 2
1.1.3 5G工作频段 3
1.1.4 5G标准与国际组织 5
1.2 5G产业发展 7
小结 8

第2章 5G系统架构与接口协议 9
2.1 5G网络架构 9
2.1.1 系统总体架构 9
2.1.2 5G部署选项介绍 10
2.1.3 SA与NSA对比 13
2.1.4 5G基站架构 13
2.2 5GC关键网络功能与接口 16
2.2.1 基于SBA架构的5GC部署策略 16
2.2.2 关键NF功能概述 17
2.3 NR空口协议栈 22
2.3.1 无线控制面协议栈 22
2.3.2 无线用户面协议栈 23
2.4 5G网络关键标识 24
2.4.1 国际移动用户标识IMSI 24
2.4.2 用户永久标识SUPI 25
2.4.3 用户隐藏标识SUCI 25
2.4.4 5G全球唯一临时UE标识5G-GUTI 26
2.4.5 通用公共用户标识GPSI 26
2.4.6 数据网络名称DNN 26
2.4.7 终端标识PEI 27
2.4.8 网络切片标识NSSAI&S-NSSAI 27
2.4.9 跟踪区标识TAI 27
2.4.10 5G QoS标识符5QI 28
小结 29

第3章 5G物理层基础 30
3.1 基础参数及帧结构 30
3.1.1 时频资源定义 30
3.1.2 5G帧结构 32
3.1.3 参数集 32
3.1.4 帧周期与时隙配置 37
3.1.5 部分带宽（BWP） 39
3.1.6 天线端口与QCL 41
3.2 物理信道和信号 42
3.2.1 上行物理信道 43
3.2.2 下行物理信道 43
3.2.3 物理信号 43
3.2.4 物理信道处理的基本过程 44
3.3 同步广播块（SSB） 46
3.3.1 同步广播块（SSB）定义 46

3.3.2 SSB 时频域位置 47
3.4 物理下行控制信道（PDCCH） 52
3.4.1 PDCCH 功能 52
3.4.2 控制资源集（CORESET） 53
3.4.3 CCE-REG 映射 55
3.5 物理共享信道（PDSCH） 57
3.5.1 业务信道 PDSCH 处理流程 57
3.5.2 PDSCH 的时频位置 60
3.6 物理随机接入信道（PRACH） 67
3.6.1 随机接入定义及作用 67
3.6.2 随机接入前导码 68
3.6.3 PRACH 时频资源 72
3.7 物理上行控制信道（PUCCH） 77
3.7.1 PUCCH 格式及特性 77
3.7.2 PUCCH 资源配置 78
3.8 物理共享信道（PUSCH） 82
3.8.1 业务信道 PUSCH 处理流程 82
3.8.2 PUSCH 的时频位置 82
3.8.3 PUSCH 的频域位置 86
3.9 CSI-RS 信号 88
3.9.1 CSI-RS 类别 88
3.9.2 CSI 资源 89
3.10 SRS 信号 92
3.11 DMRS 信号 97
3.12 LTE/NR 物理层对比 105
小结 107

第 4 章 数据链路层原理 108
4.1 层二处理流程 108
4.2 MAC 基础 110
4.2.1 MAC 层架构 110
4.2.2 MAC PDU 111
4.2.3 传输信道与逻辑信道 114
4.2.4 MAC 关键流程——HARQ 115
4.3 RLC 层基础 116
4.3.1 RLC 概述 117
4.3.2 RLC PDU 120
4.3.3 RLC 关键流程——重传 124
4.4 PDCP 层基础 126
4.4.1 PDCP 概述 126
4.4.2 PDCP PDU 127
4.4.3 PDCP 处理流程 131
4.5 SDAP 层基础 132
4.5.1 SDAP 概述 132
4.5.2 SDAP PDU 133
小结 135

第 5 章 5G关键流程解析 136
5.1 小区搜索 136
5.1.1 小区搜索流 136
5.1.2 系统消息获取 137
5.1.3 系统消息更新 139
5.1.4 关键系统消息内容 139
5.2 随机接入 146
5.2.1 随机接入概述 146
5.2.2 基于竞争的随机接入流程 147

5.2.3 基于非竞争的随机接入流程......148
5.2.4 补充上行的随机接入......149
5.3 注册与去注册......149
5.3.1 注册......149
5.3.2 去注册......154
5.4 切片选择......157
5.5 会话管理......158
5.5.1 QoS 流基础......158
5.5.2 PDU 会话建立......159
5.5.3 PDU 会话修改......161
5.5.4 PDU 会话释放......161
5.6 EN-DC 双连接关键流程......164
5.6.1 双连接基础概念......164
5.6.2 EN-DC 处理流程......165
5.6.3 辅助节点添加流程......167
5.6.4 辅助节点修改流程......168
5.6.5 辅助节点释放流程......172
5.6.6 辅助节点变更流程......173
5.7 网络关键流程......177
5.7.1 小区重选......177
5.7.2 小区切换......181
5.7.3 寻呼......186
5.7.4 位置更新......190
小结......191

第 6 章 5G关键技术......192

6.1 多接入边缘计算......192
6.1.1 多接入边缘计算的概念......192
6.1.2 5G 网络中的 MEC 场景......193
6.1.3 多接入边缘计算架构......194
6.2 网络切片......195
6.2.1 网络切片的定义......195
6.2.2 网络切片的分类......196
6.2.3 网络切片的架构......197
6.2.4 端到端网络切片实现......198
6.3 超密集组网......199
6.3.1 超密集组网的概念......199
6.3.2 超密集组网网络架构......200
6.3.3 超密集组网关键技术......200
6.4 Massive MIMO 技术......204
6.4.1 Massive MIMO 的定义......204
6.4.2 Massive MIMO 基本原理......205
6.4.3 Massive MIMO 典型应用场景......206
6.5 毫米波技术......207
6.5.1 引入毫米波的必要性......207
6.5.2 毫米波面临的挑战......207
6.5.3 毫米波关键技术......208
6.6 波束管理......210
6.6.1 波束管理概述......210
6.6.2 NR 波束管理过程......211
6.7 上行覆盖增强技术......213
6.7.1 补充上行链路......214
6.7.2 载波聚合......215
6.8 新型多址技术......217
6.8.1 非正交多址接入技术（NOMA）......217
6.8.2 NOMA 设计目标......218
6.8.3 NOMA 关键技术......219
6.9 双工技术......219
6.9.1 5G 全双工的技术优势......220
6.9.2 5G 双工技术的实现难点......220
小结......221

第7章 5G网络规划设计 223

7.1 5G网络规划覆盖概述 223
7.1.1 频谱特性与覆盖性能 223
7.1.2 网络部署与覆盖性能 224
7.1.3 5G网络规划流程 224
7.2 典型传播模型 226
7.2.1 UMa模型 229
7.2.2 UMi模型 231
7.2.3 RMa模型 232
7.2.4 SUI模型 233
7.2.5 InF模型 234
7.2.6 InH-office模型 235
7.2.7 射线跟踪模型 236
7.3 5G无线覆盖链路预算 237
7.3.1 上行链路预算 237
7.3.2 下行链路预算 239
7.4 5G峰值速率与容量性能 240
7.4.1 5G终端峰值速率 241
7.4.2 基站容量性能 246
7.5 基础参数规划 251
7.5.1 PCI 251
7.5.2 PRACH 253
7.5.3 跟踪区码TAC 255
7.5.4 CGI 255
7.5.5 邻区规划 256
7.5.6 对接参数规划 257
小结 258

第8章 5G网络优化 259

8.1 5G无线网络覆盖优化 259
8.1.1 覆盖优化概述 259
8.1.2 5G RF覆盖评估指标 259
8.1.3 5G覆盖优化标准 260
8.1.4 5G覆盖优化流程 261
8.1.5 5G覆盖问题优化原则 263
8.1.6 5G覆盖问题原因分析 263
8.1.7 5G覆盖问题优化方法 264
8.2 5G干扰排查分析 265
8.2.1 干扰的分类 265
8.2.2 系统内干扰 266
8.2.3 系统外干扰 266
8.2.4 干扰排查思路和流程 267
8.2.5 系统外干扰排查 270
8.3 5G容量优化 273
8.3.1 5G容量优化概述 273
8.3.2 5G容量指标定义 273
8.3.3 5G容量优化方法 274
8.3.4 5G容量优化流程 276
小结 278

参考文献 279

第 1 章 5G 网络基础

4G 网络将移动互联网带进了我们的视野，引发了移动应用的发展热潮，并深刻地改变了人们的日常生活。作为新一代移动通信网络，5G 凭借其更高的带宽、更低的时延将万物互联变成了可能，5G+X 使得移动网络与产业应用实现了深度融合，进一步挖掘出了产业的发展潜力。本章通过介绍 5G 网络的基础概念与演进，阐述了 5G 的基础应用场景与网络性能目标，并简要介绍了 5G 相关产业的发展。

1.1 5G 网络概述

随着社会经济的快速发展，人们对生活质量的要求也越来越高，移动通信网络作为万物互联的纽带，在 ICT（信息与通信技术）融合发展的大趋势下发挥着重要的作用，其网络质量直接决定着数以万计产业的兴衰。从 1G 到 5G，移动通信网络发展的脚步从未停歇，从初代模拟电话到定制化业务切片，移动通信在其短暂的历史中创造了一个又一个的奇迹。

1.1.1 移动通信演进历史概述

第一代移动通信系统（1G）出现于 20 世纪 80 年代左右，是最早的仅限语音业务的蜂窝电话标准，使用的是模拟通信系统。美国摩托罗拉公司的工程师马丁·库珀于 1976 年首先将无线电应用于移动电话。同年，国际无线电大会批准了 800/900 MHz 频段用于移动电话的频率分配方案。在此之后一直到 20 世纪 80 年代中期，许多国家都开始建设基于频分复用技术（Frequency Division Multiple Access，FDMA）和模拟调制技术的第一代移动通信系统。1G 的主要技术有美国贝尔实验室研制的先进移动电话系统（Advanced Mobile Phone System，AMPS）、瑞典等北欧 4 国研制的 NMT-450 移动通信网、联邦德国研制的 C 网络（C-Netz），以及英国研制的全接入通信系统（Total Access Communications System，TACS）。

第二代移动通信系统（2G）出现于 20 世纪 90 年代早期，以数字语音传输技术为核心。虽然其目标服务仍然是语音，但是数字传输技术使得 2G 系统也能提供有限的数据服务。2G 技术基本可以分为两种：一种是基于时分多址技术（Time Division Multiple Access，TDMA）所发展出来的以 GSM 为代表；另一种则是基于码分多址技术（Code Division Multiple Access，CDMA）的 IS-95 技术。随着时间的推移，GSM 从欧洲扩展到全球，并逐渐成为第二代移动通信技术中的绝对主导。尽管目前第五代移动通信技术已经问世，但是在世界上许多地方 GSM 仍然起着主要作用。

第三代移动通信系统（3G）出现于 2000 年初期，是支持高速数据传输的蜂窝移动通信技术。3G 采用码分多址技术，现已基本形成了三大主流技术，包括 WCDMA、CDMA 2000 和 TD-SCDMA。WCDMA 是基于 GSM 发展出来的 3G 技术规范，是由欧洲提出的宽带 CDMA 技术。目前已是当前世界上采用的国家及地区最广泛的，终端种类最丰富的一种 3G 标准。CDMA 2000 是由 CDMA IS-95 技术发展而来的宽带 CDMA 技术，由美国高通公司主导提出。TD-SCDMA 是由中国制定的 3G 标准，由中国原邮电部电信科学技术研究院（大唐电信）提出。

第四代移动通信系统（4G）出现于 2010 年，是在 3G 技术上的一次更好的改良，能提供更高速率的移动宽带体验。4G 使用了 OFDM（正交频分复用技术）以及多天线技术，能充分提高频谱效率和系统容量。根据双工方式的不同，LTE（长期演进）系统又分为 FDD-LTE 和 TD-LTE。其最大的区别在于上下行通道分离的双工方式，FDD-LTE 上下行采用频分方式，TD-LTE 则采用时分的方式。除此之外，FDD-LTE 和 TD-LTE 采用了基本一致的技术。国际上大部分运营商部署的是 FDD-LTE，TD-LTE 则主要部署于中国移动以及全球少数的运营商网络中。

移动通信已经深刻地改变了人们的生活，但人们对更高性能移动通信的追求从未停止。为了应对未来爆炸性的移动数据流量增长、海量的设备连接、不断涌现的各类新业务和应用场景，第五代移动通信系统（5G）应运而生。5G 将渗透未来社会的各个领域，以用户为中心构建全方位的信息生态系统。5G 将使信息突破时空限制，提供极佳的交互体验，为用户带来身临其境的信息盛宴；5G 将拉近万物的距离，通过无缝融合的方式，便捷地实现人与万物的智能互联。5G 将为用户提供光纤般的接入速率，“零”时延的使用体验，千亿设备的连接能力，超高流量密度、超高连接数密度和超高移动性等多场景的一致服务，业务及用户感知的智能优化，同时将为网络带来超百倍的能效提升和超百倍的比特成本降低，最终实现“信息随心至，万物触手及”的总体愿景。

1.1.2　5G 主要性能和目标

国际电信联盟（International Telecommunication Union，ITU）使用了一套具有八个指标维度的雷达图来表征 5G 的主要性能指标，如图 1-1 所示。相比于 4G 系统，无论峰值速率、体验速率还是连接数、时延和可靠性，5G 都会有相当大的提升。

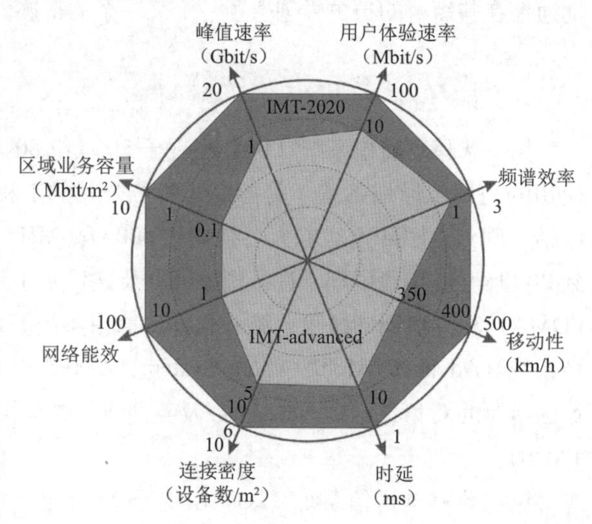

图 1-1　ITU 对 5G 的性能要求

面对未来丰富的应用场景，5G 需要应对差异化的挑战，不同的场景、不同用户的不同需求。因此，ITU 在召开的 ITU-RWP5D 第 22 次会议上确定了 5G 应具有以下三大主要应用场景：增强型移动宽带 eMBB（Enhanced Mobile Broadband）、超高可靠低时延通信 uRLLC（Ultra Reliable & Low Latency Communication）和大规模机器类通信 mMTC（Massive Machine Type of Communication），前者主要聚焦移动通信，后两者则侧重于物联网。三大应用场景的典型业务如图 1-2 所示。

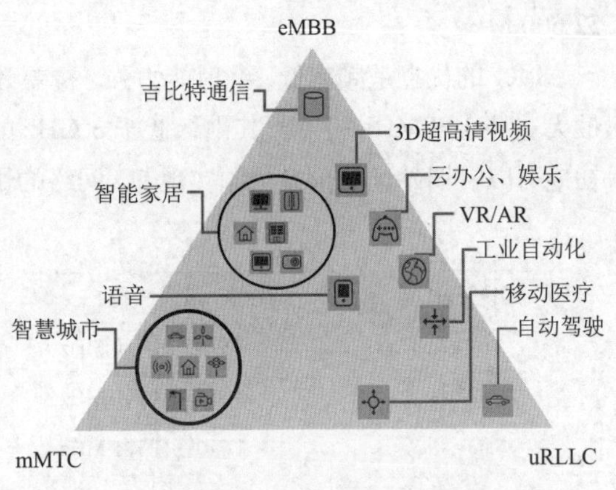

图 1-2　ITU 对应用场景与典型业务的划分

（1）增强型移动宽带（eMBB）可以看成是 4G 移动宽带业务的演进，它支持更大的数据流量和进一步增强的用户体验。主要目标是为用户提供 100 Mbit/s 以上的体验速率，在局部热点区域提供超过数十吉比特每秒的峰值速率。eMBB 不仅可以提供 LTE 现有的语音和数据服务，还可以实现诸如高清视频、AR/VR、云游戏等应用，提升用户体验。在技术上，引入了 Massive MIMO、毫米波等技术，且需要增加工作带宽。

（2）超高可靠低时延通信（uRLLC）要求非常低的时延和极高的可靠性，在时延方面要求空口达到 1 ms 量级，在可靠性方面要求高达 99.999%。这类场景主要包括车联网、远程医疗、工业自动化等。在技术上，需要采用灵活的帧结构、符号级调度、高优先级资源抢占等。

（3）大规模机器类通信（mMTC）指的是支持海量终端的场景，其特点是低功耗、大连接、低成本等。主要应用包括智慧城市、智能家居、环境监测等。为此需要引入新的多址接入技术，优化信令流程和业务流程。

三大应用场景对 5G 网络性能指标的要求也有差异，如图 1-3 所示。

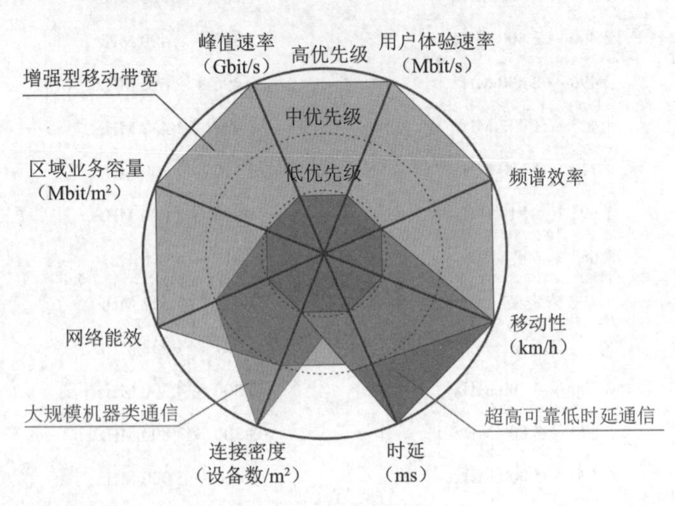

图 1-3　ITU 5G 性能指标与应用场景的对应关系

1.1.3　5G 工作频段

表 1-1　5G 工作频段定义

频段名称	频段范围
FR1	410 ～ 7 125 MHz
FR2	24 250 ～ 52 600 MHz

根据 3GPP 协议规范，5G 工作频段可被分为两个部分，分别为 FR1 和 FR2，见表 1-1。FR1 指的是中低频段，范围为 410 ～ 7 125 MHz；FR2 指的是高频段，范围为 24 250 ～

52 600 MHz。

FR1 的优点是频率低，绕射能力强，覆盖效果好，是当前 5G 的主力频段。FR1 作为基础覆盖频段，最大支持 100 MHz 带宽。其中，低于 3 GHz 的部分，包括了现网在用的 2G、3G、4G 的频谱，在建网初期可以利旧站址的部分资源实现 5G 网络的快速部署。FR1 包含的具体工作频段见表 1-2。

表 1-2　FR1 包含的具体工作频段

工作频段	上　行	下　行	双工模式
n1	1 920 ~ 1 980 MHz	2 110 ~ 2 170 MHz	FDD
n2	1 850 ~ 1 910 MHz	1 930 ~ 1 990 MHz	FDD
n3	1 710 ~ 1 785 MHz	1 805 ~ 1 880 MHz	FDD
n5	824 ~ 849 MHz	869 ~ 894 MHz	FDD
n7	2 500 ~ 2 570 MHz	2 620 ~ 2 690 MHz	FDD
n8	880 ~ 915 MHz	925 ~ 960 MHz	FDD
n12	699 ~ 716 MHz	729 ~ 746 MHz	FDD
n20	832 ~ 862 MHz	791 ~ 821 MHz	FDD
n25	1 850 ~ 1 915 MHz	1 930 ~ 1 995 MHz	FDD
n28	703 ~ 748 MHz	758 ~ 803 MHz	FDD
n34	2 010 ~ 2 025 MHz	2 010 ~ 2 025 MHz	TDD
n38	2 570 ~ 2 620 MHz	2 570 ~ 2 620 MHz	TDD
n39	1 880 ~ 1 920 MHz	1 880 ~ 1 920 MHz	TDD
n40	2 300 ~ 2 400 MHz	2 300 ~ 2 400 MHz	TDD
n41	2 496 ~ 2 690 MHz	2 496 ~ 2 690 MHz	TDD
n51	1 427 ~ 1 432 MHz	1 427 ~ 1 432 MHz	TDD
n66	1 710 ~ 1 780 MHz	2 110 ~ 2 200 MHz	FDD
n70	1 695 ~ 1 710 MHz	1 995 ~ 2 020 MHz	FDD
n71	663 ~ 698 MHz	617 ~ 652 MHz	FDD
n75	未定义	1 432 ~ 1 517 MHz	SDL
n76	未定义	1 427 ~ 1 432 MHz	SDL
n77	3 300 ~ 4 200 MHz	3 300 ~ 4 200 MHz	TDD
n78	3 300 ~ 3 800 MHz	3 300 ~ 3 800 MHz	TDD
n79	4 400 ~ 5 000 MHz	4 400 ~ 5 000 MHz	TDD
n80	1710 ~ 1785 MHz	未定义	SUL
n81	880 ~ 915 MHz	未定义	SUL
n82	832 ~ 862 MHz	未定义	SUL
n83	703 ~ 748 MHz	未定义	SUL
n84	1 920 ~ 1 980 MHz	未定义	SUL
n86	1 710 ~ 1 780 MHz	未定义	SUL

FR2 的优点是超大带宽、频谱干净、干扰较小，作为 5G 后续的扩展频段。FR2 作为容量补充频段，最大支持 400 MHz 的带宽，未来很多高速应用都会基于此段频谱实现。FR2 包含的具体的工作频段见表 1-3。

表 1-3　FR2 包含的具体工作频段

工作频段	上　行	下　行	双工模式
n257	26 500 ～ 29 500 MHz	26 500 ～ 29 500 MHz	TDD
n258	24 250 ～ 27 500 MHz	24 250 ～ 27 500 MHz	TDD
n260	37 000 ～ 40 000 MHz	37 000 ～ 40 000 MHz	TDD
n261	27 500 ～ 28 350 MHz	27 500 ～ 28 350 MHz	TDD

在国内，工业和信息化部于 2019 年 6 月向各大运营商颁发了 5G 牌照。中国移动获得了 2 515 ～ 2 675 MHz 和 4 800 ～ 4 900 MHz 两个 5G 频段，频段号分别为 n41 和 n79。中国电信获得了 3 400 ～ 3 500 MHz 的频段，频段号为 n78。中国联通获得了 3 500 ～ 3 600 MHz 的频段，频段号也是 n78。作为最近加入的国内第四大运营商，中国广电也获得了频段号为 n79 的 4 900 ～ 4 960 MHz 频段与频段号为 n28 的 700 MHz 频段。另外，中国广电、中国电信、中国联通三家企业在全国范围共同使用 3 300 ～ 3 400 MHz 频段用于 5G 室内覆盖。国内运营商 5G 频谱分配见表 1-4。

表 1-4　国内运营商 5G 频谱分配

频　段	带宽 /MHz	频率范围/MHz	运　营　商
n41	160	2 515 ～ 2 675	中国移动
n79	100	4 800 ～ 4 900	
n79	60	4 900 ～ 4 960	中国广电
n28	2 × 30	（703 ～ 733）/（758 ～ 788）	
n78	100	3 300 ～ 3 400	中国广电、中国电信、中国联通
n78	100	3 400 ～ 3 500	中国电信
n78	100	3 500 ～ 3 600	中国联通

中国移动和中国广电将按 1 : 1 的比例共同投资建设 700 MHz 5G 无线网络。在 700 MHz 频段 5G 网络具备商用条件前，中国广电有偿共享中国移动 2G/4G/5G 网络。中国联通和中国电信 5G 网络共建共享，主要包含三类场景：第一类 15 个城市分区域建设，第二类广东省 9 个地市、浙江省 5 个地市及 8 个省份联通独自建设，第三类广东省 10 个地市、浙江省 5 个地市及 17 个省份电信独自建设。

1.1.4　5G 标准与国际组织

ITU 是联合国的一个重要专门机构，主管信息通信技术事务的联合国机构，负责分配和管理全球无线电频谱与卫星轨道资源，制定全球电信标准，向发展中国家提供电信援助，促进全球电信发展。国际电联总部设于瑞士日内瓦，其成员包括 193 个成员方和 700 多个部门成员及部门准成员和学术成员。ITU 的组织结构主要分为电信标准化部门（ITU-T）、无线电通信部门（ITU-R）和电信发展部门（ITU-D）。

根据图 1-4 中的 ITU 工作流程，每一代移动通信技术国际标准的制定过程主要包括业务需求、频率具体规划和技术方案三个步骤。按照这三个步骤，ITU 对外发布的 IMT-2020 工作计划将 5G 时间表划分成了三个阶段：

第一阶段：2015 年底，完成 IMT-2020 国际标准前期研究，重点是完成 5G 宏观描述，包括 5G 愿景、技术趋势和 ITU 的相关决议。

第二阶段：2016 年至 2017 年年底，主要完成 5G 技术性能需求，评估方法研究等内容。

第三阶段：从 2017 年年底开始，收集 5G 的候选方案。各个国家和国际组织向 ITU 提交候选技术，ITU 将组织对收到的候选技术进行技术评估，组织讨论，并力争在世界范围内达成一致。

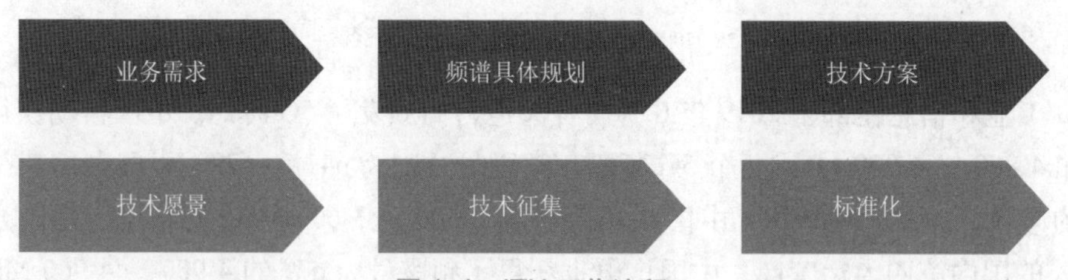

图 1-4　ITU 工作流程

3GPP 定义了端到端的系统规范，它的系统架构分为三个技术规范组（TSG）和内部 16 个工作组（WG）。三个技术规范组包括 RAN（Radio Access Network，无线接入网络）、SA（Service/System Aspects，业务与系统）、CT（Core Network & Terminals，核心网与终端），如图 1-5 所示。从职能而言，TSG 的主要职能就是“告诉我们要做什么”，比如规定在某段时间需要做哪些功能、发布哪些规范；而 WG 的主要职能就是“怎么去做”，根据 TSG 的要求，把具体技术需要实现的东西做出来。

RAN 中 RAN1 负责层一，RAN2 负责层二和层三，RAN3 负责 IU、IUB、X2 接口的研究，RAN4 负责性能相关，RAN5 负责测试，RAN6 负责旧技术（2G、3G）。

对于 5G 来说，RAN1 和 RAN2 负责 NSA 的标准部分，但是有层的区分，RAN3 负责双连接，主要针对 NSA 的 CU 和 DU 高层的分离。

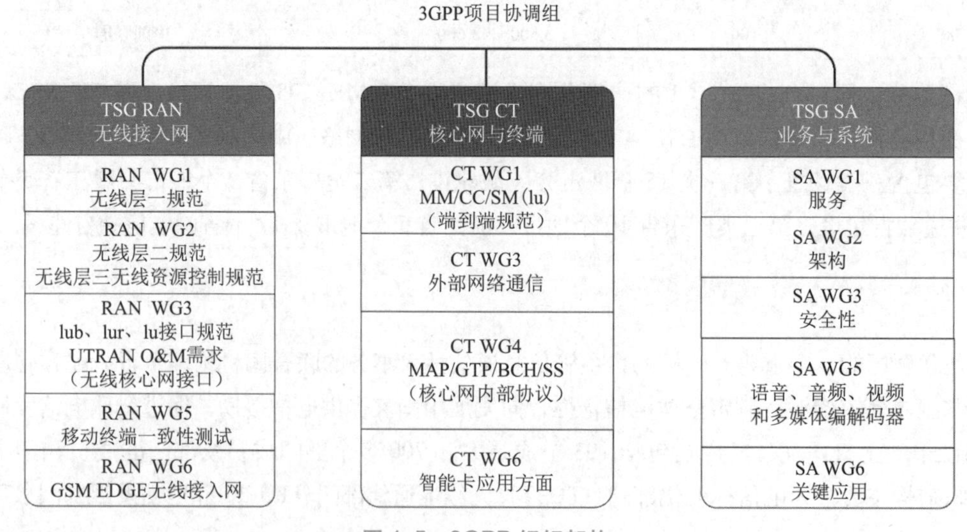

图 1-5　3GPP 组织架构

3GPP 制定的标准规范以 Release 作为版本进行管理，平均一到两年就会完成一个版本的制定，从建立之初的 R99，到之后的 R4，目前已经发展到 R16。

5G 标准的发展如图 1-6 所示，2015 年 3 月，3GPP 启动了 5G 议题讨论，其中业务需求（SA1）工作组启动了未来新业务需求研究，无线接入网（RAN）工作组启动了 5G 工作计划讨论；2015 年年底，启动了 5G 接入网需求、信道模型等前期研究工作；2017 年年底，完成了 R15 版本 NSA 标准（option 3x）的制定；2018 年 6 月，完成了 R15 版本 SA 标准（option 2）的制定；2020 年 7 月 3 日，完成了 R16 版本所有详细技术标准。

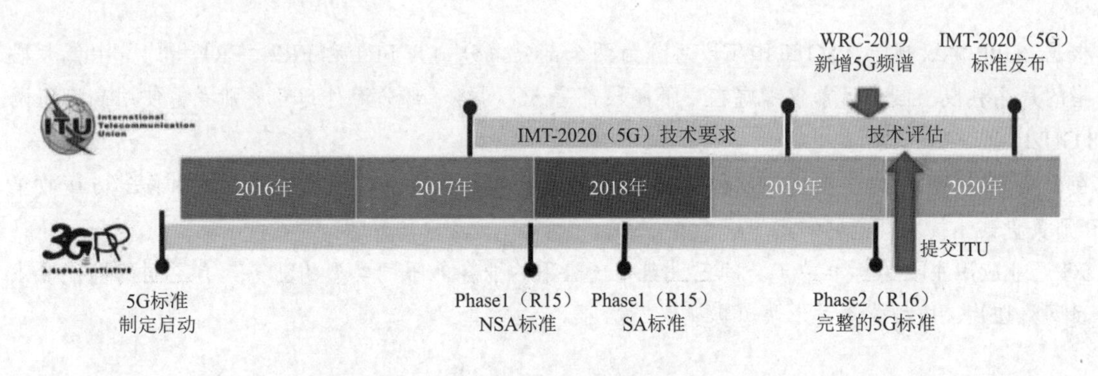

图 1-6　5G 标准的发展

1.2　5G 产业发展

在 5G 飞速发展的热潮之下，相关互联网产业与制造业等迎来了新的发展机遇。工业 4.0 的时代也加速到来，“机器通信”、“无人驾驶”、“VR/AR”、“远程医疗”和“智慧工厂”正逐渐深入千家万户。根据中国信息通信研究院发布《中国 5G 发展和经济社会影响白皮书（2020 年）》，未来我国的 5G 网络规模将引领全球 5G 发展，既可推动 ICT 产业步入增长新轨，也可与千行百业广泛融合，为经济社会的创新发展打开广阔空间。同时在 5G 网络的推动之下，我国就业结构将迎来调整升级，将涌现一大批新的就业岗位并推动劳动力市场从低技术岗位向高技术岗位转移。

白皮书指出，预计在 2021 年至 2022 年，基于超高清视频的直播与监控、智能识别等应用将率先落地，例如 4K/8K 超高清直播、高清视频安防监控、5G 远程实时会诊等；行业的通用应用，例如，智慧矿山、智慧港口均开始进入局部复制阶段。基于云边协同的沉浸式体验、基于低时延高可靠的远程控制类应用仍将处于储备阶段，并将在后续 2 ～ 5 年中陆续成熟。同时，在 5G 技术标准逐渐成熟的基础上，未来 2 ～ 3 年间，5G 网络技术将在车联网增强、超高可靠低时延、高精度定位、虚拟专网等方面表现得更加突出，从而提升整体技术支撑能力。

此外，在 5G 技术不断完善的过程中，与 5G 移动网络直接相关的产业也迎来了新的发展机遇，5G 终端芯片已逐渐走向成熟，并在国内开始大规模普及，未来将涌现更多新形态、高性能的 5G 智能终端。

小结

本章首先介绍了移动通信演进历史，从第一个无线通信实验室的起源，到后来五代移动通信系统的演进，可以看出移动通信技术的发展是一个漫长而复杂的过程。

5G与之前的每一代移动通信系统最大的区别在于，它的目标不仅仅是能实现人和人的连接，还能实现人与物、物与物的连接。5G有eMBB、uRLLC和mMTC三大应用场景，分别对应不同的关键性能指标。eMBB关注大带宽、高频谱效率，uRLLC关注低时延和高可靠性，mMTC则关注大连接和低成本。

根据3GPP协议规范，5G工作频段可分为两个部分，分别为FR1和FR2，FR1指的是中低频段，FR2指的是高频段。国内目前仅考虑在中低频段部署5G网络，部分海外运营商则考虑使用高频组网，如28 GHz。

在5G标准制定方面，主要由ITU和3GPP两个重要组织在推进。ITU主要负责需求和候选方案收集，3GPP则负责具体技术规范的制定。

5G产业应用主要为标准中定义的三大典型场景下的业务，不同类型的业务具有不同的性能要求，可通过网络切片、虚拟化等技术快速实现。

第2章

5G 系统架构与接口协议

作为新一代移动通信网络，5G 的网络架构与 LTE 相比存在较大差异，更灵活的架构、更丰富的组网选项成为 5G 系统的一大特色。基于 5G 虚拟化架构与新空口 CUDU 侧划分，5G 中诞生了很多新的网络接口。本章在介绍 5G 系统架构的基础上，通过 4G/5G 对比，对 5G 核心网、无线网中新的网元与网络功能做了系统阐述，并对网络中部分关键标识与参数做了简要说明。

2.1 5G 网络架构

为更好地支持典型应用场景下的不同业务需求，5G 网络中无线侧与核心网侧架构均发生了较大的变化。基于用户面与控制面独立的原则，更灵活的网络节点已成为 5G 网络架构中最核心的理念。

2.1.1 系统总体架构

5G 系统总体架构如图 2-1 所示。

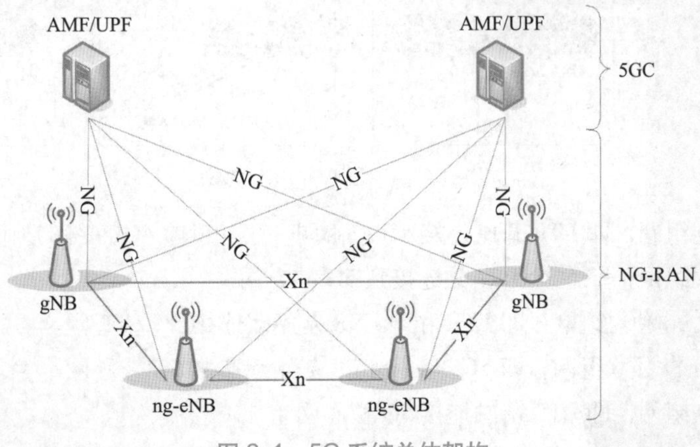

图 2-1 5G 系统总体架构

其中，NG-RAN 代表 5G 接入网，5GC 代表 5G 核心网。

在 NG-RAN 中，节点只有 gNB 和 ng-eNB。gNB 负责向用户提供 5G 控制面和用户面功能，根据组网选项的不同，还可能包含 ng-eNB，负责向用户提供 4G 控制面和用户面功能。

5GC 采用用户面和控制面分离的架构，其中 AMF 是控制面的接入和移动性管理功能，UPF 是用户面的转发功能。

NG-RAN 和 5GC 通过 NG 接口连接，gNB 和 ng-eNB 通过 Xn 接口相互连接。

2.1.2 5G 部署选项介绍

由于 5G 网络使用的频段较高，在建设初期很难形成连片覆盖，因此在部署 5G 的同时取得成熟 4G 网络的帮助就很重要。

组网架构总体上可分为两大类，即独立组网（Standalone，SA）和非独立组网（Non-Standalone，NSA）。

独立组网（SA）是指以 5G NR 作为控制面锚点接入 5G 核心网，非独立组网（NSA）是指 5G NR 的部署以 LTE eNB 作为控制面锚点接入 4G 核心网，或以 eLTE eNB 作为控制面锚点接入 5G 核心网。

协议规定的组网架构如图 2-2 所示。

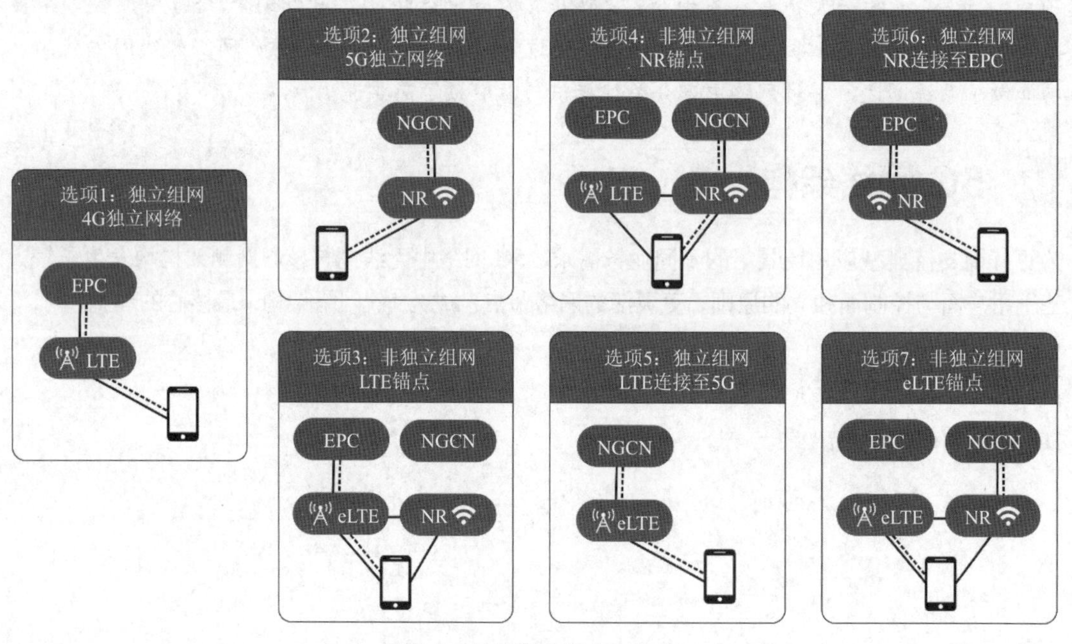

图 2-2　协议规定的组网架构

（1）选项 1：独立组网，即 LTE 基站连接 4G 核心网，这是目前 4G 网络的组网架构；

（2）选项 2：独立组网，即 5G NR 基站连接到 5G 核心网；

（3）选项 3 系列：非独立组网，即 LTE 和 5G NR 基站双连接 4G 核心网；

（4）选项 4 系列：非独立组网，即 5G NR 和 LTE 基站双连接 5G 核心网；

（5）选项 5：独立组网，即 LTE 基站连接 5G 核心网；

（6）选项 6：独立组网，即 5G 基站连接 4G 核心网，实用价值小，商用未采纳；

(7) 选项7系列：非独立组网，即LTE和5G NR基站双连接5G核心网。

1. 独立组网

独立组网时，核心网采用5GC，无线接入网可以是5G NR，也可以是4G LTE升级后的eLTE，分别对应组网选项中的选项2和选项5。

选项2：采用5G NR和5GC独立组网，是5G网络的终极目标，选项2的组网架构如图2-3所示。

运营商一旦选择从选项2开始建网，就意味着需要大规模投资建设，在早期5G新应用还未爆发的现状下，要求运营商需平衡好4G资产保护和5G建网投入。

选项5：采用升级后的eLTE连接到5GC，选项5的组网架构如图2-4所示。

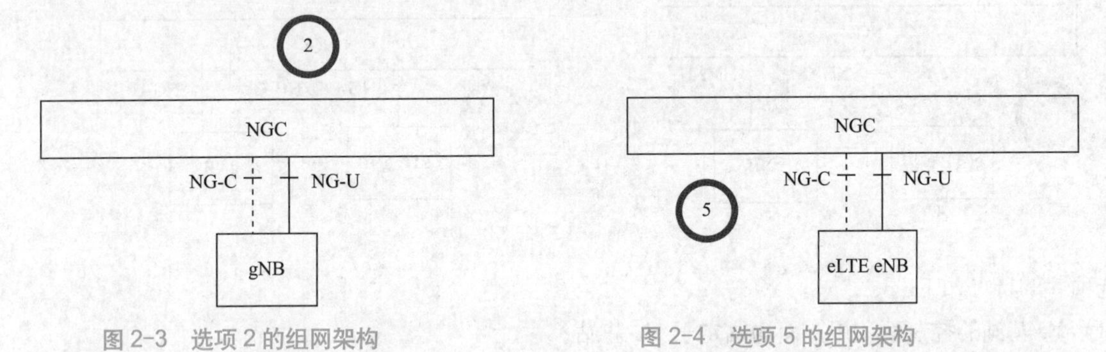

图2-3　选项2的组网架构　　图2-4　选项5的组网架构

选择选项5的运营商非常看重5GC的云原生能力，比如英国运营商Three就计划提前将4G核心网迁移至5G核心网，以帮助一些企业专网提早接入其5G核心网。

2. 非独立组网

选项3系列：终端同时连接到5G NR和4G LTE，核心网沿用EPC。在控制面，选项3系列完全依赖现有的LTE。但在用户面的锚点上有区别，这就是选项3系列有3、3a和3x三个子选项的原因。图2-5所示为选项3系列组网架构。

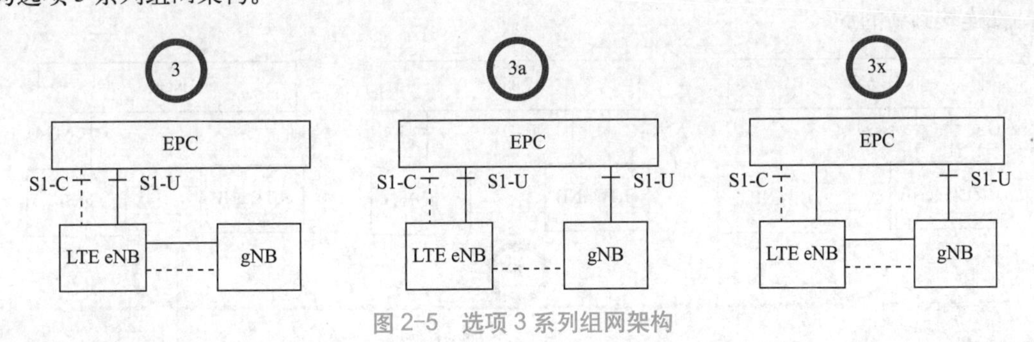

图2-5　选项3系列组网架构

选项3的特点如下：

(1) 5G基站的控制面和用户面均锚定于4G基站。

(2) 5G基站不直接与EPC相连，它通过4G基站连接到EPC。

(3) 4G和5G数据流量在4G基站分流后再传送到终端。

选项3a的特点如下：

(1) 5G基站的控制面锚定于4G基站。

（2）4G 和 5G 的用户面各自直通 EPC，数据流量在 EPC 分流后再传送到终端。

选项 3x 的特点如下：

（1）5G 基站的控制面锚定于 4G 基站。

（2）4G 和 5G 数据流量在 5G 基站分流后再传送到终端。

选项 3x 充分发挥了 5G 基站超强的处理能力，也减轻了 4G 基站的负载，受到运营商的青睐。目前全球很多运营商都宣布支持选项 3x 进行初期的 5G 网络部署。

选项 4 系列：终端同时连接到 5G NR 和 4G LTE，核心网使用 5GC。在控制面，选项 4 系列依赖 5G NR。但在用户面的锚点上有区别，分为 4 和 4a 两个子选项，如图 2-6 所示。

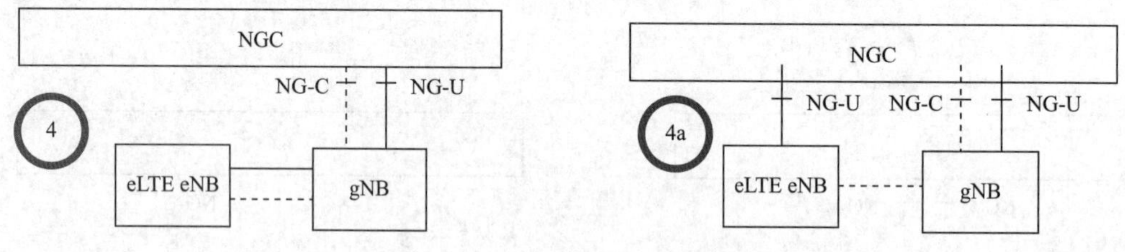

图 2-6　选项 4 系列组网架构

选项 4 的特点如下：

（1）4G 基站的控制面和用户面均锚定于 5G 基站。

（2）4G 基站不直接与 5GC 相连，它通过 5G 基站连接到 5GC。

（3）4G 和 5G 数据流量在 5G 基站分流后再传送到终端。

选项 4a 的特点如下：

（1）4G 基站的控制面锚定于 5G 基站。

（2）4G 和 5G 的用户面各自直通 5GC，数据流量在 5GC 分流后再传送到终端。

选项 7 系列：和选项 3 系列相似，选项 7 系列也分为 7、7a 和 7x，如图 2-7 所示，区别在于 4G 和 5G 基站都连接到新的 5GC。

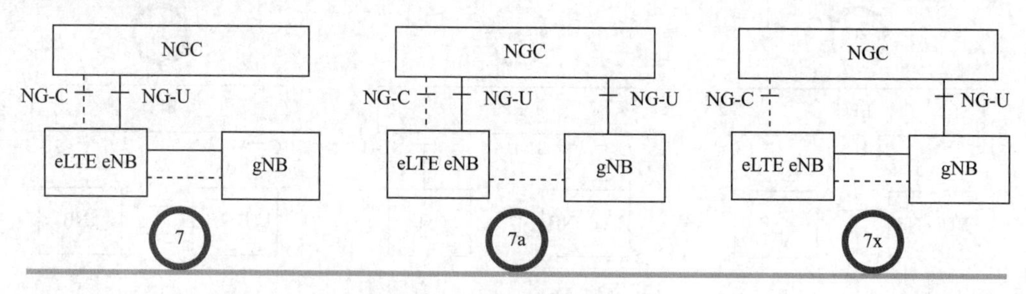

图 2-7　选项 7 系列组网架构

选项 7 的特点如下：

（1）5G 基站的控制面和用户面均锚定于 4G 基站。

（2）5G 基站不直接与 5GC 相连，它通过 4G 基站连接到 5GC。

（3）4G 和 5G 数据流量在 4G 基站分流后再传送到终端。

选项 7a 的特点如下：

（1）5G 基站的控制面锚定于 4G 基站。

(2) 4G 和 5G 的用户面各自直通 5GC，数据流量在 5GC 分流后再传送到终端。

选项 7x 的特点如下：

(1) 5G 基站的控制面锚定于 4G 基站。

(2) 4G 和 5G 数据流量在 5G 基站分流后再传送到终端。

2.1.3　SA 与 NSA 对比

可以从各个方面总结对比 SA 与 NSA 的差异性，见表 2-1。

表 2-1　SA 与 NSA 对比分析

对 比 项	SA	NSA
覆盖要求	初期要形成连续覆盖	初期不需要形成连续覆盖
投资成本	一步到位，建网总成本低	初期投资少，但二次改造后总成本高
标准冻结时间	2018 年 6 月，晚于 NSA 半年	2017 年 12 月，早于 SA 半年
产业成熟度	略晚于 NSA	略早于 SA
终端	终端上行双发，上行覆盖能力较强；终端仅连接 NR 一种无线接入技术，对 4G 采用回落技术，简单成熟	终端上行单发，上行覆盖能力较弱；终端需要支持 LTE 和 NR 双连接，4G 和 5G 两个基带同时工作，终端更耗电
新业务支持能力	引入 5G 核心网，可支持三大场景和网络切片	使用传统 4G 核心网，只能支持 eMBB，且无法支持网络切片
语音能力	4G VoLTE	VoNR 或者回落至 4G VoLTE
网络安全与开放	5G 核心网比 4G EPC 更强，具有更强的加密算法，更安全的隐私加密、更安全的网间互联和更安全的用户数据，可全面实现网络安全防护	安全与 4G 网络一致，无开放能力

2.1.4　5G 基站架构

4G 无线网络架构如图 2-8 左侧所示，基站由 BBU（Base Band Unit）、RRU（Remote Radio Unit）和天线三个部分组成。BBU 是基带处理单元，RRU 是射频拉远单元，天线负责信号的接收和发送。

而到了 5G 时代，将无线基站进行了重构，如图 2-8 右侧所示。BBU 被拆分成 CU（Centralized Unit）和 DU（Distributed Unit），RRU 和天线合并在一起变成 AAU（Active Antenna Unit）。

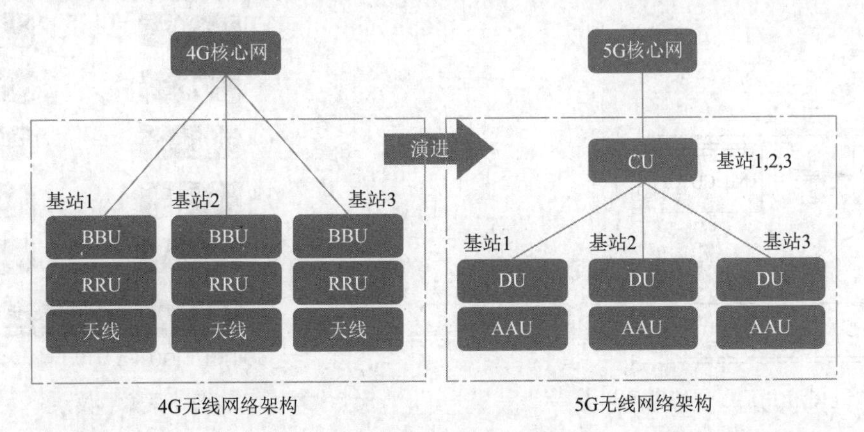

图 2-8　4G/5G 无线网络架构

CU 和 DU 拆分后，其中 CU 与核心网对接，DU 与 AAU 或 RRU 射频设备对接，一个 CU 可通过 F1 接口连接多个 DU，一个 DU 只能连接到一个 CU。gNB 之间的 Xn 接口、EN-DC 下 gNB 与 eNB 之间的 X2 接口均终止于 CU，即 Xn 与 X2 均与 CU 相连接。NG-RAN 拓扑图如图 2-9 所示。

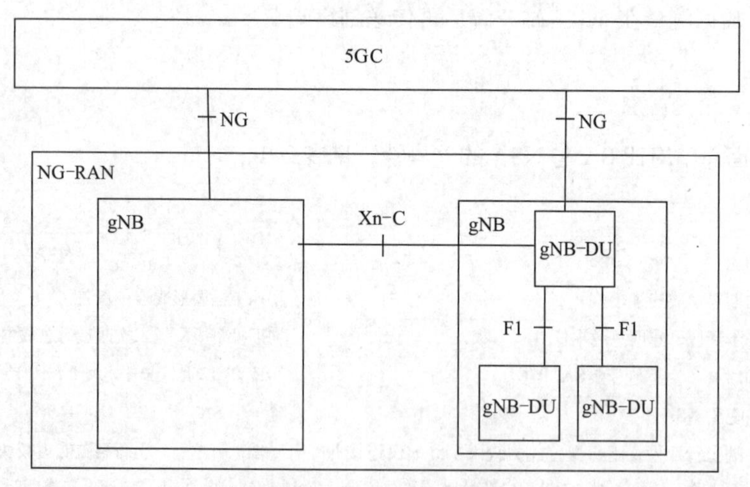

图 2-9　NG-RAN 拓扑图

CU 可进一步细分为 CUCP 与 CUUP，一个 CUCP 可通过 E1 接口连接多个 CUUP，一个 CUUP 只能连接到一个 CUCP。CUCP 可通过 F1-C 连接到 DU，CUUP 可通过 F1-U 连接到 DU，一个 DU 只能连接到一个 CUCP。CU 细分拓扑图如图 2-10 所示。

接下来将从两个方面阐述 5G 基站重构的好处。

(1) CU 和 DU 的切分。CU 和 DU 的切分是根据无线侧不同协议层实时性的要求来进行的。在这样的原则下，把对实时性要求高的物理高层、MAC、RLC 层放在 DU 中处理，而把对实时性要求不高的 PDCP 层和 RRC 层放到 CU 中处理，具体协议划分如图 2-11 所示。

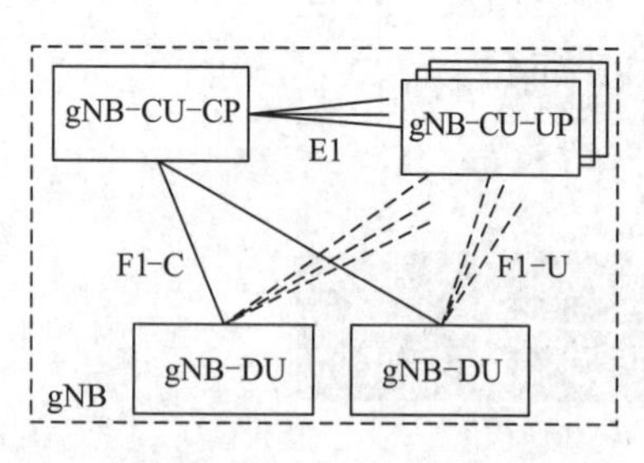

图 2-10　CU 与 DU 逻辑结构

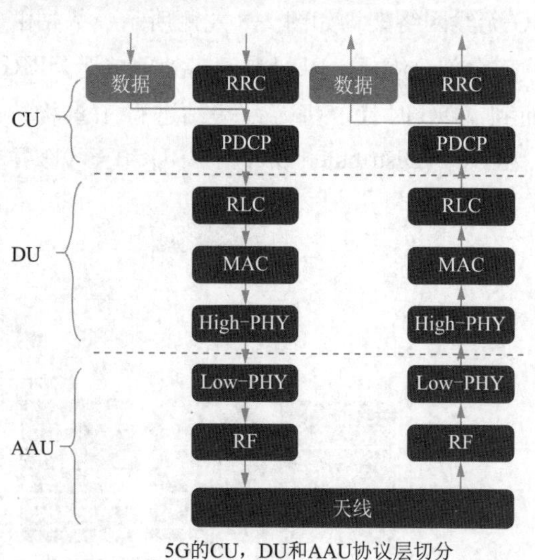

图 2-11　CU 和 DU 具体协议划分

CU 和 DU 的切分可以带来以下几大好处：

①有利于实现基带资源的共享。由于各个基站的忙闲时候不一样，传统的做法是给每个站都配置为最大容量，而这个最大容量在大多数时候是达不到的，因此会造成很大的资源浪费。

如果一片区域内的基站能够统一管理，把 DU 集中部署，并由 CU 统一调度，就能够节省一半的基带资源。这种方式和之前提出的 C-RAN 架构非常相似，而 C-RAN 架构由于对于光纤资源的要求过高难以普及。在 5G 时代，虽然 DU 可能由于同样的原因难以集中部署，但 CU 的集中管理也能带来资源的共享，算是 5G 时代对于 C-RAN 架构的一种折中的实现方式。

②有利于实现无线接入侧的切片和云化。网络切片作为 5G 的一大亮点技术，能更好地适配不同业务对网络能力的不同要求。网络切片实现的基础是虚拟化，但是在现阶段，无线接入侧实现完全的虚拟化还有一定的困难。这是因为对于 5G 基站的实时处理部分，通用服务器的效率还太低，无法满足业务需求，必须采用专用硬件，而专用硬件又难以实现虚拟化。

这样一来，就只好把需要用专用硬件的部分剥离出来成为 AAU 和 DU，剩下非实时部分组成 CU，运行在通用服务器上，再经过虚拟化技术，就可以支持网络切片和云化了。

③有利于解决 5G 复杂组网情况下的站点协同问题。5G 频段引入了毫米波，由于毫米波的频段高，覆盖范围小，站点数量将会非常多，会和低频站点形成一个高低频混合的复杂网络。要在这样的网络中获取更大的性能增益，就必须有一个强大的中心节点来进行话务聚合和干扰管理协同，CU 就可以作为这个中心节点。

CU 和 DU 在逻辑上分离，但在物理设备上可以合设，根据不同的业务需求可以把 CU 和 DU 放在不同的地方部署。比如要支持 uRLLC，就必须要 CU 和 DU 合设，从而降低处理时延。如果要支持 mMTC，可以将 CU 和 DU 分离，CU 集中云化部署，从而达到节约成本的目的。

所以说，CU 和 DU 虽然可以在逻辑上分离，但物理上是不是要分开部署，还要看具体业务的需求才行。

(2) 基带部分功能下沉到 AAU。CPRI（Common Public Radio Interface）是一个通用的标准，发挥作用的范围是：将基带 I/Q 信号传输到无线电单元。CPRI 对于各种标准都具有高效且灵活的 I/Q 数据接口，例如 GSM、WCDMA、LTE 等。在 4G 时代，CPRI 协议在 BBU 和 RRU 之间传输数据，不但包含了承载的信息，还含有物理层信息，数据量非常巨大。

到了 5G 时代，为了支撑 eMBB 业务，RRU 演变成了集成超大规模天线阵列的 Massive MIMO AAU；载波带宽大幅扩展，Sub6G 载波需要支持 100 MHz 带宽，而毫米波需要支持 400 MHz 的载波带宽。因此，基站所承载的数据流量达到了 100 Gbit/s 的级别。这样一来，5G 对 CPRI 接口的带宽提出了更高的要求，随之而来的是高速光模块带来的成本飙升。不同带宽和天线配置情况下 5G 对 CPRI 接口的速率要求见表 2-2。

表 2-2　CPRI 接口的速率要求

5G 载波带宽和天线配置	CPRI 接口速率要求
100 MHz 带宽，单天线	2.7 Gbit/s
100 MHz 带宽，8 天线	21.6 Gbit/s
100 MHz 带宽，16 天线	43.2 Gbit/s
100 MHz 带宽，64 天线	172.8 Gbit/s

在这样的背景下，CPRI 协议的升级版——能大幅降低前传带宽的 eCPRI 标准就呼之欲出了。

eCPRI 的设计思路很简单。既然通信协议栈上传输的数据会层层加码，越到物理层数据量越大，那就把在 BBU 上处理的物理层数据分为两层，即 High PHY 和 Low PHY。High PHY 仍然保留在 BBU 上处理，Low PHY 则下沉到 AAU 上处理，这样 BBU 和 AAU 之间需要传输的数据量就少多了。

eCPRI 使得 5G 前传的压力小了很多，延续 4G 时代 C-RAN 的梦想成为可能，无线接入网的云化指日可待。

2.2 5GC 关键网络功能与接口

虚拟化技术的成熟，为 5G 核心网提供了新的发展方向，基于 SBA 架构的 5G 核心网为 5G 整体性能提升提供了强有力的核心大脑，基于 NFV 形式的 5GC 网络功能部署使得软硬件解耦成为可能，5G 核心网到底如何工作？网络功能与网元之间又有何关联？这是本节主要的讨论方向。

2.2.1 基于 SBA 架构的 5GC 部署策略

5G 提供了丰富的业务场景，也提出了更高的性能目标，其通信速率、时延、可靠性、话务量、连接数、移动性、定位精度等关键指标与 LTE 网络相比均存在数倍的增益需求。作为移动通信网络的中枢节点，5G 核心网将是全接入和全业务的使能中心。在连接数激增、业务类型极端差异与业务模型高度随机的情况下，如何有效进行网络管理、如何快速提供切片业务、如何安全进行隐私保护将是 5G 核心网面临的主要挑战。

基于统一的物理基础设备，融合 IaaS/PaaS 云计算模式，3GPP 提出了基于服务化架构（SBA）的第五代移动通信系统核心网网络架构。SBA 架构结合移动核心网的网络的特点和技术发展趋势，将网络功能划分为可重用的若干个“服务”，可独立扩容、独立演进、按需部署。“服务”之间使用轻量的服务化接口（SBI）通信，其目标是实现 5G 系统的高效化、软件化、开放化。在此基础上，5G 核心网引入 IT 系统服务化/微服务化架构经验，实现了服务自动注册和发现、调用，极大降低了 NF 之间接口定义的耦合度，并实现了整网功能的按需定制，灵活支持不同的业务场景和需求。

5GC 包含 AMF、SMF、AUSF、UDM、NRF、PCF、NSSF、UPF、NEF 等关键网络功能（NF），并实现了用户面（UP）功能与控制面（CP）功能独立，每个 NF 可独立扩缩容，所有 NF 均需在 NRF 进行注册，每个 NF 可直接与其他 NF 交互。5GC 控制面将传统 EPC 网络的 MME、PCRF、HSS 等网元进行功能模块化解耦，通过 AMF、AUSF、NRF、PCF 等 NF 即可实现控制面信令传输。用户面以 SMF 为关键会话节点，通过 SMF、NRF、UPF、NSSF 等网络功能协同，实现数据传输，其中 UPF 可与 MEC 服务器部署在接入侧、汇聚侧或核心侧，以满足不同业务的时延与精度需求。在进行对外通信时，控制面 AMF 通过 N2 接口与无线侧对接，用户面 UPF 通过 N3 接口与无线侧对接，同时 UPF 通过 N6 接口与 DN 服务器对接，5GC 网络架构如图 2-12 所示。

图 2-12 中网络功能之间的接口属于基于服务的接口（SBI 接口），在控制面使用 Namf、Nnrf 等。SBI 接口类似一个总线结构，每个网络功能通过 SBI 接口接入总线，接入总线的 NF 间可实现通信。SBI 接口均采用下一代超文本传输协议（Hyper Text Transport Protocol 2.0, HTTP 2.0），应用层携带不同的服务消息。5GC 中的服务化接口如下：

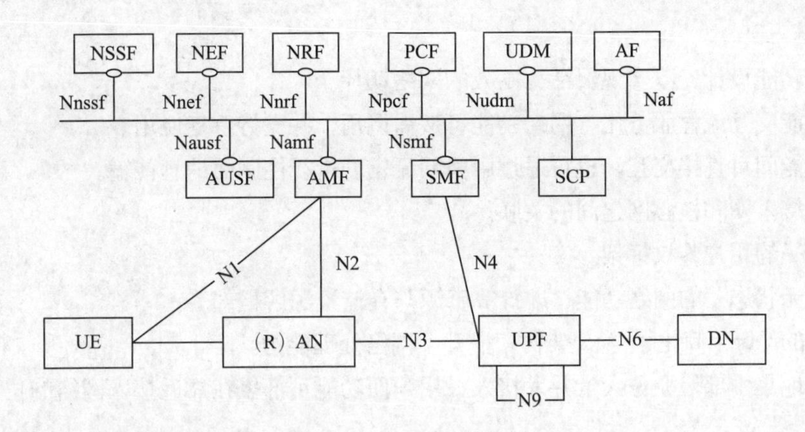

图2-12　5GC网络架构

（1）Namf：AMF展示的基于服务的接口。

（2）Nsmf：SMF展示的基于服务的接口。

（3）Nnef：NEF展示的基于服务的接口。

（4）Npcf：PCF展示的基于服务的接口。

（5）Nudm：UDM展示的基于服务的接口。

（6）Naf：AF展示的基于服务的接口。

（7）Nnrf：NRF展示的基于服务的接口。

（8）Nnssf：NSSF展示的基于服务的接口。

（9）Nausf：AUSF展示的基于服务的接口。

（10）Nudr：UDR展示的基于服务的接口。

（11）Nudsf：UDSF展示的基于服务的接口。

（12）N5g-eir：5G-EIR展示的基于服务的接口。

（13）Nnwdaf：NWDAF展示的基于服务的接口。

EPC架构与5GC架构对比见表2-3。

表2-3　EPC架构与5GC架构对比

对 比 项	EPC	5GC
灵活性 / 可扩展性	网元与设备对应，网元功能固定，扩容只可新增设备	统一接口模式、功能模块化，可即插即用
可编排性	多种业务共用调度编排，无差异	服务化组件，不同的业务场景支持灵活的网络编排
接口	现网存量协议（SS7 diameter）	统一通过HTTP 2.0协议，可灵活扩展的接口
操作维护	配置复杂：网元→对接→参数配置	NF自动部署/管理：NRF，新NF即插即用

2.2.2　关键NF功能概述

5G核心网为用户提供了数据连接和数据业务服务，基于NFV和SDN等新技术，不同网络功能通过灵活自适应编排实现5G控制与用户数据传输。协议定义的5G核心网系的关键原则如下：

（1）用户面（UP）和控制面（CP）分离：数据面和控制面可独立扩展和演进，可集中式或分布式灵活部署。

（2）模块化功能设计，以实现灵活、高效的网络切片。

（3）网络功能交互流程服务化，网络功能可按需调用，并支持重复使用。

（4）网络功能间可直接交互，也可通过中间网元辅助进行控制面消息传输。

（5）最小化接入网和核心网之间的关联。

（6）支持统一的用户鉴权框架。

（7）支持“无状态”的网络功能，即计算资源与存储资源解耦部署。

（8）基于流的QoS：简化了QoS架构，提升了网络处理能力。

（9）支持本地集中部署业务大量并发接入，用户面功能可部署在靠近接入网络的位置，以支持低时延业务。

（10）支持漫游，包括归属地流量以及访问PLMN中外地流量。

5G核心网中的网络功能需根据实际需求部署。新的网络功能加入或移除，不影响整体网络的功能（移除时存在相同NF情况下），不同网络功能的作用如下（单个网络功能可支持给出的部分或所有的功能）：

1. AMF

接入和移动性管理功能（AMF）包括以下功能：

（1）无线接入网控制面消息终点（N2）。

（2）NAS消息终点（N1），NAS加密和完整性保护。

（3）注册/连接/可达性/移动性管理。

（4）合法拦截（用于AMF事件和LI系统接口）。

（5）提供UE到SMF的短消息传输。

（6）透传短消息。

（7）接入身份验证与授权。

（8）提供UE到SMSF的短信服务消息传输。

（9）安全锚点功能（SEAF）。

（10）监管服务下位置服务管理。

（11）提供UE到LMF或无线到LMF的位置服务消息传输。

（12）与EPS互通时EPS承载标识获取。

（13）UE移动性事件通知。

（14）5G系统控制面与用户面优化。

（15）提供网络分配的外部参数（UE行为参数或网络配置参数）。

（16）支持网络切片的身份验证和授权。

AMF使用N14接口进行AMF重新分配及AMF到AMF的信息传输。该接口可以是不同PLMN或同PLMN（在内部PLMN间移动的情况下）。

2. SMF

会话管理功能（SMF）包括以下功能：

（1）会话管理，如会话建立、修改、释放，涵盖 UPF 到其他接入节点之间的管道维护。

（2）UE IP 地址获取与管理（包括 UE 的选择性授权）。UE 的 IP 地址可从某个 UPF 或其他数据网络得到。

（3）DHCPv4 和 DHCPv6 功能（服务端与客户端）。

（4）基于以太网 PDU 本地缓存的 ARP 请求/IPv6 邻居请求功能。SMF 通过提供和请求地址一致的 MAC 地址来响应 ARP 或 IPv6 的邻居请求。

（5）用户面功能选择与控制，包括控制 UPF 到代理 ARP 或 IPv6 邻居的发现，或将所有 ARP 请求/IPv6 邻居请求通信转发到 SMF，以用于以太网 PDU 会话。

（6）配置 UPF 到正确目的地路径指引。

（7）5G 虚拟网络组管理，如维护相关 PDU 会话锚点（PSA）的 UPF 的拓扑结构，在 PDU 会话锚点的 UPF 之间建立或释放 N19 通道，配置本地交换的 UPF 的流量转发。

（8）策略控制功能接口终点。

（9）合法拦截（用于会话管理事件和 LI 系统接口）。

（10）计费数据收集与计费接口支持。

（11）UPF 计费数据采集的控制与协调。

（12）NAS 消息会话管理部分终点。

（13）下行数据通知。

（14）会话管理信息起点，通过 AMF 经由 N2 传递到接入节点。

（15）确定会话的会话和服务连续（SSC）模式。

（16）支持 5G 系统控制面优化。

（17）支持头压缩。

（18）在可以插入、删除、重新定位的中继 SMF（I-SMF）部署时充当中间 SMF（I-SMF）。

（19）提供网络分配的外部参数（UE 行为参数或网络配置参数）。

（20）为 IMS 服务提供 P-CSCF 发现。

（21）漫游会话管理功能。

3. UPF

用户面功能（UPF）包括如下功能：

（1）系统内/系统间移动性管理锚点。

（2）响应 SMF 给 UE 分配 IP 地址的请求。

（3）数据网络与外部 PDU 互连会话节点。

（4）分组路由和转发。如到达数据网络的上行业务流的路由节点、多连接 PDU 会话的分支点、5G 虚拟网络组内部业务转发（通过 N6、N19 接口的 UPF 本地交换）。

（5）数据包校验。如基于服务数据流模板的应用程序检测，以及从 SMF 接收的可选数据包流描述（PFD）检测。

（6）用户面策略规则执行。如重定向、流量控制。

（7）合法拦截用户面数据。

（8）业务使用报告。

（9）用户面 QoS 处理。如上/下行速率限制，下行标记 QoS 反射。

（10）上下业务校验 [服务数据流（SDF）到 QoS 数据流的映射]。

（11）上下行链路的数据传输等级标记。

（12）下行数据包缓冲和下行数据通知触发。

（13）向源 NG-RAN 节点发送和转发一个或多个“结束标记”。

（14）基于以太网 PDU 本地缓存的 ARP 请求 /IPv6 邻居请求功能。UPF 通过提供和请求地址一致的 MAC 地址来响应 ARP 或 IPv6 的邻居请求。

（15）GTP-U 层下行方向的分组复制和上行方向的消除。

（16）时延敏感网络（TSN）转换，使用网络侧 TSN 转换器（NW-TT）。

（17）高延迟通信。

（18）接入业务转向、切换、分流（ATSSS）。

4. NRF

网络存储功能（NRF）包括如下功能：

（1）支持服务发现功能。接收来自具体网络功能或通信服务代理（SCP）的 NF 发现请求，并向发起请求的 NF 或 SCP 提供所发现的 NF 信息。

（2）支持 P-CSCF 发现。

（3）维护可用 NF 及其支持服务。

（4）向已订阅 NF 服务的用户或 SCP 通知新注册 / 更新 / 去注册的 NF 及其 NF 服务。

5. AUSF

鉴权服务器功能（AUSF）包括如下功能：

（1）支持 3GPP 协议 TS 33.501 中指定的 3GPP 访问和不受信任的非 3GPP 访问进行身份验证。

（2）支持 3GPP 协议 TS 23.502 中指定的网络特定切片身份验证和授权。

6. UDM

统一数据管理（UDM）包括如下功能：

（1）生成 3GPP 鉴权和密钥协议（AKA）的鉴权凭证。

（2）用户识别处理。如 5G 系统中每个用户的 SUPI 存储与管理。

（3）支持用户私密签约信息解码。

（4）基于签约数据的接入鉴权。

（5）UE 的服务 NF 注册管理。

（6）保障服务 / 会话的连续性，如通过保持当前 UE 的 PDU 会话中 SMF/DNN 分配来保障会话连续性。

（7）移动台终止的短消息（MT-SMS）传输。

（8）合法拦截功能。在外地漫游情况下，UDM 是 LI 的唯一联系点。

（9）订阅管理。

（10）短信管理。

（11）5G 网络组管理。

（12）提供网络分配的外部参数（UE 行为参数或网络配置参数）。

为提供以上功能，UDM 使用存储在统一数据存储库（UDR）中的签约数据（包括鉴权数据），且不同的 UDM 在不同的业务中可以为同一用户服务。

7. NSSF

网络切片选择功能（NSSF）包括如下功能：

（1）选择服务 UE 的网络切片实例。

（2）确定终端的网络切片选择辅助信息（NSSAI），并在需要时确定签约的具体单网络切片选择辅助信息（S-NSSAI）。

（3）确定已配置的 NSSAI，并在需要时确定到签约的 S-NSSAI 映射。

（4）确定为 UE 服务的 AMF 集合，或在基于配置条件下通过查询 NRF 来确定候选 AMF 的集合。

8. PCF

策略控制功能（PCF）包括以下功能：

（1）通过统一的策略架构管理网络行为。

（2）管理控制面行为。

（3）访问 UDR 中与策略决策相关的签约信息［此 UDR 与 PCF 在相同的公共陆地移动网（Public Land Mobile Nework, PLMN）中］。

9. NEF

网络开放功能（NEF）包括以下功能：

（1）通报能力和事件信息。

（2）从外部应用程序向 3GPP 提供安全信息。

（3）内外信息翻译。

（4）从其他 NF 接收信息。

（5）支持 PFD 功能。

10. SMSF

短信功能（SMSF）包括以下功能：

（1）检查短信管理订阅数据，并发送相应的短信。

（2）带 UE 的 SM-RP/SM-CP。

（3）从 UE 向 SMS-GMSC/IWMSC/SMS-Router 转发短消息。

（4）从 SMS-GMSC/IWMSC/SMS-Router 向 UE 转发短消息。

（5）短信相关 CDR。

（6）合法拦截。

（7）与 AMF 和 SMS-GMSC 交互，用于通知 UE 不可用于 SMS 传输的过程（即当 UE 不可用于 SMS 时，由 SMS-GMSC 通知 UDM）。

11. UDR

统一数据存储（UDR）包括以下功能：

（1）UDM 对订阅数据的存储和检索。

（2）由 PCF 存储和检索策略数据。

（3）用于曝光的结构化数据的存储和检索。

（4）由 NEF 提供应用数据（包括用于应用检测的分组流描述、用于多个 UE 的 AF 请求信息）。

（5）UDR 位于与 NF 服务使用者相同的 PLMN，NF 服务使用者使用 Nudr 存储并从中检索数据。Nudr 是一个内部 PLMN 接口。

12. UDSF

非结构化数据存储功能（UDSF）包括以下功能：

以非结构化数据的形式存储和检索信息。

13. 5GC NF 与 LTE NE 对比

5G 核心网中不同网络功能可根据需要自由组合与增减，且与 LTE 核心网相同，实现了用户面和控制面独立。从具体实现的功能来看，5GC 中诸多网络功能与 EPC 中网元的作用存在一定的关联，类比关系见表 2-4。

表 2-4　NF 与 NE 类比关系

5G 网络功能	功能简介	4G 中类似的网元
AMF	接入管理功能、注册管理 / 连接管理 / 可达性管理 / 移动管理 / 访问身份验证、授权、短消息等。终端和无线的核心网控制面接入点	MME 中的接入管理功能
AUSF	认证服务器功能、实现 3GPP 和非 3GPP 的接入认证	MME 中鉴权部分 +EPC AAA
UDM	统一数据管理功能、3GPP AKA 认证 / 用户识别 / 访问授权 / 注册 / 移动 / 订阅 / 短信管理等	HSS+SPR
PCF	策略控制功能、统一的政策框架、提供控制平面功能的策略规则	PCRF
SMF	会话管理功能、隧道维护、IP 地址分配和管理、UP 功能选择、策略实施和 QoS 中的控制部分、计费数据采集、漫游功能等	MME+SGW+PGW 中会话管理等控制面功能
UPF	用户面功能、分组路由转发、策略实施、流量报告、QoS 处理	SGW-U+PGW-U
NRF	NF 库功能、服务发现、维护可用的 NF 实例的信息以及支持的服务	无
NEF	网络开放功能、开放各网络功能的能力、内外部信息的转换	SCEF 中的能力开放部分
NSSF	网络切片选择功能、选择为 UE 服务的一组网络切片实例	无

2.3 NR 空口协议栈

在了解网络整体架构之后，可简单探讨一下 NR 空口的协议栈。NR 空口协议栈分为控制面（Control Plane, CP）和用户面（User Plane, UP），控制面负责信令的处理和发送，用户面负责业务数据的处理和发送。

2.3.1 无线控制面协议栈

控制面协议主要负责终端和网络之间的连接建立、移动性和安全性。控制面协议栈如图 2-13 所示，

AMF 不是无线接入网的一部分，但为了提供一个完整的协议栈描述，AMF 包含在图中。

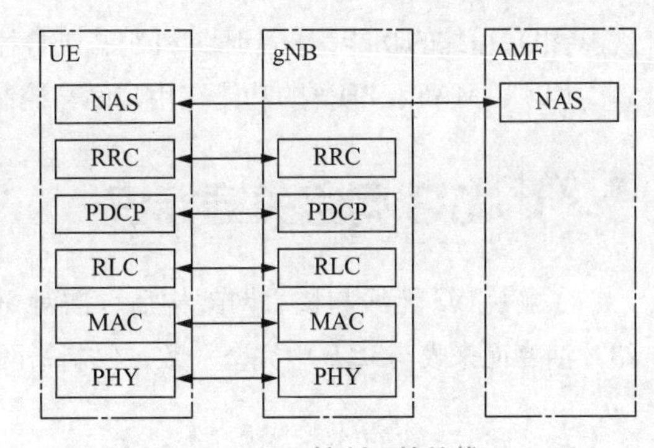

图 2-13　控制面协议栈

（1）NAS（Non-Access Stratum）层：非接入层，位于终端和 AMF 之间，包括鉴权、安全性管理、会话管理和不同的空闲态过程（比如寻呼），还负责为终端分配 IP 地址。

（2）RRC（Radio Resource Control）层：位于终端和 gNB 之间，负责处理 RAN 相关的控制面过程，包括：

①系统消息的广播；

②发送来自 MME 的寻呼消息，以通知终端收到的连接请求；

③连接管理，包括建立承载和移动性；

④移动性功能，比如小区重选、切换；

⑤测量配置和报告；

⑥终端能力的处理。

（3）PDCP（Packet Data Convergence Protocol）层：负责对信令的加密和完整性保护，重复数据包的删除和对数据包的按序递交。

（4）RLC（Radio Link Control）层：负责将来自 PDCP 的 RLC SDU 分割为适当大小的 RLC PDU，还可以对错误接收的 PDU 进行重传处理，以及删除重复的 PDU。根据服务类型，RLC 可以配置为：透明模式（Transparent Mode, TM）、非确认模式（Unacknowledged Mode,UM）和确认模式（Acknowledged Mode, AM）。TM 模式是透明的，且不添加报头，UM 模式支持分段和重复检测，而 AM 模式还额外支持错误数据包的重传。

（5）MAC（Medium Access Control）层：负责 HARQ（Hybrid Automatic Repeat reQuest）、调度以及和调度相关的功能。MAC 层以逻辑信道的形式向 RLC 层提供服务。

（6）PHY（Physical Layer）层：负责编解码、加扰、调制解调、多天线映射以及其他典型的物理层功能。PHY 层以传输信道的形式向 MAC 层提供服务。

2.3.2　无线用户面协议栈

NR 用户面协议栈如图 2-14 所示。

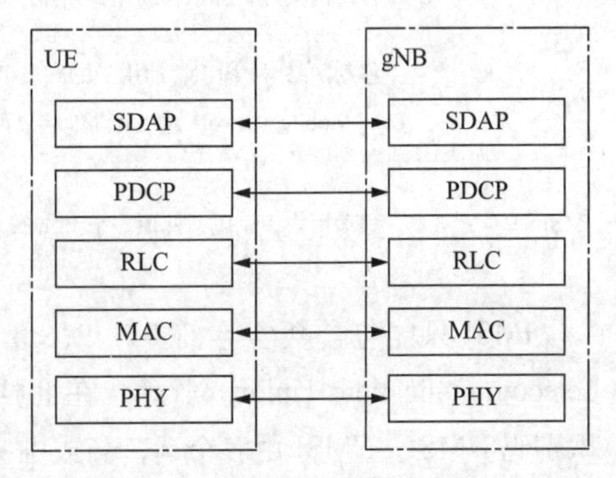

图 2-14　NR 用户面协议栈

SDAP（Service Data Adaptation Protocol）层：负责根据 QoS（Quality of Service）要求将 QoS 流（QoS Flow）映射到无线承载。5G QoS 模型基于 QoS Flow，QoS Flow 是 PDU 会话中最精细的 QoS 区分粒度，也就是说两个 PDU 会话的区别就在于它们的 QoS Flow 不一样。SDAP 层是 NR 用户面中新引入的一个协议层，因为当 NR 连接到 5G 核心网时，新的 QoS 处理需要这一协议实体。

PDCP 层与控制面略有不同，在用户面 PDCP 层还要实

现 IP 报头压缩的功能，报头压缩机制基于鲁棒性报头压缩（ROHC）框架。

RLC、MAC、PHY 的功能在用户面与控制面是类似的，因此不再赘述。

2.4 5G 网络关键标识

了解完 5G 无线与核心网架构后，需对 5G 网络中的标识进行系统认知。5G 网络中的多数标识由 LTE 演变而来或与 LTE 中完全一致，仅新增网络切片相关标识。

2.4.1 国际移动用户标识 IMSI

国际移动用户标识（International Mobile Subscriber Identity，IMSI）是 EPC 网络分配给移动用户的唯一的识别号。用于在全球范围内唯一标识一台终端。采取 E.212 编码方式。

IMSI 由三部分组成，结构为移动国家码（Mobile Country Code，MCC）、移动网络号（Mobile Network Code，MNC）、移动台识别号码（Mobile Station Identification Number，MSIN），格式如图 2-15 所示。

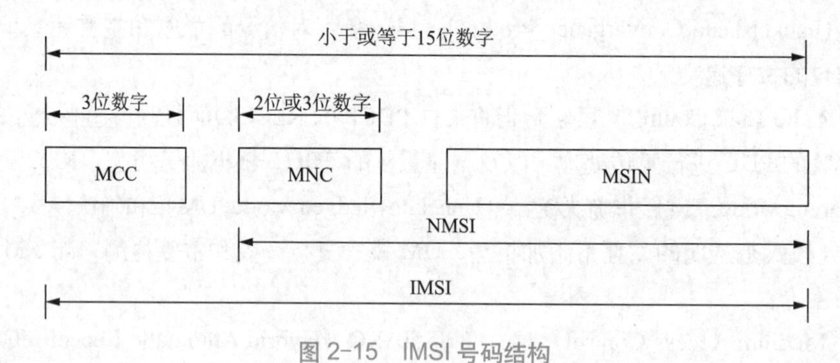

图 2-15　IMSI 号码结构

IMSI 号码结构说明见表 2-5。

表 2-5　IMSI 号码结构说明

号码结构	说　明	格　式	示　例
MCC	移动国家码，标识移动用户所属的国家	三位十进制数	中国的 MCC 为 460
MNC	移动网络号，标识移动用户的归属 PLMN（Public Land Mobile Network，公共陆地移动网）	两位十进制数	中国移动的 CDMA 网络的 MNC 为 01
MSIN	移动用户识别码，标识一个 PLMN 内的移动用户	XX-H1H2H3H4-ABCD（XX 为移动号码的号段）	—

IMSI 只能包含数字字符 0 ～ 9，最多不能超过 15 位。MCC 由国际电信联盟 ITU（International Telecommunications Union）管理，在世界范围内统一分配。MNC 和 MSIN 合起来，组成国家移动用户识别码 NMSI。NMSI 由各个运营商或国家政策部门负责。如果一个国家有多个 PLMN，那么，每一个 PLMN 都应该分配一个唯一的移动网络代码。

2.4.2　用户永久标识 SUPI

用户永久标识（SUPI）是 5GC 分配给用户的唯一识别号，与 LTE 中 IMSI 功能与组成相同，由 15 位十进制数字组成，均由 MCC、MNC、MSIN 组成，且各部分格式与 IMSI 完全一致。

2.4.3　用户隐藏标识 SUCI

空中“截获 IMSI”问题在移动通信中从 2G 到 4G 已经有几十年历史，由于系统向后兼容性，这个问题一直存在；为决定解决这个问题，5G（NR）的安全规范中规定除了路由信息（如 MCC/MNC）之外，SUPI 不应在 5G RAN 上以明文传输，因此需要用户隐藏标识（SUCI）在空口上保护 SUPI 的安全。

SUCI 是包含隐藏 SUPI 的保护隐私标识符，UE 使用基于 ECIES 的保护方案和注册地网络的公共密钥生成一个 SUCI，该方案在 USIM 注册期间安全地提供网络公钥。SUCI 一般用于尚未获取到 5G-GUTI 的初始注册与发送注册请求后收到“Identity Request”消息场景。

SUPI 中只有 MSIN 部分根据注册网络标识进行了隐藏，如 MCC/MNC 仍以明文传输。组成 SUCI 的数据字段如图 2-16 所示。

图 2-16　组成 SUCI 的数据字段

各字段的取值范围与含义见表 2-16。

表 2-6　SUCI 字段的取值范围与含义

组成部分	范　围	说　明
SUPI Type	0: IMSI； 1: 网络特定标识	2 to 7: 预留
Home Network Identifier	MCC，MNC	
Routing Indicator	由 1 到 4 个十进制数字组成	将具有 SUCI 的网络信令路由到能够为用户服务的 AUSF 和 UDM 实例
Protection Scheme Identifier	保护方案标识符，其值在 0 到 15 之间	0: 无保护方案； 1: Profile A 256 位公钥； 2: Profile B 264 位公钥
Home Network Public Key Identifier	归属网络公钥标识符 0 ～ 255	HPLMN 配置的公钥，标识用于 SUPI 保护的密钥。使用空方案时，为 0
Protection Scheme Output	保护方案的输出	由一串具有可变长度或十六进制数字的字符组成

假设，IMSI :234150999999999，其中 MCC = 234，MNC = 15 并且 MSISN = 0999999999，路由指示码 678，归属网公钥标识符 27：

（1）0 方案的 SUCI 的组成：0,234,15,678,0,0 和 0999999999。

（2）Profile <A> 保护方案的 SUCI 组成：0,234,15,678,1,27，<EEC(椭圆曲线加密)短暂公钥值>，<加密 0999999999> 和 <MAC 标签值>。

2.4.4 5G 全球唯一临时 UE 标识 5G-GUTI

5G 全球唯一临时 UE 标识（5G-GUTI）是 5G 用户全球唯一的临时标识符，由 AMF 来分配。在不显示 UE 或用户的永久身份的情况下，提供一个全球唯一的临时身份。在 5G 系统中进行信令交互时，可以被网络作为 UE 的身份，能有效避免 SUPI 等用户私有标识暴露在网络传输中。5G-GUTI 组成架构如图 2-17 所示。

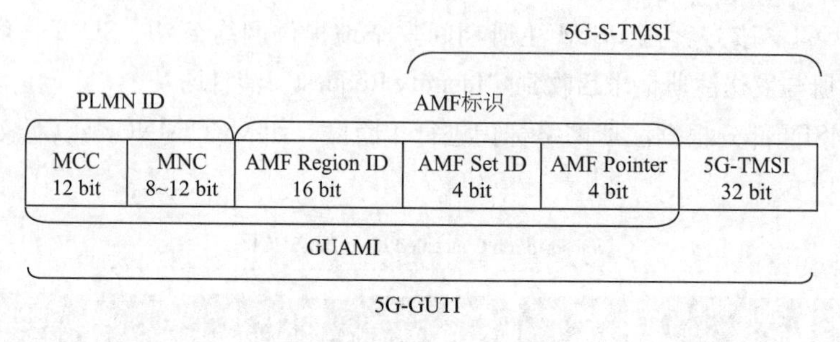

图 2-17　5G-GUTI 组成架构

2.4.5 通用公共用户标识 GPSI

通用公共用户标识（GPSI）用等同于 4G 的 MSISDN，SUPI 和 GPSI 之间不一定一一对应，用户如果访问不同的数据网络，就会存在多个 GPSI 标识，网络需要将外部网络 GPSI 与 SUPI 建立关系。NEF 可以实现 External GPSI 与 Inter GPSI 有映射关系，UDR 上保存有 Internal GPSI 与 SUPI 的映射关系。

2.4.6 数据网络名称 DNN

数据网络名称（DNN）相当于 APN，这两个标识符都有相同的含义，并携带相同的信息，有以下用途：

（1）为 PDU 会话选择 SMF 和 UPF；

（2）选择 PDU 会话的 N6 接口；

（3）确定应用于此 PDU 会话的策略。

DNN 或 APN 的组成有两部分：

（1）网络 ID，这部分表示一个外部网络，这部分是必选的。网络 ID 至少包含有一个标签，其长度最长为 63 字节；其不能以字符串 "rac"、"lac"、"sgsn" 和 "rnc" 等网元名称开头，不能以 .gprs 结尾，此外还不能包含 "*"。

（2）运营商 ID，这部分表示其属于哪个运营商，这部分是可选的。运营商 ID 由三个标签组成，最后一个标签必须为“.gprs”，第一和第二个标签要唯一地标识出一个 PLMN；每个运营商都有一个默认的 DNN/APN 运营商 ID。

组成示例：zte.com.cn.mnc<MNC>.mcc<MCC>.3gppnetwork.org

2.4.7　终端标识 PEI

终端标识（PEI）通常为 IMEI（International Mobile station Equipment Identity，移动终端设备标识），用于标识终端设备，可以用于验证终端设备的合法性。IMEI = TAC（Type Approval Code，设备型号核准号码）+ SNR（Serial Number，出厂序号）+ Spare。TAC 是设备发行时定义的，SNR 由设备厂商自主分配。

2.4.8　网络切片标识 NSSAI&S-NSSAI

网络切片标识（NSSAI）是 S-NSSAI 的集合，一个 UE 当前定义最多包含 8 个 S-NSSAI，因此将需要不同的 S-NSSAI 区分不同的切片业务类型。例如，运营商可以部署多个网络切片实例，以提供完全相同的特征，但是针对不同的 UE 组，例如，因为他们提供不同的承诺服务和 / 或因为他们专用于客户，在这种情况下，这种网络切片可能具有例如具有相同切片 / 服务类型但不同切片微分器的不同 S-NSSAI。无论 UE 注册的接入类型如何（3GPP 或 non-3GPP），网络可以经由 5G-AN 为单个 UE 同时提供一个或多个网络切片实例，且最多可提供八个不同 S-NSSAI 关联的网络切片实例。

S-NSSAI 包含：切片类型（SST）与切片差异切分器（SD）、SST 8bits、SD 24bits。SST 字段取值说明见表 2-7。

表 2-7　SST 字段取值说明

切片服务类型	SST 取值	说　明
eMBB	1	适用于 5G 增强移动宽带场景
URLLC	2	适用于超高可靠低时延场景
MIoT	3	适用于海量终端连接场景
V2X	4	适用于 V2X 服务

SST 的 0 ～ 127 值保留由标准定义，128 ～ 255 运营商可定制。

2.4.9　跟踪区标识 TAI

跟踪区标识（TAI）用于标识跟踪区（TA），在整个 PLMN 网络中唯一，TAI 由 E-UTRAN 分配，TAI = MCC + MNC + TAC（Tracking Area Code）。TA 是 LTE 系统为 UE 的位置管理新设立的概念。当 UE 处于空闲状态时，核心网络能够知道 UE 所在的跟踪区，同时当处于空闲状态的 UE 需要被寻呼时，必须在 UE 所注册的跟踪区的所有小区进行寻呼。

TA 是小区级的配置，多个小区可以配置相同的 TA，且一个小区只能属于一个 TA。

多个 TAI 组成一个 TA list，分配给一个 UE，UE 在该 TA list 内移动时不需要执行 TA 更新，以减少与网络的频繁交互。当 UE 进入不在其所注册的 TA 列表中的新 TA 区域时，需要执行 TA 更新，核心网给 UE 重新分配一组 TA，新分配的 TA 也可包含原有 TA 列表中的一些 TA。

2.4.10 5G QoS 标识符 5QI

5QI 是一个标量，用于索引一个 5G QoS 特性 3GPP 协议 TS 23.501。5QI 映射关系见表 2-8。

表 2-8 5QI 映射关系

5QI 取值	资源类型	默认优先级	数据包延迟	数据包误码率	默认最大数据突发量	平均窗口时长	服务示例
1	GBR	20	100 ms	10^{-2}	未定义	2 000 ms	会话语音
2		40	150 ms	10^{-3}	未定义	2 000 ms	视频（实时）
3		30	50 ms	10^{-3}	未定义	2 000 ms	实时游戏，V2X 消息
4		50	300 ms	10^{-6}	未定义	2 000 ms	视频（非实时）
65		7	75 ms	10^{-2}	未定义	2 000 ms	关键用户面按键通话
66		20	100 ms	10^{-2}	未定义	2 000 ms	非关键用户面按键通话
67		15	100 ms	10^{-3}	未定义	2 000 ms	关键用户面视频
75							
71		56	150 ms	10^{-6}	未定义	2 000 ms	实时上行数据流
72		56	300 ms	10^{-4}	未定义	2 000 ms	实时上行数据流
73		56	300 ms	10^{-8}	未定义	2 000 ms	实时上行数据流
74		56	500 ms	10^{-8}	未定义	2 000 ms	实时上行数据流
76		56	500 ms	10^{-4}	未定义	2 000 ms	实时上行数据流
5	Non-GBR	10	100 ms	10^{-6}	未定义	未定义	IMS 信令
6		60	300 ms	10^{-6}	未定义	未定义	视频（缓存）
7		70	100 ms	10^{-3}	未定义	未定义	语音、实时视频、游戏
8		80	300 ms	10^{-6}	未定义	未定义	视频（缓存）
9		90					视频
69		5	60 ms	10^{-6}	未定义	未定义	关键非时延敏感型信令
70		55	200 ms	10^{-6}	未定义	未定义	关键数据
79		65	50 ms	10^{-2}	未定义	未定义	V2X 消息
80		68	10 ms	10^{-6}	未定义	未定义	AR
82	Delay Critical GBR	19	10 ms	10^{-4}	255 B	2 000 ms	离散自动化（人工智能）
83		22	10 ms	10^{-4}	1 354 B	2 000 ms	离散自动化、V2X 消息
84		24	30 ms	10^{-5}	1 354 B	2 000 ms	智能运输系统
85		21	5 ms	10^{-5}	255 B	2 000 ms	高压电网
86		18	5 ms	10^{-4}	1 354 B	2 000 ms	V2X 消息

具体 QoS 映射方式见后续章节。

小结

本章首先介绍了5G无线接入网架构，对3GPP给出的多种组网选项进行了介绍，NSA组网和SA组网各有其优劣势，具体部署时如何选择要根据运营商的建网规划和预算来决定。

对于5G基站架构的变化，主要体现在CU/DU分离和前传采用eCPRI接口两个方面。5G核心网和4G核心网相比也有了很大的变化，主要体现在虚拟化和SBA架构，网元的角色被网络功能所取代，具体的网络功能和网络功能接口在本章中进行了介绍。

5G无线侧控制面协议栈大体上与4G一致，在用户面协议栈新引入了SDAP层用于QoS Flow到无线承载的映射。最后对5G网络中的标识进行了介绍，部分标识参数由LTE演进而来，包括开户鉴权类和网络切片类等，同时对网络切片相关5G新增标识做了详解说明。

第3章

5G物理层基础

物理层是无线网络的基础，物理层参数也是网络优化的重点对象之一。5G的物理层与LTE相比，物理信道处理流程与信道、信号类型存在许多共同之处，但5G中部分信道与信号的功能进行了升级，以更好支持5G的灵活资源调度。物理信道与信号的时频资源是物理层基础，也是影响物理层工作的重要因素。本章在介绍完物理层基础配置后，主要介绍了5G物理信道与物理信号的时频资源，并对部分物理层过程与物理层参数做了详细说明，以便读者深刻理解5G物理层重要的原理和关键物理层技术。

3.1 基础参数及帧结构

物理资源一般在时频域进行定义，时域上以符号为最小单位，可拓展至时隙、子帧、帧等；频域上以子载波为最小单位，可拓展至资源块等。本节主要介绍5G物理层基础概念，描述5G时频域的基础物理资源。

3.1.1 时频资源定义

与LTE一样，5G的物理资源是映射在时频资源栅格上的。如图3-1所示，物理层进行资源映射的时候以时频资源单元（Resource Element, RE）为最小单位。一个RE由时域上一个OFDM符号和频域上一个子载波组成，RE的位置用（k，l）表示，k表示OFDM符号的序号，l表示子载波的序号，通过给出坐标（k，l）就可以定位到指定的RE上。

和4G中对资源块（Resource Block, RB）的定义不同，5G中定义RB为频域上连续的12个子载波，并没有对RB的时域进行定义。

3GPP对5G NR主要指定了两个频率范围：一个通常称为Sub 6 GHz（协议中描述为FR1），另一个通常称为毫米波（协议中描述为FR2）。对于FR1：其支持的带宽为5 MHz、10 MHz、15 MHz、20 MHz、25 MHz、30 MHz、40 MHz、50 MHz、60 MHz、80 MHz、100 MHz；对于FR2：

其支持的带宽为 50 MHz、100 MHz、200 MHz、400 MHz。由此可见，对于 FR1，其支持的最大带宽为 100 MHz；对于 FR2，其支持的最大带宽为 400 MHz。

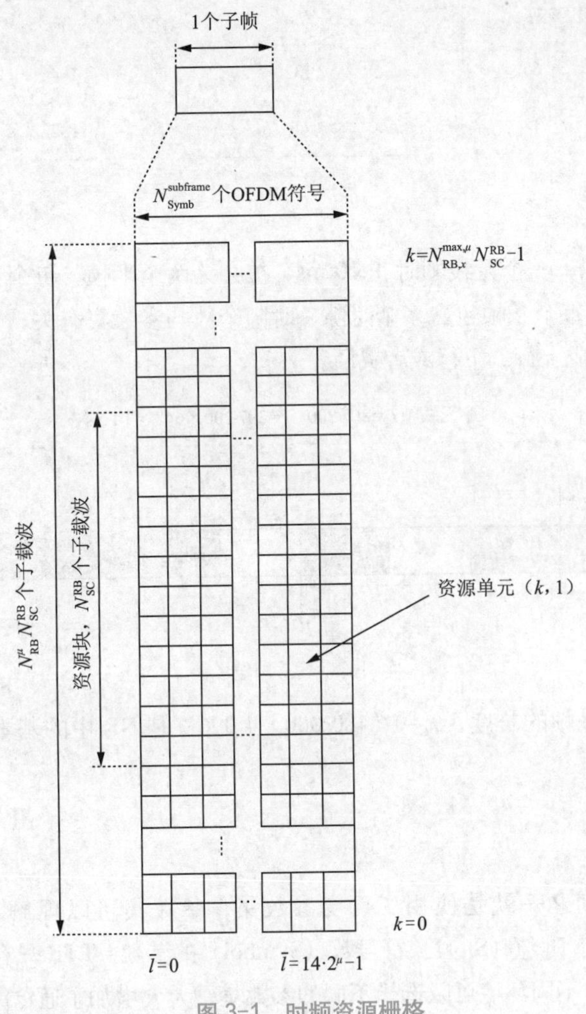

图 3-1　时频资源栅格

在不同的子载波间隔下，系统支持的最大传输带宽不同，相应的 RB 数目也不同，具体的对应关系见表 3-1、表 3-2。

表 3-1　FR1 最大传输带宽与 RB 数对应关系

SCS/kHz	5 MHz	10 MHz	15 MHz	20 MHz	25 MHz	30 MHz	40 MHz	50 MHz	60 MHz	80 MHz	90 MHz	100 MHz
	N_{RB}	N_{RB}	N_{RB}	N_{RB}	N_{RB}	N_{RB}	N_{RB}	N_{RB}	N_{RB}	N_{RB}	N_{RB}	N_{RB}
15	25	52	79	106	133	160	216	270	N/A	N/A	N/A	N/A
30	11	24	38	51	65	78	106	133	162	217	245	273
60	N/A	11	18	24	31	38	51	65	79	107	121	135

表 3-2　FR2 最大传输带宽与 RB 数对应关系

SCS/kHz	50 MHz	100 MHz	200 MHz	400 MHz
	N_{RB}	N_{RB}	N_{RB}	N_{RB}
60	66	132	264	未定义
120	32	66	132	264

3.1.2　5G 帧结构

5G 帧结构与 LTE 类似，一个无线帧时长 10 ms，被分为两个半帧，每个无线帧共包含十个子帧，5G 帧结构如图 3-2 所示。每个子帧包含多个时隙，时隙个数与参数集有关，可以灵活配置。每个时隙中的 OFDM 符号可以配置成上行、下行或者灵活。

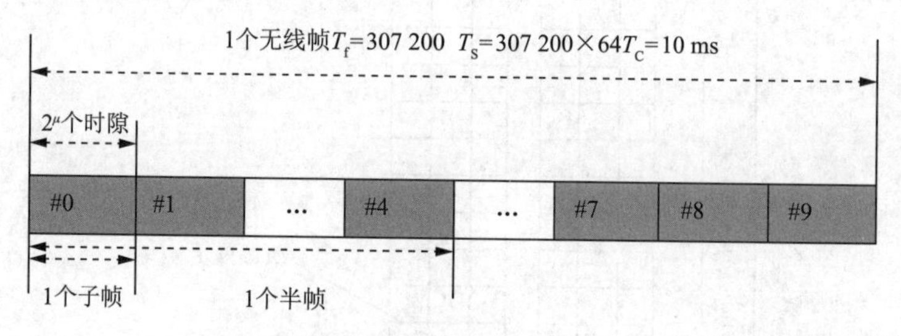

图 3-2　5G 帧结构

图 3-2 中，T_f 代表无线帧的长度，T_C=1/(480 000×4 096) 是 NR 中的基本时间单元，T_S 是沿用的 LTE 基本时间单元。

3.1.3　参数集

5G 与 LTE 最大的区别之一就是使用了可变参数集。参数集可以理解为一套包括子载波间隔（Subcarrier Spacing, SCS）、时隙（Slot）、符号数（Symbol）的参数。LTE 只存在一套固定的参数，5G 引入了参数集的概念，针对不同环境可以选择不同的参数集，大大增加了通信的灵活性。

（1）子载波间隔。LTE 采用单一的 15 kHz 的载波间隔，而 5G NR 采用了多个不同的载波间隔，如图 3-3 所示。子载波间隔的取值由一个新引入的值决定，取值范围为 0 ～ 4，不同 μ 取值情况下参数集取值见表 3-3。

表 3-3　参数集取值

μ	$\Delta f=2^\mu\times15$ / kHz	Cyclic Prefix（循环前缀）
0	15	Normal
1	30	Normal
2	60	Normal, Extended
3	120	Normal
4	240	Normal

不同子载波间隔下子载波分布情况如图 3-3 所示。

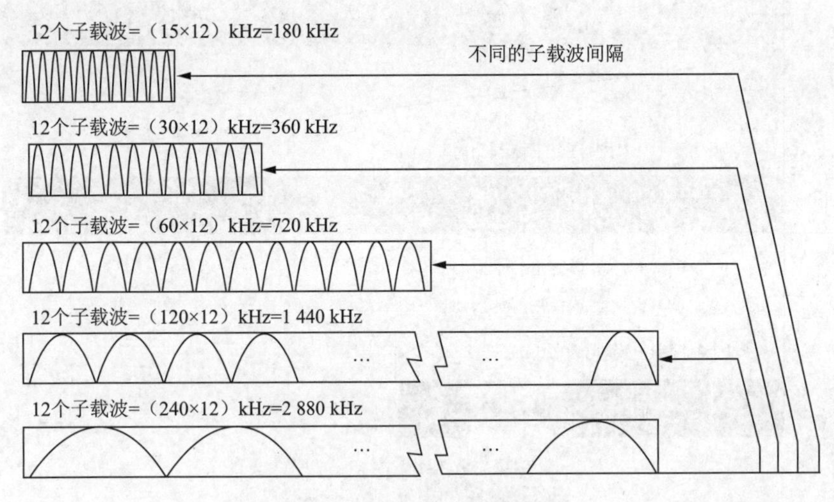

图 3-3　5G NR 不同的载波间隔

（2）时隙和符号数。μ 除了可以决定子载波间隔以外，还可以决定每个子帧中的时隙数目。在时域上，5G 与 LTE 相同的是，一个无线帧时长 10 ms，一个无线帧中包含十个子帧，每个子帧 1 ms。不同的是，在 LTE 中一个子帧固定包含两个时隙，而 5G 中一个子帧所包含的时隙个数是根据 μ 的取值变化的，普通循环前缀情况下子帧、时隙、符号数之间的关系见表 3-4。

表 3-4　普通循环前缀情况下子帧、时隙、符号数之间的关系

μ	N_{symb}^{slot}	$N_{slot}^{frame,\mu}$	$N_{slot}^{subframe,\mu}$
0	14	10	1
1	14	20	2
2	14	40	4
3	14	80	8
4	14	160	16

另外，在 5G 中，每个时隙中的 OFDM 符号数也和 LTE 不同，在采用普通循环前缀的情况下，符号数固定为 14 个；在采用扩展循环前缀的情况下，符号数固定为 12 个，见表 3-5。

表 3-5　扩展循环前缀情况下子帧、时隙、符号数之间的关系

μ	N_{symb}^{slot}	$N_{slot}^{frame,\mu}$	$N_{slot}^{subframe,\mu}$
2	12	40	4

以参数 μ 等于 2，子载波间隔为 60 kHz，使用普通循环前缀为例，帧结构如图 3-4 所示。

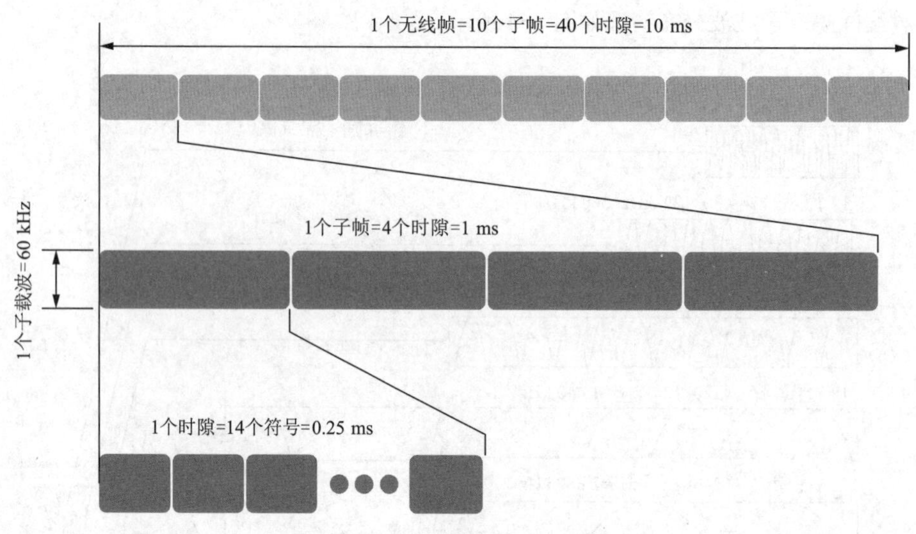

图 3-4　帧结构示例（μ=2）

每个时隙中的 OFDM 符号可以配置，NR 中没有专门针对帧结构按照 FDD 或者 TDD 进行划分，而是按照更小的颗粒度 OFDM 符号级别进行上下行传输的划分。时隙格式配置可以使调度更为灵活，一个时隙内的 OFDM 符号类型可以被定义为下行符号（D）、灵活符号（X）或者上行符号（U）。在下行传输时隙内，UE 假定所包含符号类型只能是 D 或者 X，而在上行传输时隙内，UE 假定所包含的覆盖类型只能是 U 或者 X。每个时隙中的符号配置见表 3-6。

表 3-6　每个时隙中的符号配置

格式	时隙中的符号数													
	0	1	2	3	4	5	6	7	8	9	10	11	12	13
0	D	D	D	D	D	D	D	D	D	D	D	D	D	D
1	U	U	U	U	U	U	U	U	U	U	U	U	U	U
2	F	F	F	F	F	F	F	F	F	F	F	F	F	F
3	D	D	D	D	D	D	D	D	D	D	D	D	D	F
4	D	D	D	D	D	D	D	D	D	D	D	D	F	F
5	D	D	D	D	D	D	D	D	D	D	D	F	F	F
6	D	D	D	D	D	D	D	D	D	D	F	F	F	F
7	D	D	D	D	D	D	D	D	D	F	F	F	F	F
8	F	F	F	F	F	F	F	F	F	F	F	F	F	U
9	F	F	F	F	F	F	F	F	F	F	F	F	U	U
10	F	U	U	U	U	U	U	U	U	U	U	U	U	U

续表

格式	时隙中的符号数													
	0	1	2	3	4	5	6	7	8	9	10	11	12	13
11	F	F	U	U	U	U	U	U	U	U	U	U	U	U
12	F	F	F	U	U	U	U	U	U	U	U	U	U	U
13	F	F	F	F	U	U	U	U	U	U	U	U	U	U
14	F	F	F	F	F	U	U	U	U	U	U	U	U	U
15	F	F	F	F	F	F	U	U	U	U	U	U	U	U
16	D	F	F	F	F	F	F	F	F	F	F	F	F	F
17	D	D	F	F	F	F	F	F	F	F	F	F	F	F
18	D	D	D	F	F	F	F	F	F	F	F	F	F	F
19	D	F	F	F	F	F	F	F	F	F	F	F	F	U
20	D	D	F	F	F	F	F	F	F	F	F	F	F	U
21	D	D	D	F	F	F	F	F	F	F	F	F	F	U
22	D	F	F	F	F	F	F	F	F	F	F	F	U	U
23	D	D	F	F	F	F	F	F	F	F	F	F	U	U
24	D	D	D	F	F	F	F	F	F	F	F	F	U	U
25	D	F	F	F	F	F	F	F	F	F	F	U	U	U
26	D	D	F	F	F	F	F	F	F	F	F	U	U	U
27	D	D	D	F	F	F	F	F	F	F	F	U	U	U
28	D	D	D	D	D	D	D	D	D	D	D	D	F	U
29	D	D	D	D	D	D	D	D	D	D	D	F	F	U
30	D	D	D	D	D	D	D	D	D	D	F	F	F	U
31	D	D	D	D	D	D	D	D	D	D	D	F	U	U
32	D	D	D	D	D	D	D	D	D	D	F	F	U	U
33	D	D	D	D	D	D	D	D	D	F	F	F	U	U
34	D	F	U	U	U	U	U	U	U	U	U	U	U	U

续表

格式	时隙中的符号数													
	0	1	2	3	4	5	6	7	8	9	10	11	12	13
35	D	D	F	U	U	U	U	U	U	U	U	U	U	U
36	D	D	D	F	U	U	U	U	U	U	U	U	U	U
37	D	F	F	U	U	U	U	U	U	U	U	U	U	U
38	D	D	F	F	U	U	U	U	U	U	U	U	U	U
39	D	D	D	F	F	U	U	U	U	U	U	U	U	U
40	D	F	F	F	U	U	U	U	U	U	U	U	U	U
41	D	D	F	F	F	U	U	U	U	U	U	U	U	U
42	D	D	D	F	F	F	U	U	U	U	U	U	U	U
43	D	D	D	D	D	D	D	D	D	F	F	F	F	U
44	D	D	D	D	D	D	F	F	F	F	F	F	U	U
45	D	D	D	D	D	D	F	F	U	U	U	U	U	U
46	D	D	D	D	D	F	U	D	D	D	D	D	F	U
47	D	D	F	U	U	U	U	D	D	F	U	U	U	U
48	D	F	U	U	U	U	U	D	F	U	U	U	U	U
49	D	D	D	D	F	F	U	D	D	D	D	F	F	U
50	D	D	F	F	U	U	U	D	D	F	F	U	U	U
51	D	F	F	U	U	U	U	D	F	F	U	U	U	U
52	D	F	F	F	F	F	U	D	F	F	F	F	F	U
53	D	D	F	F	F	F	U	D	D	F	F	F	F	U
54	F	F	F	F	F	F	F	D	D	D	D	D	D	D
55	D	D	F	F	F	U	U	U	D	D	D	D	D	D
56～254	预留													
255	UE基于tdd-UL-DL-ConfigurationCommon或tdd-UL-DL-ConfigurationDedicated以及检测到的DCI格式（如果有）确定该时隙的时隙格式													

(3) 符号长度。NR 中 OFDM 的符号长度与 CP 类型有关，l 号符号的 CP 长度计算方式如下：

$$N_{\mathrm{CP},l}^{\mu}=\begin{cases}512k\times 2^{-\mu} & \text{扩展 CP}\\ 144k\times 2^{-\mu}+16k & \text{正常 CP，}l=0\text{ 或 }l=7\times 2^{\mu}\\ 144k\times 2^{-\mu} & \text{正常 CP，}l\neq 0\text{ 或 }l\neq 7\times 2^{\mu}\end{cases}$$

式中，$k=T_S/T_C=64$。

得到 CP 的长度后，接下来需要计算符号的时间长度。NR 中包含 CP 的 OFDM 符号长度 L_{OFDM} 为

$$L_{\mathrm{OFDM}}=\left(N_u^{\mu}+N_{\mathrm{CP},l}^{\mu}\right)\times T_{\mathrm{C}}$$

式中，N_u^{μ} 为以 T_C 个数为单位的不含 CP 的符号长度，$N_u^{\mu}=2\,048k\times 2^{\mu}$；$T_C$ 为 NR 时域的基本时间单元。

以 $\mu=1$ 为例，分别计算 $l=0$ 与 $l\neq 0$ 在正常 CP 下的 OFDM 符号长度。

① 0 号 OFDM 符号含 CP 的时域长度：

0 号符号以 T_C 个数为单位的 CP 长度：

$$N_{\mathrm{CP},l}^{\mu}=144\times 64\times 2^{-1}+16\times 64=5\,632$$

CP 的时域长度：

$$5\,632\times T_C=5\,632\times 1\div(480\,000\times 4\,096)\times 10^6\ \mu\mathrm{s}=2.86\ \mu\mathrm{s}$$

以 T_C 个数为单位的不含 CP 的 OFDM 符号长度：

$$N_u^{\mu}=2\,048\times 64\times 2^{-1}=65\,536$$

不含 CP 的 OFDM 符号时域长度：

$$65\,536\times T_C=65\,536\times 1\div(480\,000\times 4\,096)\times 10^6\ \mu\mathrm{s}=33.33\ \mu\mathrm{s}$$

包含 CP 的 OFDM 符号时域长度：

$$L_{\mathrm{OFDM}}=(33.33+2.86)\ \mu\mathrm{s}=36.19\ \mu\mathrm{s}$$

② 1 号 OFDM 符号含 CP 的时域长度：

1 号符号以 T_C 个数为单位的 CP 长度：

$$N_{\mathrm{CP},l}^{\mu}=144\times 64\times 2^{-1}=4\,608$$

CP 的时域长度：

$$4\,608\times 64=4\,608\times 1\div(480\,000\times 4\,096)\times 10^6\ \mu\mathrm{s}=2.34\ \mu\mathrm{s}$$

以 T_C 个数为单位的不含 CP 的 OFDM 符号长度：

$$N_u^{\mu}=2\,048\times 64\times 2^{-1}=65\,536$$

不含 CP 的 OFDM 符号时域长度：

$$65\,536\times T_C=65\,536\times 1\div(480\,000\times 4\,096)\times 10^6\ \mu\mathrm{s}=33.33\ \mu\mathrm{s}$$

包含 CP 的 OFDM 符号时域长度：

$$L_{\mathrm{OFDM}}=(33.33+2.34)\ \mu\mathrm{s}=35.67\ \mu\mathrm{s}$$

3.1.4　帧周期与时隙配置

5G NR 采用了灵活的时域资源配置，最小的调度单位与 4G 相比也进一步细化到了时隙，因此在调度上以时隙符号数为循环周期，进行时域上资源发送。在 TDD 制式中，5G 系统通过不同时间发送上行、

下行与特殊时隙进行 UE 与基站之间信号交互。上行、下行配置的适用周期（P）根据相关参数集变化，单周期内时隙个数 S 与 μ 相关，S 计算方式如下：

$$S=P\times 2^{\mu}$$

根据 TS 38.213 中 11.1 中描述，帧周期共有 0.5 ms、0.625 ms、1 ms、1.25 ms、2 ms、2.5 ms、5 ms、10 ms 情况，对应协议参数为 dl-UL-TransmissionPeriodicity。当 P 为 0.5 ms 时，μ 可以取 1、2、3、4；当 P 为 0.625 ms 时，μ 只能为 3；当 P 为 1.25 ms 时，μ 可以取 2、3；当 P 为 2.5 ms 时，μ 可以取 1、2、3。每个周期的第一个符号是偶数帧中的第一个符号。TDD 系统中可选择配置双周期，当第二个帧周期配置使能时，系统按照双周期进行调度。下行时隙中所有符号为下行符号，上行时隙中所有符号为上行符号，特殊时隙中可配置上行、下行与 GP 符号。以 μ=1，帧周期为 5 ms 为例，根据计算可得帧周期内时隙数目 $S=5\times 2^{1}=10$，即一个帧周期内共有十个时隙。

常见的几种帧结构配置如下（μ=1，子载波间隔为 30 kHz，单个时隙长度为 0.5 ms）：

（1）2.5 ms 单周期。2.5 ms 单周期时隙与符号的典型配置如图 3-5 所示。

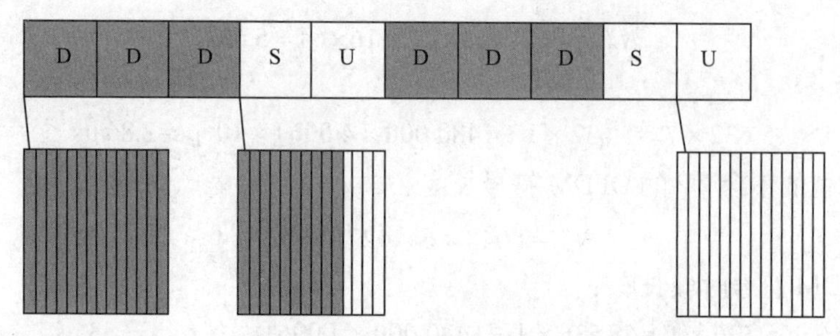

图 3-5　2.5 ms 单周期时隙与符号的典型配置

每 2.5 ms 内前三个时隙为下行时隙，时隙 3 为特殊时隙，S 时隙配比可自定义，推荐 10∶2∶2，时隙 4 固定为上行时隙，依次循环。

（2）2.5 ms 双周期。2.5 ms 双周期时隙与符号的典型配置如图 3-6 所示。

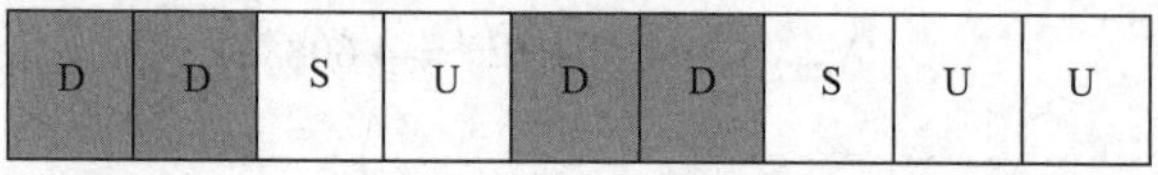

D	D	S	U	D	D	S	U	U

图 3-6　2.5 ms 双周期时隙与符号的典型配置

包含两个不同的 2.5 ms 周期，第一个周期内前三个时隙为下行时隙，时隙 3 为特殊时隙，推荐 10∶2∶2，时隙 4 固定为上行时隙。第二个周期内前两个时隙为下行时隙，时隙 2 为特殊时隙，时隙 3 和时隙 4 为上行时隙。后续以 5 ms 为周期循环。

（3）2 ms 单周期。2 ms 单周期时隙与符号的配置如图 3-7 所示。

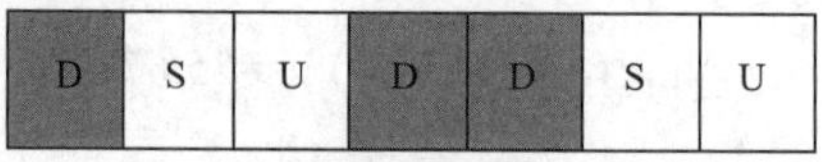

D	S	U	D	D	S	U

图 3-7　2 ms 单周期时隙与符号的典型配置

每 2 ms 内前两个时隙为下行时隙，时隙 2 为特殊时隙，推荐 12∶2∶0，时隙 3 为上行时隙，依次循环。

（4）5 ms 单周期。5 ms 单周期时隙与符号的典型配置如图 3-8 所示。

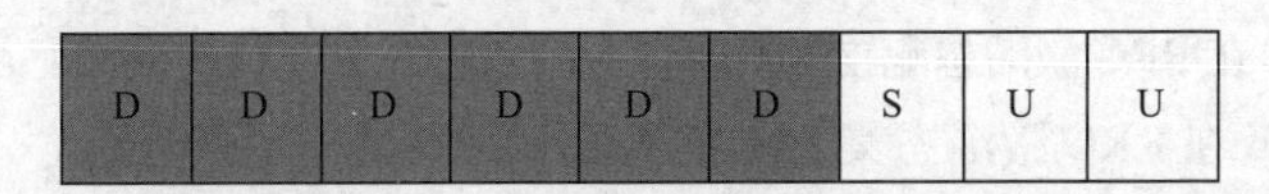

图3-8　5 ms单周期时隙与符号的典型配置

每5 ms内前七个时隙为下行时隙，时隙7为特殊时隙，推荐10∶2∶2，时隙8和时隙9为上行时隙，依次循环。

具体时隙配置需根据业务需求灵活调整，当下载业务需求大时可增加下行时隙数或S时隙中下行符号数；当上传业务需求大时可增加上行时隙数或S时隙中上行符号数。S时隙中GP符号数与小区覆盖距离有关，覆盖距离与GP的关系如下：

$$NR\text{最大覆盖距离}=c\times(T_{GP}-T_{RX\text{-}TX})\div 2$$

式中，c为光速；$T_{RX\text{-}TX}$为UE从接收到下行信号到发送上行信号的转换时间，FR1下不小于13 μs，FR2下不小于7 μs；T_{GP}为一个时隙内GP符号长度。

若μ=1，S时隙配置为10∶2∶2，子载波间隔为30 kHz，GP符号位于10号和11号位置。根据3.1.4节中的计算结果，Normal CP情况下GP符号长度为35.67 μs，可得到：

$$T_{GP}=35.67\times 2=71.34$$

NR最大覆盖距离为

$$3\times 10^{8}\times 10^{-6}\times(71.34-13)\div 2\ \text{m}=8\ 751\ \text{m}$$

3.1.5　部分带宽（BWP）

在LTE的设计中，是默认所有终端均能处理20 MHz的载波带宽，这种硬性指标虽会略微提升LTE终端的成本，但能让控制信道占用的频域资源分散到整个带宽中并获得频率分集增益。由于5G NR需要支持非常大的系统带宽，因此，让所有不同的终端接收整个带宽必然是不合理的（例如，物联网数据传输一般仅需要比较小的带宽）。NR标准设计需要考虑如下因素：

（1）不要求所有终端都具备接收整个载波带宽的能力，NR标准就需要为如何处理不同带宽能力的终端引入特别设计。

（2）如果要求所有终端都可以接收整个载波带宽，除了需要考虑终端成本，接收全部系统带宽引起的功耗增加也是一个重要的考虑因素。

因此，在NR标准设计中，引入了一个新的技术——接收带宽自适应。通过接收带宽自适应技术，终端只在一个较小的带宽上监听下行控制信道，以及接收少量的下行数据传输。当终端有大量的数据接收的时候，则打开整个带宽进行接收。为了更好地支持不能处理整个载波带宽的终端以及接收带宽自适应，NR标准定义了一个新的概念：部分带宽（Bandwidth Part，BWP）。

对于NR FDD模式，一个UE在上行和下行方向各自最多可配置四个BWP；对于NR TDD模式，一个UE可配置四个BWP Pair，每个BWP Pair包含一个UL BWP和一个DL BWP，同一个BWP Pair中的UL BWP和DL BWP的频点必须相同，其他参数可以不同。从功能上讲，BWP可分为初始BWP和专用BWP。初始BWP主要用于UE接收RMSI、OSI发起随机接入等；专用BWP主要用于数据业务。从作用方式上来讲，BWP可分为初始BWP、专用BWP、激活BWP和默认BWP四种类型。

（1）初始BWP：UE初始接入时使用的BWP，通过SIB1或RRC重配消息通知给UE。

（2）专用 BWP：UE 在 RRC 激活态配置的 BWP，一个 UE 在每个载波最大配置四个专用 BWP。

（3）激活 BWP：UE 在 RRC 激活态某时刻使用的 BWP，是专用 BWP 之一，同一时刻，UE 只能激活一个专用 BWP。

（4）默认 BWP：UE 在 RRC 激活态时，当 BWP 的 bwp-InactivityTimer 超时后，UE 所工作的 BWP，也是专用 BWP 的一个，通过 RRC 信令指示。

BWP 相当于把 5G 的频谱在一定的时间内划分成了很多的小块，每个 BWP 可以使用不同的参数集，其带宽、子载波间隔，以及其他控制参数都可以不同，相当于在 5G 小区内部又划分出了若干个配置不同的子小区，以适应不同类型的终端及业务类型。

对于任一 BWP，通过以下高层参数来指示 BWP 中的信息：

（1）locationAndBandwidth：确定此 BWP 的 RB_{start} 和 L_{RB}，BWP 在 CRB 上的起始位置 $N_{\mathrm{BWP}}^{\mathrm{start}}=O_{\mathrm{carrier}}+RB_{\mathrm{start}}$，连续的的 PRB 数目 $N_{\mathrm{BWP}}^{\mathrm{size}}=L_{\mathrm{RB}}$，由高层参数 offset To Carrier 通知给 UE。

（2）subcarrierSpacing：指示此 BWP 的子载波间隔。

（3）cyclicPrefix：指示此 BWP 的循环前缀。

（4）BWP-Id：指示 BWP 的标识索引。

（5）BWP-common 和 BWP-dedicated：设置一组公用 BWP 和专用 BWP 参数。

一般情况下，初始激活的 DL BWP 由 initialDownlinkBWP 提供。若没有配置初始 BWP，则由一组连续的 PRB 的位置、数量、子载波间隔、循环前缀来定义初始 DL BWP，这些 PRB 的起点和终点分别是用 Type0-PDCCH CSS 的 CORESET 中的 PRB 的最小和最大编号。子载波间隔和循环前缀则用 Type0-PDCCH CSSde CORESET 中 PDCCH 所使用的 SCS 和 CP。若 UE 配置了专用 BWP，可以通过高层参数 firstActiveDownlinkBWP-Id 和 firstActiveUplinkBWP-Id 来给 UE 提供在小区内某个载波上激活的 DL BWP 和 UL BWP。

前面提到，一个 UE 在上行和下行方向都拥有多个 BWP，由于每个时刻只能激活一个 BWP，在某些时刻可能会发生 BWP 切换。BWP 切换方式如下：

（1）半静态 BWP 切换：可以通过 RRC 重配 firstActiveDownlinkBWP-Id 和 firstActiveUplinkBWP-Id，实现半静态 BWP 切换。

（2）基于 Timer 的 BWP 切换：如果 timer 超出则从当前激活 BWP 返回到 default DL BWP 或 default BWP pair。

（3）动态 BWP 切换：通过 DCI 中的 BWP 指示域指示切换。

（4）基于 RACH 的 BWP 切换：如果 Active UL BWP 没有配置 PRACH 资源，则需要切换至 Initial UL BWP。

图 3-9 直观地表达了一个 BWP 切换的例子。在 T_0 时段，UE 业务负荷较大且对时延要求不敏感，系统为 UE 配置大带宽 BWP1（带宽为 40 MHz，SCS 为 15 kHz）；在 T_1 时段，由于业务负荷趋降，UE 由 BWP1 切换至小带宽 BWP2（带宽为 10 MHz，SCS 为 15 kHz），在满足基本通信需求的前提下，可达到减低功耗的目的；在 T_2 时段，UE 可能突发时延敏感业务，或者发现 BWP1 所在频段内资源紧缺，于是切换到新的 BWP3（带宽为 20 MHz，SCS 为 60 kHz）上；同理，在 T_3 和 T_4 等其他不同时段，UE 均根据实时业务需求，在不同 BWP 之间切换。一个终端最大可以支持四个 BWP，但同一时刻只能有一

个处于激活状态。

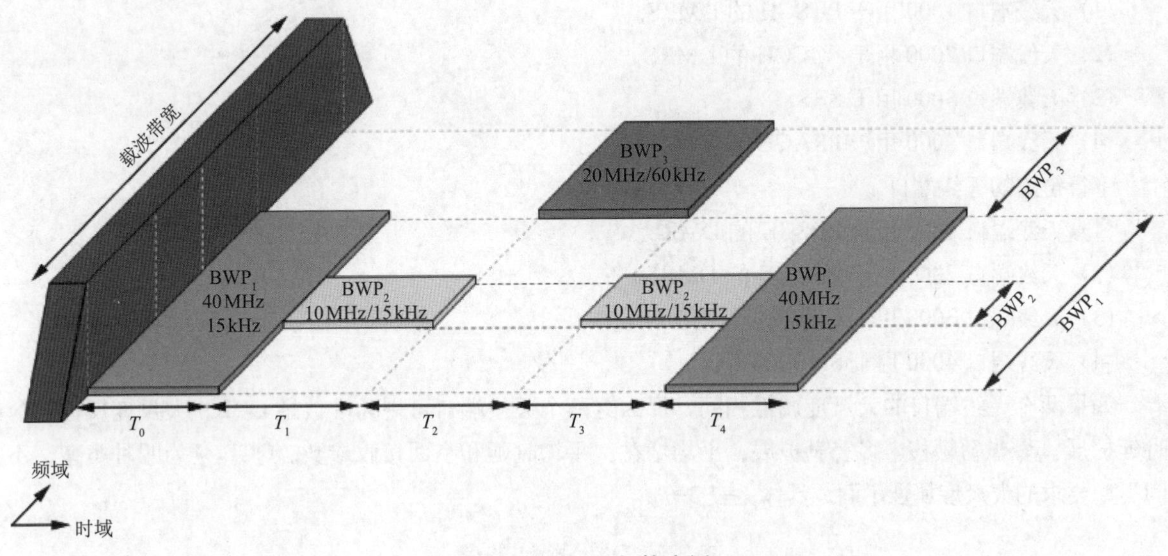

图 3-9　BWP 切换实例

简要总结一下 BWP 的优势：

(1) 支持低带宽能力 UE 在大系统带宽小区中工作，有利于低成本终端的开发以及保持终端的多样性，不同性能及成本的终端均可以在网络中并存。

(2) 可通过不同带宽大小的 BWP 之间的转换和自适应来降低 UE 功耗。

(3) 可通过切换 BWP 来变换参数集，以优化对无线资源的利用，并更好地适配业务需求。

(4) 载波中可以预留频段以支持尚未定义的传输格式，这一特性有利于支持未来市场推出的设备和应用，具备前向兼容性。

3.1.6　天线端口与 QCL

天线端口最初是在 3GPP 协议 36.211 中提出的，协议定义：同一天线端口传输的不同信号所经历的信道环境是一样的，每一个天线端口都对应了一个资源栅格，是一个逻辑上的概念。可见天线逻辑端口虽然在发射机进行配置，但是其本质含义是辅助接收机进行解调，天线端口是物理信道或物理信号的一种基于空口环境的标识，相同的天线端口信道环境变化一样，接收机可以据此进行信道估计从而对传输信号进行解调。

天线端口虽然是逻辑上不同传输信号的一种划分机制，但是与物理层面的天线通道概念却有着对应关系。如果需要将天线进行逻辑端口的划分，一定需要有对应的物理通道划分作为基础能力支持，例如，两个天线端口就至少对应了两个天线物理通道，当然也可以对应以 2 为整数倍数的通道，例如 4 通道或者 8 通道，所以经常遇到的通信系统中 4T2R 天线或者 4T4R 天线中的 T 和 R 分别指的是天线物理传输和接收通道个数。理论上，4T2R 天线分别可以划分为 1、2、4 个逻辑端口，但是一个物理通道就无法分拆为两个逻辑端口。天线端口与物理通道虽是两个不同的概念，但彼此存在辩证的关系。

5G NR 中对于天线端口做了明确规范，其中上行链路的天线端口：

(1) 天线端口1000用于PUSCH的DMRS。

(2) 天线端口2000用于PUCCH的DMRS。

(3) 天线端口3000用于SRS。

(4) 天线端口4000用于PRACH。

下行链路的天线端口：

(1) 天线端口1000用于PDSCH的DMRS。

(2) 天线端口2000用于PDCCH的DMRS。

(3) 天线端口3000用于CSI-RS。

(4) 天线端口4000用于SS/PBCH。

如果两个天线端口的大尺度属性相同，那么这两个天线端口可视为准共址QCL。大尺度属性包含时延扩展、多普勒频移、多普勒扩展、平均增益、平均时延和空间接收参数。QCL分为四种类型，不同类型要求的大尺度属性不同，具体见表3-7。

表3-7 QCL类型与作用

QCL类型	要求相同的大尺度属性	作 用
Type A	时延扩展、多普勒频移、多普勒扩展、平均时延	获取信道估计信息
Type B	多普勒频移、多普勒扩展	获取信道估计信息
Type C	多普勒频移、平均时延	获取RSRP等测量信息
Type D	空间接收参数	辅助UE波束赋形

3.2 物理信道和信号

和前几代移动通信系统类似，5G的信道也分为三类，即逻辑信道、传输信道和物理信道。逻辑信道是MAC子层和RLC子层之间的信道，传输信道是物理层与MAC子层之间的信道，物理信道是物理层实际传输信息的信道，如图3-10所示。

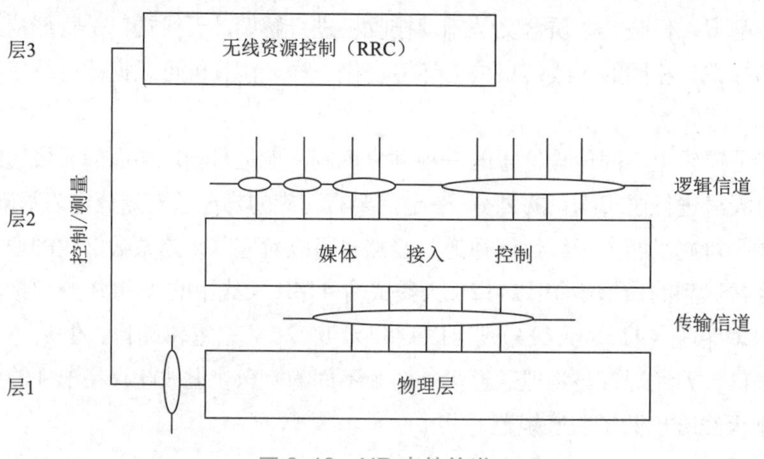

图3-10 NR中的信道

3.2.1　上行物理信道

5G 定义了如下的上行物理信道：

（1）物理上行共享信道（PUSCH）：在上行方向上和 PDSCH 对等的信道，用于上行数据传送和部分上行控制信息 UCI（Uplink Control Information）。

（2）物理上行控制信道（PUCCH）：用于发送 UCI，包括 HARQ（Hybrid Automatic Repeat Request，混合自动重传请求）反馈信息、CSI（Channel State Information，信道状态信息）、CQI（Channel Quality Information，信道质量信息）、RI（Rank Indicator，秩指示）、PMI（Precoding Matrix Indicator，预编码矩阵指示）以及调度请求等。

（3）物理随机接入信道（PRACH）：用于发送随机接入 MSG 1。

3.2.2　下行物理信道

5G 定义了如下的下行物理信道：

（1）物理广播信道（PBCH）：用于承载小区系统消息。

（2）物理下行共享信道（PDSCH）：用于数据传输的主要物理信道，同时也传输如寻呼、RAR（Random Access Response，随机接入响应）及部分 SIB（System Information Block，系统信息块）消息。

（3）物理下行控制信道（PDCCH）：用于传输下行控制信息 DCI（Downlink Control Information），主要包括上下行调度信息。

3.2.3　物理信号

物理信号是物理层使用的不承载任何来自高层信息的信号，5G 定义了如下的物理信号：

（1）同步信号（SS）：用于下行时频同步，由主同步信号（PSS）和辅同步信号（SSS）组成。PSS 用于探测直流子载波及下行时间同步，SSS 用于帧同步。

（2）解调参考信号（DMRS）：主要用于对应信道（PDSCH、PDCCH、PUCCH、PUSCH）的相干解调的信道估计。

（3）信道状态指示参考信号（CSI-RS）：用于对信道状态进行估计，以便对 gNB 发送反馈报告，来辅助进行 MCS 选择、波束赋形、MIMO 秩选择和资源分配等工作。

（4）探测参考信号（SRS）：用于上行信道状态信息的估计，以辅助进行上行调度、上行功控，还可用于辅助进行下行发送（如基于上下行互易性的下行波束赋形）。

（5）相位跟踪参考信号（PTRS）：用于对不包含 DMRS 的 PDSCH（或 PUSCH）符号间的相位错误进行校正，也可用于多普勒和时变信道的追踪，仅在高频段使用。

可以看到，5G 中不再使用 CRS 作为导频信号。在 LTE 中，CRS 被用于信道估计、天线端口指示和下行 RSRP 测量等。当天线端口较少时，CRS 的开销较小，但是随着天线端口数量的增加，CRS 的开销会迅速增长。例如，使用 8 端口的情况下，CRS 所占的资源会大于 50%。因此，5G 系统中不再使用 CRS，而是采用其他信道共同完成 CRS 原来的工作。信道的解调由相应的 DMRS 完成，CSI 的计算由 CSI-RS 完成，小区 RSRP 测量由 SSB（SS/PBCH Block）完成。

3.2.4 物理信道处理的基本过程

物理信道的处理过程如图 3-11 所示，来自 MAC 层的传输块（Transport Block，TB）进行码字流的处理，包括信道编码、交织、速率匹配等操作后，再进行加扰，而后再通过数据调制、RE 映射、OFDM 调制，最后送到相应的天线端口，产生最终的基带信号。

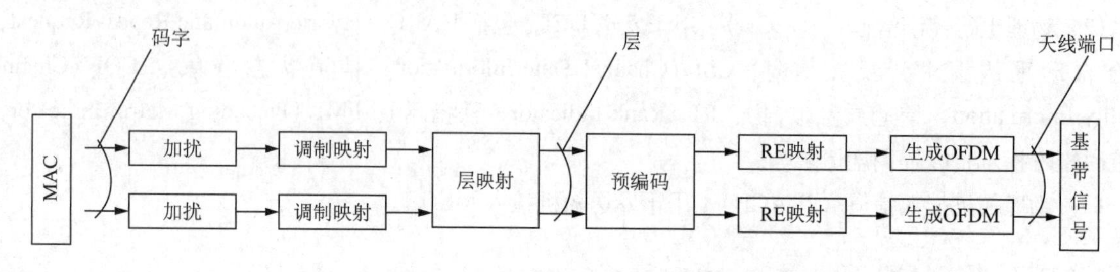

图 3-11 物理信道的处理过程

1. 加扰

加扰是将 MAC 层传过来的码字和一个加扰序列进行比特级的乘法，可以有效抑制干扰。对相邻小区的下行传输采用不同的扰码，或者对不同的终端上行发送采用不同的扰码，干扰信号解扰后就会被随机化。这种随机化非常有助于充分利用信道编码的处理增益。

2. 调制

调制的目的是把加扰后的比特转换为一组复数表示的调制符号。NR 标准的上行传输和下行传输支持的调制模式包括：QPSK、16QAM、64QAM 以及 256QAM。在使用 DFT 预编码的情况下，NR 的上行传输还支持 $\pi/2$-BPSK，这样可以降低立方度量，提升功放效率，进而可以提高覆盖。

3. 层映射

层映射的目的是将调制的符号映射到各个层上。映射的方式和 LTE 类似，以层数为模，把第 n 个符号映射到第 n 层上。一个编码的传输块最多可以映射到 4 层上。对下行传输，可以支持 8 层，则将另一个传输块映射到 5 ～ 8 层上，映射方式和前 4 层映射方式一致。码字与层的映射关系见表 3-8。

表 3-8 码字与层的映射关系

层 数	码 字 数	映射 $i=0,1,\cdots,M_{\text{symb}}^{\text{layer}}-1$	
1	1	$x^{(0)}(i)=d^{(0)}(i)$	$M_{\text{symb}}^{\text{layer}}=M_{\text{symb}}^{(0)}$
2	1	$x^{(0)}(i)=d^{(0)}(2i)$ $x^{(1)}(i)=d^{(0)}(2i+1)$	$M_{\text{symb}}^{\text{layer}}=M_{\text{symb}}^{(0)}/2$
3	1	$x^{(0)}(i)=d^{(0)}(3i)$ $x^{(1)}(i)=d^{(0)}(3i+1)$ $x^{(2)}(i)=d^{(0)}(3i+2)$	$M_{\text{symb}}^{\text{layer}}=M_{\text{symb}}^{(0)}/3$
4	1	$x^{(0)}(i)=d^{(0)}(4i)$ $x^{(1)}(i)=d^{(0)}(4i+1)$ $x^{(2)}(i)=d^{(0)}(4i+2)$ $x^{(3)}(i)=d^{(0)}(4i+3)$	$M_{\text{symb}}^{\text{layer}}=M_{\text{symb}}^{(0)}/4$

续表

层　数	码 字 数	映射 $i=0,1,\cdots,M_{\text{symb}}^{\text{layer}}-1$	
5	2	$x^{(0)}(i)=d^{(0)}(2i)$ $x^{(1)}(i)=d^{(0)}(2i+1)$	$M_{\text{symb}}^{\text{layer}}=M_{\text{symb}}^{(0)}/2=M_{\text{symb}}^{(1)}/3$
		$x^{(2)}(i)=d^{(1)}(3i)$ $x^{(3)}(i)=d^{(1)}(3i+1)$ $x^{(4)}(i)=d^{(1)}(3i+2)$	
6	2	$x^{(0)}(i)=d^{(0)}(3i)$ $x^{(1)}(i)=d^{(0)}(3i+1)$ $x^{(2)}(i)=d^{(0)}(3i+2)$	$M_{\text{symb}}^{\text{layer}}=M_{\text{symb}}^{(0)}/3=M_{\text{symb}}^{(1)}/3$
		$x^{(3)}(i)=d^{(1)}(3i)$ $x^{(4)}(i)=d^{(1)}(3i+1)$ $x^{(5)}(i)=d^{(1)}(3i+2)$	
7	2	$x^{(0)}(i)=d^{(0)}(3i)$ $x^{(1)}(i)=d^{(0)}(3i+1)$ $x^{(2)}(i)=d^{(0)}(3i+2)$	$M_{\text{symb}}^{\text{layer}}=M_{\text{symb}}^{(0)}/3=M_{\text{symb}}^{(1)}/4$
		$x^{(3)}(i)=d^{(1)}(4i)$ $x^{(4)}(i)=d^{(1)}(4i+1)$ $x^{(5)}(i)=d^{(1)}(4i+2)$ $x^{(6)}(i)=d^{(1)}(4i+3)$	
8	2	$x^{(0)}(i)=d^{(0)}(4i)$ $x^{(1)}(i)=d^{(0)}(4i+1)$ $x^{(2)}(i)=d^{(0)}(4i+2)$ $x^{(3)}(i)=d^{(0)}(4i+3)$	$M_{\text{symb}}^{\text{layer}}=M_{\text{symb}}^{(0)}/4=M_{\text{symb}}^{(1)}/4$
		$x^{(4)}(i)=d^{(1)}(4i)$ $x^{(5)}(i)=d^{(1)}(4i+1)$ $x^{(6)}(i)=d^{(1)}(4i+2)$ $x^{(7)}(i)=d^{(1)}(4i+3)$	

4. 预编码

多天线预编码的目的是将若干传输层通过预编码矩阵映射到一组天线端口。对于下行，所有物理信道的相关解调都依赖于该信道对应的 DMRS。此外，终端需要假设网络侧已经把数据部分和 DMRS 进行了相同的预编码，因此网络侧使用的任何下行多天线编码对终端都是透明的，网络侧可自由决定下行预编码。

对于上行，NR 标准支持最多四层的上行（即 PUSCH）多天线预编码。终端关于 PUSCH 的多天线预编码可以配置为两种模式：基于码本的传输和基于非码本的传输。选择哪种模式一般依据为：上下行信道是否具有互易性（即终端能够依据下行测量的结果，很大程度上了解上行信道）。

5. 资源映射（RE 映射）

RE 映射就是将发往各个天线端口的调制符号映射到资源块内的资源单元(RE)上。这些资源块是由 MAC 层调度器为此次传输分配的。传输使用的资源块频域上等于 12 个子载波的宽度，时域上包括若干个 OFDM 符号。当然，调度的资源块内有些 RE 是不能被使用的，而是用于：

(1) 参考信号（DMRS、SRS、CSI-RS）。

(2) 下行 L1 或者 L2 的控制信令。

(3) 同步信号以及系统消息。

(4) 下行预留的资源，为了提供前向兼容。

调度器会使用虚拟资源块（VRB）和一组 OFDM 符号来定义用于某次传输的时频资源。调制符号会按照先频域后时域的顺序映射到调度器指定的时频资源。

之后，包含调制符号的虚拟资源块会映射到部分带宽（BWP）内的物理资源块（PRB）上。依据传输使用的 BWP，最终可以决定载波资源块以及在载波上准确的频域位置。VRB 向 PRB 的资源映射方式分为非交织映射和交织映射。

非交织映射意味着一个 BWP 内的 VRB 直接映射为该 BWP 的 PRB。在网络知晓物理资源块空口质量的情况下，调度器通过非交织映射直接选定空口质量好的 PRB。

交织映射将 VRB 交织映射到 PRB 上。选定的 PRB 以两个或四个为一组，不同的组打散到整个 BWP 上。引入交织映射是为了获得频率分集，不论大量资源分配还是少量资源分配，交织资源映射都能带来好处。

3.3 同步广播块（SSB）

SSB 块（Synchronization Signal and PBCH Block）为 5G 中新提出的概念。PBCH 信道包含于其中，主要用于小区搜索，通过 GSCN 和同步栅格终端可快速找到 SSB 块。SSB 块时频资源大小固定，位置可自由配置，每个 SSB 块与 SSB 波束关联。

3.3.1 同步广播块（SSB）定义

为了令终端在开机进入系统时能够找到小区，以及终端在系统内移动时能够找到新的小区，每个 NR 的小区会在下行周期性地发送同步信号，同步信号包括两部分：主同步信号（Primary Synchronization Signal，PSS）和辅同步信号（Secondary Synchronization Signal，SSS）。同步信号和物理广播信道（PBCH）共同组成同步广播块（SSB）。

在 NR 中，小区搜索主要基于对 SSB 的检测来完成。终端通过小区搜索过程获得小区 ID、频率同步（载波频率）、下行时间同步（包括无线帧定时、半帧定时、时隙定时及符号定时）。具体来看，整个小区搜索过程包括：

(1) 主同步信号搜索：终端首先搜索主同步信号，完成 OFDM 符号边界同步、粗频率同步并获得小区标识 N_{ID2}（范围为 0 ～ 2）。

（2）辅同步信号检测：搜索到主同步信号后，终端进一步检测辅同步信号，获得小区标识（范围为 0 ～ 335），并基于小区标识 N_{ID1}、N_{ID2} 计算得到物理小区标识，即 $N_{Cell\ ID}=3N_{ID1}+N_{ID2}$；

（3）广播信道检测：在成功检测主同步及辅同步信号之后，终端开始接收物理广播信道，获取系统消息。

SSB 在时域上共占用四个 OFDM 符号，在频域上共占用 240 个子载波（20 个 PRB），编号为 0 ～ 239，如图 3-12 所示。

从图 3-12 中可以看出，PSS 位于符号 0 的中间 127 个子载波，SSS 位于符号 2 的中间 127 个子载波，PBCH 位于符号 1 和符号 3，以及符号 2，其中符号 1 和符号 3 上占 0 ～ 239 所有子载波，符号 2 上占用除去 SSS 占用子载波及保护 SSS 的 Set to 0 子载波以外的所有子载波。在图 3-12 中未标示出 PBCH-DMRS，PBCH-DMRS 位于 PBCH 中间，在符号 1 ～符号 3 上，每个符号上 60 个，间隔 4 个子载波。

其中 PSS、SSS、PBCH 及其 DMRS 占用的资源见表 3-9。

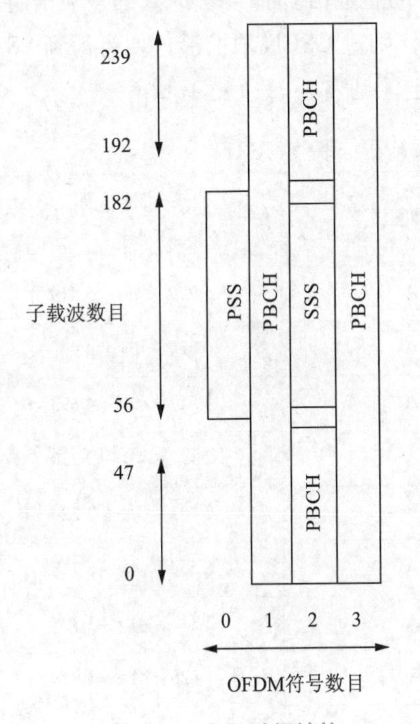

图 3-12 SSB 时频结构

表 3-9 SSB 占用的时频资源

信道或信号	OFDM 符号	子 载 波
PSS	0	56, 57, ⋯, 182
SSS	2	56, 57, ⋯, 182
Set to 0	0	0, 1, ⋯, 55, 183, 184, ⋯, 239
	2	48, 49, ⋯, 55, 183, 184, ⋯, 191
PBCH	1, 3	0, 1, ⋯, 239
	2	0, 1, ⋯, 47, 192, 193, ⋯, 239
DMRS for PBCH	1, 3	0+v, 4+v, 8+v, ⋯, 236 +v
	2	0+v, 4+v, 8+v, ⋯, 44 +v 192+v, 196+v, ⋯, 236 +v

表中 $v=N_{ID}^{cell}\mathrm{mod}4$，$N_{ID}^{cell}$ 为物理小区标识（PCI）。

3.3.2 SSB 时频域位置

1. 频域位置同步

LTE 网络中 PSS 和 SSS 位于整个系统的中心位置，当终端事先不知道载波的位置时，通过载波栅格搜索到 PSS 和 SSS 后即找到了整个载波的位置。由于 5G 网络的带宽更大，且 SSB 块不再固定在载波的频域中心位置，为了更快地进行小区载波搜索，需要采用不同方式提高 SSB 块搜索效率。在此要求下，3GPP 协议提出了同步栅格（Synchronization Raster）的概念，并结合全局同步信号 GSCN（Global Synchronization Channel Number）共同确定了 SSB 块的频域位置。

GSCN 对应着 SSB 块的频域位置 SS_{REF}，不同频率下 GSCN 的计算方式也不同，协议中定义的 GSCN 相关参数计算方式见表 3-10。

表 3-10　GSCN 参数与同步栅格对应关系

频率范围 /MHz	SSB 频域位置 SS_{REF}	GSCN	GSCN 范围
0 ～ 3 000	$N \times 1200$ kHz + $M \times 50$ kHz, $N=1$ ～ 2 499, $M \in \{1,3,5\}$	$3N+(M-3)/2$	2 ～ 7 498
3 000 ～ 24 250	3 000 MHz + $N \times 1.44$ MHz, $N=0$ ～ 14 756	7 499 + N	7 499 ～ 22 255
24 250 ～ 100 000	24 250.08 MHz + $N \times 17.28$ MHz, $N=0$ ～ 4 383	22 256 + N	22 256 ～ 26 639

注：对于信道栅格是 SCS 整数倍的工作频段，M 取默认值 3。

当频率范围在 0 ～ 3 000 MHz 时，M 存在三个取值，其原因是子载波间隔是 15 kHz 或 15 kHz 的整数倍，当使用 100 kHz 的信道栅格时，确保和 SS_{REF} 的差为 15 kHz 的整数倍。而当是 SCS 的整数倍时，M 默认取 3，$N \times 1\,200+3 \times 50$ 必为 15 kHz 的整数倍。一般情况下，知道 GSCN 取值后，便可得到 SS_{REF} 的结果。协议中对不同工作频段可用的 GSCN 范围也做了详细规定，见表 3-11、表 3-12。

表 3-11　不同频段下 GSCN 取值与 SSB 时域 CASE 图样取值（FR1）

NR 频段指示	SSB 子载波间隔	SSB 时域图样	GSCN 范围 （起 –< 步长 >– 止）
n1	15 kHz	Case A	5 279 – <1> – 5 419
n2	15 kHz	Case A	4 829 – <1> – 4 969
n3	15 kHz	Case A	4 517 – <1> – 4 693
n5	15 kHz	Case A	2 177 – <1> – 2 230
	30 kHz	Case B	2 183 – <1> – 2 224
n7	15 kHz	Case A	6 554 – <1> – 6 718
n8	15 kHz	Case A	2 318 – <1> – 2 395
n12	15 kHz	Case A	1 828 – <1> – 1 858
n14	15 kHz	Case A	1 901 – <1> – 1 915
n18	15kHz	Case A	2 156 – <1> – 2 182
n20	15 kHz	Case A	1 982 – <1> – 2 047
n25	15 kHz	Case A	4 829 – <1> – 4 981
n28	15 kHz	Case A	1 901 – <1> – 2 002
n29	15 kHz	Case A	1 798 – <1> – 1 813
n30	15 kHz	Case A	5 879 – <1> – 5 893
n34	15 kHz	Case A	5 030 – <1> – 5 056

续表

NR 频段指示	SSB 子载波间隔	SSB 时域图样	GSCN 范围 （起 –< 步长 >– 止）
n38	15 kHz	Case A	6 431 – <1> – 6 544
n39	15 kHz	Case A	4 706 – <1> – 4 795
n40	15 kHz	Case A	5 756 – <1> – 5 995
n41	15 kHz	Case A	6 246 – <3> – 6 717
	30 kHz	Case C	6 252 – <3> – 6 714
n48	30 kHz	Case C	7 884 – <1> – 7 982
n50	15 kHz	Case A	3 584 – <1> – 3 787
n51	15 kHz	Case A	3 572 – <1> – 3 574
n65	15 kHz	Case A	5 279 – <1> – 5 494
n66	15 kHz	Case A	5 279 – <1> – 5 494
	30 kHz	Case B	5 285 – <1> – 5 488
n70	15 kHz	Case A	4 993 – <1> – 5 044
n71	15 kHz	Case A	1 547 – <1> – 1 624
n74	15 kHz	Case A	3 692 – <1> – 3 790
n75	15 kHz	Case A	3 584 – <1> – 3 787
n76	15 kHz	Case A	3 572 – <1> – 3 574
n77	30 kHz	Case C	7 711 – <1> – 8 329
n78	30 kHz	Case C	7 711 – <1> – 8 051
n79	30 kHz	Case C	8 480 – <16> – 8 880
[n90]	15 kHz	Case A	6 246 – <1> – 6 717

表 3-12　不同频段下 GSCN 取值与 SSB 时域 CASE 图样取值（FR2）

NR 频段指示	SSB 子载波间隔	SSB 时域图样	GSCN 范围 （起 –< 步长 >– 止）
n257	120 kHz	Case D	22 388 – <1> – 22 558
	240 kHz	Case E	22 390 – <2> – 22 556
n258	120 kHz	Case D	22 257 – <1> – 22 443
	240 kHz	Case E	22 258 – <2> – 22 442

续表

NR 频段指示	SSB 子载波间隔	SSB 时域图样	GSCN 范围（起 – <步长> – 止）
n260	120 kHz	Case D	22 995 – <1> – 23 166
	240 kHz	Case E	22 996 – <2> – 23 164
n261	120 kHz	Case D	22 446 – <1> – 22 492
	240 kHz	Case E	22 446 – <2> – 22 490

SSB 频域位置搜索时，当 GSCN 确定后，其对应的频率位置便可确定。例如当频段指示为 n78 时，根据表 3-11 取得 SSB 子载波间隔为 30 kHz, 对应的 GSCN 的取值范围为 7 711 ～ 8 051，步长为 1。若网管侧设定 GSCN 为 7 900，根据表 3-10，7 499+N=7 900，计算可得 N=401，代入可得 SS_{REF}= 3 000+401 × 1.44 MHz=3 577.44 MHz，即 SSB 块的中心频率为 3 577.44 MHz，需注意 SSB 块的中心位置位于 SSB 块的 10 号 RB 的 0 号子载波。

由于 SSB 块中心频率位置与同步栅格相关，而 PDCCH 与 PDSCH 所在载波的中心频率位置与信道栅格有关，SSB 的 PRB 和公共资源块 CRB 之间不一定能完全对齐。SBB 块的 0 号 RB 的 0 号子载波与 SSB 块 0 号 RB 所在的 CRB（可表示为 N_{CRB}^{SBB}）的 0 号子载波之间偏移了 k_{SBB} 个子载波。k_{SBB} 的单位根据频段范围的差异取值有所差异，在 FR1 频段内，k_{SBB} 的单位为 15 kHz，即偏移了 k_{SBB} 个间隔为 15 kHz 的子载波，k_{SBB} 可取值 0 ～ 23；FR2 频段内，k_{SBB} 的单位为 60 kHz，即偏移了 k_{SBB} 个间隔为 60 kHz 的子载波，k_{SBB} 可取值 0 ～ 11。

N_{CRB}^{SBB} 由高层参数 offset To PointA 决定，表示 SSB 块的 0 号 CRB 和 PointA 频点的差值，两者频率差值 =（offset To PointA × 12+k_{SBB}）× S。当系统频段在 FR1 内时，S=15 kHz；当系统频段在 FR2 内时，S=60 kHz。

SSB、PointA 关系图如图 3-13 所示。

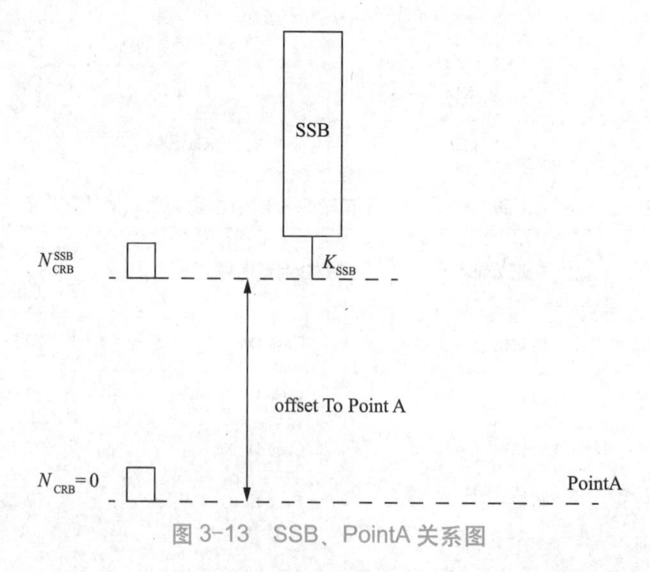

图 3-13　SSB、PointA 关系图

2. 时域突发集

与 LTE 中固定的 5 ms 的 PSS/SSS 周期不同，NR 的 SSB 块的周期可配置为 5 ms、10 ms、20 ms、80 ms 和 160 ms。每个 SSB 周期内存在多个 SSB 块，这些 SSB 块被称为一个 SSB 突发集合，又称同步信号突发集，SSB 突发集每个 SSB 块可以用波束扫描的方式进行发送。SSB 周期通过高层参数 ssb-periodicityServingCell 配置，默认时 SSB 周期取 20 ms。SSB 周期是一个特定波束内的 SSB 传输的时间间隔，可理解为一个 SSB 块对应一个下行的 SSB 波束。当某个终端位于某个特定的 SSB 波束下时，不论何时都只能搜索到一个 SSB，而不知道小区内其他的 SSB。SSB 块对应的波束可采用波束赋形的方式进行发送，以提高小区的覆盖范围。SSB 时分复用示意图如图 3-14 所示。

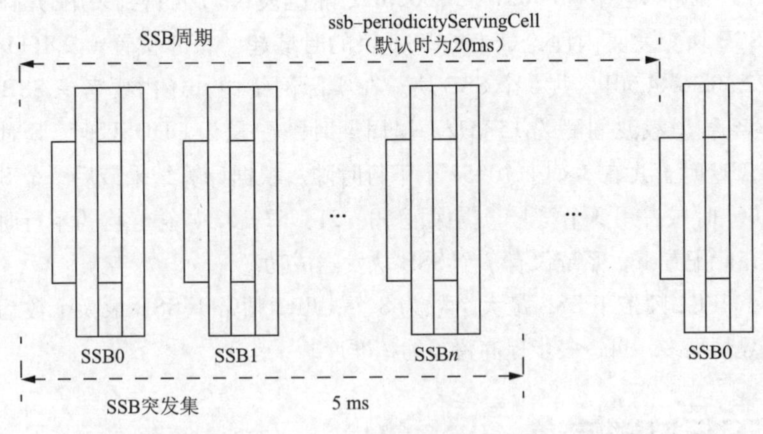

图 3-14　SSB 时分复用示意图

虽然 SSB 的周期可以自定义设置，但 SSB 突发集的时长固定在 5 ms 的时间间隔，必定位于无线帧的前半帧或后半帧。对于不同的频段，SSB 突发集里的 SSB 最大数目也不同。对于具有 SSB 块的半帧，根据 SSB 块的 SCS 和频段指示可以共同确定时域上采用的具体的时域图样，进而得到 SSB 块时域上的起始符号位置，具体的图样计算方式见表 3-13。

表 3-13　SSB 时域 CASE 图样计算方式

类　型	计算方式	n 取值
Case A	$\{2,8\}+14\times n$	$f\leqslant 3$ GHz，n=0,1； $f>3$ GHz，n=0,1,2,3
Case B	$\{4,8,16,20\}+28\times n$	$f\leqslant 3$ GHz，n=0； $f>3$ GHz，n=0,1
Case C	$\{2,8\}+14\times n$	FDD 模式： $f\leqslant 3$ GHz，n=0,1； $f>3$ GHz，n=0,1,2,3。 TDD 模式： $f\leqslant 2.4$ GHz，n=0,1； $f>2.4$ GHz，n=0,1,2,3

续表

类　型	计算方式	n 取值
Case D	$\{4,8,16,20\}+28\times n$	适用于 FR2 n=0,1,2,3,5,6,7,8,10,11,12,13,15,16,17,18
Case E	$\{8,12,16,20,32,40,44\}+56\times n$	适用于 FR2 n=0,1,2,3,5,6,7,8

注：f 为载波频率。

若频段指示为 n78，频段范围为 3 300 ～ 3 800 MHz，根据表 3-11 可得到采用的图样类型为 Case C。结合表 3-13 可得 SSB 块突发集内理论最大的 SSB 块的时域起始符号位置 =$\{2,8\}+14\times n$，n=0,1,2,3，计算得到 {2,8,16,22,30,36,44,50}，共 8 个 SSB 块。在实际网络中，还需要考虑 SSB 块必须在下行时隙发送。例如，当系统子载波间隔为 15 kHz，帧周期时隙配置为 DDDSU 时，S 时隙内符号配置为 DDDDDDDDDDSUUU 时，共有 3×14+10=52 个下行时隙。根据计算结果最后一个 SSB 块的起始符号为 50，由于 SSB 块上时域占用 3 个符号，需保证 50、51、52、53 号符号均为下行时隙，此 SSB 块方可发送成功，因而在此配置下，系统仅有 7 个 SSB 块发送成功。

由表 3-13 可知，FR1 频带下 SSB 最大个数为 8 个，FR2 频带下 SSB 最大个数为 64。高频毫米波组网下，SSB 波束数量更多，可进一步提高覆盖的精准度。

3.4 物理下行控制信道（PDCCH）

NR 在物理层定义了与 LTE 同名的下行控制信道（PDCCH），其功能也一定程度上与 LTE 类似，其所在时频资源称为 CORESET，具体资源分配由 CCE 和 REG 映射方式决定。同时，通过搜索空间规定了 UE 在 CORESET 上的行为。

3.4.1 PDCCH 功能

PDCCH 主要用于传输 PDSCH 和 PUSCH 的调度信息 DCI（Downlink Control Information，下行控制信息）。与 LTE 相比，NR 中没有 PCFICH 和 PHICH，控制区域只有 PDCCH，其中 PHICH 承担的传递 PUSCH 的 HARQ-ACK 信息由 PDCCH 承担，而 PCFICH 承担的传递 PDCCH 占用的 OFDM 符号数的功能则由系统消息传递。

PDCCH 承载的 DCI 的作用有：

（1）调度 PUSCH。

（2）调度 PDSCH。

（3）指示 SFI（Slot Format Indicator）。

（4）指示 PI（Pre-emption Indicator）。

（5）功控命令。

具体 DCI 格式及携带的信息见表 3-14。

表 3-14 DCI 格式类别

DCI 格式	作　用	主要内容
format0_0	指示 PDSCH 调度；fallback DCI；在波形变换、状态切换等场景使用	调度资源位置、跳频指示、MCS、HARQ 指示、TPC 等
format0_1	指示 PUSCH 调度	载波指示、BWP 指示、调度资源位置、跳频指示、MCS、HARQ 指示、TPC、SRS 资源指示、预编码信息、天线端口、SRS 请求、CSI 请求
format1_0	指示 PDSCH 调度；fallback DCI；在公共信息调度，状态切换时使用	调度资源位置、MCS、HARQ 指示、TPC、PUCCH 资源指示、随机接入前导码
format1_1	指示 PDSCH 调度	载波指示、BWP 指示、调度资源位置、MCS、HARQ 指示、TPC、CSI-RS 触发、PUCCH 资源指示、预编码信息、天线端口
format2_0	指示 SFI	SFI 信息，由 SFI-RNTI 加扰
format2_1	指示 UE 不映射数据的 PRB 和 OFDM 符号	PI 信息，由 INT-RNTI 加扰
format2_2	指示 PUSCH 和 PUCCH 的 TPC	TPC，由 TPC-PUSCH-RNTI 或 TPC-PUCCH-RNTI 加扰
format2_3	SRS 的 TPC	TPC，由 TPC-SRS-RNTI 加扰

3.4.2 控制资源集（CORESET）

NR 下行控制信令引入了一个核心概念：控制资源集（CORESET）。控制资源集是 PDCCH 所在的时频资源，一个 UE 可以配置一个或多个 CORESET，每个 CORSET 定义为一组给定参数的 REG，一个 CORESET 可由 1,2,4,8,16 个 CCE 组成，每个 CORESET 是 CCE 到 REG 的映射。CCE 是 PDCCH 传输的最小资源单位，一个 PDCCH 可以包含一个或多个 CCE，由 PDCCH 的聚合等级决定，见表 3-15。UE 在所配置的 CORESET 相关的时频资源中监听并获取 PDCCH 候选资源。在一个 OFDM 符号上，一个 REG 等于一个 RB，也就是 12 个子载波；一个 CCE 由六个 REG 组成；从 CCE 到 REG 的映射可以交织也可以不交织。

搜索空间则规定了 UE 在 CORSET 上的搜索行为，在该资源上终端试图使用一个或多个搜索空间解码可能的 PDCCH。CORESET 的大小和时频位置是由网络半静态配置的。因此，CORESET 在频域上是小于载波带宽的。这对 NR 非常重要，因为 NR 的载波可能带宽非常大，最多达到 400 MHz，因此很多终端无法接收整个带宽信号。

CORESET 的起始位置可以是时隙内任意位置，频域上也可以是载波上的任意位置，如图 3-15 所示。但是终端不会去处理任何激活 BWP 之外的 CORESET。NR 标准规定，CORESET 是小区级配置而不是针对各个 BWP 的配置，这样做是希望能够在 BWP 之间重用 CORESET。每个 BWP 最多配置 3 个

CORSET，由于每个小区最多 4 个 BWP，则每个小区最多配置 12 个 CORESET，索引是 0 ～ 11。

表 3-15　PDCCH 聚合等级

聚合等级	CCE 数目
1	1
2	2
4	4
8	8
16	16

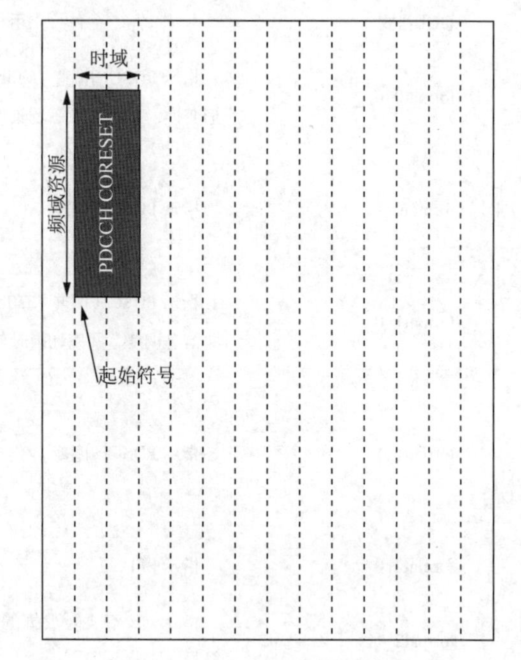

图 3-15　CORESET 示意图

CORESET 频域上包含的 RB 数 $N_{\mathrm{RB}}^{\mathrm{CORESET}}$ 由高层参数 ControlResourceSetIE 中的 frequencyDomainResources 指示；时域符号数 $N_{\mathrm{symb}}^{\mathrm{CORESET}}$ 由高层参数 duration 指示，当高层参数 dmrs-TypeA-Position 取 3 时，$N_{\mathrm{symb}}^{\mathrm{CORESET}}=3$。协议中规定了 PDCCH 相关参数如图 3-16 所示。

```
ControlResourceSet ::=                 SEQUENCE {↵
    controlResourceSetId                   ControlResourceSetId,↵
↵
    frequencyDomainResources               BIT STRING (SIZE (45)),↵
    duration                               INTEGER (1..maxCoReSetDuration),↵
    cce-REG-MappingType                    CHOICE {↵
        interleaved                            SEQUENCE {↵
            reg-BundleSize                         ENUMERATED {n2, n3, n6},↵
            interleaverSize                        ENUMERATED {n2, n3, n6},↵
            shiftIndex                             INTEGER(0..maxNrofPhysicalResourceBlocks-1)
        },↵
        nonInterleaved                         NULL↵
    },↵
    precoderGranularity                    ENUMERATED {sameAsREG-bundle, allContiguousRBs},↵
    tci-StatesPDCCH-ToAddList              SEQUENCE(SIZE (1..maxNrofTCI-StatesPDCCH)) OF TCI-StateId
    tci-StatesPDCCH-ToReleaseList          SEQUENCE(SIZE (1..maxNrofTCI-StatesPDCCH)) OF TCI-StateId
    tci-PresentInDCI                           ENUMERATED {enabled}
    pdcch-DMRS-ScramblingID                    INTEGER (0..65535)
    ...,↵
    [[↵
    rb-Offset-r16                          INTEGER (0..5)
    tci-PresentForDCI-Format1-2-r16        INTEGER (1..3)
    coresetPoolIndex-r16                   INTEGER (0..1)
    controlResourceSetId-v1610             ControlResourceSetId-v1610
    ]]↵
}↵
```

图 3-16　PDCCH 参数配置

部分关键参数说明见表 3-16。

表 3-16　PDCCH 参数说明

字段名称	含　义
frequencyDomainResources	频域占用的资源，每个 bit 对应一个 6 RB 的组
duration	CORESET 时域符号个数
reg-BundleSize	REG 束的大小，确定每个 REG Bundle 所占的 RB 个数。duration 取 3 时，reg-BundleSize 只能取 {n3,n6}
interleavedSize	交织矩阵的行数，通过将连续的 CCE 资源分段，提高容错率
shiftIndex	交织偏移，代入算法公式计算 REG Bundle 的索引

3.4.3　CCE-REG 映射

在 CORESET 中 REG 以时域优先的方式递增编号，起始的 REG 编号为 0。CCE-REG 映射方式可分为交织和非交织两种，由高层参数 cce-REG-Mapping Type 指定。在了解 CCE-REG 映射前，还需要理解 REG 束的概念。一个 REG 束由 $\{iL, iL+1, \cdots, iL+L-1\}$REG 组成，其中 L 是 REG 束的大小，由高层参数 reg-BundleSize 指定。在非交织映射中，L 固定取 6。i 为 REG 束的编号，取值为 0 至 $N_{\text{RB}}^{\text{CORESET}}/L-1$，$N_{\text{RB}}^{\text{CORESET}}$ 为一个 CORESET 中的 REG 数目，$N_{\text{REG}}^{\text{CORESET}}=N_{\text{RB}}^{\text{CORESET}}\times N_{\text{symb}}^{\text{CORESET}}$。CCE-REG 映射通过 REG 束表示，CCEj 中包含了 REG 束$\{f(6j/L), f(6j/L+1), \cdots, f(6j/L+6/L-1)\}$。

对于非交织映射，L=6，$f(x)=x$，$f(x)$ 为 REG 束的具体位置，x 为 CCE-REG 映射索引。

对于交织映射，当 $N_{\text{symb}}^{\text{CORESET}}=1$ 时，$L\in\{2,6\}$；当$N_{\text{symb}}^{\text{CORESET}}\in\{2,3\}$ 时，$L\in\{N_{\text{symb}}^{\text{CORESET}},6\}$，映射方式为

$$
\begin{aligned}
f(x) &= (rC+c+n_{\text{shift}}) \bmod \left(N_{\text{REG}}^{\text{CORESET}}/L\right) \\
x &= cR+r \\
r &= 0,1,\ldots,R-1 \\
c &= 0,1,\ldots,C-1 \\
C &= N_{\text{REG}}^{\text{CORESET}}/(LR)
\end{aligned}
$$

式中，$R\in\{2,3,6\}$，由高层参数 interleavedSize 指定。n_{shift} 由高层参数 shiftIndex 指定。

接下来举例说明两种映射方式的具体过程：

（1）非交织映射：

已知 L=6，设定 $N_{\text{RB}}^{\text{CORESET}}=6$，$N_{\text{symb}}^{\text{CORESET}}=3$。

REG 总数 $N_{\text{REG}}^{\text{CORESET}}=6\times3=18$，则 $N_{\text{REG}}^{\text{CORESET}}/L-1=2$，$i=\{0,1,2\}$，共三个 REG 束，三个 CCE。

0 号 REG 束包含的 REG 为 $\{0\times6, 0\times6+1, \cdots, 0\times6+6-1\}$，即 $\{0,1,2,3,4,5\}$；

1 号 REG 束包含的 REG 为 $\{1\times6, 1\times6+1, \cdots, 1\times6+6-1\}$，即 $\{6,7,8,9,10,11\}$；

2 号 REG 束包含的 REG 为 $\{2\times6, 2\times6+1, \cdots, 2\times6+6-1\}$，即 $\{12,13,14,15,16,17\}$。

则映射结果：

CCE0 对应最大 REG 束为 $f(6\times0/6+6/6-1)=f(0)$，包含的 REG 束为 $f(0)$；

CCE1 对应最大 REG 束为 $f(6\times1/6+6/6-1)=f(1)$，包含的 REG 束为 $f(1)$；

CCE2 对应最大 REG 束为 $f(6\times2/6+6/6-1)=f(2)$，包含的 REG 束为 $f(2)$。

具体 REG 束位置：

$f(0)=0$，$f(1)=1$，$f(2)=2$。

非交织映射结果如图 3-17 所示。

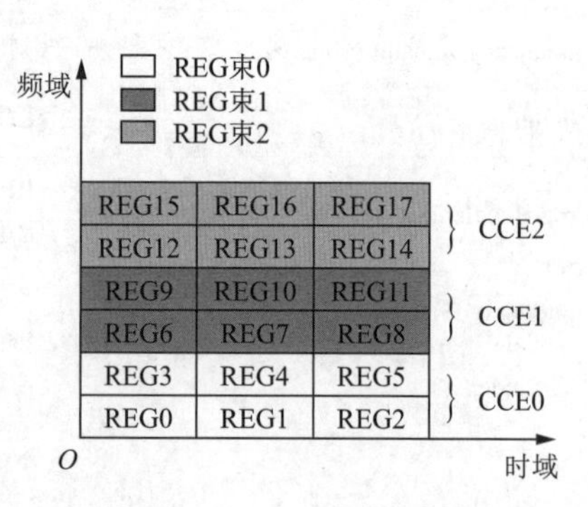

图 3-17 非交织映射结果

（2）交织映射：

设 $N_{\text{RB}}^{\text{CORESET}}=6$，$N_{\text{symb}}^{\text{CORESET}}=3$，$L=3$，$R=2$，$n_{\text{shift}}=2$。

REG 总数 $N_{\text{REG}}^{\text{CORESET}}=6\times3=18$，$N_{\text{REG}}^{\text{CORESET}}/L-1=5$，$i=\{0,1,2,3,4,5\}$，共六个 REG 束，三个 CCE。

0 号 REG 束包含的 REG 为 $\{0\times3, 0\times3+1, \cdots, 0\times3+3-1\}$，即 $\{0,1,2\}$；

1 号 REG 束包含的 REG 为 $\{1\times3, 1\times3+1, \cdots, 1\times3+3-1\}$，即 $\{3, 4, 5\}$；

2 号 REG 束包含的 REG 为 $\{2\times3, 2\times3+1, \cdots, 2\times3+3-1\}$，即 $\{6, 7, 8\}$；

3 号 REG 束包含的 REG 为 $\{3\times3, 3\times3+1, \cdots, 3\times3+3-1\}$，即 $\{9, 10, 11\}$；

4 号 REG 束包含的 REG 为 $\{4\times3, 4\times3+1, \cdots, 4\times3+3-1\}$，即 $\{12, 13, 14\}$；

5 号 REG 束包含的 REG 为 $\{5\times3, 5\times3+1, \cdots, 5\times3+3-1\}$，即 $\{15, 16, 17\}$。

则映射结果：

CCE0 对应最大 REG 束为 $f(6\times0/3+6/3-1)=f(1)$，包含的 REG 束为 $\{f(0), f(1)\}$；

CCE1 对应最大 REG 束为 $f(6\times1/3+6/3-1)=f(3)$，包含的 REG 束为 $\{f(2), f(3)\}$；

CCE2 对应最大 REG 束为 $f(6\times2/3+6/3-1)=f(5)$，包含的 REG 束为 $\{f(4), f(5)\}$。

具体 REG 束位置：

$$r=0, 1, \cdots, R-1=0, 1$$

$$C=N_{\text{REG}}^{\text{CORESET}}/(LR)=18/(3\times2)=3$$

$$c=0, 1, \cdots, C-1=0, 1, 2$$

$f(x)$ 取值计算示例见表 3-17。交织映射结果如图 3-18 所示。

表 3-17 交织计算示例

r	c	$x=cR+r$	$f(x)\|=(rC+c+n_{\text{shift}})\text{mod}(N_{\text{REG}}^{\text{CORESET}}/L)$
0	0	0	2
0	1	2	3
0	2	4	4
1	0	1	5
1	1	3	0
1	2	5	1

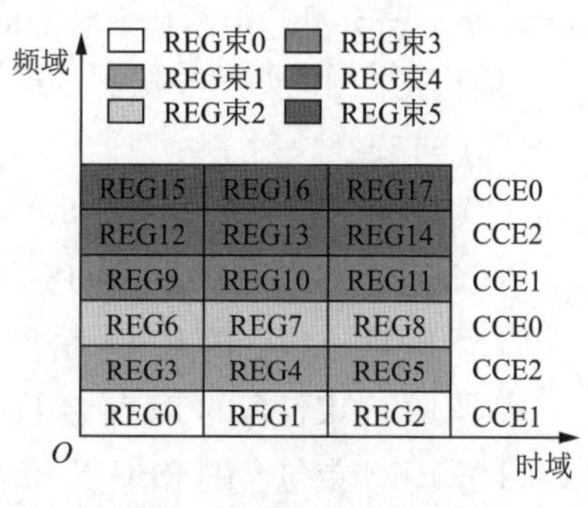

图 3-18 交织映射结果

由上述映射结果中 CCE 中的 REG 分布可知，交织映射有频分增益，非交织映射有频选增益。

3.5 物理共享信道（PDSCH）

PDSCH 信道是下行数据传输的主要通道，作用与 LTE 基本类似，用于传送下行分组数据、寻呼和 SIB 等消息，其时频资源分配方式对下行速率有着直接的影响，相关参数配置也是网络优化中下行速率优化的重点优化内容。

3.5.1 业务信道 PDSCH 处理流程

PDSCH 最多支持 16 个 HARQ 进程，采用 LDPC 信道编码方式，支持 QPSK、16QAM、64QAM 以及 256QAM 等调制方式，PDSCH 对应的 DMRS 与 PDSCH 频分复用，并使用相同的预编码矩阵进行发送。

PDSCH 使用最大两个码字（Codeword），支持单用户最大八层传输，采用天线端口 1000 ～ 1011 进行传送。另外，PDSCH-PTRS 在使用 6 GHz 以上频段使用。PDSCH 处理流程如图 3-19 所示。

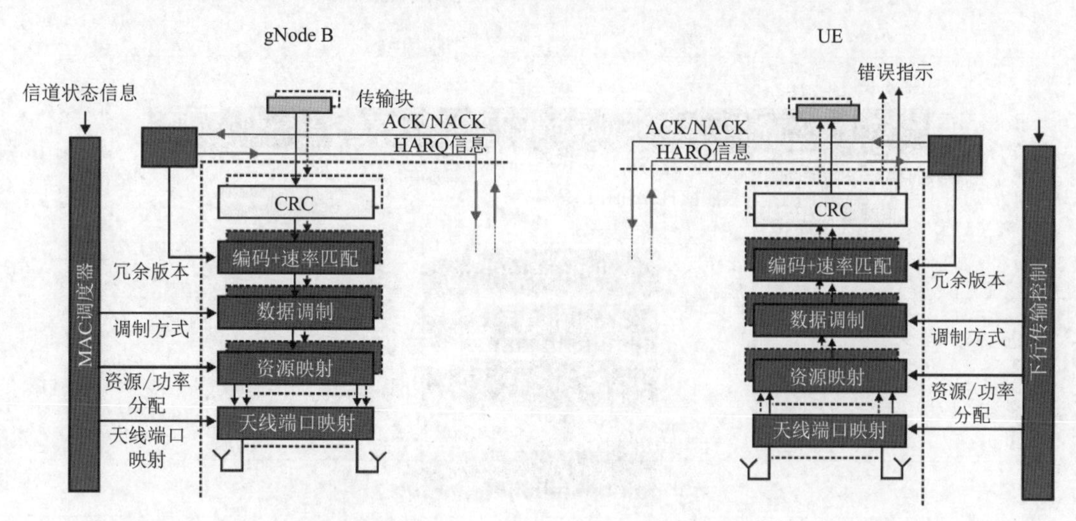

图 3-19　PDSCH 处理流程

1）传输块 CRC 添加

传输块采用 CRC 进行错误检测。整个传输块都会用来计算 CRC 校验位。传送到层一的传输块比特记为 $a_0, a_1, a_2, a_3,\cdots, a_{A-1}$，奇偶校验比特记为 $p_0, p_1, p_2, p_3,\cdots, p_{L-1}$，其中 A 是有效载荷的大小，L 是校验比特的位数。最低阶信息位 a_0 被映射到传输块的最有效位。奇偶校验位根据协议所述规则计算并附加到 DL-SCH 传输块。经过 CRC 附着后的比特值由 $b_0, b_1,\cdots, b_{B-1}$ 表示，$B=A+L$。NR 的 CRC 尺寸依赖于传输块尺寸 A，如果传输块的尺寸大于 3 824 bit，CRC 是 24 bit，否则 CRC 为 16 bit。传输块 CRC 添加流程如图 3-20 所示。

2）传输块分段

用于码块分段的输入比特由 $b_0, b_1,\cdots, b_{B-1}$ 表示，其中 B 是 TB 中包括 CRC 在内的总体比特数量。如果 B 大于最大码块长度 K_{cb}，则需要进行码块分割，并对分割后的各个码块添加长度为 24 bit 的 CRC

序列。经过码块分割的输出比特记为 $c_{r0}, c_{r1}, \cdots, c_{r(K_r-1)}$，其中 K_r 是码块编号 r 的比特数量。传输块分段流程如图 3-21 所示。

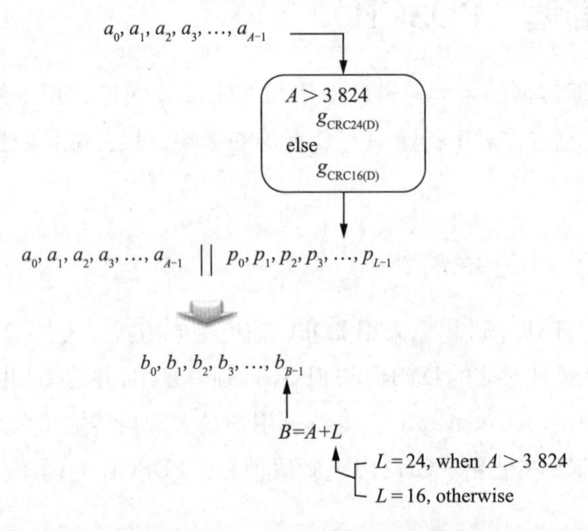

图 3-20　传输块 CRC 添加流程

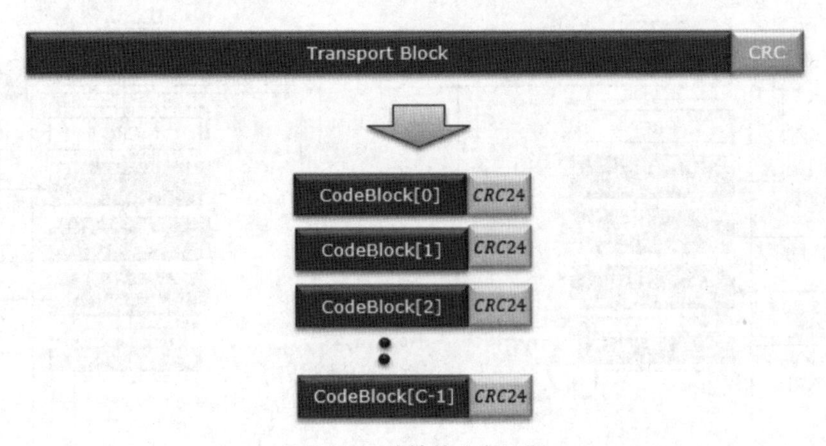

图 3-21　传输块分段流程

3）信道编码

作为业务信道，PDSCH 采用 LDPC 进行信道编码。输入码块中的比特为 $c_{r0}, c_{r1}, \cdots, c_{r(K_r-1)}$，每个码块单独进行 LDPC 编码，编码后的比特记为 $d_{r0}, d_{r1}, \cdots, d_{r(N_r-1)}$。LDPC 码是一种线性分组码，通过一个生成矩阵 $\boldsymbol{G}$ 将信息序列映射成发送序列，即码字序列。对于矩阵 $\boldsymbol{G}$，存在一个奇偶校验矩阵 $\boldsymbol{H}$，使得所有的码字序列 $\boldsymbol{C}$ 构成了 $\boldsymbol{C}$ 的零空间，即 $\boldsymbol{H} \times \boldsymbol{C}^{\mathrm{T}}=0$。3GPP 设计了两个基图以支持不同的编码速率，基图 1 的编码速率为 $\frac{1}{3} \sim \frac{22}{24}$；基图 2 的编码速率为 $\frac{1}{5} \sim \frac{5}{6}$。

4）速率匹配

编码后的比特 $d_{r0}, d_{r1}, \cdots, d_{r(N_r-1)}$ 传送到速率匹配处理单元，其中 r 表示码块编号，N_{r} 表示码块 r 中编码后的比特数。码块总数记为 C，每个码块单独进行速率匹配。速率匹配后的比特记为 $fr_0, fr_1, \cdots, fr_{(E_r-1)}$，$E_r$ 为速率匹配后比特位的数量。速率匹配由比特选择和比特交织两部分组成。比特选择的目的是提取合适数量的编码比特以匹配物理层分配的资源，同时产生不同的用于 HARQ 进程的冗余版本 RV。不同的 RV 对应循环缓存不同的开始位置，通过 DCI 格式 1_0 或格式 1_1 的冗余版本字段通知给 UE。比特交织的目的是将信道上产生的突发错误扩散，转换成随机错误。

5）码块连接

码块连接的输入比特记为 $f_{r0}, f_{r1}, \cdots, f_{r(E-1)}$，经过码块串联后的输出比特为 $g_0, g_1, \cdots, g_{G-1}$，其中 G 为用于传输的编码比特的总数。3GPP 协议 TS 38.212 5.5 给出了完整的码块连接方法，码块连接示意图如图 3-22 所示。

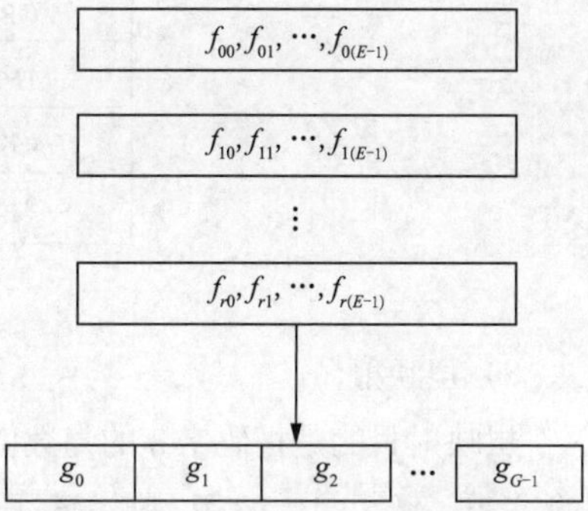

$f_{00}, f_{01}, \cdots, f_{0(E-1)}$

$f_{10}, f_{11}, \cdots, f_{1(E-1)}$

⋮

$f_{r0}, f_{r1}, \cdots, f_{r(E-1)}$

g_0 | g_1 | g_2 | … | g_{G-1}

图 3-22　码块连接示意图

6）加扰

加扰的目的是通过对相邻的小区使用不同的扰码序列，使得解交织后的干扰信号随机化，可减小干扰，确保完全利用信道所提供的增益。PDSCH 的加扰序列生成器通过如下公式初始化：

$$c_{\text{init}}=n_{\text{RNTI}}\times 2^{15}+q\times 2^{14}+n_{\text{ID}}$$

式中，n_{ID} 若配置了高层参数 dataScramblingIdentityPDSCH，且 RNTI 等于 C-RNTI、MCS-C-RNTI 或者 CS-RNTI，同时在公共搜索空间中不使用 DCI 格式 1_0 调度传输，则 $n_{\text{ID}} \in \{0,1,\cdots,1\,023\}$，否则，$n_{\text{ID}}$ 可确保在 MU-MIMO 场景下，当多个 UE 使用相同的时频资源时，不同的 UE 使用不同的扰码序列；n_{RNTI} 为 PDSCH 使用的 RNTI；两个码字传输时，$q \in \{0,1\}$，单码字传输时，q=0。

加扰处理流程如图 3-23 所示。

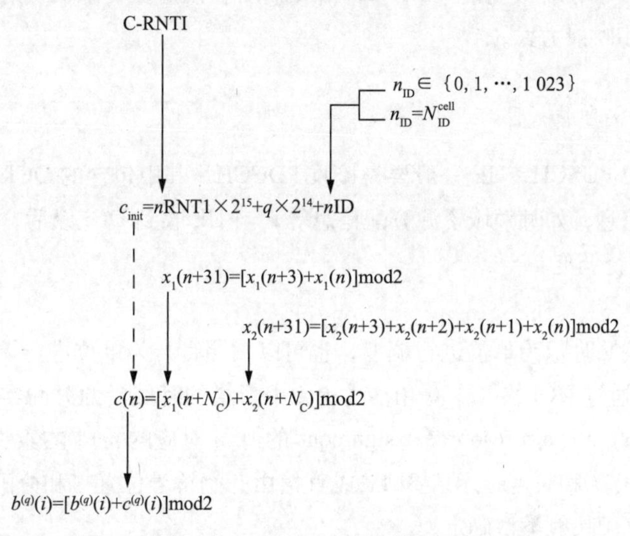

图 3-23　PDSCH 加扰处理流程

7）调制

PDSCH 调制方式有：QPSK、16QAM、64QAM 和 256QAM。对于每个码字 q，UE 用加扰比特 $\tilde{b}^{(q)}(0),\cdots,\tilde{b}^{(q)}\left(M_{\text{bit}}^{(q)}-1\right)$选择一种调制方式进行调制，产生一个复数值调制符号块 $d^{(q)}(0),\cdots,d^{(q)}\left(M_{\text{symb}}^{(q)}-1\right)$。不同调制方式的策略如图 3-24 所示。

调制方式	调制阶数	
QPSK	2	2 bit→1符号
16QAM	4	4 bit→1符号
64QAM	6	6 bit→1符号
256QAM	8	8 bit→1符号

图 3-24　不同调制方式的策略

8）层映射

层映射目的是把码字 q 的复数值调制符号 $d^{(q)}(0),\cdots,M_{\text{symb}}^{(q)},d^{(q)}(-1)$ 映射到层 $x(i)=[x^{(0)}(i),\cdots,x^{(\nu-1)}(i)]^T$，$i=0,1,\cdots,M_{\text{symb}}^{\text{layer}}-1$，$\nu$ 为层数，$M_{\text{symb}}^{\text{layer}}$ 为每层的调制符号数。具体映射流程可参考 3.2.4 小节的内容。

9）天线端口映射

向量块 $\left[x^{(0)}(i),\cdots,x^{\nu-1}(i)^T\right]$，$i=0,1,\cdots,M_{\text{symb}}^{\text{layer}}-1$。根据下列公式映射到天线端口。

$$\begin{bmatrix} y^{(p_0)}(i) \\ \vdots \\ y^{(p_{\nu-1})}(i) \end{bmatrix} = \begin{bmatrix} x^{(0)}(i) \\ \vdots \\ x^{(\nu-1)}(i) \end{bmatrix}$$

式中，$i=0,1,\cdots,M_{\text{symb}}^{\text{ap}}-1$，$M_{\text{symb}}^{\text{ap}}=M_{\text{symb}}^{\text{layer}}$；$\{p_0,\cdots,p_{\nu-1}\}$ 为天线端口集合。

10）资源映射

资源映射具体方式可参考 3.2.4 小节的内容。对于用于传输物理信道的每个天线端口，用于映射 PDSCH 的虚拟资源块（VRB）需要符合 TS 38.214 中的标准。从虚拟资源块映射到物理资源块（PRB），可以采用交织或者非交织映射方式。

3.5.2　PDSCH 的时频位置

为了接收 PDSCH 或 PUSCH，UE 一般要先接收 PDCCH，其中包含的 DCI 会指示 UE 接收 PDSCH 或 PUSCH 所需的所有信息，如时频域资源分配信息等。当 UE 收到 DCI 以后，就可以根据 DCI 的指示对 PDSCH 或 PUSCH 进行调度。

1. PDSCH 的时域位置

NR 在时域上可以按照时隙为单位进行调度，也可以按照符号为单位进行调度，不同时隙的时域资源分配可以动态转换。通过 DCI 格式 1_0 和格式 1_1 中新增的时域资源分配字段来支持数据信道在时域上调度的灵活性。Time domain resource assignment 的值 m 对应的 m+1 的索引，指示了 PDSCH 信道在时域内的符号分配由开始和长度指示值 SLIV 或直接由开始符号位置 S 和分配的符号长度 L、时隙偏移 K_0、PDSCH 的时域资源映射类型确定。

当 PDSCH 时域资源映射类型为 TypeA 时，一个时隙内 PDSCH 开始的符号位置 S 为 {0, 1, 2, 3}，PDSCH 分配的符号长度 L 为 {3,⋯,14}（正常 CP）或 {3,⋯,12}（扩展 CP）。当 PDSCH 时域资源映射类型为 TypeB 时，一个时隙内 PDSCH 开始的符号位置 S 为 {0,⋯,12}（正常 CP）或 {0,⋯,10}（扩展 CP），PDSCH 分配的符号长度 L 为 {2,4,7}（正常 CP）或 {2,4,6 }（扩展 CP）。

PDSCH mapping type 指示了 PDSCH 时域映射类型 Type A 或 Type B，具体见表 3-18。

表 3-18　PDSCH　S 与 L 取值

PDSCH 映射类型	普通循环前缀			扩展循环前缀		
	S	L	$S+L$	S	L	$S+L$
Type A	{0, 1, 2, 3}	{3,⋯,14}	{3,⋯,14}	{0,1,2,3}	{3,⋯,12}	{3,⋯,12}
Type B	{0,⋯,12}	{2,4,7}	{2,⋯,14}	{0,⋯,10}	{2,4,6}	{2,⋯,12}

注：仅当 dmrs-TypeA-Position = 3 时，S=3。

UE 根据 SLIV 值来计算 PDSCH 的起始符号和持续的符号个数，计算公式如下：

若 $(L-1) \leqslant 7$，SLIV=$14\times(L-1)+S$；否则 SLIV=$14\times(14-L+1)+(14-1-S)$。式中，$0<L \leqslant 14-S$；$S$ 表示起始符号；L 表示符号长度。

PDSCH 时域分配参数中的时隙偏移 K_0 的取值范围为 0 ～ 32，默认值为 0。假设调度 PDSCH 的 DCI 在 PDCCH 的时隙 n 上发送，则 PDSCH 分配的时隙是 $n\times(2^{\mu PDSCH}/2^{\mu PDCCH})+K_0$。

基站可以通过 RRC 消息将时域配置信息发送给 UE，如果调度上述配置信息的 PDCCH 信令直接由基站通知到 UE，则 PDCCH 的负载将会比较大，为减少 PDCCH 信令负载，NR 中引入了可配置的 PDSCH 时域资源分配列表。首先通过系统消息中的 PDSCH-ConfigCommon 或者 UE 专用信令中的 PDSCH-Config 为 UE 配置 PDSCH 时域资源分配列表 PDSCH-TimeDomainResourceAllocationList，列表最多 16 行，每行包含起始符号位置 S、分配的符号长度 L（联合为 SLIV 表示）、时隙偏移 K_0、PDSCH 的映射类型。相关参数的取值如图 3-25 所示。

```
PDSCH-ConfigCommon ::=                    SEQUENCE {
    pdsch-TimeDomainAllocationList             PDSCH-TimeDomainResourceAllocationList
    ...
}
```

```
PDSCH-Config ::=                     SEQUENCE {
    dataScramblingIdentityPDSCH          INTEGER (0..1023)
    dmrs-DownlinkForPDSCH-MappingTypeA   SetupRelease { DMRS-DownlinkConfig }
    dmrs-DownlinkForPDSCH-MappingTypeB   SetupRelease { DMRS-DownlinkConfig }

    tci-StatesToAddModList               SEQUENCE (SIZE(1..maxNrofTCI-States)) OF TCI-State
    tci-StatesToReleaseList              SEQUENCE (SIZE(1..maxNrofTCI-States)) OF TCI-StateId
    vrb-ToPRB-Interleaver                ENUMERATED {n2, n4}
    resourceAllocation                   ENUMERATED { resourceAllocationType0, resourceAllocationType1, dynamicSwitch},
    pdsch-TimeDomainAllocationList       SetupRelease { PDSCH-TimeDomainResourceAllocationList }
    pdsch-AggregationFactor              ENUMERATED { n2, n4, n8 }
    rateMatchPatternToAddModList         SEQUENCE (SIZE (1..maxNrofRateMatchPatterns)) OF RateMatchPattern
    rateMatchPatternToReleaseList        SEQUENCE (SIZE (1..maxNrofRateMatchPatterns)) OF RateMatchPatternId
    rateMatchPatternGroup1               RateMatchPatternGroup
```

```
PDSCH-TimeDomainResourceAllocationList ::=  SEQUENCE (SIZE(1..maxNrofDL-Allocations))

PDSCH-TimeDomainResourceAllocation ::=  SEQUENCE {
    k0                                   INTEGER(0..32)
    mappingType                          ENUMERATED {typeA, typeB},
    startSymbolAndLength                 INTEGER (0..127)
}

PDSCH-TimeDomainResourceAllocationList-r16 ::=  SEQUENCE (SIZE(1..maxNrofDL-Allocations))

PDSCH-TimeDomainResourceAllocation-r16 ::=  SEQUENCE {
    k0-r16                                  INTEGER(0..32)
    mappingType-r16                         ENUMERATED {typeA, typeB},
    startSymbolAndLength-r16                INTEGER (0..127),
    repetitionNumber-r16                    ENUMERATED {n2, n3, n4, n5, n6, n7, n8, n16}
    ...
}
```

图 3-25　PDSCH 时域配置内容

在UE没有收到RRC信令时，3GPP协议TS 38.214针对不同的PDSCH的应用情况，定义了默认的PDSCH时域分配表，分为默认PDSCH时域资源分配A（正常CP）、默认PDSCH时域资源分配A（扩展CP）、默认PDSCH时域资源分配B、默认PDSCH时域资源分配C，不同场景下时域资源表格的使用情况通过表3-19来确定。

表3-19 PDSCH时域资源分配应用说明

<table>
<tr><th>RNTI</th><th>PDCCH搜索空间</th><th>SSB块和CORESET复用模式</th><th>PDSCH-ConfigCommon是否包含PDSCH-TimeDomainAllocationList</th><th>PDSCH-Config是否包含PDSCH-TimeDomainAllocationList</th><th>PDSCH时域资源分配方式</th></tr>
<tr><td rowspan="3">SI-RNTI</td><td rowspan="3">Type0公共</td><td>1</td><td>—</td><td>—</td><td>默认（普通CP）</td></tr>
<tr><td>2</td><td>—</td><td>—</td><td>默认B</td></tr>
<tr><td>3</td><td>—</td><td>—</td><td>默认C</td></tr>
<tr><td rowspan="4">SI-RNTI</td><td rowspan="4">Type0A公共</td><td>1</td><td>No</td><td>—</td><td>默认A</td></tr>
<tr><td>2</td><td>No</td><td>—</td><td>默认B</td></tr>
<tr><td>3</td><td>No</td><td>—</td><td>默认C</td></tr>
<tr><td>1, 2, 3</td><td>Yes</td><td>—</td><td>PDSCH-ConfigCommon提供的PUSCH-TimeDomainAllocationList</td></tr>
<tr><td rowspan="2">RA-RNTI,
MsgB-RNTI,
TC-RNTI</td><td rowspan="2">Type1公共</td><td>1, 2, 3</td><td>No</td><td>—</td><td>默认A</td></tr>
<tr><td>1, 2, 3</td><td>Yes</td><td>—</td><td>PDSCH-ConfigCommon提供的PUSCH-TimeDomainAllocationList</td></tr>
<tr><td rowspan="4">P-RNTI</td><td rowspan="4">Type2公共</td><td>1</td><td>No</td><td>—</td><td>默认A</td></tr>
<tr><td>2</td><td>No</td><td>—</td><td>默认B</td></tr>
<tr><td>3</td><td>No</td><td>—</td><td>默认C</td></tr>
<tr><td>1, 2, 3</td><td>Yes</td><td>—</td><td>PDSCH-ConfigCommon提供的PUSCH-TimeDomainAllocationList</td></tr>
<tr><td rowspan="2">C-RNTI,
MCS-C-RNTI,
CS-RNTI</td><td rowspan="2">任何与CORESET 0关联的搜索空间</td><td>1, 2, 3</td><td>No</td><td>—</td><td>默认A</td></tr>
<tr><td>1, 2, 3</td><td>Yes</td><td>—</td><td>PDSCH-ConfigCommon提供的PUSCH-TimeDomainAllocationList</td></tr>
<tr><td rowspan="3">C-RNTI,
MCS-C-RNTI,
CS-RNTI</td><td rowspan="3">任何不与CORESET 0关联的搜索空间或UE专用搜索空间</td><td>1, 2, 3</td><td>No</td><td>No</td><td>默认A</td></tr>
<tr><td>1, 2, 3</td><td>Yes</td><td>No</td><td>PDSCH-ConfigCommon提供的PUSCH-TimeDomainAllocationList</td></tr>
<tr><td>1, 2, 3</td><td>No/Yes</td><td>Yes</td><td>PDSCH-Config提供的PUSCH-TimeDomainAllocationList</td></tr>
</table>

具体的 PDSCH 时域资源分配见表 3-20 ～表 3-23。

表 3-20　默认 PDSCH 时域资源分配 A（正常 CP）

行　索　引	dmrs-TypeA-Position	PDSCH 映射类型	K_0	S	L
1	2	Type A	0	2	12
	3	Type A	0	3	11
2	2	Type A	0	2	10
	3	Type A	0	3	9
3	2	Type A	0	2	9
	3	Type A	0	3	8
4	2	Type A	0	2	7
	3	Type A	0	3	6
5	2	Type A	0	2	5
	3	Type A	0	3	4
6	2	Type B	0	9	4
	3	Type B	0	10	4
7	2	Type B	0	4	4
	3	Type B	0	6	4
8	2,3	Type B	0	5	7
9	2,3	Type B	0	5	2
10	2,3	Type B	0	9	2
11	2,3	Type B	0	12	2
12	2,3	Type A	0	1	13
13	2,3	Type A	0	1	6
14	2,3	Type A	0	2	4
15	2,3	Type B	0	4	7
16	2,3	Type B	0	8	4

表 3-21　默认 PDSCH 时域资源分配 A（扩展 CP）

行 索 引	dmrs-TypeA-Position	PDSCH 映射类型	K_0	S	L
1	2	Type A	0	2	6
	3	Type A	0	3	5
2	2	Type A	0	2	10
	3	Type A	0	3	9
3	2	Type A	0	2	9
	3	Type A	0	3	8
4	2	Type A	0	2	7
	3	Type A	0	3	6
5	2	Type A	0	2	5
	3	Type A	0	3	4
6	2	Type B	0	6	4
	3	Type B	0	8	2
7	2	Type B	0	4	4
	3	Type B	0	6	4
8	2,3	Type B	0	5	6
9	2,3	Type B	0	5	2
10	2,3	Type B	0	9	2
11	2,3	Type B	0	10	2
12	2,3	Type A	0	1	11
13	2,3	Type A	0	1	6
14	2,3	Type A	0	2	4
15	2,3	Type B	0	4	6
16	2,3	Type B	0	8	4

表 3-22 默认 PDSCH 时域资源分配 B

行 索 引	dmrs-TypeA-Position	PDSCH 映射类型	K_0	S	L
1	2,3	Type B	0	2	2
2	2,3	Type B	0	4	2
3	2,3	Type B	0	6	2
4	2,3	Type B	0	8	2
5	2,3	Type B	0	10	2
6	2,3	Type B	1	2	2
7	2,3	Type B	1	4	2
8	2,3	Type B	0	2	4
9	2,3	Type B	0	4	4
10	2,3	Type B	0	6	4
11	2,3	Type B	0	8	4
12	2,3	Type B	0	10	4
13	2,3	Type B	0	2	7
14	2	Type A	0	2	12
	3	Type A	0	3	11
15	2,3	Type B	1	2	4
16	预留				

表 3-23 默认 PDSCH 时域资源分配 C

行 索 引	dmrs-TypeA-Position	PDSCH 映射类型	K_0	S	L
1	2,3	Type B	0	2	2
2	2,3	Type B	0	4	2
3	2,3	Type B	0	6	2
4	2,3	Type B	0	8	2
5	2,3	Type B	0	10	2
6	预留				

续表

行 索 引	dmrs-TypeA-Position	PDSCH 映射类型	K_0	S	L
7	预留				
8	2,3	Type B	0	2	4
9	2,3	Type B	0	4	4
10	2,3	Type B	0	6	4
11	2,3	Type B	0	8	4
12	2,3	Type B	0	10	4
13	2,3	Type B	0	2	7
14	2	Type A	0	2	12
	3	Type A	0	3	11
15	2,3	Type A	0	0	6
16	2,3	Type A	0	2	6

2. PDSCH 的频域位置

DCI 中的频域资源分配字段 Frequency domain resource assignment 会指示 PDSCH 的频域资源分配。PDSCH 频域资源分配分为 Type 0 和 Type 1 两种类型，Type 0 支持非连续的分配，从而可以获得频率分集增益，Type 1 支持连续资源分配，可减少该字段所需比特数。但 DCI format 1_0 只支持 Type 1。

（1）Type 0。对于非连续资源分配类型，要先知道一个概念：RBG。一个 RBG 是一个 VRB group，由 P 个连续的 VRB 组成，具体个数由高层参数 rbg-Size 和 BWP 带宽决定，rbg-Size 表示的尺寸 P 与 BWP 带宽中 RB 数目的关系见表 3-24。

表 3-24　rbg-Size 和 BWP 的关系

BWP 大小	Configuration 1	Configuration 2
1 – 36	2	4
37 – 72	4	8
73 – 144	8	16
145 – 275	16	16

rbg-Size 决定了是 Configuration 1 还是 Configuration 2。

那么一个 BWP 内的 RBG 数量为

$$N_{\text{RBG}} = \left\lceil \left(N_{\text{BWP},i}^{\text{size}} + N_{\text{BMP},i}^{\text{start}} \bmod P \right) / P \right\rceil$$

式中，start表示BWP的起始RB编号，BWP内所有RBG编号从低频开始递增排列。

则BWP内第一个RBG的大小为

$$RBG_0^{\text{size}} = P - N_{\text{BWP},i}^{\text{start}} \bmod P$$

如果$\left(N_{\text{BWP},i}^{\text{start}} + N_{\text{BWP},i}^{\text{size}}\right) \bmod P > 0$，最后，一个RBG的大小为

$$RBG_{\text{last}}^{\text{size}} = \left(N_{\text{BWP},i}^{\text{start}} + N_{\text{BWP},i}^{\text{size}}\right) \bmod P$$

否则，最后一个RBG的尺寸是P，其余RBG的大小是P，这样可以很好地利用BWP内的碎片资源。

在Type 0资源分配类型下，Frequency domain resource assignment会作为一个bitmap来指示哪些RBG是分配给PDSCH的：一个bitmap中的每个bit代表一个RBG，最高bit对应RBG0，以此类推，bit为1表示该RBG分配给PDSCH,为0表示不是PDSCH资源,这样可以灵活调度资源。一般情况下，RBG可以直接映射到相同编号的物理资源上。

（2）Type 1。在Type 1中，频域资源指示字段不会作为bitmap，而是会指示一个RIV（Resource Indicator Value）值，UE通过该值计算PDSCH起始RB和所占RB数量，计算公式如下：

若$(L_{\text{RBs}}-1) \leqslant \lfloor N_{\text{BWP}}^{\text{size}}/2 \rfloor$，$RIV = N_{\text{BWP}}^{\text{size}}(L_{\text{RBs}}-1)+RB_{\text{start}}$，否则$RIV = N_{\text{BWP}}^{\text{size}}\left(N_{\text{BWP}}^{\text{size}} - L_{\text{RBs}} + 1\right) + \left(N_{\text{BWP}}^{\text{size}} - 1 - RB_{\text{start}}\right)$。式中，$L_{\text{RBs}} \geqslant 1$且不超过$N_{\text{BWP}}^{\text{size}} - RB_{\text{start}}$。如果$N_{\text{BWP}}^{\text{active}} > N_{\text{BWP}}^{\text{initial}}$，则$K$为满足$K \leqslant N_{\text{BWP}}^{\text{active}} / N_{\text{BWP}}^{\text{initial}}$的最大值，$K \in \{1,2,4,8\}$，否则$K$为1。

3.6 物理随机接入信道（PRACH）

PRACH信道的作用与LTE中大体类似，主要用于随机接入，承载从UE发送给基站的随机接入前导码，也可协助终端进行上行同步。

3.6.1 随机接入定义及作用

在移动通信系统中，随机接入是必不可少的。UE完成下行同步后，还要完成随机接入，才可以和网络进行进一步交互。随机接入的主要目的有两个：一是获得上行同步，二是获得上行授权。

在NR中，以下场景中会触发随机接入：

（1）初始接入：UE从RRC_IDLE态到RRC_CONNETTED态。

（2）RRC连接重建：以便UE在无线链路失败后重新建立无线连接（期间重建小区可能是UE无线链路失败的小区，也可能不是）。

（3）切换：UE处于RRC_CONNETED态，此时UE需要新的小区建立上行同步。

（4）RRC_CONNETTED态下，上行或下行数据到达时，此时UE上行处于失步状态。

（5）RRC_CONNETTED态下，上行数据到达，此时UE没有用于SR的PUCCH资源时。

（6）SR失败：通过随机接入过程重新获得PUCCH资源。

（7）RRC在同步重配时的请求。

（8）RRC_INACTIVE态下的接入：UE会从RRC_INACTIVE态到RRC_CONNETTED态。

（9）UE请求其他系统信息（SI）：UE处于RRC_IDLE态和RRC_CONNETTED态下时，通过随机接入过程请求其他SI。

（10）波束失败恢复：UE 检测到失败并发现新的波束时，会选择新的波束。

3.6.2 随机接入前导码

1. Preamble 码及 PRACH 格式

随机接入的第一步是 UE 在 PRACH 发送 Preamble(MSG1)，Preamble 即随机接入前导码。

在时域上，Preamble 由两部分构成：长度为 T_{CP} 的 CP（Cyclic Prefix, 循环前缀）和长度为 T_{SEQ} 的 Sequence（序列），如图 3-26 所示。从 Preamble 包含 CP 可知，Preamble 是 OFDM 调制的信号；在频域上，Preamble 包含多个子载波。Preamble 组成示意图如图 3-26 所示。

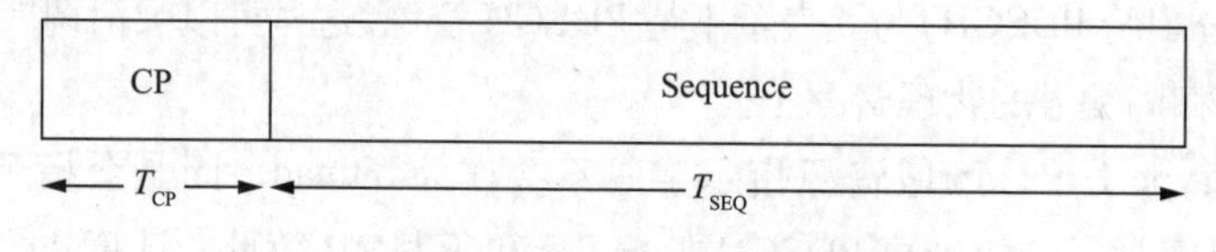

图 3-26　Preamble 组成示意图

NR 中的 PRACH 信道沿用了 LTE 的 ZC 序列设计，支持两种长度 ZC 序列，等于 839 或者 139。和 LTE 一致，也通过循环移位生成多个序列。在 UE 高速移动场景下，由于多普勒效应，频偏会导致基站在检测 PRACH 信道时，时域上出现额外的相关峰。伪相关峰会影响基站对 PRACH 的检测，因此在 UE 高速移动场景下，针对不同根索引序列，要限制使用某些循环移位来规避这个问题。

协议定义了 13 种 Preamble format，基站通过 PRACH Configuration Index 告知 UE 使用的 Preamble format。由于长度（L_{RA}）为 139 的 Preamble format 大幅扩充，协议根据 L_{RA} 将 Preamble format 分为两个系列：4 种长序列 Preamble 码（L_{RA} 为 839）：0 ～ 3；9 种短序列 Preamble 码（L_{RA} 为 139）：A1、A2、A3、B1、B2、B3、B4、C0、C2。

长序列 Preamble 码的子载波间隔是固定的，占用时长也是固定的（和 Preamble format 对应）。以 SCS 为 15 kHz 的 PUSCH 作为对照（1 个时隙时长为 1 ms），format 0 和 format 3 占用时长为 1 ms，format 1 占用时长为 3 ms，format 2 占用时长为 3.5 ms。长前导码仅 FR1（低频）时支持，支持非限制集、限制集 A、限制集 B。长序列的 Preamble 码格式见表 3-25。

表 3-25　长序列的 Preamble 码格式

Format 格式	L_{RA}	Δf^{RA}	N_u	N_{CP}^{RA}	支持的限制集
0	839	1.25 kHz	24 576k	3 168k	Type A, Type B
1	839	1.25 kHz	2.245 76k	21 024k	Type A, Type B
2	839	1.25 kHz	4.245 76k	4 688k	Type A, Type B
3	839	5 kHz	4.614 4k	3 168k	Type A, Type B

表中，$k=T_S/T_C=64$。

长序列 Preamble 码所占时域的连续时间示意图如图 3-27 所示。

Format 0 沿用了 LTE format 0 的时域设计，时长为 1 ms。其中 CP、Sequence、GT 长度保持和 LTE format 0 一致。GT 支持的最大覆盖距离为 14.53 km，适用于普通覆盖场景。

Format 1 沿用了 LTE format 3 的时域设计，时长为 3 ms。其中 CP、Sequence、GT 长度保持和 LTE format 3 一致。GT 支持的最大覆盖距离为 107 km，适用于超远距离覆盖场景。

Format 2 时长为 3.5 ms。其中，Sequence 重复发送四次，适用于需要覆盖增强的场景，例如室内场景。GT 支持的最大覆盖距离为 22.11 km。

Format 3 时长为 1 ms，子载波间隔为 5 kHz，适用于高速移动场景（500 km/h）。GT 支持的最大覆盖距离为 14.53 km。

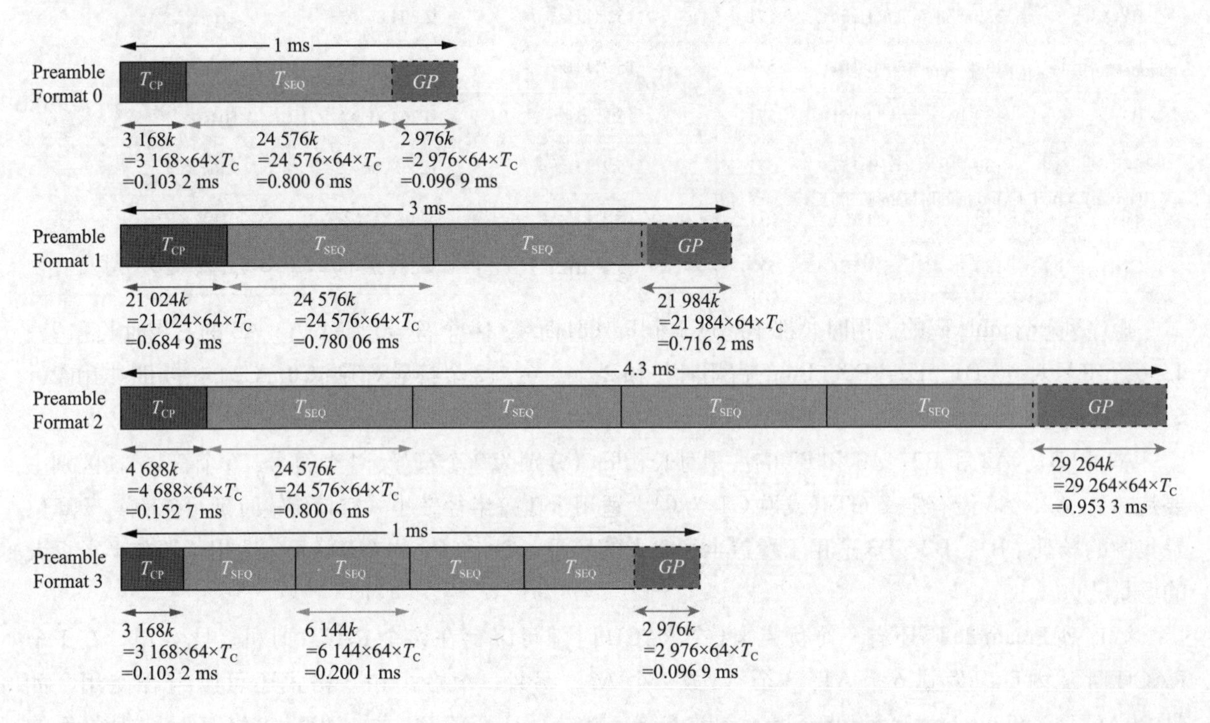

图 3-27 长序列 Preamble 码所占时域的连续时间示意图

长序列 Preamble 码的优点，就在于时域的 CP 和 GT 更长，就可以支持更大的时延扩展和小区半径；Sequence 更长（检测窗口更大），PRACH 的解码能力更强。但有的时候，并不关注小区半径和解码能力，而是更关注接入时延（比如说，uRLLC 场景），固定时长的长前导码就不适用了。

短序列 Preamble 码的优点，就在于可以拓展 Preamble 的频宽来压缩 Preamble 的时长。短序列 Preamble 码占用时长远小于长序列 Preamble 码，可适应动态 TDD 和自包含帧结构，更适用于时延敏感的业务。

短序列 Preamble 码的 PRACH 在频域上可配置子载波间隔 {15，30，60，120}kHz，在 FR1（低频）时支持 15 kHz 和 30 kHz，在 FR2（高频）时支持 60 kHz 和 120 kHz。短序列 Preamble 码仅支持非限制集。

短序列 Preamble 码的缺点，除了小区半径较小（因为 CP 和 GT 较小）以外，主要是占用较多的频域资源，不过这也不完全是缺点，SCS 越大，对频偏（多普勒效应）和 ICI（Inter-Carrier Interference，载波间干扰）的抑制就越好。短序列的 Preamble 格式见表 3-26。

表 3-26　短序列的 Preamble 格式

Format 格式	L_{RA}			Δf^{RA}	N_u	N_{CP}^{RA}	支持的限制集
	$\mu \in \{0,1,2,3\}$	μ=0	μ=1				
A1	139	1 151	571	15.2^{μ} kHz	$2.204\,8k \times 2^{-\mu}$	$288k \times 2^{-\mu}$	—
A2	139	1 151	571	15.2^{μ} kHz	$4.204\,8k \times 2^{-\mu}$	$576k \times 2^{-\mu}$	—
A3	139	1 151	571	15.2^{μ} kHz	$6.204\,8k \times 2^{-\mu}$	$864k \times 2^{-\mu}$	—
B1	139	1 151	571	15.2^{μ} kHz	$2.204\,8k \times 2^{-\mu}$	$216k \times 2^{-\mu}$	—
B2	139	1 151	571	15.2^{μ} kHz	$4.204\,8k \times 2^{-\mu}$	$360k \times 2^{-\mu}$	—
B3	139	1 151	571	15.2^{μ} kHz	$6.204\,8k \times 2^{-\mu}$	$504k \times 2^{-\mu}$	—
B4	139	1 151	571	15.2^{μ} kHz	$12.204\,8k \times 2^{-\mu}$	$936k \times 2^{-\mu}$	—
C0	139	1 151	571	15.2^{μ} kHz	$2\,04\,8k \times 2^{-\mu}$	$1\,240k \times 2^{-\mu}$	—
C2	139	1 151	571	15.2^{μ} kHz	$4.204\,8k \times 2^{-\mu}$	$2\,048k \times 2^{-\mu}$	—

短序列 Preamble 码的占用时长都不超过 1 个 RACH 时隙(14 个符号)。A1、A2、A3 的占用时长和 2、4、6 个符号对齐；B1、B2、B3、B4 的占用时长和 2、4、6、12 个符号对齐；C0、C2 的占用时长和 2、6 个符号对齐。

A1 和 B1、A2 和 B2、A3 和 B3 的占用时长相同（分别为 2 个符号、4 个符号、6 个符号），区别主要是 A1、A2、A3 没有定义 GT（或说 GT 为 0），适用于覆盖半径较小（空口传输时延可忽略），UE 位置集中的场景；B1、B2、B3 适用于覆盖半径略大的场景；C0 和 C2 的 GT 更长，适用于覆盖半径更大的场景。

短序列 Preamble 码还有一个优点：1 个 RACH 时隙可以存在多个 RACH 时机。比如说，在 1 个 RACH 时隙内可以发送 6 个 A1、3 个 A2 或 2 个 A3。另外，A 格式和 B 格式还可以组合使用，如果 PRACH Configuration Index 指示 preamble format 为 A1/B1、A2/B2 或 A3/B3，RACH 时隙内前面的 RACH 时机都使用 A 格式，只有最后一个 RACH 时机使用 B 格式。

短序列 Preamble 码所占时域的连续时间示意图如图 3-28 所示。

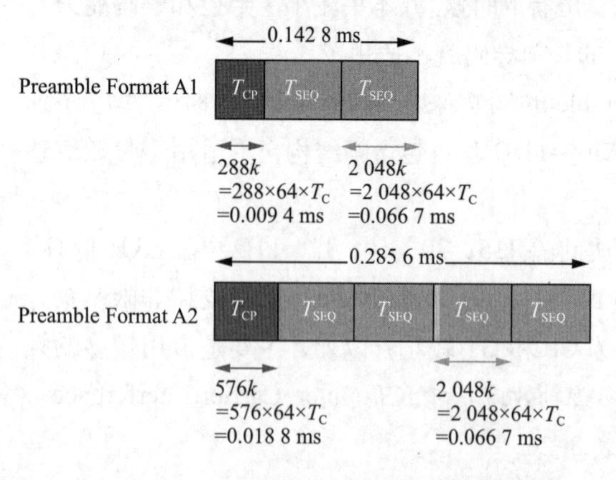

图 3-28　短序列 Preamble 码所占时域的连续时间示意图

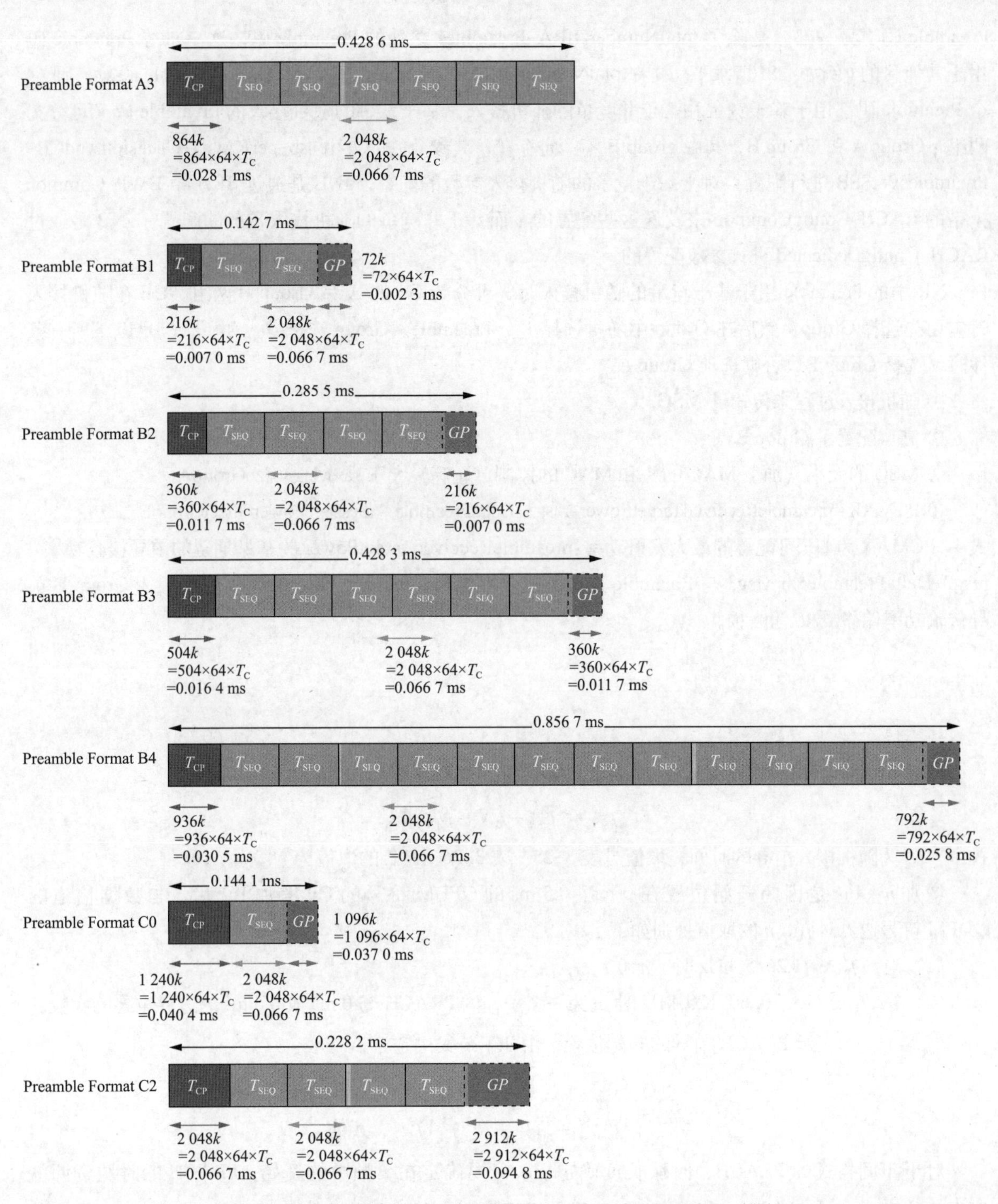

图 3-28　短序列 Preamble 码所占时域的连续时间示意图（续）

2. Preamble 码的数目

每个小区有 64 个可用的 Preamble 码，UE 会选择其中一个（或由 gNB 指定）在 PRACH 上传输，这些序列可分为两部分，一部分 totalNumberOfRA-Preambles 指示用于基于竞争和基于非竞争随机接入的

Preamble 码；另一部分是除了 totalNumberOfRA-Preambles 之外的 Preamble 码，这一部分 Preamble 码用于其他目的（例如：SI 请求）。如果 totalNumberOfRA-Preambles 不指示具体的 Preamble 码数，则 64 个 Preamble 码都用于基于竞争和基于非竞争的随机接入。基于竞争的随机接入的 Preamble 码又可分为两组：Group A 和 Group B，其中 group B 不一定存在，其参数的配置由 ssb-perRACH-OccasionAndCB-PreamblesPerSSB 进行配置。对于基于竞争的随机接入参数的配置，gNB 是通过 SIB1 中 BWP-Common 携带的 RACH-ConfigCommon 来发送这些配置的；而基于非竞争的随机接入参数的配置，gNB 是通过 RACH-ConfigDedicated 进行参数配置的。

NR 中的 Preamble 用于基于竞争的随机接入时，可分为 Group A 和 Group B 两组，UE 在随机接入时需要先选择 Group，然后在 Group 中随机选择 1 个 Preamble。Group 选择方式如下，满足以下所有条件时，选择 Group B，否则选项 Group A。

① 随机接入过程未传输过 MSG3。

② 高层配置了 Group B。

③ MSG 的大小（加上 MAC 的头和 MAC 的控制单元等）大于 ra-Msg3SizeGroupA。

④ PCMAX– preambleReceivedTargetPower–msg3-DeltaPreamble – messagePowerOffsetGroupB > *PL*。

式中，PCMAX 为 UE 可配置的最大发射功率；preambleReceivedTargetPower 为基站期望的前导接收功率；msg3-DeltaPreamble 为 Msg3 与 Preamble 发送时的功率偏移；messagePowerOffsetGroupB 为 Group B 前导传输功率偏移；*PL* 为路损。

3.6.3 PRACH 时频资源

1. PRACH 时域资源

根据 PRACH 的时域信号定义，可确定 PRACH 的时域持续时长为

$$t_{\text{start}}^{\text{RA}} \leqslant t \leqslant t_{\text{start}}^{\text{RA}} + \left(N_{\text{u}} + N_{\text{CP},l}^{\text{RA}}\right) T_{\text{C}}$$

式中，N_{u} 为随机接入前导的时间，取值见表 3-25、表 3-26；$N_{\text{CP},l}^{\text{RA}}$ 的取值为 $N_{\text{CP}}^{\text{RA}}+n\times16k$。

增加 $n\times16k$ 是因为开始位置在 0 ms、0.5 ms 的 OFDM 符号的 CP 增加 $16k$ 后，与数据信道的 ODFM 符号边界对齐，n 的取值规则如下：

（1）当 $\Delta f_{\text{RA}}\in\{1.25, 5\}$kHz 时，$n$=0；

（2）当 $\Delta f_{\text{RA}}\in\{15, 30, 60, 120\}$kHz 时，$n$ 为一个子帧内 PRACH 与 0 ms 或 0.5 ms 的边界重叠的次数。

$t_{start}^{RA}=t_{\text{start},l}^{\mu}$，表示 PRACH 前导的开始位置，由如下公式决定：

$$t_{\text{start},l}^{\mu}=\begin{cases}0 & l=0\\ t_{\text{start},l-1}^{\mu}+\left(N_{\text{u}}^{\mu}+N_{\text{CP},l-1}^{\mu}\right)T_{\text{C}} & \text{其他}\end{cases}$$

对于不同格式的 PRACH，时域长度确定后，只要确定在子帧中的开始，PRACH 的时域资源就可以完全确定。接下来进一步分析 $t_{\text{start},l}^{\mu}$。首先需要得到 l 的取值，$l=l_0+n_t^{\text{RA}}N_{\text{dur}}^{\text{RA}}+14n_{\text{slot}}^{\text{RA}}$，$l$ 计算中相关参数主要由高层参数 PRACH 配置索引 prach-ConfigurationIndex 决定。l_0 为起始符号位置，对应表 3-27 中起始符号；n_t^{RA} 为一个 PRACH 时隙内的 PRACH 发送时机，从 0 到 $N_t^{\text{RA,slot}}-1$，使用长序列时固定取 1，短序列时根据表 3-27 ～表 3-29 得到。$N_{\text{dur}}^{\text{RA}}$ 根据表 3-27 ～表 3-29 得到。$n_{\text{slot}}^{\text{RA}}$ 与 Δf_{RA} 关联，当

$\Delta f_{RA}\in\{1.25, 5, 15, 60\}$kHz 时，$n_{slot}^{RA}=0$；当 $\Delta f_{RA}\in\{30, 120\}$kHz 时，当表 3-27 或表 3-28 中“1 个子帧内 PRACH 时隙数”或表 3-29 中“1 个 60 kHz 时隙内 PRACH 时隙数”为 1 时，$n_{slot}^{RA}=1$，否则$n_{slot}^{RA}\in\{0,1\}$。

得到 l 后，接下来根据 l 的取值来计算$t_{start,l}^{\mu}$。$N_u^{\mu}=2\,048k\times 2^{-\mu}$。$N_{CP,l}^{RA}$ 与循环前缀有关，具体参考 3.1.3 节中（3）部分$N_{CP,l}^{\mu}$取值。对于 μ，当 $\Delta f_{RA}\in\{1.25, 5\}$kHz 时，$\mu$=0，否则根据 Δf_{RA} 取值确定，需要注意 PRACH 的 SCS 和 PUSCH/PDSCH 的 SCS 可能不同，这样会导致计算出来的符号长度不一致。

表 3-27　FR1/FDD 模式 /SUL 的随机接入配置

PRACH 配置索引	前导格式	$n_{SFN}\bmod x=y$		子帧号	起始符号	一个子帧内 PRACH 时隙数	$N_t^{RA,slot}$，一个 PRACH 时隙内时域 PRACH 发送时机数目	N_{dur}^{RA},PRACH 时域长度
		x	y					
0	0	16	1	1	0	—	—	0
1	0	16	1	4	0	—	—	0
…								
255	C2	1	0	1,3,5,7,9	0	2	2	6

表 3-28　FR1/TDD 模式随机接入配置

PRACH 配置索引	前导格式	$n_{SFN}\bmod x=y$		子帧号	起始符号	一个子帧内 PRACH 时隙数	$N_t^{RA,slot}$，一个 PRACH 时隙内时域 PRACH 发送时机数目	N_{dur}^{RA},PRACH 时域长度
		x	y					
0	0	16	1	9	0	—	—	0
1	0	8	1	9	0	—	—	0
…								
255	A3/B3	1	0	0,1,2,3,4,5,6,7,8,9	2	1	2	6

表 3-29　FR2/TDD 模式随机接入配置

PRACH 配置索引	前导格式	$n_{SFN}\bmod x=y$		子帧号	起始符号	一个 60 kHz 时隙内 PRACH 时隙数	$N_t^{RA,slot}$，一个 PRACH 时隙内时域 PRACH 发送时机数目	N_{dur}^{RA},PRACH 时域长度
		x	y					
0	A1	16	1	4,9,14,19,24,29,34,39	0	2	6	2
1	A1	16	1	3,7,11,15,19,23,27,31,35,39	0	1	6	2
…								
255	A3/B3	1	0	1,3,5,7,⋯,37,39	2	1	2	6

以表 3-27 中 PRACH 配置索引 =1 为例，对应的前导格式为 0，Δf_{RA} 为 1.25 kHz，PRACH 开始的符号位置 l=0+1×{0}+14×0={0}，即子帧 4 内一个 PRACH 发送时机，由于 l={0}，则对应起点为 0 号

symbol。PRACH 长度$t = t_{\text{start}}^{\text{RA}} + \left(N_{\text{u}} + N_{\text{CP},l}^{\text{RA}}\right) \times T_{\text{C}}$ =0+(24 576k+3 168k)×[1/(480 000×4 096)]ns=0.9 ns。

2. PRACH 频域资源

PRACH 的频域资源主要由两个高层参数 msg1-FrequencyStart 和 msg1-FDM 决定。msg1-FrequencyStart 表示频域内最低的 PRACH 发送时机和此 BWP 中 PRB0 之间的偏移；msg1-FDM 表示在一个 time instance 中频分复用的 PRACH 发送时机的数量，可取值 1, 2, 4, 8。频域位置示意图如图 3-29 所示。

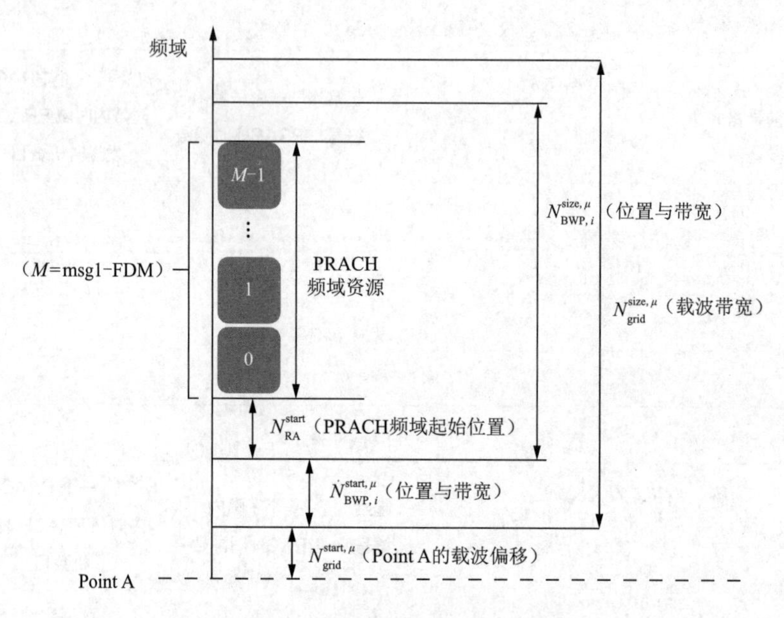

图 3-29　PRACH 频域位置示意图

根据 msg1-FrequencyStart 得到了 PRACH 资源在当前 BWP 中的相对位置，若要计算绝对位置还需知道此 BWP 的起始 RB 和载波偏移，即图中的 $N_{\text{BWP},i}^{\text{start}}$ 和 $N_{\text{grid}}^{\text{start}}$。得到频域位置后，根据 msg1-FDM 便知道了在频域中映射了多少个 PRACH 资源，若想得到每个 PRACH 资源占用的 RB，则需要通过表 3-30 来查询。

表 3-30　PRACH 中 Δf_{RA} 与 PUSCH 中 Δf 支持的组合，$\bar{k}$ 取值

L_{RA}	PRACH 的 Δf_{RA}	PUSCH 的 Δf	$N_{\text{RB}}^{\text{RA}}$，以 PUSCH 的 RB 为单位分配的 RB 数	$\bar{k}$
839	1.25	15	6	7
839	1.25	30	3	1
839	1.25	60	2	133
839	5	15	24	12
839	5	30	12	10
839	5	60	6	7
139	15	15	12	2

续表

L_{RA}	PRACH的Δf_{RA}	PUSCH的Δf	N_{RB}^{RA}，以PUSCH的RB为单位分配的RB数	$\bar{k}$
139	15	30	6	2
139	15	60	3	2
139	30	15	24	2
139	30	30	12	2
139	30	60	6	2
139	60	60	12	2
139	60	120	6	2
139	120	60	24	2
139	120	120	12	2
571	30	15	96	2
571	30	30	48	2
571	30	60	24	2
1151	15	15	96	1
1151	15	30	48	1
1151	15	60	24	1

注：表中$\bar{k}$为下边界保护子载波的数量。

3. PRACH与SSB映射

生成了Preamble后，也就知道了PRACH的时频域资源，那么接下来需要将SSB波束与PRACH映射，将Preamble在SSB波束中发送出去。PRACH与SSB映射涉及一个关键高层参数ssb-perRACH-OccasionAndCB-PreamblesPerSSB，该参数可以分成两个部分：一部分是ssb-perRACH-Occasion，表示一个PRACH发送时机对应多少个SSB，记为N；另一部分是CB-PreamblesPerSSB，表示一个SSB对应多少个CB Preamble（Contention Based Preamble，基于竞争的Preamble），记为R。PRACH发送时机内基于竞争的前导码总数=CB-PreamblesPerSSB×max(1, ssb-perRACH-Occasion)。如果N<1，则意味着一个SSB对应1/N个连续的PRACH发送时机并且R个基于竞争的Preamble映射到SSBn，$0 \leqslant n \leqslant N-1$，每个PRACH发送时机中Preamble index从0开始；如果$N \geqslant 1$，意味着一个PRACH发送时机里面映射了多个SSB并且每一个PRACH发送时机内的SSB映射R个基于竞争的Preamble，每个有效PRACH发送时机从Preamble索引$n \times 64 \div N$开始。

SSB与PRACH occasion是有映射关系的，其SSB映射到PRACH occasion的顺序应遵循如下几点：

（1）在一个PRACH occasion中Preamble索引的顺序是递增的；

（2）频率复用PRACH occasion的频率资源索引顺序是递增的；

（3）在 PRACH 时隙内的时域复用 PRACH occasion 的时域资源索引的顺序是递增的；

（4）PRACH 时隙索引的顺序是递增的。

下面通过举例来阐述两者的映射关系。

例 1：ssb-perRACH-Occasion=1/4，CB-PreamblesPerSSB=52，msg1-FDM=4，存在 8 个 SSB，则 1 个 SSB 对应 4 个 PRACH 发送时机，52 个连续的 Preamble 映射到每个 SSB 上，每个 PRACH 发送时机对应 52 个基于竞争的 Preamble。示意图如图 3-30 所示。

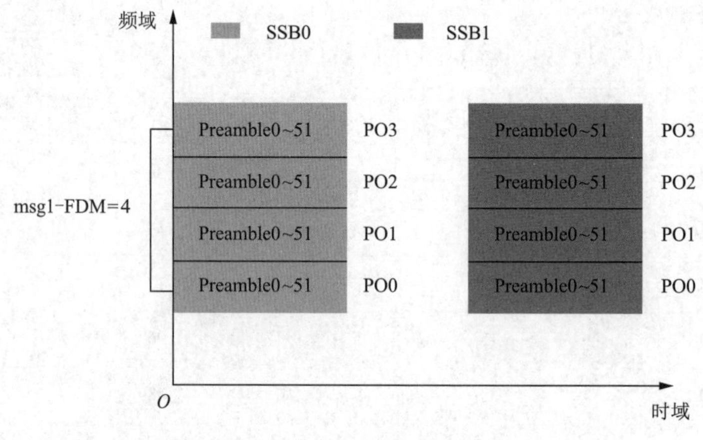

图 3-30　SSB 与 PRACH 映射示例 1

例 2：ssb-perRACH-Occasion=4，CB-PreamblesPerSSB=13，msg1-FDM=1，存在 8 个 SSB，则 1 个 PRACH 发送时机映射了 4 个 SSB，每个 PRACH 发送时机内 SSB 映射 13 个基于竞争的 Preamble。示意图如图 3-31 所示。

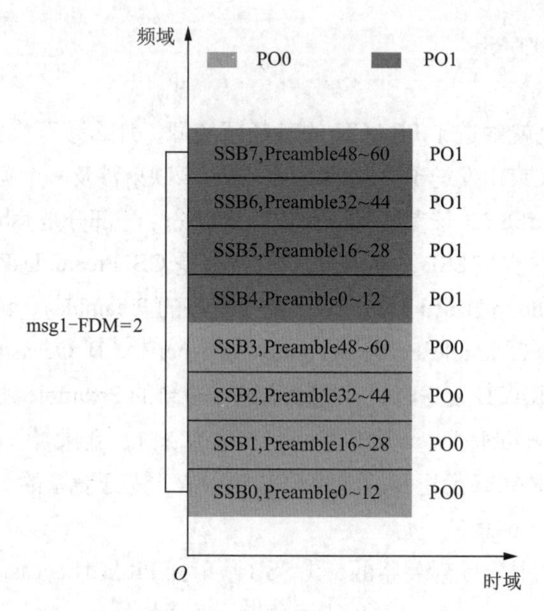

图 3-31　SSB 与 PRACH 映射示例 2

3.7 物理上行控制信道（PUCCH）

PUCCH 承载从 UE 到 gNB 的上行控制信息（Uplink Control Indicator，UCI）。UCI 包括 CSI、HARQ ACK/NACK 和 SR 等信息。

（1）信道状态信息（Channel State Information，CSI）：包括用于进行链路自适应和下行数据调度的信道质量指示（CQI）、预编码矩阵指示（PMI）和秩指示（RI）等信息。

（2）ACK/NACK，即 HARQ 确认信息。

（3）调度请求信息（Scheduling Request，SR）。

3.7.1 PUCCH 格式及特性

为了实现广覆盖和低时延，PUCCH 应当支持多种格式，如采用一个或者多个符号以降低时延，或者采用一个到多个时隙或者子帧以增强覆盖。此外，为了适应无线环境的快速变化，不同格式间也应该能够实现动态变换。以此为基础，规范中具体规定了两大类五小类 PUCCH 格式，两大类分别指长格式和短格式，五小类则是根据 PUCCH 占用的连续的符号数和 UCI 载荷大小来进行区分，具体见表 3-31。

表 3-31　不同 PUCCH 格式

PUCCH 格式		OFDM 符号长度	UCI 载荷	UCI 载荷比特数
0	短格式	1～2	小	≤2
1	长格式	4～14	小	≤2
2	短格式	1～2	大	2
3	长格式	4～14	大	2
4	长格式	4～14	中	2

两大类不同的格式适用于不同的应用场景：短格式适合在自包含时隙中配置，可用于超低时延场景，便于提高 CSI、SR 和 HARQ 反馈的速度和效率，从而降低传送时延，其缺点是使用的时域符号较少，只有在使用两个符号时才支持时隙内跳频，因此不适用于覆盖受限的场景中。长格式的优点是可以支持时隙内和时隙间跳频，并支持较大长度的 UCI 载荷，其缺点是占用了过多的时域资源。

(1) PUCCH 格式 0：长度是 1 或 2 个 OFDM 符号，在频域上占用 1 个 PRB，最多传输 2 bit 的 UCI 负荷，同一个 PRB 可以复用多个 PUCCH 格式 0。用于发送 HARQ 的 ACK/NACK 反馈，也可以携带 SR 信息。

(2) PUCCH 格式 1：长度是 4～14 个 OFDM 符号，在频域上占用 1 个 PRB，最多传输 2 bit 的 UCI 负荷，同一个 PRB 可以复用多个 PUCCH 格式 1。用于发送 HARQ 的 ACK/NACK 反馈，也可以携带 SR 信息。

(3) PUCCH 格式 2：长度是 1 或 2 个 OFDM 符号，在频域上占用 1～16 个 PRB，传输大尺寸的 UCI 负荷，同一个 PRB 只能传输一个 PUCCH 格式 2。PUCCH 格式 2 时域符号少，适用于低时延场景，不支持多 UE 复用。

（4）PUCCH 格式 3：长度是 4 ～ 14 个 OFDM 符号，在频域上占用 1 ～ 16 个 PRB，传输大尺寸的 UCI 负荷，同一个 PRB 只能传输 1 个 PUCCH 格式 3，且 PUCCH 格式 3 不支持多 UE 复用。

（5）PUCCH 格式 4：长度是 4 ～ 14 个 OFDM 符号，在频域上占用 1 个 PRB，传输中等尺寸的 UCI 负荷，同一个 PRB 可以复用多个 PUCCH 格式 4。

不同 PUCCH 格式下的复用方式和容量见表 3-32。

表 3-32　不同 PUCCH 格式下的复用方式和容量

PUCCH 格式		OFDM 符号长度	UE 复用容量（UE/PRB）	复用方式
0	短格式	1 ～ 2	≤ 6 （1bit 载荷 /UE）	基于序列选择
1	长格式	4 ～ 14	≤ 84（无跳频时）； ≤ 36（有跳频时）	UCI 和 DMRS 时分复用
2	短格式	1 ～ 2	载荷较大，无复用	UCI 和 DMRS 频分复用
3	长格式	4 ～ 14	载荷较大，无复用	UCI 和 DMRS 时分复用
4	长格式	4 ～ 14	中等载荷，适度复用，≤ 4	UCI 和 DMRS 时分复用

PUCCH 大部分情况下都采用 QPSK 调制方式，当 PUCCH 占用 4 ～ 14 个 OFDM 符号且只包含 1 bit 信息时，采用 BPSK 调制方式。

PUCCH 的信道编码方式较多，当只携带 1 bit 信息时，采用重复（Repetition）码；当携带 2 bit 信息时，采用单纯形（Simplex）编码；当携带信息为 3 ～ 11 bit 时，采用里德 - 米勒（Reed Muller）块编码；当携带信息大于 11 bit 时，采用极化（Polar）码。PUCCH 的信道编码见表 3-33。

表 3-33　PUCCH 的信道编码

UCI 的总长度 /bit	信道编码
1	重复（Repetition）码
2	单纯形（Simplex）码
3 ～ 11	里德 - 米勒（Reed Muller）块编码
11	极化（Polar）码

3.7.2　PUCCH 资源配置

在连接态配置 PUCCH-Config 获得之前，使用系统消息中的字段 PUCCH-ConfigCommon 下的 pucch-ResourceCommon 参数指示获得初始的 PUCCH 资源集。该 PUCCH 资源集主要用于反馈 HARQ-ACK，相关配置如图 3-32 所示。

```
PUCCH-ConfigCommon ::=          SEQUENCE {
    pucch-ResourceCommon            INTEGER (0..15)     OPTIONAL,    -- Cond InitialBWP-Only
    pucch-GroupHopping              ENUMERATED { neither, enable, disable },
    hoppingId                       INTEGER (0..1023)   OPTIONAL,    -- Need R
    p0-nominal                      INTEGER (-202..24) OPTIONAL,     -- Need R
    ...
}
```

图 3-32　PUCCH 公共资源集配置

通过 pucch-ResourceCommon，查表 3-34 可获得具体的 PUCCH 配置信息，包含 PUCCH format、起始符号、PUCCH 符号数、频域位置以及初始循环移位指示。pucch-ResourceCommon 在 SIB1 中指示的 Initial BWP 中必须配置。

表 3-34　PUCCH 资源集设置

索　引	PUCCH Format 格式	起始符号	PUCCH 符号数	PRB 偏移 $RB_{\text{BWP}}^{\text{offset}}$	初始 CS 索引集
0	0	12	2	0	{0, 3}
1	0	12	2	0	{0, 4, 8}
2	0	12	2	3	{0, 4, 8}
3	1	10	4	0	{0, 6}
4	1	10	4	0	{0, 3, 6, 9}
5	1	10	4	2	{0, 3, 6, 9}
6	1	10	4	4	{0, 3, 6, 9}
7	1	4	10	0	{0, 6}
8	1	4	10	0	{0, 3, 6, 9}
9	1	4	10	2	{0, 3, 6, 9}
10	1	4	10	4	{0, 3, 6, 9}
11	1	0	14	0	{0, 6}
12	1	0	14	0	{0, 3, 6, 9}
13	1	0	14	2	{0, 3, 6, 9}
14	1	0	14	4	{0, 3, 6, 9}
15	1	0	14	$\lfloor N_{\text{BWP}}^{\text{size}}/4 \rfloor$	{0, 3, 6, 9}

连接态时，通过 PUCCH-Config 指示 PUCCH 资源集配置，在 PUCCH-Resource 中会指示 PUCCH format、起始 RB 位置、是否跳频指示等信息。PUCCH format 的其他信息例如，最大码率(maxCodeRate)、是否需要进行 repetition（nrofSlots）、是否使能 Slot 间跳频（intraSlotFrequencyHopping）、是否支持 HARQ-ACK 与 CSI 一起发送（simultaneousHARQ-ACK-CSI）。相关配置如图 3-33 ～图 3-35 所示。

```
PUCCH-Config ::=                    SEQUENCE {
    resourceSetToAddModList             SEQUENCE (SIZE (1..maxNrofPUCCH-ResourceSets)) OF PUCCH-ResourceSet
    resourceSetToReleaseList            SEQUENCE (SIZE (1..maxNrofPUCCH-ResourceSets)) OF PUCCH-ResourceSetId
    resourceToAddModList                SEQUENCE (SIZE (1..maxNrofPUCCH-Resources)) OF PUCCH-Resource
    resourceToReleaseList               SEQUENCE (SIZE (1..maxNrofPUCCH-Resources)) OF PUCCH-ResourceId
    format1                             SetupRelease { PUCCH-FormatConfig }
    format2                             SetupRelease { PUCCH-FormatConfig }
    format3                             SetupRelease { PUCCH-FormatConfig }
    format4                             SetupRelease { PUCCH-FormatConfig }
```

图 3-33　PUCCH-Config 内容 1

```
PUCCH-FormatConfig ::=                  SEQUENCE {
    interslotFrequencyHopping               ENUMERATED {enabled}
    additionalDMRS                          ENUMERATED {true}
    maxCodeRate                             PUCCH-MaxCodeRate
    nrofSlots                               ENUMERATED {n2,n4,n8}
    pi2BPSK                                 ENUMERATED {enabled}
    simultaneousHARQ-ACK-CSI                ENUMERATED {true}
}

PUCCH-MaxCodeRate ::=                   ENUMERATED {zeroDot08, zeroDot15,
zeroDot25, zeroDot35, zeroDot45, zeroDot60, zeroDot80}
```

图 3-34　PUCCH-Config 内容 2

```
PUCCH-ResourceSet ::=                   SEQUENCE {
    pucch-ResourceSetId                     PUCCH-ResourceSetId,
    resourceList                            SEQUENCE (SIZE (1..maxNrofPUCCH-ResourcesPerSet))
    maxPayloadSize                          INTEGER (4..256)
}

PUCCH-ResourceSetId ::=                 INTEGER (0..maxNrofPUCCH-ResourceSets-1)

PUCCH-Resource ::=                      SEQUENCE {
    pucch-ResourceId                        PUCCH-ResourceId,
    startingPRB                             PRB-Id,
    intraSlotFrequencyHopping               ENUMERATED { enabled }
    secondHopPRB                            PRB-Id
    format                                  CHOICE {
        format0                                 PUCCH-format0,
        format1                                 PUCCH-format1,
        format2                                 PUCCH-format2,
        format3                                 PUCCH-format3,
        format4                                 PUCCH-format4
    }
}

PUCCH-ResourceExt-r16 ::=               SEQUENCE {
    interlaceAllocation-r16                 SEQUENCE {
        rb-SetIndex                             INTEGER (0..4),
        interlace0                              CHOICE {
            scs15                                   INTEGER (0..9),
            scs30                                   INTEGER (0..4)
        }
    }
    formatExt-v1610                         CHOICE {
        interlace1-v1610                        INTEGER (0..9),
        occ-v1610                               SEQUENCE {
            occ-Length-v1610                            ENUMERATED {n2,n4}
            occ-Index-v1610                             ENUMERATED {n0,n1,n2,n3}
        }
    }
    ...
}
```

图 3-35　PUCCH-Config 内容 3

一个 PUCCH 资源集包含最少四组 PUCCH 资源配置，最多可配置四个 PUCCH 资源集，每个资源集都对应一定范围的 UCI 反馈。PUCCH 典型配置如图 3-36 所示。

PUCCH 支持半静态和动态资源分配。

半静态分配：高层 RRC 信令直接配置一个资源，同时配置一个周期和周期内偏移。

动态分配：高层 RRC 信令配置 1 个或多个 PUCCH 资源集合，每个资源集合包含多个 PUCCH 资源，UE 收到下行调度信息后，会根据 DCI 中的指示 PUCCH resource indicator 在 1 个 PUCCH 资源集合中找到一个确定的 PUCCH 资源。

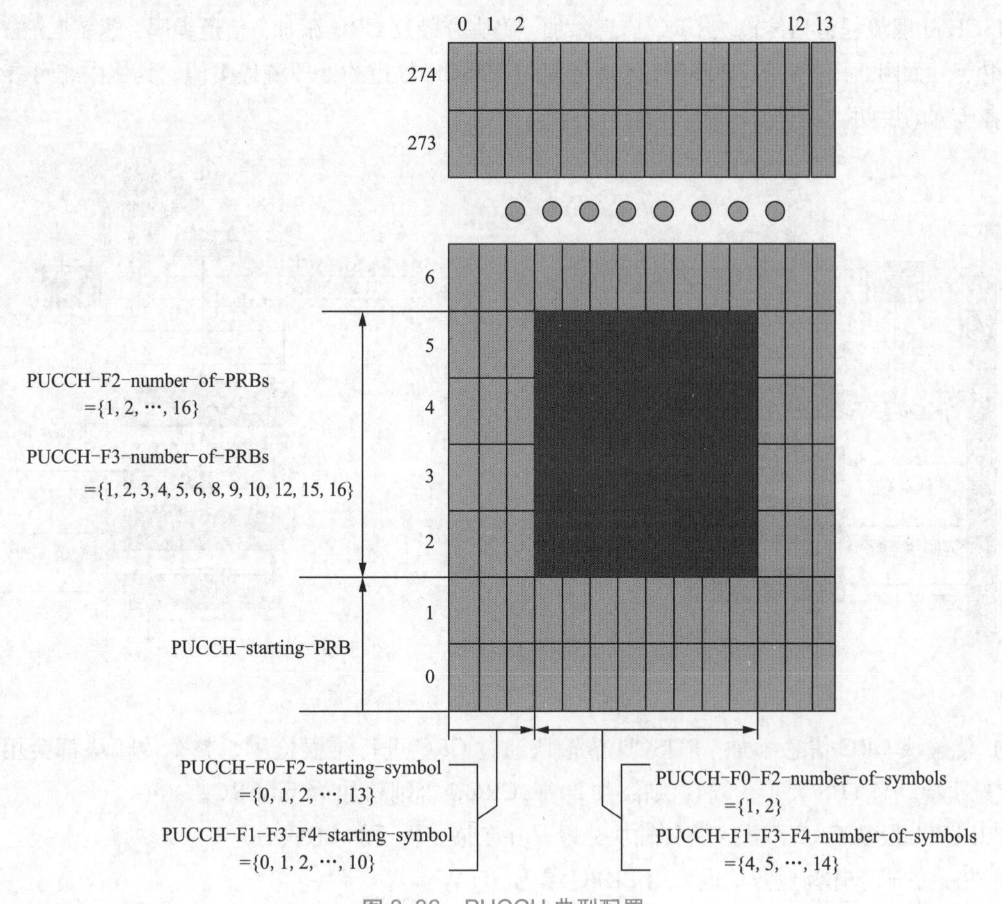

图 3-36　PUCCH 典型配置

基站会通过 RRC 信令为 UE 配置 1 ～ 4 个 PUCCH 资源集合。其中，第一 PUCCH 资源集合仅用于承载 1 ～ 2 bit 上行控制信息，如果配置超过一个 PUCCH 资源集合，则其他 PUCCH 资源集合所能承载的 PUCCH 负载大小是由高层 RRC 信令配置的。第一 PUCCH 资源集合可以配置 8 ～ 32 个 PUCCH 资源。

如果配置了第二、第三、第四 PUCCH 资源集合，每个 PUCCH 资源集合最多配置 8 个 PUCCH 资源。

分配信息包括时隙粒度的时频域资源分配（周期和偏移），还包括时隙内的起始符号索引、持续时间、起始的物理资源块索引、占用的物理资源块数量等。

3.8 物理共享信道（PUSCH）

PUSCH 信道是下行数据传输的主要通道，作用与 LTE 基本类似，用于承载上行数据和部分上行控制信息（UCI），其时频资源分配方式对上行速率有着直接的影响，相关参数配置也是网络优化中上行速率优化的重点内容。

3.8.1 业务信道 PUSCH 处理流程

PUSCH 处理流程包括传输块 CRC 信息添加、码块分段及 CRC 添加、信道编码、速率匹配、调制、资源映射等，如图 3-37 所示。PUSCH 处理流程与 PDSCH 信道的处理流程类似，具体内容可参考 3.5.1 小节中各步骤的说明。

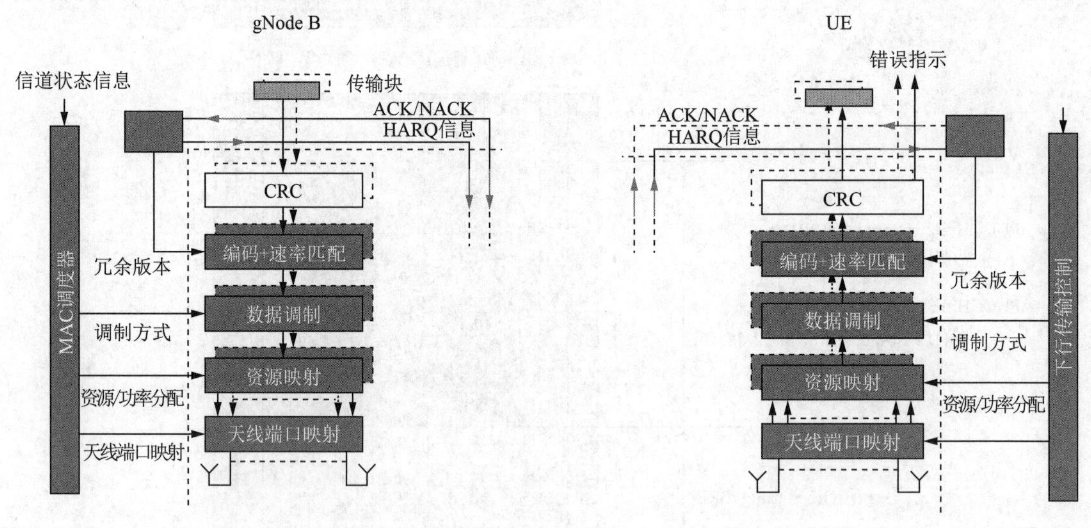

图 3-37 PUSCH 处理流程

（1）传输块 CRC 信息添加：PUSCH 传输块通过 CRC 进行错误检测，整个传输块都会用来计算 CRC 校验比特。当 TBS 大于 3 824，则添加 24 bit CRC，否则添加 16 bit CRC。

（2）码块分段及 CRC 添加：将传输块分段，并在每一段添加 CRC。

（3）信道编码：作为业务信道采用 LDPC 编码。

（4）速率匹配：对编码后的比特流进行速率匹配。

（5）调制：PUSCH 支持的调制方式有 π/2-BPSK、QPSK、16QAM、64QAM、256QAM。

（6）资源映射：将符号映射到虚拟资源块，再从虚拟资源块映射到物理资源块。

3.8.2 PUSCH 的时频位置

PUSCH 和 PDSCH 时域资源指示方式几乎一样，也支持 Type A 和 Type B 两种映射类型，但 S 与 L 的组合和 PDSCH 存在差异。对应 Type A，因为上行时隙的前面不需要为其他上行信道预留资源，PUSCH 开始的符号位置 S 为 0；对于 Type B，PUSCH 分配的符号长度可以是 1 ～ 14。具体见表 3-35。

表 3-35　PUSCH　S 与 L 取值

PUSCH 映射类型	普通循环前缀			扩展循环前缀		
	S	L	$S+L$	S	L	$S+L$
Type A	0	{4,…,14}	{4,…,14}（仅重复类型 A）	0	{4,…,12}	{4,…,12}
Type B	{0,…,13}	{1,…,14}	重复类型 A 时取 {1,…,14} 重复类型 B 时取 {1,…,27}	{0,…, 11}	{1,…,12}	{1,…,12}

PUSCH 时域分配的参数中 K_2 为时隙偏移，取值为 0 ～ 32，当 PUSCH 的子载波间隔为 15 kHz 或 30 kHz 时，K_2 默认值为 1；当 PUSCH 的子载波间隔为 60 kHz 时，K_2 默认值为 2；当 PUSCH 的子载波间隔为 120 kHz 时，K_2 默认值为 3。当子载波间隔增大时，PUSCH 时隙变短，较大的 K_2 值可以为 UE 留下足够的处理时间。假设调度 PUSCH 的 DCI 在 PDCCH 的时隙 n 上发送，则 PUSCH 分配的时隙是 $\left\lfloor n\times\left(2^{\mu_{\text{PUSCH}}}/2^{\mu_{\text{PDCCH}}}\right)\right\rfloor+K_2$。

与 PDSCH 信道相同，基站可通过 RRC 信令将时域配置信息发送给 UE。在 PUSCH-ConfigCommon 或者 PUSCH-Config 中配置 pusch-TimeDomainResourceAllocationList，通过 DCI 格式 0_0 或 0_1 的时域资源分配字段把时域资源分配列表的行号通知给 UE。信令内容如图 3-38 所示。

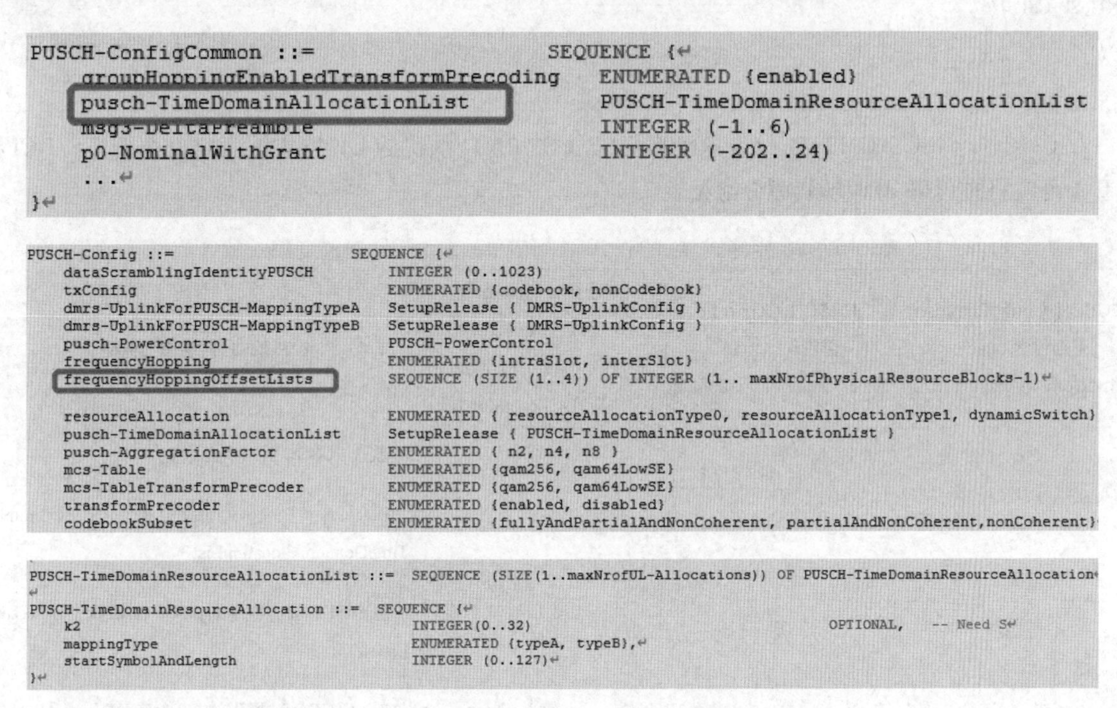

```
PUSCH-ConfigCommon ::=                    SEQUENCE {
    groupHoppingEnabledTransformPrecoding   ENUMERATED {enabled}
    pusch-TimeDomainAllocationList          PUSCH-TimeDomainResourceAllocationList
    msg3-DeltaPreamble                      INTEGER (-1..6)
    p0-NominalWithGrant                     INTEGER (-202..24)
    ...
}
```

```
PUSCH-Config ::=                       SEQUENCE {
    dataScramblingIdentityPUSCH           INTEGER (0..1023)
    txConfig                              ENUMERATED {codebook, nonCodebook}
    dmrs-UplinkForPUSCH-MappingTypeA      SetupRelease { DMRS-UplinkConfig }
    dmrs-UplinkForPUSCH-MappingTypeB      SetupRelease { DMRS-UplinkConfig }
    pusch-PowerControl                    PUSCH-PowerControl
    frequencyHopping                      ENUMERATED {intraSlot, interSlot}
    frequencyHoppingOffsetLists           SEQUENCE (SIZE (1..4)) OF INTEGER (1.. maxNrofPhysicalResourceBlocks-1)

    resourceAllocation                    ENUMERATED { resourceAllocationType0, resourceAllocationType1, dynamicSwitch}
    pusch-TimeDomainAllocationList        SetupRelease { PUSCH-TimeDomainResourceAllocationList }
    pusch-AggregationFactor               ENUMERATED { n2, n4, n8 }
    mcs-Table                             ENUMERATED {qam256, qam64LowSE}
    mcs-TableTransformPrecoder            ENUMERATED {qam256, qam64LowSE}
    transformPrecoder                     ENUMERATED {enabled, disabled}
    codebookSubset                        ENUMERATED {fullyAndPartialAndNonCoherent, partialAndNonCoherent,nonCoherent}
```

```
PUSCH-TimeDomainResourceAllocationList ::=  SEQUENCE (SIZE(1..maxNrofUL-Allocations)) OF PUSCH-TimeDomainResourceAllocation

PUSCH-TimeDomainResourceAllocation ::=  SEQUENCE {
    k2                                    INTEGER(0..32)                        OPTIONAL,   -- Need S
    mappingType                           ENUMERATED {typeA, typeB},
    startSymbolAndLength                  INTEGER (0..127)
}
```

图 3-38　PUSCH 时域配置内容

在 UE 没有收到 RRC 信令时，3GPP 协议 TS 38.214 针对不同的 PUSCH 的应用情况，定义了默认的 PUSCH 时域分配表，分为默认 PUSCH 时域资源分配 A（正常 CP）、默认 PDSCH 时域资源分配 A（扩展 CP），不同场景下时域资源的使用情况通过表 3-36 来确定。

表 3-36　公共搜索空间和 DCI 格式 0_0 可应用的 PUSCH 时域资源分配

RNTI	PDCCH 搜索空间	PUSCH-ConfigCommon 是否包含 PUSCH-TimeDomainAllocationList	PUSCH-Config 是否包含 PUSCH-TimeDomainAllocationList	PUSCH 时域资源分配
由 TS 38.213 中描述的 MAC RAR 或 MAC fallback RAR 调度的 PUSCH 或用于 MsgA PUSCH 传输的 PUSCH		否	—	默认 PUSCH 时域资源分配 A
		是	—	PUSCH-ConfigCommon 提供的 pusch-TimeDomainAllocationList
C-RNTI, MCS-C-RNTI, TC-RNTI, CS-RNTI	与 CORESET 0 关联的任意公共搜索空间	否	—	默认 PUSCH 时域资源分配 A
		是	—	PUSCH-ConfigCommon 提供的 pusch-TimeDomainAllocationList
C-RNTI, MCS-C-RNTI, TC-RNTI, CS-RNTI, SP-CSI-RNTI	与 CORESET 0 无关的任意公共搜索空间。 UE 特定搜索空间的 DCI format 0_0	否	否	默认 PUSCH 时域资源分配 A
		是	否	PUSCH-ConfigCommon 提供的 pusch-TimeDomainAllocationList
		否 / 是	是	PUSCH-Config 提供的 pusch-TimeDomainAllocationList

在 C-RNTI、MCS-C-RNTI、CS-RNTI 或 SP-CSI-RNTI 加扰的 UE 特定搜索空间情况下，DCI 格式 0_1 可应用的 PUSCH 时域资源分配见表 3-37。

表 3-37　特定场景 DCI 格式 0_1 可应用的 PUSCH 时域资源分配

PUSCH-ConfigCommon 是否包含 pusch-TimeDomainAllocationList	PUSCH-Config 是否包含 pusch-TimeDomainAllocationList	PUSCH-Config 是否包含 pusch-TimeDomainAllocationList-ForDCIformat0_1	PUSCH 时域资源分配
否	否	否	默认 PUSCH 时域资源分配 A
是	否	否	PUSCH-ConfigCommon 提供的 pusch-TimeDomainAllocationList
否 / 是	是	否	PUSCH-Config 提供的 pusch-TimeDomainAllocationList
否 / 是	否 / 是	是	PUSCH-Config 提供的 pusch-TimeDomainAllocationList-ForDCIformat0_1

在 C-RNTI、MCS-C-RNTI、CS-RNTI 或 SP-CSI-RNTI 加扰的 UE 特定搜索空间情况下，DCI 格式 0_2 可应用的 PUSCH 时域资源分配见表 3-38。

表 3-38　特定场景 DCI 格式 0_2 可应用的 PUSCH 时域资源分配

PUSCH-ConfigCommon 是否包含 pusch-TimeDomainAllocationList	PUSCH-Config 是否包含 pusch-TimeDomainAllocationList	PUSCH-Config 是否包含 pusch-TimeDomainAllocationList-ForDCIformat0_2	PUSCH 时域资源分配
否	否	否	默认 PUSCH 时域资源分配 A
是	否	否	PUSCH-ConfigCommon 提供的 pusch-TimeDomainAllocationList
否 / 是	是	否	PUSCH-Config 提供的 pusch-TimeDomainAllocationList
否 / 是	否 / 是	是	PUSCH-Config 提供的 pusch-TimeDomainAllocationList-ForDCIformat0_2

默认 PUSCH、PDSCH 时域资源分配 A（正常 CP）见表 3-39、表 3-40。

表 3-39　默认 PUSCH 时域资源分配 A（正常 CP）

行索引	PUSCH 映射类型	K_2	S	L
1	Type A	j	0	14
2	Type A	j	0	12
3	Type A	j	0	10
4	Type B	j	2	10
5	Type B	j	4	10
6	Type B	j	4	8
7	Type B	j	4	6
8	Type A	j+1	0	14
9	Type A	j+1	0	12
10	Type A	j+1	0	10
11	Type A	j+2	0	14
12	Type A	j+2	0	12
13	Type A	j+2	0	10
14	Type B	j	8	6
15	Type A	j+3	0	14
16	Type A	j+3	0	10

表 3-40　默认 PUSCH 时域资源分配 A（扩展 CP）

行　索　引	PUSCH 映射类型	K_2	S	L
1	Type A	j	0	8
2	Type A	j	0	12
3	Type A	j	0	10
4	Type B	j	2	10
5	Type B	j	4	4
6	Type B	j	4	8
7	Type B	j	4	6
8	Type A	j+1	0	8
9	Type A	j+1	0	12
10	Type A	j+1	0	10
11	Type A	j+2	0	6
12	Type A	j+2	0	12
13	Type A	j+2	0	10
14	Type B	j	8	4
15	Type A	j+3	0	8
16	Type A	j+3	0	10

j 和 Δ 的取值与 PUSCH 的子载波间隔 μ_{PUSCH} 有关，具体见表 3-41、表 3-42。

表 3-41　j 取值

μ_{PUSCH}	j
0	1
1	1
2	2
3	3

表 3-42　Δ 取值

μ_{PUSCH}	Δ
0	2
1	3
2	4
3	6

3.8.3　PUSCH 的频域位置

PUSCH 和 PDSCH 频域资源分配不同的地方在于 PUSCH 支持跳频，其他地方几乎相同：

（1）分 Type 0 和 Type 1 两个类型，指示方式与 PDSCH 相同；

（2）DCI format 0_0 调度的 PUSCH 只支持 Type 1；

（3）Type 0 也为非连续资源分配，指示方式与 PDSCH 相同；

（4）Type 1 也为连续资源分配。

下面说明 PUSCH 和 PDSCH 不同的地方：Frequency hopping（跳频传输）。

跳频传输可以实现频率选择性增益和干扰随机化的效果，分为时隙内跳频和时隙间跳频，如图 3-39 所示（时隙间跳频用在 PUSCH 时隙聚合传输的情况，PUSCH 时隙聚合传输与上述 PDSCH 时隙聚合传输相同）。在时隙内跳频中，一个时隙中前一半符号为第一 hop，后一半符号为第二 hop，不同 hop 内 PUSCH 频域资源位置不同；时隙间跳频时，时隙编号为偶数的时隙内和时隙编号为奇数的时隙内 PUSCH 频域资源位置不同。

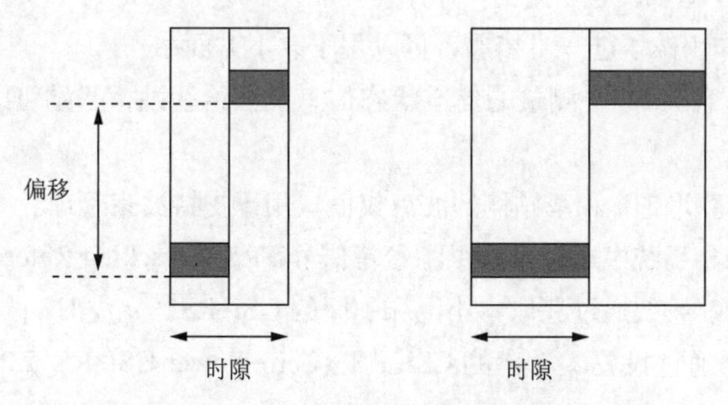

图 3-39　PUCCH 跳频传输示意图

只有下面两种情况下支持跳频传输：

是否支持频率跳频与转换预编码的配置无关。对于频域资源分配方式 type1，如果 DCI 或随机接入响应中的频率跳频标识 Frequency hopping flag 字段设置为 1，则 UE 可以使用 PUSCH 跳频传输，否则 UE 不使用 PUSCH 频率跳频。

在可以跳频传输的情况下，DCI 中会有 1 bit 的跳频指示 Frequency hopping flag，如果为 1 表示采用跳频；为 0 表示不跳频。当配置为跳频时，高层信令会指示几个跳频的 offset 具体取值，然后频域资源分配字段中的前 N 个位就要从高层指示的几个具体的 offset 中选择一个，选择方式如下：

当 BWP 带宽小于 50PRB 时，N=1，指示高层所配置的两个 offset 具体取值中的一个；

当 BWP 带宽大于或等于 50PRB 时，N=2，指示高层所配置的四个 offset 具体取值中的一个。

频域资源字段除去 N 个指示 offset 的位后，剩余位指示 PUSCH 的起始 RB 位置 S 和所占 RB 长度 L，与 PDSCH 相同。跳频方式分为时隙内跳频和时隙间跳频。

对于时隙内跳频，第一 hop 中 PUSCH 起始 RB 为 S，第二 hop 中起始 RB 为 S+offset，即

$$\mathrm{RB}_{\mathrm{start}}=\begin{cases}\mathrm{RB}_{\mathrm{start}} & i=0\\ \left(\mathrm{RB}_{\mathrm{start}}+\mathrm{RB}_{\mathrm{offset}}\right)\bmod N_{\mathrm{BWP}}^{\mathrm{size}} & i=1\end{cases}$$

对于时隙间跳频，时隙编号为偶数的时隙中 PUSCH 起始 RB 为 S，编号为奇数的时隙中起始 RB 为 S+offset，即

$$\mathrm{RB}_{\mathrm{start}}\left(n_{\mathrm{s}}^{\mu}\right)=\begin{cases}\mathrm{RB}_{\mathrm{start}} & n_{\mathrm{s}}^{\mu}\bmod 2=0\\ \left(\mathrm{RB}_{\mathrm{start}}+\mathrm{RB}_{\mathrm{offset}}\right)\bmod N_{\mathrm{BWP}}^{\mathrm{size}} & n_{\mathrm{s}}^{\mu}\bmod 2=1\end{cases}$$

3.9 CSI-RS 信号

信号为信道状态参考信号 CSI-RS（Channel State Information-Reference Signal）只在给手机分配的带宽上有效，无须在整个带宽上发送，用于下行信道质量探测。通过 CSI RSRP 可反馈信道状态信息，指导业务态网络性能优化。

3.9.1 CSI-RS 类别

CSI-RS 最早在 3GPP R10 版本中提出，作用于下行方向，目的是为了支持大于 4 层的空分复用。NR 中对 CSI-RS 信号的作用做了进一步拓展，可以用于以下方面：

（1）获取信道状态信息。UE 将测量的信道状态信息反馈给基站，基站可以根据反馈的信息实现调度和链路自适应调整。

（2）用于波束管理。获取 UE 和基站侧的波束权值，用于支持波束管理。

（3）精确的时频跟踪。系统中通过设置跟踪参考信号 TRS（Tracking Reference Signal）来实现。

（4）用于移动性管理。系统通过获取本小区和邻区的 CSI-RS，完成 UE 的移动性管理相关测量。

（5）用于速率匹配。通过设置零功率的 CSI-RS（Zero-Power CSI-RS, ZP CSI-RS）完成数据信道 RE 级别的速率匹配。

CSI-RS 可分为 NZP CSI-RS 和 ZP CSI-RS。ZP CSI-RS 标识 PDSCH 不能使用的 RE 资源，但在 ZP CSI-RS 使用的 RE 上，UE 不能认为这些资源离子没有任何发送，因为这些 RE 可能正在被配置给其他 UE 的 NZP CSI-RS 使用。NZP CSI-RS 使用的资源时和 ZP CSI-RS 具有相同结构的 RE，不同的是 NZP CSI-RS 指示该 CSI-RS 确实有功率在发射。ZP CSI-RS 和 NZP CSI-RS 通过 ZP-CSI-RS-Resource 和 NZP-CSI-RS-Resource 配置，配置内容如图 3-40、图 3-41 所示。

```
ZP-CSI-RS-Resource ::=                SEQUENCE {
    zp-CSI-RS-ResourceId                  ZP-CSI-RS-ResourceId,
    resourceMapping                       CSI-RS-ResourceMapping,
    periodicityAndOffset                  CSI-ResourcePeriodicityAndOffset
    ...
}
```

图 3-40　ZP-CSI-RS-Resource 配置内容

```
NZP-CSI-RS-Resource ::=               SEQUENCE {
    nzp-CSI-RS-ResourceId                 NZP-CSI-RS-ResourceId,
    resourceMapping                       CSI-RS-ResourceMapping,
    powerControlOffset                    INTEGER (-8..15),
    powerControlOffsetSS                  ENUMERATED{db-3, db0, db3, db6}
    scramblingID                          ScramblingId,
    periodicityAndOffset                  CSI-ResourcePeriodicityAndOffset
    qcl-InfoPeriodicCSI-RS                TCI-StateId
    ...
}
```

图 3-41　NZP-CSI-RS-Resource 配置内容

3.9.2 CSI资源

1. CSI-RS 资源概述

UE根据接收到的CSI-RS信号进行信道估计，并上报信道状态信息CSI给基站。一个UE可以配置一个或多个CSI-ResourceConfig资源，配置内容如图3-42所示。每个资源配置包含一个或多个CSI-RS资源集，每个CSI-RS资源集包含一个或者多个CSI-RS或CSI-IM（CSI-Interface Measurement）资源，CSI-RS资源可以为单用户专用，也可以多个用户共享使用。

当UE配置的多个CSI-ResourceConfig资源中包含相同的NZP CSI-RS资源编号或相同的CSI-IM资源编号时，这些CSI-ResourceConfig资源都具有相同的时域特性。

CSI-RS资源集包含在资源配置中，作为配置测量和测量上报参数的一部分，可配置为周期性、半永久性或非周期性。如果CSI-RS资源集相关参数中的资源配置类别配置为非周期性，最多包含16个资源集；如果配置为周期性或半永久性，则只包含1个资源集，周期和时隙偏移由所在DL BWP的参数集确定。所有处于同一半永久资源集中的CSI-RS可通过MAC CE命令进行激活和去激活。非周期资源集内的CSI-RS可联合DCI来触发。配置的CSI-IM资源集中，每个CSI-IM资源集都包含一定数量的CSI-IM，激活方式和CSI-RS类似。

每个CSI资源集中都包含8个由NZP CSI-RS或者CSI-IM组成的CSI-RS资源以及SSB块资源。每个CSI-RS资源可配置最多32个端口。CSI-RS资源可以在时隙中任何符号处开始，占用1、2、4个符号。每个ZP CSI-RS资源的配置参数由高层参数决定，如端口数、CDM类别、频段、资源映射、周期类型、周期、时隙偏移等，每个CSI资源设定都位于参数bwp-id对应的DL BWP内。

```
CSI-ResourceConfig ::=      SEQUENCE {↵
    csi-ResourceConfigId        CSI-ResourceConfigId,↵
    csi-RS-ResourceSetList      CHOICE {↵
        nzp-CSI-RS-SSB              SEQUENCE {↵
            nzp-CSI-RS-ResourceSetList  SEQUENCE (SIZE (1..maxNrofNZP-CSI-RS-ResourceSetsPerConfig))
            csi-SSB-ResourceSetList     SEQUENCE (SIZE (1..maxNrofCSI-SSB-ResourceSetsPerConfig))↵
        },↵
        csi-IM-ResourceSetList      SEQUENCE (SIZE (1..maxNrofCSI-IM-ResourceSetsPerConfig)) ↵
    },↵
↵
    bwp-Id                      BWP-Id,↵
    resourceType                ENUMERATED { aperiodic, semiPersistent, periodic },↵
    ...↵
}↵
```

图3-42 CSI-ResourceConfig字段内容

在介绍物理资源时频映射之前，需要先了解CDM。CSI-RS resource的port数量可以是单端口，也可以是多端口，最多到32个端口。在多端口映射的时候会用到CDM的概念，即多个CSI-RS端口可以在相同时频资源上通过CDM的方式加以区分和映射。

3GPP协议TS 38.211规定CSI-RS的CDM种类有四种，可以根据RRC参数cdm-Type得知，包含{noCDM, fd-CDM2, cdm4-FD2-TD2, cdm8-FD2-TD4}，其中noCDM最简单，就是CSI-RS只映射在一个RE上，没有码分的概念；FD-CDM2表示在频域两个载波与时域一个符号的两个RE上实现两个端口的复用；CDM4-FD2-TD2表示在频域两个载波与时域两个符号的四个RE上实现四个端口的复用；CDM8-FD2-TD4表示在频域两个载波与时域四个符号的八个RE上实现八个端口的复用。以CDM2为例，实现在两个RE上进行两个端口的复用的关键就在于CDM码分，即两个CSI-RS端口在这两个RE

上使用了相互正交的序列，这样就可以将两个端口区分开来，如图 3-43 所示。

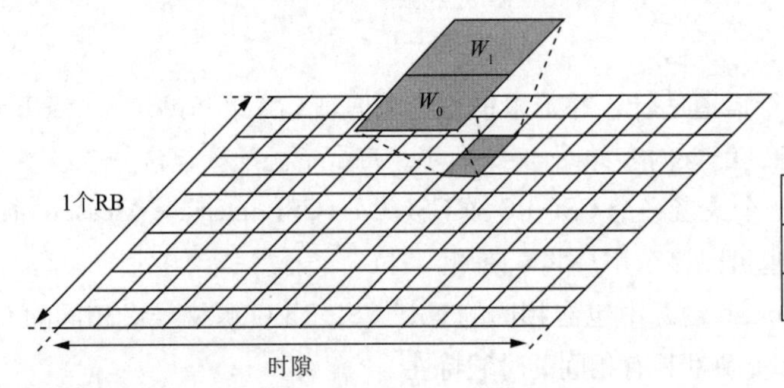

图 3-43　CDM2 映射方式

在资源映射时，CSI-RS 资源不可和以下三种资源冲突：

（1）任何配置给终端使用的 CORESET 资源；

（2）PDSCH 的 DMRS 资源；

（3）发送中的 SSB 资源。

2. CSI-RS 时频域资源

CSI-RS 时频域资源映射如图 3-44 所示。

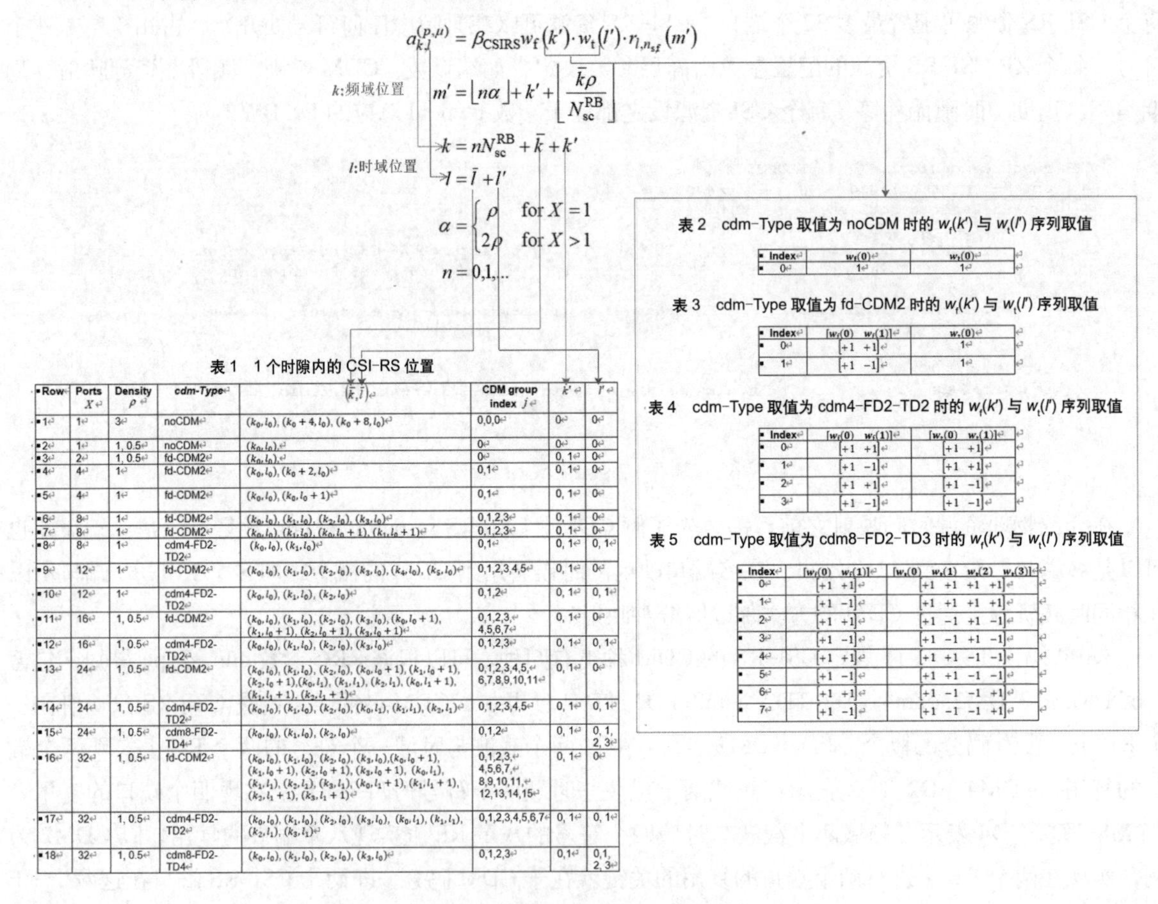

表 1　1 个时隙内的 CSI-RS 位置

Row	Ports X	Density ρ	cdm-Type	$(\bar{k},\bar{l})$	CDM group index j	k'	l'
1	1	3	noCDM	$(k_0,l_0),(k_0+4,l_0),(k_0+8,l_0)$	0,0,0	0	0
2	1	1, 0.5	noCDM	$(k_0,l_0),$	0	0	0
3	2	1, 0.5	fd-CDM2	$(k_0,l_0),$	0	0, 1	0
4	4	1	fd-CDM2	$(k_0,l_0),(k_0+2,l_0)$	0,1	0, 1	0
5	4	1	fd-CDM2	$(k_0,l_0),(k_0,l_0+1)$	0,1	0, 1	0
6	8	1	fd-CDM2	$(k_0,l_0),(k_1,l_0),(k_2,l_0),(k_3,l_0)$	0,1,2,3	0, 1	0
7	8	1	fd-CDM2	$(k_0,l_0),(k_1,l_0),(k_0,l_0+1),(k_1,l_0+1)$	0,1,2,3	0, 1	0
8	8	1	cdm4-FD2-TD2	$(k_0,l_0),(k_1,l_0)$	0,1	0, 1	0, 1
9	12	1	fd-CDM2	$(k_0,l_0),(k_1,l_0),(k_2,l_0),(k_3,l_0),(k_4,l_0),(k_5,l_0)$	0,1,2,3,4,5	0, 1	0
10	12	1	cdm4-FD2-TD2	$(k_0,l_0),(k_1,l_0),(k_2,l_0)$	0,1,2	0, 1	0, 1
11	16	1, 0.5	fd-CDM2	$(k_0,l_0),(k_1,l_0),(k_2,l_0),(k_3,l_0),(k_0,l_0+1),(k_1,l_0+1),(k_2,l_0+1),(k_3,l_0+1)$	0,1,2,3, 4,5,6,7	0, 1	0
12	16	1, 0.5	cdm4-FD2-TD2	$(k_0,l_0),(k_1,l_0),(k_2,l_0),(k_3,l_0)$	0,1,2,3	0, 1	0, 1
13	24	1, 0.5	fd-CDM2	$(k_0,l_0),(k_1,l_0),(k_2,l_0),(k_0,l_0+1),(k_1,l_0+1),(k_2,l_0+1),(k_0,l_1),(k_1,l_1),(k_2,l_1),(k_0,l_1+1),(k_1,l_1+1),(k_2,l_1+1)$	0,1,2,3,4,5, 6,7,8,9,10,11	0, 1	0
14	24	1, 0.5	cdm4-FD2-TD2	$(k_0,l_0),(k_1,l_0),(k_2,l_0),(k_0,l_1),(k_1,l_1),(k_2,l_1)$	0,1,2,3,4,5	0, 1	0, 1
15	24	1, 0.5	cdm8-FD2-TD4	$(k_0,l_0),(k_1,l_0),(k_2,l_0)$	0,1,2	0, 1	0, 1, 2, 3
16	32	1, 0.5	fd-CDM2	$(k_0,l_0),(k_1,l_0),(k_2,l_0),(k_3,l_0),(k_0,l_0+1),(k_1,l_0+1),(k_2,l_0+1),(k_3,l_0+1),(k_0,l_1),(k_1,l_1),(k_2,l_1),(k_3,l_1),(k_0,l_1+1),(k_1,l_1+1),(k_2,l_1+1),(k_3,l_1+1)$	0,1,2,3, 4,5,6,7, 8,9,10,11, 12,13,14,15	0, 1	0
17	32	1, 0.5	cdm4-FD2-TD2	$(k_0,l_0),(k_1,l_0),(k_2,l_0),(k_3,l_0),(k_0,l_1),(k_1,l_1),(k_2,l_1),(k_3,l_1)$	0,1,2,3,4,5,6,7	0, 1	0, 1
18	32	1, 0.5	cdm8-FD2-TD4	$(k_0,l_0),(k_1,l_0),(k_2,l_0),(k_3,l_0)$	0,1,2,3	0,1	0,1, 2, 3

表 2　cdm-Type 取值为 noCDM 时的 $w_f(k')$ 与 $w_t(l')$ 序列取值

Index	$w_f(0)$	$w_t(0)$
0	1	1

表 3　cdm-Type 取值为 fd-CDM2 时的 $w_f(k')$ 与 $w_t(l')$ 序列取值

Index	$[w_f(0)\ \ w_f(1)]$	$w_t(0)$
0	$[+1\ \ +1]$	1
1	$[+1\ \ -1]$	1

表 4　cdm-Type 取值为 cdm4-FD2-TD2 时的 $w_f(k')$ 与 $w_t(l')$ 序列取值

Index	$[w_f(0)\ \ w_f(1)]$	$[w_t(0)\ \ w_t(1)]$
0	$[+1\ \ +1]$	$[+1\ \ +1]$
1	$[+1\ \ -1]$	$[+1\ \ +1]$
2	$[+1\ \ +1]$	$[+1\ \ -1]$
3	$[+1\ \ -1]$	$[+1\ \ -1]$

表 5　cdm-Type 取值为 cdm8-FD2-TD3 时的 $w_f(k')$ 与 $w_t(l')$ 序列取值

Index	$[w_f(0)\ \ w_f(1)]$	$[w_t(0)\ \ w_t(1)\ \ w_t(2)\ \ w_t(3)]$
0	$[+1\ \ +1]$	$[+1\ \ +1\ \ +1\ \ +1]$
1	$[+1\ \ -1]$	$[+1\ \ +1\ \ +1\ \ +1]$
2	$[+1\ \ +1]$	$[+1\ \ -1\ \ +1\ \ -1]$
3	$[+1\ \ -1]$	$[+1\ \ -1\ \ +1\ \ -1]$
4	$[+1\ \ +1]$	$[+1\ \ +1\ \ -1\ \ -1]$
5	$[+1\ \ -1]$	$[+1\ \ +1\ \ -1\ \ -1]$
6	$[+1\ \ +1]$	$[+1\ \ -1\ \ -1\ \ +1]$
7	$[+1\ \ -1]$	$[+1\ \ -1\ \ -1\ \ +1]$

图 3-44　CSI-RS 时频域资源映射

对于 β_{CSIRS}，在配置使用 NZP CIS-RS 时，$\beta_{CSIRS}>0$，这时需要选择 β_{CSIRS} 以满足在 NZP-CSI-Resource 中的高层参数 powerControlOffsetSS 所提供的功率偏置。$w_f(k')$ 和 $w_t(l')$ 表示不同 CDM Type 对应的正交码权值，可由图 3-44 中的表 2 ～表 5 得出。UE 通过 RRC 中下发的 CSI-RS-ResourceMapping，如图 3-45 所示，可以进一步知道下面的参数：

（1）时域上的相关的参数：$l=\overline{l}+l'$，其中有两个取值，$l_0 \in \{0,\cdots,13\}$ 和 $l_1 \in \{2,\cdots,12\}$，取值会通过 RRC 参数 firstOFDMSymbolInTimeDomain 和 firstOFDMSymbolInTimeDomain2 得到，l_0 和 l_1 的区别在于不同的场景中使用，均表示 CSI-RS 的时域起始符号。l'表示 1 个 CDM 组内的 1 个、2 个或 4 个连续的 RE 在时域上相对于开始时间 $\overline{l}$ 的位置。

（2）频域上的相关参数：k 主要依赖于 $\overline{k}$ 和 k'，$\overline{k}$ 取值可能为 k_0, k_1, k_2, k_3，这些值会通过 RRC 参数 frequencyDomainAllocation 计算得出。k' 表示 1 个 CDM 组内的 1 个或者 2 个连续的 RE 在频域上相对于 $\overline{k}$ 的位置。frequencyDomainAllocation 以 bitmap 的形式提供，该参数的取值对应图 3-44 中的表 1 中的数据，表示应该去查哪一行，当配置为 other 时，需要结合参数 {nrofPorts, cdm-Type and density} 来确定查哪一行。知道哪一行后，便知道了 k_i 的算法，k_i 由如下公式计算：

图 3-44 中的表 1 中 Row=1，位图长度为 4，$[b_3,\cdots,b_0]$，$k_{i-1}=f(i)$；

图 3-44 中的表 1 中 Row=2，位图长度为 12，$[b_{11},\cdots,b_0]$，$k_{i-1}=f(i)$；

图 3-44 中的表 1 中 Row=3，位图长度为 3，$[b_2,\cdots,b_0]$，$k_{i-1}=4f(i)$；

其他 Row 情况下，位图长度为 6，$[b_5,\cdots,b_0]$，$k_{i-1}=2f(i)$。

函数 $f(i)$ 表示位图中第 i 个设置为 1 的 bit 在位图中的位置，从右往左看，且 i 从 1 开始，位置编号由 0 开始。b_0 ～ b_{12} 为位图中具体位置的取值，可为 0 或 1。以图 3-44 中的表 1 中 Row=5 为例，需要设置 $[b_5,\cdots,b_0]$ 6 个位的 bitmap，假设位图为 010000，则第一个位置的比特为 1，$f(1)=4$，对应的 $k_0=4$。

（3）CDM 组索引：与（$\overline{k}$，$\overline{l}$）列内的 CDM 组相对应，按照先频域、后时域分配的顺序进行编号。以图 3-44 中的表 1 中 Row=5 为例，(k_0, l_0) 和 (k_0, l_0+1) 对应的 CDM 组索引 j 分别是 0 和 1。

（4）密度 ρ：指对于每个 RB 每个端口用到的 RE 数，通过 density 得到。

（5）CDM 类型：cdm-Type 指示了配置 CDM 的类型，共四种类型：

① noCDM：CSI-RS 映射到 1 个 RE；

② fd-CDM2：频域 2 个载波、时域 1 个符号的 2 个 RE 实现 2 个端口复用；

③ cdm4-FD2-TD2：频域 2 个载波、时域 2 个符号的 4 个 RE 实现 2 个端口复用；

④ cdm8-FD2-TD4：频域 2 个载波、时域 4 个符号的 8 个 RE 实现 2 个端口复用。

（6）端口数（port）X：配置 CSI-RS 资源有多少个端口，通过 nrofPorts 指示。实际上一个 port 就是一个信道。在 LTE 中最多有八个端口，但如果两个端口的信号是可以出现在一个子载波和一个时间上的 symbol 上的，那么此时就会用 CDM 进行区分。

在 5G 中，目前为止下行 CSI-RS 最多可以用 32 个 port。

CSI-RS 的天线端口 p 根据以下公式进行编号：

$$p=3\,000+s+jL \quad (j=0,1,\cdots,N/L-1,\ s=0,1,\cdots,L-1)$$

式中，s 为图 3-44 中表 2 ～表 5 中的索引；$L \in \{1, 2, 4, 8\}$ 是 CDM 组尺寸；N 是 CSI-RS 天线端口数。

```
CSI-RS-ResourceMapping ::=          SEQUENCE {
    frequencyDomainAllocation           CHOICE {
        row1                                BIT STRING (SIZE (4)),
        row2                                BIT STRING (SIZE (12)),
        row4                                BIT STRING (SIZE (3)),
        other                               BIT STRING (SIZE (6))
    },
    nrofPorts                           ENUMERATED {p1,p2,p4,p8,p12,p16,p24,p32},
    firstOFDMSymbolInTimeDomain         INTEGER (0..13),
    firstOFDMSymbolInTimeDomain2        INTEGER (2..12)
    cdm-Type                            ENUMERATED {noCDM, fd-CDM2, cdm4-FD2-TD2, cdm8-FD2-TD4},
    density                             CHOICE {
        dot5                                ENUMERATED {evenPRBs, oddPRBs},
        one                                 NULL,
        three                               NULL,
        spare                               NULL
    },
    freqBand                            CSI-FrequencyOccupation,
    ...
}
```

图 3-45 CSI-RS-Resource Mapping 字段内容

3.10 SRS 信号

SRS 是 5G NR 的上行参考信号，可以进行信道质量检测和估计、波束管理等，与 CSI-RS 信号作用类似，都是用于信道探测，只是方向不同。SRS 支持跳频和非跳频传输，当 SRS 带宽配置确定后，SRS 的时频位置是影响 SRS 发送的重要因素。

UE 根据高层参数指示，可以配置一个或者多个 SRS 资源集合，每个资源集中至少包含一个 SRS 资源，具体每个资源集中包含的 SRS 资源个数和 UE 的处理能力相关。当 SRS 的用途为波束管理时，每个资源集中只有一个 SRS 资源可以在给定时间传输，但不同 SRS 资源集如果在同一个 BWP 的时域有相同的配置，则其 SRS 资源可以在同一个 BWP 同时传输。

UE 可以由高层参数 SRS-ResoureSet 配置一个或多个 SRS 资源集 SRS-ResourceSet，SRS-ResourceSet 的适用性由高层参数 SRS-SetUse 指示。每个 SRS-ResourceSet 可以为 UE 配置一个或多个 SRS 资源 SRS-Resource，SRS-Resource 数目由 SRS-capability 指示。当 SRS-SetUse 配置为 BeamManagement 时，每个 SRS 资源集只发送一个 SRS 资源。不同 SRS 资源集中的 SRS 可以同时发送。

SRS 资源通过字段 SRS-Resource 或 SRS-PosResource-r16 进行配置，包括：

（1）$N_{\mathrm{AP}}^{\mathrm{SRS}} \in \{1,2,4\}$，即 SRS 所使用的天线端口 $\{p_i\}_{i=0}^{N_{\mathrm{ap}}^{\mathrm{SRS}}-1}$，$p_{\mathrm{i}} \in \{1000,1001\cdots\}$ 通过高层参数 nrofSRS-Ports 配置，若 nrofSRS-Ports 未配置，则$N_{\mathrm{AP}}^{\mathrm{SRS}}=1$。

（2）$N_{\mathrm{symb}}^{\mathrm{SRS}} \in \{1,2,4,8,12\}$（R16 版本），表示 SRS 所使用的连续的 OFDM 符号数。通过 resourceMapping 中的 nrofSymbols 给出。

（3）l_0，表示 SRS 的时域起始位置，$l_0 = N_{\mathrm{symb}}^{\mathrm{slot}} - 1 - l_{\mathrm{offset}}$，其中 $l_{\mathrm{offset}} \in \{0,1,\cdots,13\}$（R16 版本），从时隙的最后反向进行符号计算，同时$l_{\mathrm{offset}} \geq N_{\mathrm{symb}}^{\mathrm{SRS}} - 1$。$l_0$ 由 resourceMapping 中的 startPosition 给出。

（4）k_0，表示 SRS 信号的频域起始位置。

1. SRS 时域资源

NR 中网络可以为终端配置一个或多个 SRS 资源集，多个资源集的目的可能是为了上下行多天线预编码，也有可能是为了上下行波束管理。一个 SRS 资源集内可以包含一个或多个 SRS 资源，3GPP R16

版本每个 SRS 资源占用的时频域资源为时隙中的由 13 号符号开始连续的 1, 2, 4, 8, 12 个符号。3GPP R15 版本中为时隙中最后六个符号中的连续 1、2 或 4 个符号。

SRS 在时域上的符号位置由符号个数 $N_{\text{symb}}^{\text{SRS}}$ 和起始位置 l_{offset} 联合确定。如 $N_{\text{symb}}^{\text{SRS}}=2$，$l_{\text{offset}}=0$，假设该时隙全为上行，则 SRS 在时隙内的最后两个符号上；$N_{\text{symb}}^{\text{SRS}}=4$，$l_{\text{offset}}=2$，假设该时隙全为上行，则 SRS 在时隙内倒数第三个符号（符号 11）至倒数第六个符号（符号 8）上，需要注意 SRS 信号必须位于上行符号，假如时隙符号配置为 DDDDDDDDDDSUUU，则 $N_{\text{symb}}^{\text{SRS}}=2$，$l_{\text{offset}}=0$ 情况下 SRS 仅在倒数第三个符号（符号 11）。三种情况示意图如图 3-46 所示。

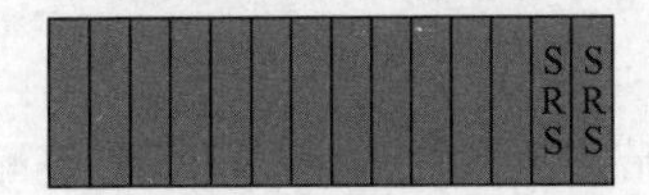

起点为0，长度为2，上行时隙

SRS　SRS　SRS　SRS

起点为2，长度为4，上行时隙

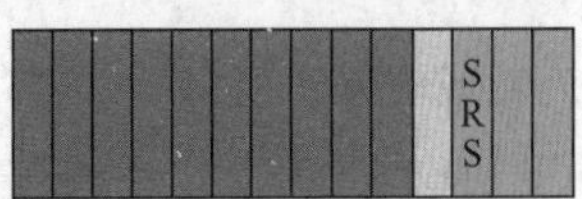

起点为2，长度为4，
DDDDDDDDDDSUUU时隙配置

图 3-46　SRS 不同时隙配置下示意图

2. SRS 频域资源

SRS 在频域上采用梳分的方式，每 n 个子载波发送一次 SRS，n 可以是 2、4，称为 comb-2、comb-4。不同 UE 的 SRS 在同一频域范围内可以使用不同的 comb 来实现频分复用。对于 comb-2，就是 SRS 每隔两个子载波发送，即两个 SRS 可以频分复用。对于 comb-4，可实现四个 SRS 频分复用。示意图如图 3-47 所示。

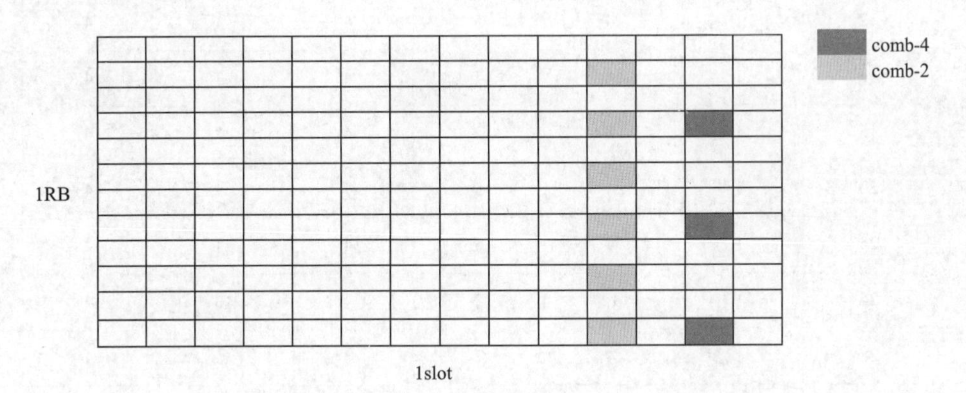

图 3-47　SRS 梳分示意图

SRS 序列支持组跳频或序列跳频。组号 $u=\left(f_{\text{gh}}\left(n_{\text{s,f}}^{\mu},l'\right)+n_{\text{ID}}^{\text{SRS}}\right)\bmod 30$ 和序列号 v 由 SRS-Resource IE 或者 SRS-PosResource-r16 IE 中高层参数 groupOrSequenceHopping 决定。当 groupOrSequenceHopping 配置为“neither”，组和序列都不跳频；当 groupOrSequenceHopping 配置为“groupHopping”，组跳频，序列不跳频；当 groupOrSequenceHopping 配置为“sequenceHopping”，序列跳频，组不跳频。SRS 频域的起始位置 $k_0^{(p_i)}$ 由如下公式定义：

$$k_0^{(p_i)}=\overline{k}_0^{(p_i)}+\sum_{b=0}^{B_{\text{SRS}}}K_{\text{TC}}M_{\text{sc},b}^{\text{SRS}}n_b$$

式中，$\overline{k}_0^{(p_i)}=n_{\text{shift}}N_{\text{sc}}^{\text{RB}}+\left(k_{\text{TC}}^{(p_i)}+k_{\text{offset}}^{l'}\right)\bmod K_{\text{TC}}$，$n_{\text{shift}}$ 用来调整 SRS 资源来和 CRB 的 4 的倍数对齐，包含

在高层参数 SRS-Config 中，取值范围为 0 ～ 268，$K_{TC} \in \{2,4,8\}$，表示发送梳齿偏置，包含在 SRS-Config 的 transmissionComb 中。

$$k_{TC}^{(p_i)} = \begin{cases} \left(\bar{k}_{TC} + K_{TC}/2\right) \bmod K_{TC} & n_{SRS}^{cs} \in \left\{n_{SRS}^{cs,max}/2, \cdots, n_{SRS}^{cs,max}-1\right\}, N_{ap}^{SRS}=4, p_i \in \{1\,001, 1\,003\} \\ \bar{k}_{TC} & \text{其他情况} \end{cases}$$

$M_{sc,b}^{SRS} = m_{SRS,b} N_{sc}^{RB} / K_{TC}$，表示 SRS 序列长度。$m_{SRS,b}$ 根据 $b=B_{SRS}$ 和 C_{SRS} 在表 3-41 中选择。$B_{SRS} \in \{0,1,2,3\}$ 由 freqHopping 中的参数 b-SRS 给出。$C_{SRS} \in \{0,1,\cdots,63\}$ 由 freqHopping 中的参数 c-SRS 给出。

n_b 为频域位置索引。

3GPP 协议 TS 38.211 中通过一个表格指示了小区内的用户分配带宽类型的集合，SRS 带宽配置见表 3-43。

表 3-43　SRS 带宽配置表

C_{SRS}	$B_{SRS}=0$		$B_{SRS}=1$		$B_{SRS}=2$		$B_{SRS}=3$	
	$m_{SRS,0}$	N_0	$m_{SRS,1}$	N_1	$m_{SRS,2}$	N_2	$m_{SRS,3}$	N_3
0	4	1	4	1	4	1	4	1
1	8	1	4	2	4	1	4	1
2	12	1	4	3	4	1	4	1
3	16	1	4	4	4	1	4	1
4	16	1	8	2	4	2	4	1
5	20	1	4	5	4	1	4	1
6	24	1	4	6	4	1	4	1
7	24	1	12	2	4	3	4	1
8	28	1	4	7	4	1	4	1
9	32	1	16	2	8	2	4	2
10	36	1	12	3	4	3	4	1
11	40	1	20	2	4	5	4	1
12	48	1	16	3	8	2	4	2
13	48	1	24	2	12	2	4	3
14	52	1	4	13	4	1	4	1
15	56	1	28	2	4	7	4	1
16	60	1	20	3	4	5	4	1

续表

C_{SRS}	$B_{SRS}=0$		$B_{SRS}=1$		$B_{SRS}=2$		$B_{SRS}=3$	
	$m_{SRS,0}$	N_0	$m_{SRS,1}$	N_1	$m_{SRS,2}$	N_2	$m_{SRS,3}$	N_3
17	64	1	32	2	16	2	4	4
18	72	1	24	3	12	2	4	3
19	72	1	36	2	12	3	4	3
20	76	1	4	19	4	1	4	1
21	80	1	40	2	20	2	4	5
22	88	1	44	2	4	11	4	1
23	96	1	32	3	16	2	4	4
24	96	1	48	2	24	2	4	6
25	104	1	52	2	4	13	4	1
26	112	1	56	2	28	2	4	7
27	120	1	60	2	20	3	4	5
28	120	1	40	3	8	5	4	2
29	120	1	24	5	12	2	4	3
30	128	1	64	2	32	2	4	8
31	128	1	64	2	16	4	4	4
32	128	1	16	8	8	2	4	2
33	132	1	44	3	4	11	4	1
34	136	1	68	2	4	17	4	1
35	144	1	72	2	36	2	4	9
36	144	1	48	3	24	2	12	2
37	144	1	48	3	16	3	4	4
38	144	1	16	9	8	2	4	2
39	152	1	76	2	4	19	4	1
40	160	1	80	2	40	2	4	10
41	160	1	80	2	20	4	4	5
42	160	1	32	5	16	2	4	4

续表

C_{SRS}	B_{SRS}=0		B_{SRS}=1		B_{SRS}=2		B_{SRS}=3	
	$m_{SRS,0}$	N_0	$m_{SRS,1}$	N_1	$m_{SRS,2}$	N_2	$m_{SRS,3}$	N_3
43	168	1	84	2	28	3	4	7
44	176	1	88	2	44	2	4	11
45	184	1	92	2	4	23	4	1
46	192	1	96	2	48	2	4	12
47	192	1	96	2	24	4	4	6
48	192	1	64	3	16	4	4	4
49	192	1	24	8	8	3	4	2
50	208	1	104	2	52	2	4	13
51	216	1	108	2	36	3	4	9
52	224	1	112	2	56	2	4	14
53	240	1	120	2	60	2	4	15
54	240	1	80	3	20	4	4	5
55	240	1	48	5	16	3	8	2
56	240	1	24	10	12	2	4	3
57	256	1	128	2	64	2	4	16
58	256	1	128	2	32	4	4	8
59	256	1	16	16	8	2	4	2
60	264	1	132	2	44	3	4	11
61	272	1	136	2	68	2	4	17
62	272	1	68	4	4	17	4	1
63	272	1	16	17	8	2	4	2

表中，CSRS是SRS的可发送带宽，当可用带宽是100 MHz时，CSR可配置为61、62或63。SRS的带宽需要满足4个RB的整数倍，因此SRS的带宽最大支持到272个RB。CSRS和BSRS共同决定了SRS的带宽大小和频域上可以分成几份。例如CSRS=63，BSRS=1，属于小带宽发送，comb-4情况下小带宽发送，每16个RB上可按照梳分个数一次承载4个UE发16个RB的SRS信号。小带宽发送SRS，可以增加1个符号上可调度的UE数目，但是增加了收齐全带宽SRS的时间周期。若CSRS=63，BSRS=0，每个UE按照SRS全带宽发送，属于大带宽发送，comb-4情况下能支持4个梳分用户。大带

宽发送 SRS，可以快速收齐全带宽 SRS，但是减少了 1 个 SRS 符号上可调度的 UE 个数。

3.11 DMRS 信号

由于 NR 中没有 CRS 信号，原 LTE 中 CRS 信号相关功能主要由 DMRS 信号来实现，除 PRACH 外，每个物理信道都需要 DMRS 信号进行解调。本节重点介绍不同信道的 DMRS 的时频映射。

1. PBCH DMRS

协议中对 PBCH 信道的 DMRS 有明确规定，要求 PBCH DMRS 在频域上每 4 个子载波映射 1 个，时域上与 PBCH 信道的位置相同，在 SSB 块的 1, 2, 3 号符号上（相对于 SSB 块 0 号符号编号），相应规则见表 3-44。

表 3-44 PBCH DMRS 时频资源映射规则

信道或信号	在 1 个 SSB 中的起始符号位置 l	在 1 个 SSB 中的起始载波位置 k
PSS	0	56, 57, ···, 182
SSS	2	56, 57, ···, 182
置 0	0	0, 1, ···, 55, 183, 184, ···, 239
	2	48, 49, ···, 55, 183, 184, ···, 191
PBCH	1, 3	0, 1, ···, 239
	2	0, 1, ···, 47, 192, 193, ···, 239
PBCH DMRS	1, 3	$0+v$, $4+v$, $8+v$, ···, $236+v$
	2	$0+v$, $4+v$, $8+v$, ···, $4+v$ $192+v$, $196+v$, $8+v$, ···, $236+v$

需注意，表中的变量 v=PCI mod 4，可见 PBCH 信道的解调与 PCI 相关，因而在规划小区 PCI 时尽量避免 PCI 模 4 结果相同。

2. PDCCH DMRS

PDCCH DMRS 信号分为窄带 DMRS 和宽带 DMRS 两种，当高层参数 precoderGranularity 等于 sameAsREG-bundle 时，即配置为窄带 DMRS，即只在调度 PDCCH 的频域资源上发送 DMRS 序列，此时的预编码粒度为 REG Bundle。当高层参数 precoderGranularity 等于 allContiguousRBs 时，即配置为宽带 DMRS，即在整个 CORESET 的频域资源上均发送 DMRS 序列，相比于窄带 DRMS，宽带 DMRS 可以提高解调 PDCCH 的 DMRS 数量，可利用 PDCCH 与其相邻 RB 内的 PDCCH DMRS 进行时域和频域联合信道估计，从而提高信道估计精度，改善 PDCCH 解调性能。

3GPP 协议 TS 38.211 中 7.1.4.3 节定义了 PDCCH DMRS 的时频资源，协议规定 PDCCH 的 DMRS 频域上映射在 PDCCH 所在每一个 RB 的子载波 1,5,9,13···，每四个子载波映射一个 DMRS，位置固定；时域上映射在每一个 PDCCH 符号上。协议中映射方式如下：

$$a_{k,l}^{(p,\mu)} = \beta_{\mathrm{DMRS}}^{\mathrm{PDCCH}} \cdot r_l(3n+k') \quad (k = nN_{\mathrm{sc}}^{\mathrm{RB}} + 4k' + 1,\ k' = 0,1,2,\ n = 0,1,\cdots)$$

式中，参考点 k 存在两种情况，当 CORESET 是由 PBCH 或者参数集 PDCCH-ConfigCommon IE 中的 controlResourceSetZero 配置时，参考点 k 为 CORESET 中 0 号 RB 的 0 号子载波，除此之外，参考点 k 为 CRB0 的 0 号子载波。

3. PUCCH DMRS

NR 中 PUCCH 存在五种格式，每种格式的 PUCCH 的 DMRS 的映射方式不同。PUCCH Format0 是一种序列，没有 DMRS。

PUCCH Format 1 采用的是 TDM 的方式映射 DMRS，时域上映射到序号为偶数的符号上，即 l=0,2,4…。

PUCCH Format 2 采用 FDM 方式映射 DMRS，频域上映射的位置为 k=3m+1。

PUCCH Format 3/4 采用 TDM 方式映射 DMRS，通过查表 3-45 得到具体的 DMRS 时域位置。需注意区分是否为附加 DMRS。

表 3-45　PUCCH　Format3/4 的 DMRS 位置

PUCCH 长度	PUCCH 范围内的 DMRS 位置 l			
	无附加 DMRS		附加 DMRS	
	不跳频	跳频	不跳频	跳频
4	1	0, 2	1	0, 2
5	0, 3		0, 3	
6	1, 4		1, 4	
7	1, 4		1, 4	
8	1, 5		1, 5	
9	1, 6		1, 6	
10	2, 7		1, 3, 6, 8	
11	2, 7		1, 3, 6, 9	
12	2, 8		1, 4, 7, 10	
13	2, 9		1, 4, 7, 11	
14	3, 10		1, 5, 8, 12	

4. PDSCH DMRS

PDSCH DMRS 频域上映射方式分为 Configuration type 1 和 Configuration type 2 两种类型，由高层参数 DMRS-DownlinkConfig 中的 drms-Type 指示，如果该字段未配置，则默认为 Configuration type 1。

PDSCH DMRS 资源映射方式由如下公式决定：

$$a_{k,l}^{(p,\mu)} = \beta_{\text{PDSCH}}^{\text{DMRS}} w_{\text{f}}(k') w_{\text{t}}(l') r(2n+k')$$

$$\left(k = \begin{cases} 4n+2k'+\varDelta & \text{Configuration type 1} \\ 6n+k'+\varDelta & \text{Configuration type 2} \end{cases} ;\ k'=0,1;\ l=\overline{l}+l';\ n=0,1,\cdots \right)$$

式中，$w_{\text{f}}(k')$、$w_{\text{t}}(l')$与$\varDelta$由表 3-46、表 3-47 给出。

表 3-46　Configuration type 1 的参数取值

p	CDM 组 λ	$\varDelta$	$w_{\text{f}}(k')$		$w_{\text{t}}(l')$	
			$k'=0$	$k'=1$	$l'=0$	$l'=1$
1000	0	0	+1	+1	+1	+1
1001	0	0	+1	−1	+1	+1
1002	1	1	+1	+1	+1	+1
1003	1	1	+1	−1	+1	+1
1004	0	0	+1	+1	+1	−1
1005	0	0	+1	−1	+1	−1
1006	1	1	+1	+1	+1	−1
1007	1	1	+1	−1	+1	−1

表 3-47　Configuration type 2 的参数取值

p	CDM 组 λ	$\varDelta$	$w_{\text{f}}(k')$		$w_{\text{t}}(l')$	
			$k'=0$	$k'=1$	$l'=0$	$l'=1$
1000	0	0	+1	+1	+1	+1
1001	0	0	+1	−1	+1	+1
1002	1	2	+1	+1	+1	+1
1003	1	2	+1	−1	+1	+1
1004	2	4	+1	+1	+1	+1
1005	2	4	+1	−1	+1	+1
1006	0	0	+1	+1	+1	−1
1007	0	0	+1	−1	+1	−1
1008	1	2	+1	+1	+1	−1
1009	1	2	+1	−1	+1	−1
1010	2	4	+1	+1	+1	−1
1011	2	4	+1	−1	+1	−1

频域位置 k 参考点需根据实际情况确定，当调度 PDSCH 的 PDCCH 与 CORESET 0 和 Type 0-PDCCH 公共搜索空间相关联，且使用 SI-RNTI 对 CRC 进行加扰，则 k 的参考点为 CORESET 0 的 0 号 RB 的 0 号子载波，否则 k 的参考点为 CRB 0 的 0 号子载波。

时域位置 l 的参考点与第一个 DMRS 符号的位置 l_0 由 PDSCH 的时域映射类型决定。

（1）PDSCH 映射类型为 Type A：l 为相对于时隙开始的位置。当高层参数 dmrs-TypeA-Position 为 pos3 时，l_0=3，否则 l_0=2。

（2）PDSCH 映射类型为 Type B：l 为相对于调度的 PDSCH 资源开始的位置。l_0=0。

确定时域参考点 l 和第一个 DMRS 时域符号位置 l_0 后，接下来需确定其他的 DMRS 符号时域位置 i 和时域长度 l_d。

PDSCH DMRS 的时域持续符号 l_d 与 PDSCH 时域映射类型有关。

（1）PDSCH 映射类型为 Type A：l_d 为时隙内第一个 OFDM 符号和在此时隙中调度的 PDSCH 资源的最后一个 OFDM 符号之间的长度，如图 3-48 所示。

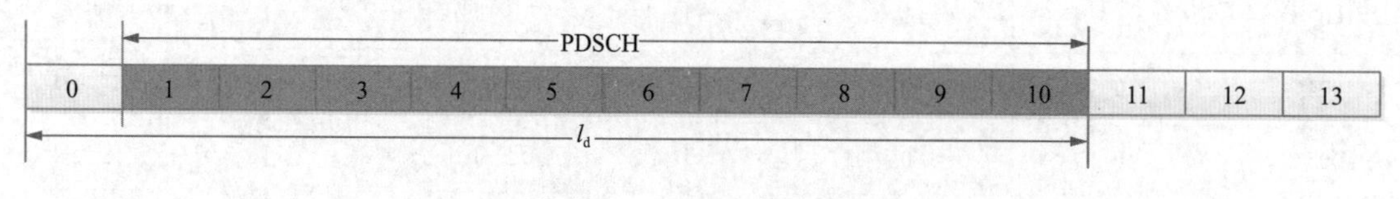

图 3-48　Type A l_d 示意图

（2）PDSCH 映射类型为 TypeB：l_d 为调度 PDSCH 资源的时域符号长度，如图 3-49 所示。

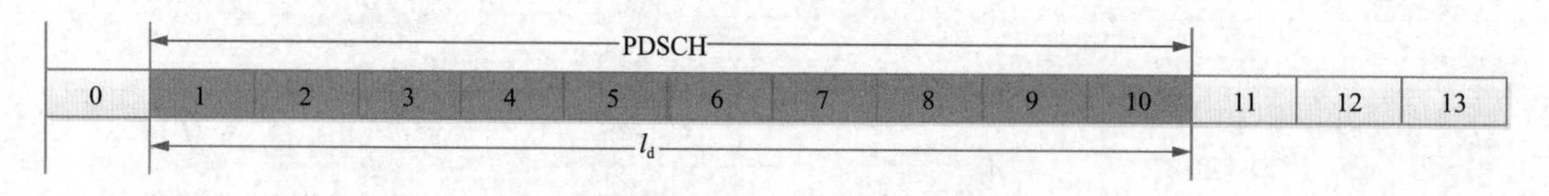

图 3-49　Type B l_d 示意图

需注意 l_d 并非 PDSCH DMRS 的符号个数，而是时隙内所有的 PDSCH DMRS 在时域上的范围。PDSCH DMRS 可以是双符号也可以是单符号，由高层参数 maxLength 决定。如果没有配置 maxLength 或者 maxLength 配置为 len1，则取值为 len1（single-symbol）；如果配置为 len2（double-symbol），那么需要通过 DCI 来指示取值为 len1 还是 len2。

对于单符号 DMRS 的 PDSCH DMRS 的时域位置定义见表 3-48。

表 3-48　单符号 DMRS 的 PDSCH DMRS 的时域位置定义

l_d	DMRS 位置 $\bar{l}$							
	PDSCH 映射类型 A				PDSCH 映射类型 B			
	dmrs-AdditionalPosition				dmrs-AdditionalPosition			
	pos0	pos1	pos2	pos3	pos0	pos1	pos2	pos3
2	—	—	—	—	l_0	l_0	l_0	l_0
3	l_0	l_0	l_0	l_0	—	—	—	—

续表

l_d	DMRS 位置 $\bar{l}$							
	PDSCH 映射类型 A				PDSCH 映射类型 B			
	dmrs-AdditionalPosition				dmrs-AdditionalPosition			
	pos0	pos1	pos2	pos3	pos0	pos1	pos2	pos3
4	l_0	l_0	l_0	l_0	l_0	l_0	l_0	l_0
5	l_0	l_0	l_0	l_0	—	—	—	—
6	l_0	l_0	l_0	l_0	l_0	l_0,4	l_0,4	l_0,4
7	l_0	l_0	l_0	l_0	l_0	l_0,4	l_0,4	l_0,4
8	l_0	l_0, 7	l_0, 7	l_0, 7	—	—	—	—
9	l_0	l_0, 7	l_0, 7	l_0, 7	—	—	—	—
10	l_0	l_0, 9	l_0, 6, 9	l_0, 6, 9	—	—	—	—
11	l_0	l_0, 9	l_0, 6, 9	l_0, 6, 9	—	—	—	—
12	l_0	l_0, 9	l_0, 6, 9	l_0, 5, 8, 11	—	—	—	—
13	l_0	l_0, l_1	l_0, 7, 11	l_0, 5, 8, 11	—	—	—	—
14	l_0	l_0, l_1	l_0, 7, 11	l_0, 5, 8, 11	—	—	—	—

对于双符号 DMRS 的 PDSCH DMRS 的时域位置定义见表 3-49。

表 3-49　双符号 DMRS 的 PDSCH DMRS 的时域位置定义

l_d	DMRS 位置 $\bar{l}$					
	PDSCH 映射类型为 Type A			PDSCH 映射类型为 Type B		
	dmrs-AdditionalPosition			dmrs-AdditionalPosition		
	pos0	pos1	pos2	pos0	pos1	pos2
<4				—	—	
4	l_0	l_0		—	—	
5	l_0	l_0		—	—	
6	l_0	l_0		l_0	l_0	
7	l_0	l_0		l_0	l_0	
8	l_0	l_0		—	—	

续表

l_d	DMRS 位置$\bar{l}$					
	PDSCH 映射类型为 Type A			PDSCH 映射类型为 Type B		
	dmrs-AdditionalPosition			dmrs-AdditionalPosition		
	pos0	pos1	pos2	pos0	pos1	pos2
9	l_0	l_0		—	—	
10	l_0	l_0, 8		—	—	
11	l_0	l_0, 8		—	—	
12	l_0	l_0, 8		—	—	
13	l_0	l_0, 10		—	—	
14	l_0	l_0, 10		—	—	

假设 PDSCH 映射类型为 TypeA，配置类型为 Configuration type 1，dmrs-TypeA-Position 为 pos2，使用单符号 DMRS，dmrs-AdditionalPosition 为 pos2，PDSCH 起始符号为符号 1，长度为 9，使用天线端口 1000 传输时，则：

频域：根据表 3-44 得到 k=0,2,4,6,8…

时域：l_0=2，PDSCH 占用符号 1 至符号 9 共 9 个符号，符号 0 至符号 9 长度为 10，l_d=10。根据表 3-46 得到时域位置 $l=l_0$, 6, 9=2, 6, 9。

PDSCH DMRS 频域上包含 Type1 和 Type2 两种映射类型，映射类型为 Type1 时，1 个时域符号最大支持 4 个正交端口，2 个时域符号最大支持 8 个正交端口；映射类型为 Type2 时，1 个时域符号最大支持 6 个正交端口，2 个时域符号最大支持 12 个正交端口。

5. PUSCH DMRS

PUSCH DMRS 频域上映射方式分为 Configuration type 1 和 Configuration type 2 两种类型，由高层参数 DMRS-UplinkConfig 中的 drms-Type 指示，如果该字段未配置，则默认为 Configuration type 1。

PUSCH DMRS 资源映射方式由如下公式决定：

当转换预编码未启用时：

$$\tilde{a}_{k,l}^{(\tilde{p}_j,\mu)} = w_f(k')w_t(l')r(2n+k')$$
$$\left(k=\begin{cases}4n+2k'+\Delta & \text{Configuration type 1}\\ 6n+k'+\Delta & \text{Configuration type 2}\end{cases};\ k'=0,1;\ l=\bar{l}+l';\ n=0,1,\cdots;\ j=0,1,\cdots,\nu-1\right)$$

当转换预编码启用时：

$$\tilde{a}_{k,l}^{(\tilde{p}_0,\mu)} = w_f(k')w_t(l')r(2n+k')$$
$$(k=4n+2k'+\Delta;\ k'=0,1;\ l=\bar{l}+l';\ n=0,1,\cdots)$$

式中，$w_f(k')$、$w_t(l')$与Δ由表 3-50、表 3-51 给出。

表 3-50　Configuration type 1 的参数取值

$\tilde{p}$	CDM 组	Δ	$w_f(k')$		$w_t(l')$	
			k'=0	k'=1	l'=0	l'=1
0	0	0	+1	+1	+1	+1
1	0	0	+1	−1	+1	+1
2	1	1	+1	+1	+1	+1
3	1	1	+1	−1	+1	+1
4	0	0	+1	+1	+1	−1
5	0	0	+1	−1	+1	−1
6	1	1	+1	+1	+1	−1
7	1	1	+1	−1	+1	−1

表 3-51　Configuration type 2 的参数取值

$\tilde{p}$	CDM 组	Δ	$w_f(k')$		$w_t(l')$	
			k'=0	k'=1	l'=0	l'=1
0	0	0	+1	+1	+1	+1
1	0	0	+1	−1	+1	+1
2	1	2	+1	+1	+1	+1
3	1	2	+1	−1	+1	+1
4	2	4	+1	+1	+1	+1
5	2	4	+1	−1	+1	+1
6	0	0	+1	+1	+1	−1
7	0	0	+1	−1	+1	−1
8	1	2	+1	+1	+1	−1
9	1	2	+1	−1	+1	−1
10	2	4	+1	+1	+1	−1
11	2	4	+1	−1	+1	−1

PUSCH DMRS 时频位置计算与 PDSCH DMRS 大致相同，时域上 PUSCH DMRS 与 PDSCH DMRS 的主要差别在于 PUSCH 支持时隙内跳频，相关计算取值需根据实际情况选择，用到的表格见表 3-52 ～表 3-54。

表 3-52 单符号 DMRS，时隙内不跳频，PUSCH DMRS 符号位置

$\tilde{p}$	DMRS 位置$\bar{l}$							
	PUSCH 映射类型为 Type A dmrs-AdditionalPosition				PUSCH 映射类型为 Type B dmrs-AdditionalPosition			
	pos0	pos1	pos2	pos3	pos0	pos1	pos2	pos3
<4	—	—	—	—	l_0	l_0	l_0	l_0
4	l_0	l_0	l_0	l_0	l_0	l_0	l_0	l_0
5	l_0	l_0	l_0	l_0	l_0	l_0, 4	l_0, 4	l_0, 4
6	l_0	l_0	l_0	l_0	l_0	l_0, 4	l_0, 4	l_0, 4
7	l_0	l_0	l_0	l_0	l_0	l_0, 4	l_0, 4	l_0, 4
8	l_0	l_0, 7	l_0, 7	l_0, 7	l_0	l_0, 6	l_0, 3, 6	l_0, 3, 6
9	l_0	l_0, 7	l_0, 7	l_0, 7	l_0	l_0, 6	l_0, 3, 6	l_0, 3, 6
10	l_0	l_0, 9	l_0, 6, 9	l_0, 6, 9	l_0	l_0, 8	l_0, 4, 8	l_0, 3, 6, 9
11	l_0	l_0, 9	l_0, 6, 9	l_0, 6, 9	l_0	l_0, 8	l_0, 4, 8	l_0, 3, 6, 9
12	l_0	l_0, 9	l_0, 6, 9	l_0, 5, 8, 11	l_0	l_0, 10	l_0, 5, 10	l_0, 3, 6, 9
13	l_0	l_0, 11	l_0, 7, 11	l_0, 5, 8, 11	l_0	l_0, 10	l_0, 5, 10	l_0, 3, 6, 9
14	l_0	l_0, 11	l_0, 7, 11	l_0, 5, 8, 11	l_0	l_0, 10	l_0, 5, 10	l_0, 3, 6, 9

表 3-53 双符号 DMRS，时隙内不跳频，PUSCH DMRS 符号位置

$\tilde{p}$	DMRS 位置$\bar{l}$							
	PUSCH 映射类型为 Type A dmrs-AdditionalPosition				PUSCH 映射类型为 Type B dmrs-AdditionalPosition			
	pos0	pos1	pos2	pos3	pos0	pos1	pos2	pos3
<4	—	—			—	—		
4	l_0	l_0			—	—		
5	l_0	l_0			l_0	l_0		
6	l_0	l_0			l_0	l_0		
7	l_0	l_0			l_0	l_0		

续表

$\tilde{p}$	DMRS 位置$\bar{l}$							
	PUSCH 映射类型为 Type A				PUSCH 映射类型为 Type B			
	dmrs-AdditionalPosition				dmrs-AdditionalPosition			
	pos0	pos1	pos2	pos3	pos0	pos1	pos2	pos3
8	l_0	l_0			l_0	l_0, 5		
9	l_0	l_0			l_0	l_0, 5		
10	l_0	l_0, 8			l_0	l_0, 7		
11	l_0	l_0, 8			l_0	l_0, 7		
12	l_0	l_0, 8			l_0	l_0, 9		
13	l_0	l_0, 10			l_0	l_0, 9		
14	l_0	l_0, 10			l_0	l_0, 9		

表 3-54　单符号 DMRS，时隙内跳频，PUSCH DMRS 符号位置

l_d	DMRS 位置$\bar{l}$											
	PUSCH 映射类型为 Type A								PUSCH 映射类型为 Type B			
	l_0=2				l_0=3				l_0=0			
	dmrs-AdditionalPosition				dmrs-AdditionalPosition				dmrs-AdditionalPosition			
	pos0		pos1		pos0		pos1		pos0		pos1	
	1sthop	2ndhop	1sthop	2ndhop	1sthop	2ndhop	1sthop	2ndhop	1sthop	2ndhop	1sthop	2ndhop
≤3	—	—	—	—	—	—	—	—	0	0	0	0
4	2	0	2	0	3	0	3	0	0	0	0	0
5, 6	2	0	2	0, 4	3	0	3	0, 4	0	0	0, 4	0, 4
7	2	0	2, 6	0, 4	3	0	3	0, 4	0	0	0, 4	0, 4

3.12 LTE/NR 物理层对比

和 LTE 相比，5G 的空口物理层还是复杂了许多，设计更为灵活，目的是为了能够适配不同场景，具体对比项见表 3-55。

表 3-55　LTE/NR 物理层对比

对 比 项	NR	LTE
频率范围	小于 52.6 GHz	小于 6 GHz
业务场景	语音，eMBB	语音，移动宽带（MBB）
波形	DL：CP-OFDM	DL：CP-OFDM
	UL：CP-OFDM，DFT-S-OFDM	UL：DFT-S-OFDM
最大信道带宽	FR1:100 MHz	20 MHz
	FR2:400 MHz	
子载波间隔	15 kHz/30 kHz/60 kHz/120 kHz/240 kHz	15 kHz
最大子载波数量	3 276	1 200
循环前缀	Normal CP（所有子载波间隔）	Normal CP（15 kHz 子载波间隔）
	Extended CP（仅子载波间隔为 60 kHz 时）	Extended CP（15 kHz 子载波间隔）
无线帧长度	10 ms	10ms
时隙大小	1～14 OFDM 符号	2/7/14 OFDM 符号
信道编码	PBCH/PDCCH/PUCCH：Polar 码	PBCH/PDCCH：TBCC 码
	PDSCH/PUSCH：LDPC 码	PDSCH/PUSCH：Turbo 码
		PUCCH：RM Block 码
同步信号	PSS:127 个 RE，M 序列	PSS:6 个 RE，ZC 序列
	SSS:127 个 RE，Gold 序列	SSS:6 个 RE，M 序列
PBCH	2 个符号 ×288 个子载波	4 个符号 ×72 个子载波
	56 bit（包括 CRC）	40 bit（包括 CRC）
PRACH	Long PRACH：长度为 839 的 ZC 序列； Short PRACH：长度为 139 的 ZC 序列	长度为 839 的 ZC 序列
物理信号	DL：DMRS、PT-RS、CSI-RS	DL：DMRS、PT-RS、CRS
	UL：DMRS、PT-RS、SRS	UL：DMRS、SRS
PDCCH	复用方式：TDM/FDM	复用方式：FDM
PUCCH	复用方式：TDM/FDM	复用方式：FDM
	Long PUCCH size：4～14 OFDM 符号	14 个 OFDM 符号
	Short PUCCH size：1～2 OFDM 符号	

小结

本章首先介绍了NR的灵活参数集定义。5G NR与LTE最大的区别之一就是使用了可变参数集，包括子载波间隔、时隙数、符号数，针对不同环境可以选择不同的参数集，帧结构的配置也不同，这大大增加了通信系统的灵活性。在NR标准设计中，还引入了BWP这一新的概念，通过BWP技术，终端只在一个较小的带宽上监听下行控制信道，以及接收少量的下行数据传输，当终端有大量的数据接收的时候，则打开整个带宽进行接收，这样可以降低终端的复杂度，减少功耗。

然后对3GPP R15及R16标准中5G NR所定义的上下行信道与信号的设计思路、处理过程与时频资源进行了介绍，包括PDCCH、PDSCH、PBCH、PUCCH、PUSCH、PRACH、DMRS、SSB、PTRS、SRS及CSI-RS等。在物理信道的类型方面，NR基本沿用了LTE物理信道的分类，但是在物理信道的处理过程上有比较大的差异。在物理信号的类型方面，为了节省开销，NR去掉了CRS参考信号，在高频段为了补偿相位噪声，NR在共享信道增加了PTRS信号。在时频资源分配上，NR物理信道和物理信号的位置不再固定，都是灵活可配置的。

最后，本章对NR和LTE物理层的各个方面进行了对比分析，总的来说，NR物理层与LTE相比，设计更为灵活，能够适配不同场景。

第 4 章 数据链路层原理

数据链路层在 OSI 参考模型中位于物理层和网络层之间，定义了在单个链路上传输数据的方式。5G 中数据链路层的子层划分与各层数据包结构与 LTE 类似，仅增加了 SDAP（服务数据适配协议）子层，单在资源调度、数据传输上较 LTE 相比引入了多种新技术，如何快速实现最大化数据传输将是本章主要讨论的重点。

4.1 层二处理流程

NR 的层二被分成以下子层：媒体接入控制（MAC）、无线链路控制（RLC）、分组数据汇聚协议（PDCP）和服务数据适配协议（SDAP）。图 4-1 和图 4-2 描绘了下行链路和上行链路的数据链路层（L2）架构，其中：物理层提供 MAC 子层传输信道；MAC 子层向 RLC 子层提供逻辑信道；RLC 子层提供给 PDCP 子层 RLC 信道；PDCP 子层向 SDAP 子层提供无线承载；SDAP 子层提供 5GC QoS 流。

无线承载分为两组：用于用户面数据的数据无线承载（DRB）和用于控制面数据的信令无线承载（SRB）。数据包经过物理层处理后，还需要通过层二中 MAC 层、RLC 层、PDCP 和 SDAP 处理，最终转换成 IP 数据包。处理流程如图 4-3 所示。

数据包的状态主要经历 MAC SDU → RLC SDU → PDCP SDU → SDAP SDU → IP Packet 的变化。具体每个步骤的处理内容见后续内容。

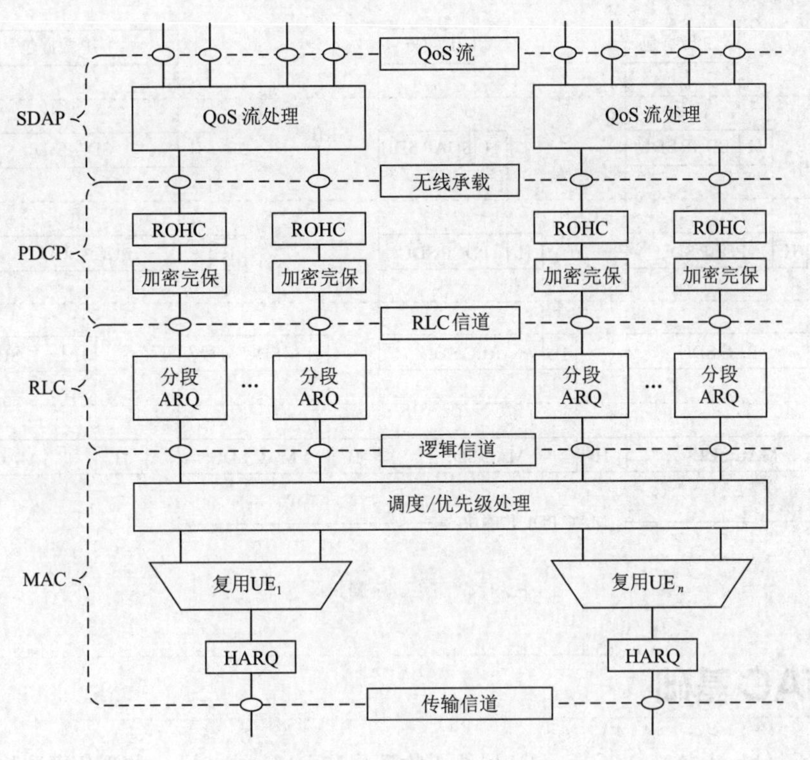

图 4-1　下行层二架构

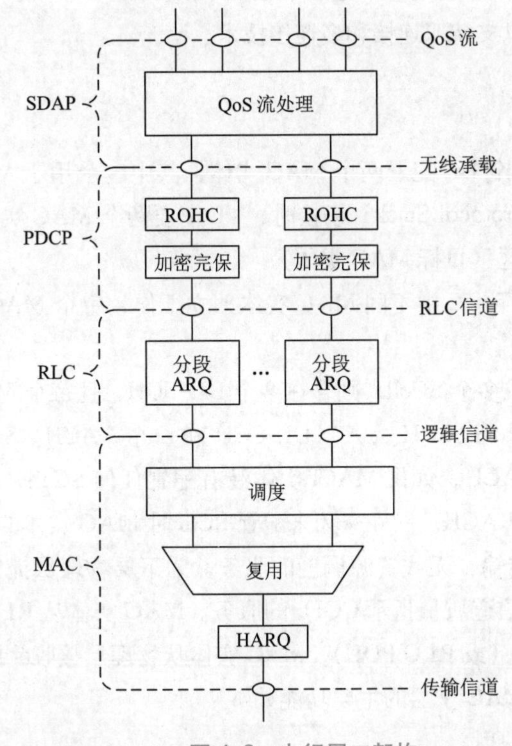

图 4-2　上行层二架构

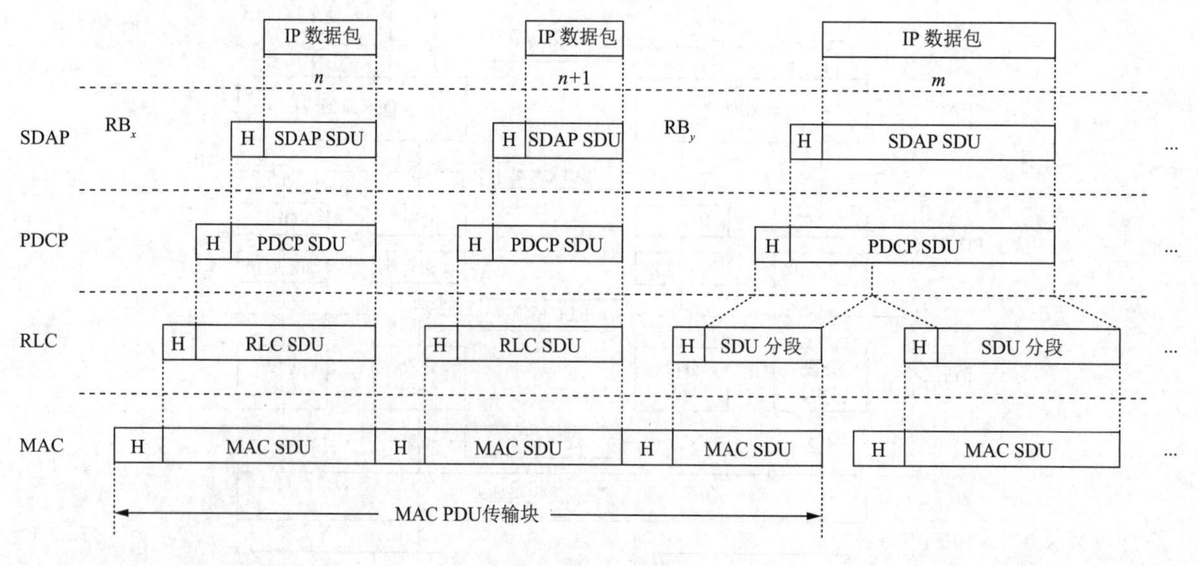

图 4-3　层二数据处理流程

4.2 MAC 基础

NR 中 MAC（Media Access Control）层位于物理层和 RLC 层之间，主要负责逻辑信道和传输信道的承接以及对无线资源的调度，在网络运行中起着承上启下的作用。R13 版本后的协议中，MAC 层在终端侧可以有多个 MAC 实体，以支持双连接和多连接技术。

4.2.1　MAC 层架构

当 UE 被配置为 SCG 时，一个 UE 配置两个 MAC 实体，其中一个用于 MCG，另一个用于 SCG。当 UE 配置 DAPS（Dual Active Protocol Stack）切换时，UE 需要两个 MAC 实体，一个用于源小区（源 MAC 实体），另一个用于目标小区（目标 MAC 实体）。

在无特殊规定时，一般情况下 UE 中不同 MAC 实体独立工作，每个 MAC 实体所使用的计时器和参数均独立配置。

如果 MAC 实体配置有一个或多个 SCell，则存在多个 DL-SCH，且每个 MAC 实体可能有多个 UL-SCH 和 RACH。SpCell 上有一个 DL-SCH、一个 UL-SCH 和一个 RACH。Scell 上有一个 DL-SCH、零或一个 UL-SCH、零或一个 RACH。如果 MACI 实体没有配置任何 SCell，则每个 MAC 实体有一个 DL-SCH、一个 UL-SCH 和一个 RACH。图 4-4 为未配置 SCG 时 MAC 实体的架构。

MAC 子层为上层提供数据传输、无线资源调度的服务，为下层物理层提供数据传输、HARQ 反馈信令、调度请求信令、测量（如信道质量指示 CQI）的服务。MAC 实体从 RLC 层接收到的数据，或发往 RLC 层的数据称为 MAC SDU（或 RLC PDU）。MAC 实体从物理层接收到的数据，或发往物理层的数据称为 MAC PDU*（或 TB），MAC 子层的主要功能如下：

（1）逻辑信道和传输信道的映射。

(2) 将 MAC SDU 从一个或不同的逻辑信道复用到传输块（TB）上,以通过传输信道传输到物理层上。

(3) 将传输信道上来自物理层的传输块（TB）解复用到一个或多个不同的逻辑信道上。

(4) 调度信息报告。

(5) HARQ 纠错。

(6) 逻辑信道优先级操作。

(7) 单个 UE 多个重叠资源的优先级处理。

(8) 无线资源选择。

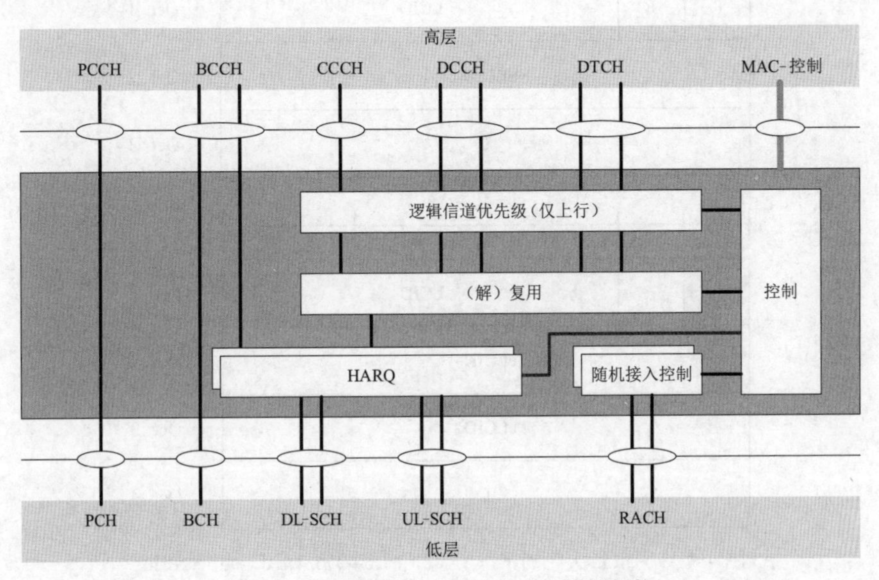

图 4-4 未配置 SCG 时 MAC 实体的架构

4.2.2 MAC PDU

MAC PDU 由一个或多个 MAC subPDUs 组成，每个 MAC subPDU 由以下其中一个组成：

(1) 一个 MAC subheader（包含 padding 填充）。

(2) 一个 MAC subheader 和一个 MAC SDU。

(3) 一个 MAC subheader 和一个 MAC CE。

(4) 一个 MAC subheader 和 padding。

需注意，MAC SDU 的大小各不相同。每个 MAC subheader 对应于 MAC SDU、MAC CE 或 padding 的任意一种。除固定大小的 MAC CE、padding 和包含 UL CCCH 的 MAC SDU 外，MAC subheader 由头字段 R/F/LCID/(eLCID)/L 组成，如图 4-5 ～图 4-7 所示。固定大小的 MAC CE、padding 和包含 UL CCCH 的 MAC SDU 由两个头字段 R/LCID 组成，类型如下：

(1) LCID/(eLCID)：逻辑信道 ID，定义了逻辑信道的 MAC SDU、MAC CE 类型和 padding，每个 MAC 子头只有一个 LCID，LCID 大小为 6 bit。

(2) L：指示 MAC SDU 长度，取决于 MAC CE 的比特数，每个 MAC subheader 中都有一个 L。当多个 subheader 对应 MAC CEs 和 padding 时，有多个 L，L 的比特数由 F 指示。

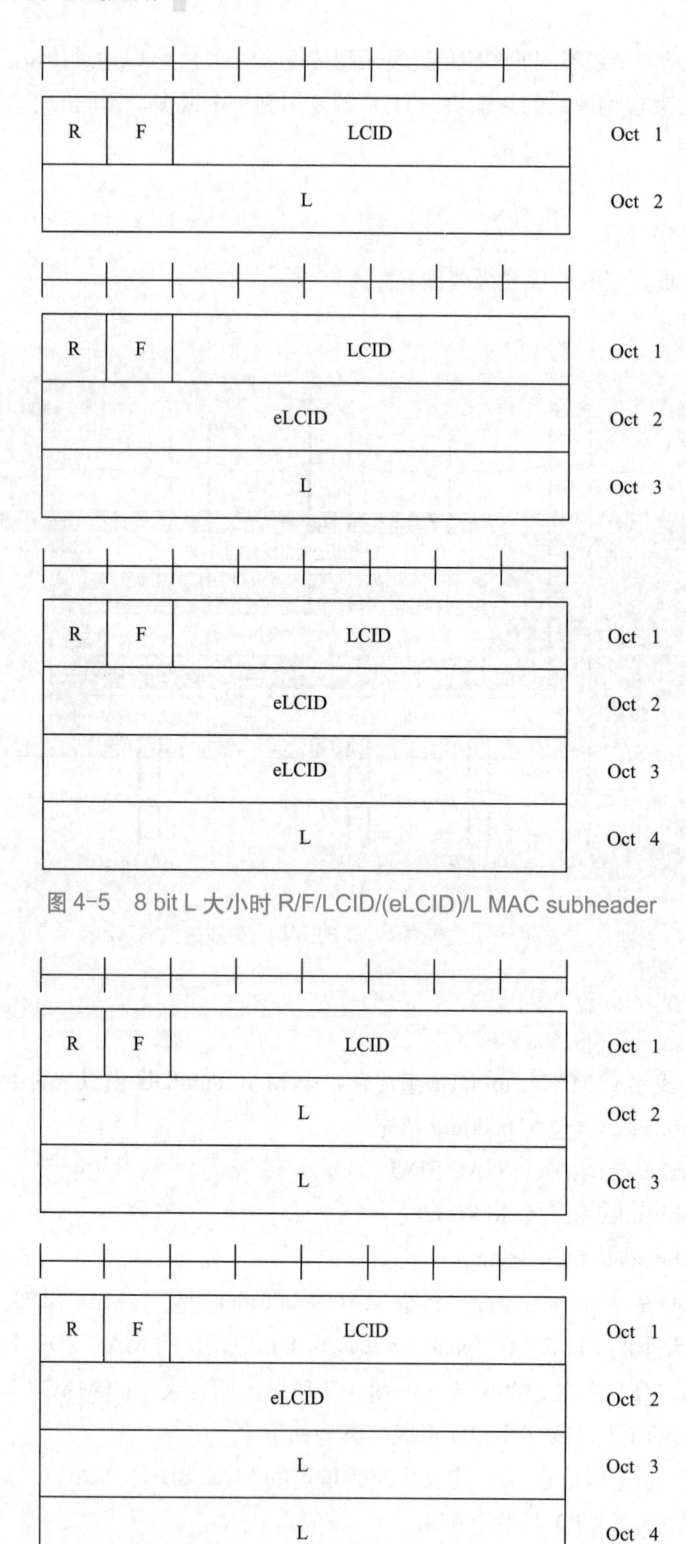

图 4-5　8 bit L 大小时 R/F/LCID/(eLCID)/L MAC subheader

图 4-6　16 bit L 大小时 R/F/LCID/(eLCID)/L MAC subheader

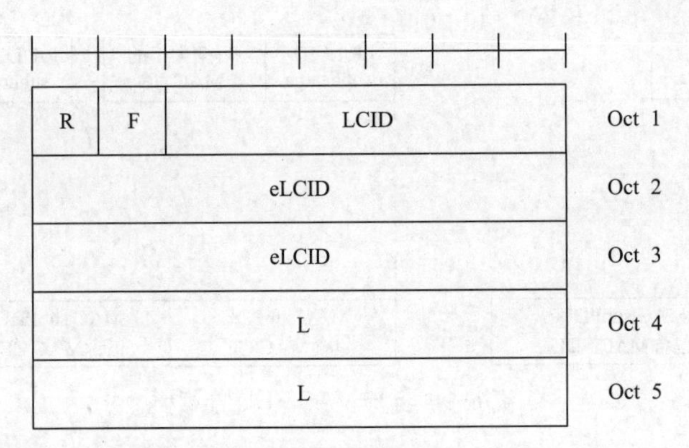

图 4-6　16 bit L 大小时 R/F/LCID/(eLCID)/L MAC subheader（续）

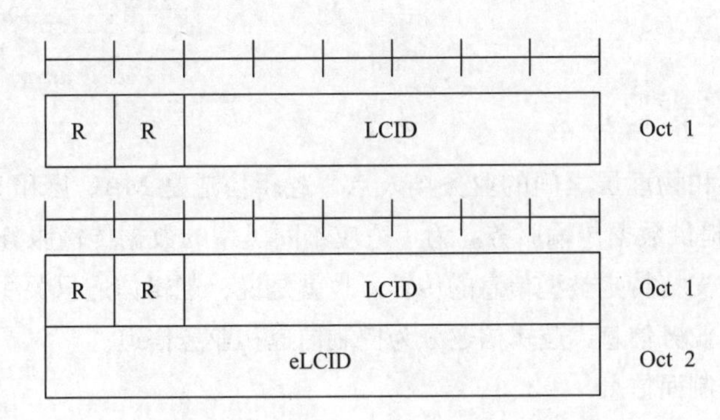

图 4-7　R/LCID/(eLCID) MAC subheader

(3) F：字节长度，占 1 bit。除固定的 MAC CEs 和 padding 外，每个 MAC subheader 都有一个 F，当 F 为 0 时代表 L 长度为 8 bit；当 F 为 1 时，代表 L 长度为 16 bit。

(4) R：保留比特，设为 0。

MAC CE 集中部署，具有 MAC CE 的下行 MAC subPDU 放置在任何具有 MAC SDU 的 MAC subPDU 和具有 padding 的 MAC subPDU 之前，如图 4-8 所示。

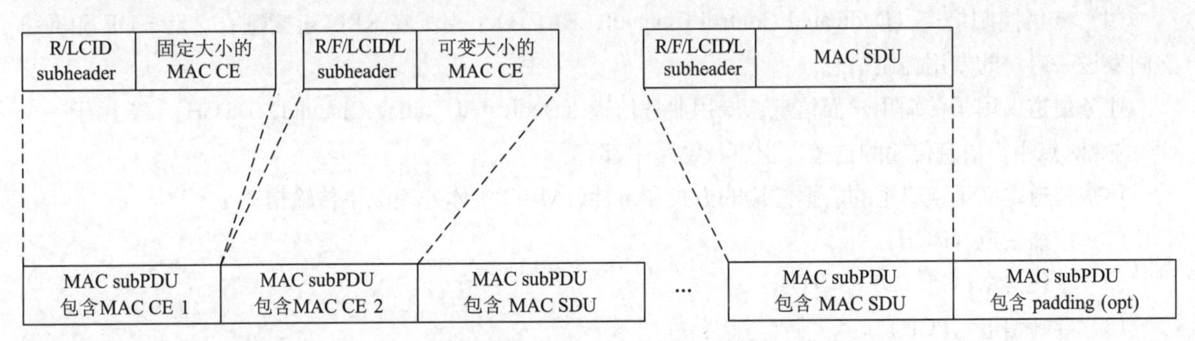

图 4-8　下行 MAC PDU 部署

包含 MAC CE 的上行 MAC subPDU 被放置在所有的具有 MAC SDU 的 MAC subPDU 之后，且在具有 padding 的 MAC subPDU 之前，如图 4-9 所示。

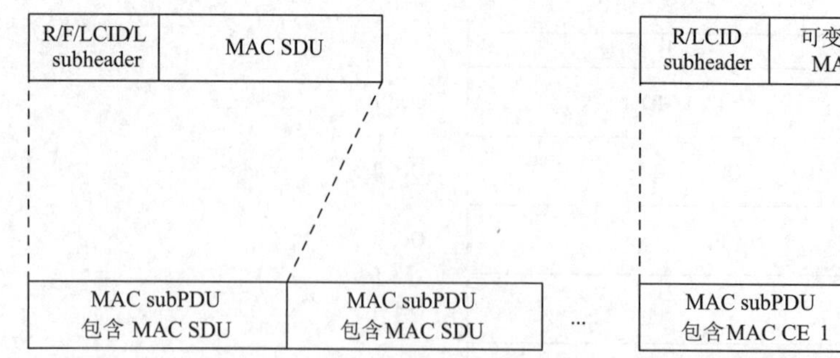

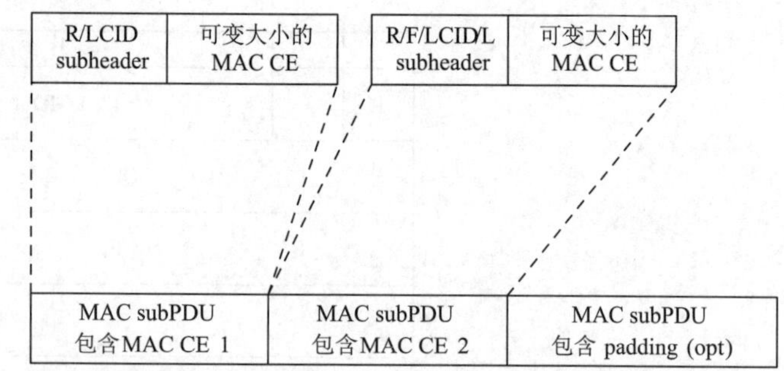

图 4-9 上行 MAC PDU 部署

无论是上行还是下行，padding 可以是 0。此外，本节描述的 MAC PDU 不适用于透传的 MAC 和随机接入响应。

4.2.3 传输信道与逻辑信道

传输信道是 MAC 层和物理层之间的业务接入点，逻辑信道是 MAC 层和 RLC 层的业务接入点。MAC 子层在逻辑信道上提供数据传输服务。为了适应不同类型的数据传输服务，定义了多种类型的逻辑信道，即每个逻辑信道支持特定类型信息的传输。也就是说，逻辑信道只关注传输的信息是什么，根据传输的是控制信息还是业务信息，逻辑信道分为控制信道和业务信道。

控制信道用于传输控制面信息：

(1) 广播控制信道（Broadcast Control Channel，BCCH）：用于广播系统控制信息的下行信道。

(2) 寻呼控制信道（Paging Control Channel，PCCH）：用于传输寻呼信息和系统信息变化通知的下行信道。

(3) 公共控制信道（Common Control Channel，CCCH）：用于在 UE 和网络之间还没有建立 RRC 连接时，发送控制信息。

(4) 专用控制信道（Dedicated Control Channel，DCCH）：用于在 RRC 连接建立之后，UE 和网络之间发送一对一的专用控制信息。

业务信道仅用于传输用户面信息。专用业务信道（Dedicated Traffic Channel，DTCH）：专用于一个 UE 的点对点用户信息传输的信道，上下行链路中都有。

传输信道定义了空口上的数据传输的方式和特性，MAC 实体处理以下传输信道：

(1) 广播信道（BCH）。

(2) 下行共享信道（DL-SCH）。

(3) 寻呼信道（PCH）。

(4) 上行共享信道（UL-SCH）。

(5) 随机接入信道（RACH）。

MAC 层中传输信道与逻辑信道的对应关系见表 4-1、表 4-2（表中 × 表示存在映射关系，数值为空表示不存在映射关系）。

表 4-1　上行传输信道和逻辑信道映射

逻辑信道	传输信道	
	UL-SCH	RACH
CCCH	×	
DCCH	×	
DTCH	×	

表 4-2　下行传输信道和逻辑信道映射

逻辑信道	传输信道		
	BCH	PCH	DL-SCH
BCCH	×		×
PCCH		×	
CCCH			×
DCCH			×
DTCH			×

4.2.4　MAC 关键流程——HARQ

MAC 子层的关键流程包含随机接入、DL-SCH 数据传输、UL-SCH 数据传输、上行时间同步、MAC CE 处理等内容，其中下行数据传输包含下行分配信息发送、HARQ、拆解和复用 MAC PDU；UL-SCH 数据传输包含上行调度授权接收、HARQ、复用与组合、调度请求、缓冲状态报告、功率余量报告、抢先缓冲状态报告等内容。本节重点介绍上下行数据传输中的 HARQ 过程。

NR 中上下行 HARQ 均为异步 HARQ。每个 HARQ 反馈信息可以针对一个上行或下行传输块，也可以针对 Code Block Group 码块组，当一个传输块分为多个码块组传输时，每个 HARQ 反馈比特信息对应一个码块组。当物理层没有配置下行空分复用时，一次调度传输一个传输块，一个 HARQ 进程对应一个传输块；在配置行空分复用时，一次调度传输一个或两个传输块，一个 HARQ 进程对应一或两个传输块。

在进行上下行传输时，MAC 层中每个小区都有一个 HARQ 实体，上下行独立每个 HARQ 实体包含了多个并行的 HARQ 进程。HARQ 的进程数量，在 RRC 层配置，由高层参数 nrofHARQ-ProcessesForPDSCH 指示，NR 中每个小区下 UE 最大支持 16 个 HARQ 进程，默认时取 8。需要注意的是，BCCH 信道由专用的 HARQ 进程处理。

一般情况下，下行 HARQ 是指对 DL-SCH 信道的 HARQ 应答，总体示意图如图 4-10 所示。

当 UE 收到下行调度时，表明此时有下行数据需要接收，UE MAC 层的 HARQ 实体会把接收到的传输块分配给对应的 HARQ 进程来处理。当下行的 PDSCH 信道配置了重复发送时，即高层参数 pdsch-AggregationFactor>1 时，重复发送的 PDSCH 被称为一个 Bundle 束，此时的 HARQ 实体使用一个 HARQ 进程来处理此 PDSCH Bundle。

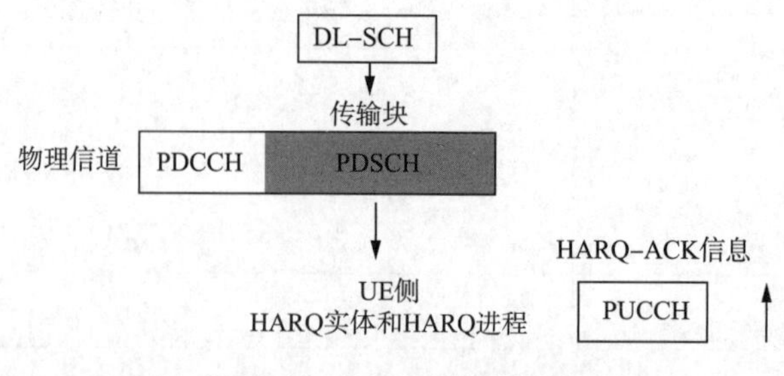

图 4-10 下行 HARQ 流程

HARQ 进程根据 DCI 中的 NDI 指示来判定接收的传输块是新传还是重传，满足以下条件之一，判定为新传，否则为重传。判断新传还是重传时，每个 HARQ 进程独立进行。

（1）如果 NDI 和上一次调度的 NDI 相比，发生了翻转。

（2）广播的 HARQ 进程中首次收到传输块。

（3）收到数据传输块，之前未收到 NDI。

判定完成后，按照如下方式进行解码处理：

（1）如果是新传，直接对接收数据进行解码。

（2）如果是重传，且此传输块之前解码失败并已反馈过 NACK，HARQ 进程指示物理层和以前的 HARQ 缓冲区的数据合并解码。一般而言，基站下发重传块的 RV 版本（冗余版本，Redundancy Version）不同，UE 合并解码会有 IR（冗余增量）增益。

（3）如果是重传，此前未对此传输块解码，接收数据放入 HARQ 缓冲区直接解码。

对于第一次解码成功的块，UE 的 MAC PDU 发送给上层。如果是之前就解码成功的块，UE 不需要再发送上层。HARQ 进程根据解码结果，指示物理层发送 ACK 或者 NACK 指示，在以下情况下不发送 ACK 或 NACK：

（1）下行接收到的传输块关联临时 C-RNTI，但竞争冲突解决没有成功。

（2）广播 HARQ 进程。

（3）上行 TA 定时器停止或超时，UE 上行失步。

一般情况下，基站调度的重传和新传的传输块的大小是相同的，当 UE 收到的重传和新传的传输块大小不同时，由 UE 自行处理。

上行 HARQ 实体的进程的处理逻辑与下行相似，仅有一些细节差异。上行数据传输时，每个 HARQ 进程支持一个传输块。UE 发送 UL-SCH 后，根据下一个 DCI0_0 或 DCI1_0 调度中的 NDI 字段判断下一个传输块是新传还是重传，重传时 HARQ 进程 ID 相同。对于 MSG3 上行发送，即随机接入响应中的 UL Grant 调度的资源，也存在 HARQ 进程，对应的 HARQ 进程 ID 为 0。

4.3 RLC 层基础

RLC（Radio Link Control）层位于 PDCP 层（或 RRC 层）和 MAC 层之间。它通过 RLC 通道（RLC Channel）与 PDCP 层（或 RRC 层）进行通信，并通过逻辑信道与 MAC 层进行通信。

4.3.1 RLC 概述

RLC 配置是逻辑信道级的配置，一个 RLC 实体（RLC Entity）只对应一个 UE 的一个逻辑信道。RLC 实体从 PDCP 层接收到的数据，或发往 PDCP 层的数据称为 RLC SDU（或 PDCP PDU）。RLC 实体从 MAC 层接收到的数据，或发往 MAC 层的数据称为 RLC PDU（或 MAC SDU）。RLC 层的功能如下：

（1）分段 / 重组 RLC SDU（Segmentation/Reassembly，只适用于 UM 和 AM 模式）：在一次传输机会中，一个逻辑信道可发送的所有 RLC PDU 的总大小是由 MAC 层指定的，其大小通常并不能保证每一个需要发送的 RLC SDU 都能完整地发送出去，所以在发送端需要对某个 RLC SDU 进行分段以便匹配 MAC 层指定的总大小。相应地，在接收端需要对被分段的 RLC SDU 进行重组，以恢复出原来的 RLC SDU 并递送给上层。

（2）通过 ARQ 进行纠错（只适用于 AM 模式）：MAC 层的 HARQ 机制的目标在于实现非常快速的重传，其反馈出错率为 0.1% ~ 1%。对于某些业务，如 TCP 传输（要求丢包率小于 10^{-5}），HARQ 反馈的出错率就显得过高了。对于这类业务，RLC 层的重传处理能够进一步降低反馈出错率。

（3）重复包检测（Duplicate Detection，只适用于 AM 模式，UM 模式不支持重复包检测）：出现重复包的最大可能性为发送端反馈了 HARQ ACK，但接收端错误地将其解释为 NACK，从而导致了不必要的 MAC PDU 重传。当然，RLC 层的重传（AM 模式下）也可能带来重复包。

（4）对 RLC SDU 分段进行重分段（Re-segmentation，只适用于 AM 模式）：当一个 RLC SDU 分段需要重传，但 MAC 层指定的大小无法保证该 RLC SDU 分段完全发送出去时，就需要对该 RLC SDU 分段（注意：不是对 AMD PDU 进行重分段）进行重分段处理。

（5）RLC SDU 丢弃处理（只适用于 UM 和 AM 模式）：当 PDCP 层指示 RLC 层丢弃一个特定的 RLC SDU 时，RLC 层会触发 RLC SDU 丢弃处理。如果此时没有将该 RLC SDU 或该 RLC SDU 的部分分段递交给 MAC 层，则 AM RLC 实体发送端或 UM 发送端实体会丢弃指示的 RLC SDU。也就是说，如果一个 RLC SDU 或其任意分段已经用于生成了 RLC PDU，则 RLC 发送端不会丢弃它，而是会完成该 RLC SDU 的传输（这意味着 AM RLC 实体发送端会持续重传该 RLC SDU，直到它被对端成功接收）。当丢弃一个 RLC SDU 时，AM RLC 实体发送端并不会引入 RLC SN 间隙。

（6）RLC 重建：在切换流程中，RRC 层会要求 RLC 层进行重建。此时 RLC 层会停止并重置所有定时器，将所有的状态变量重置为初始值，并丢弃所有的 RLC SDU、RLC SDU 分段和 RLC PDU。在 NR 中，RLC 重建时，接收端是不会往上层递送 RLC SDU 的。这是因为 NR 中的 RLC 层不支持重排序，只要收到一个完整的 RLC SDU，就立即往上层送，所以接收端不会缓存完整的 RLC SDU。（而在 LTE 中，RLC 重建时，接收端可能往上层递送缓存中可以重组出的完整 RLC SDU，并且这可能会导致 PDCP 层收到乱序的 RLC SDU）。

RLC 处理流程如图 4-11 所示，区别于 LTE、NR 的 RLC 协议中不支持级联和按序递交。不同业务有不同的需求，部分业务对数据的可靠性和误码率要求高，部分业务对数据丢包无苛刻要求，根据应用需求，RLC 可以分为三种模式，分别为：

（1）确认模式（AM 模式）：这是 DL-SCH 和 UL-SCH 的主要工作模式，支持分段、重复删除、错误数据重传等，如图 4-12 所示。

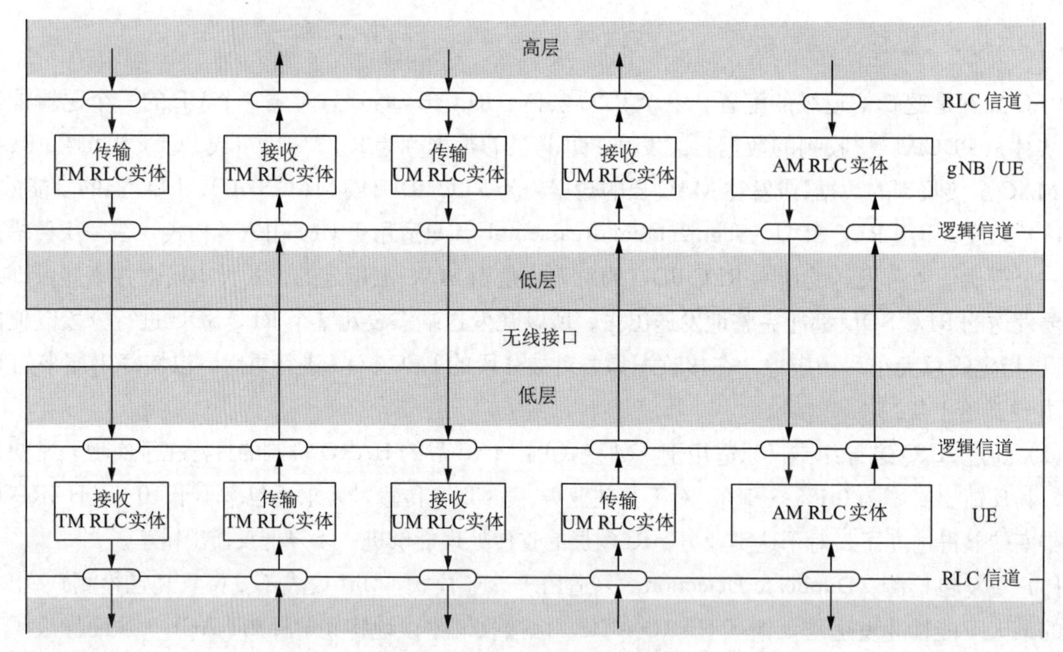

图 4-11　RLC 处理流程

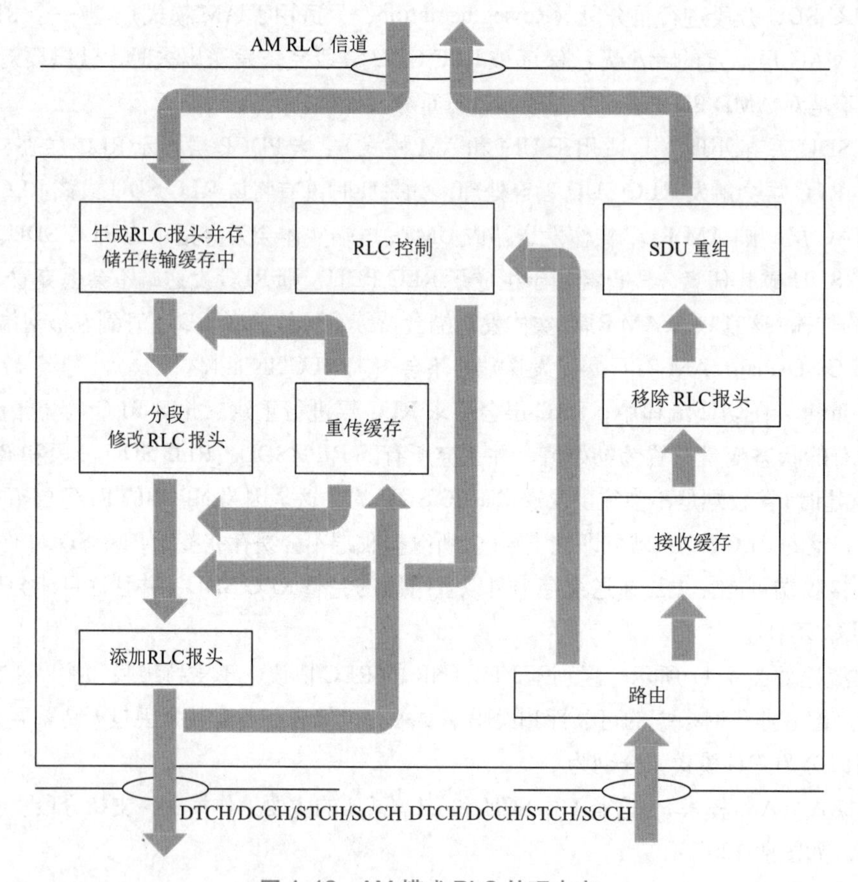

图 4-12　AM 模式 RLC 处理内容

（2）非确认模式（UM 模式）：用于不需要无错递交的情况，如 VoIP。支持分段，不支持重传，如图 4-13 所示。

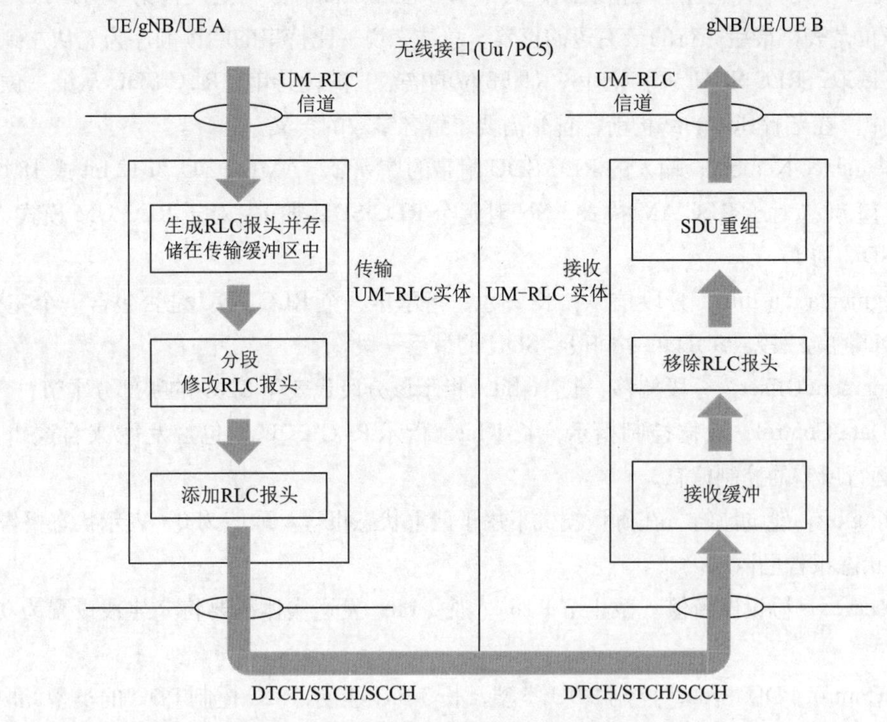

图 4-13　UM 模式 RLC 处理内容

（3）透明模式（TM 模式）：RLC 完全不对数据做任何处理。没有重传、重复检测、分段重组，如图 4-14 所示。用于给多个用户发送信息的控制面广播信道，如 BCCH、CCCH 和 PCCH。

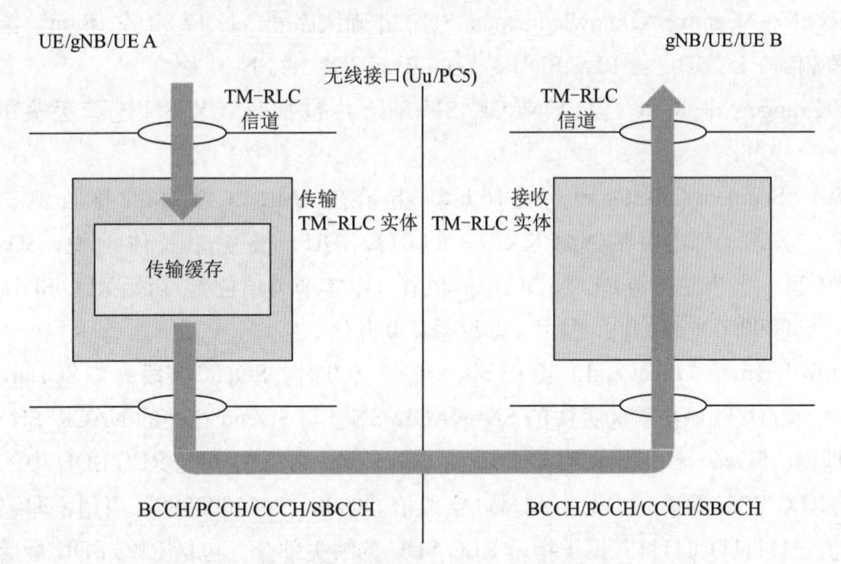

图 4-14　TM 模式 RLC 处理内容

4.3.2 RLC PDU

RLC PDU是一个比特串，通过表格表示。其中第一位和最高有效位是表格第一行的最左边位置，最后和最低有效位是表格最后一行的最右边的位置。总结来说，比特串的阅读顺序为先从左到右读取，然后再从上至下读取。RLC SDU是字节对齐（即8位的倍数）的比特串。RLC SDU从第一位开始被包括在RLC PDU中。在了解具体的结构前，首先需要了解各参数的含义。

（1）SN：Sequence Number，输入的RLC SDU附带的序列号，AMD PDU为12 bit或18 bit，UMD PDU为6 bit或12 bit。对于RLC AM模式，SN对每个RLC SDU加1；对于RLC UM模式，SN对每个分段的RLC SDU加1。

（2）SI：Segmentation Info，分段信息，长2 bit，指示了一个RLC PDU是否包含一个完整的RLC SDU或RLC SDU的第一段、SUD的中间段、SDU的最后一段。

（3）SO：Segment Offset，分段偏移，长16 bit，指示该分段代表了SDU的哪部分字节。

（4）D/C：Data/Control，数据控制指示，长1 bit，指示RLC PDU是包含发往/来自逻辑信道的数据，还是RLC运行所需的控制信息。

（5）P：Polling bit，轮询比特。在确认模式下用于请求状态报告。取值为0，表示状态报告未请求；取值为1，表示状态报告已请求。

（6）R：Reserved，协议保留值（截止至R16），长1 bit，发送实体需要将R字段设置为0，接收实体忽略此字段。

（7）CPT：Control PDU Type，控制PDU类型，长3 bit，指示RLC控制PDU的类型，取值000，表示类型为STATUS PDU；取值001，表示预留，接收实体将丢弃具有001指示的PDU。

（8）ACK_SN：Acknowledgement SN，确认序号，长12 bit或18 bit，指示下一个未接收到的RLC SDU的SN，该RLC SDU在状态PDU中未报告为丢失。

（9）NACK_SN：Negative Acknowledgement SN，非确认序号，长12 bit或18 bit，指示在AM RLC实体的接收侧检测到RLC SDU或RLC SDU分段的RLC SDU的SN丢失。

（10）NACK range：长8 bit，是从NACK_SN开始并包括NACK_SN连续丢失的RLC SDU的数目。

（11）SOstart：Segment Offset start，长16 bit，指示在AM RLC实体的接收侧检测为丢失的SN=NACK_SN（与SOstart相关的NACK_SN）的RLC SDU的部分。具体地说，SOstart字段指示RLC SDU部分的第一字节在初始RLC SDU中的位置（以字节为单位）。初始RLC SDU的第一字节由SOstart字段值“0000000000000000”引用，即编号从0开始。

（12）SOend：Segment Offset end，长16 bit，当E3为0时，SOend字段（与SOstart字段一起）指示在AM RLC实体的接收侧检测为丢失的SN=NACK_SN（与SOend相关的NACK_SN）的RLC SDU的部分。具体地说，SOend字段指示RLC SDU部分的最后一字节在初始RLC SDU中的位置（以字节为单位）。初始RLC SDU的第一字节由SOend字段值“0000000000000000”引用，即编号从零开始。特殊的SOend值“1111111111111”用于指示RLC SDU的缺失部分，包括RLC SDU最后一字节的所有字节。当E3为1时，SOend字段指示在AM RLC实体的接收侧检测为丢失的SN=NACK_SN+NACK range-1的RLC SDU的部分。具体地说，SOend字段指示RLC SDU部分的最后一字节在初始RLC

SDU 中的位置（以字节为单位）。

（13）E1：Extension bit 1，扩展比特 1，长 1 bit，指示是否包含一组 NACK_SN、E1、E2、E3，取值为 0 表示不包含，取值为 1 表示包含。

（14）E2：Extension bit 2，扩展比特 1，长 1 bit，指示是否包含一组 SOstart 和 SOend，取值为 0 表示不包含，取值为 1 表示包含。

（15）E3：Extension bit 3，扩展比特 1，长 1 bit，指示一个连续的 RLC SDU 序列是否被收到。

1. TMD PDU

TMD PDU 只包含一个数据字段，不包含任何 RLC 头，如图 4-15 所示。

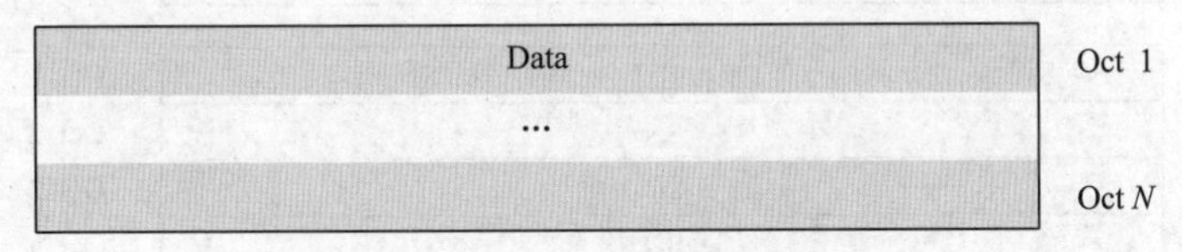

图 4-15　TMD PDU 结构

2. UMD PDU

UMD PDU 由一个数据字段和一个 UMD PDU 报头组成。UMD PDU 头是字节对齐的。当 UMD PDU 包含完整的 RLC SDU 时，UMD PDU 报头只包含 SI 和 R 字段。UM RLC 实体的序列号长度通过 RRC 配置，包含 6 bit 或 12 bit 两种类型。UMD PDU 报头仅在相应 RLC SDU 分段时才包含 SN 序列号。分段时承载 RLC SDU 的第一段的 UMD PDU 不在其报头中携带 SO 字段。SO 字段的长度为 16 位。UMD PDU 结构如图 4-16 ～图 4-20 所示。

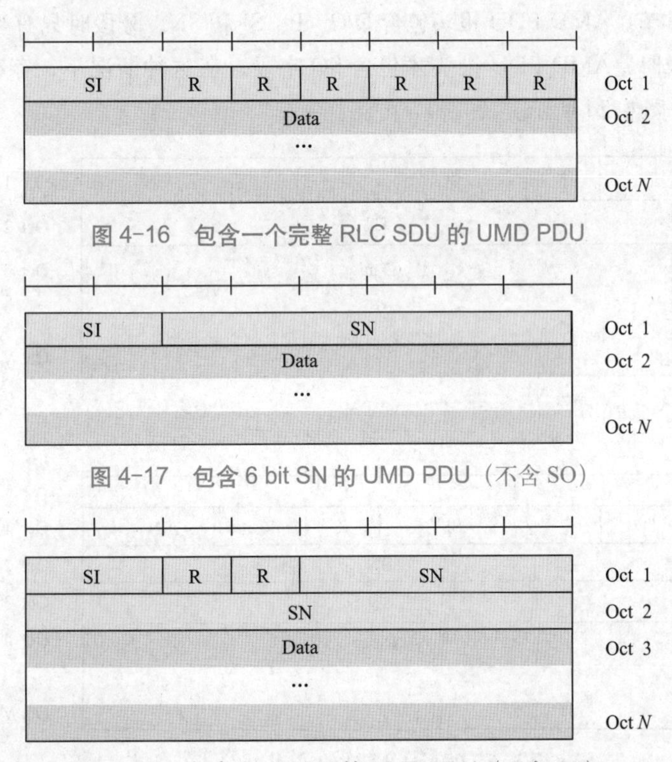

图 4-16　包含一个完整 RLC SDU 的 UMD PDU

图 4-17　包含 6 bit SN 的 UMD PDU（不含 SO）

图 4-18　包含 12 bit SN 的 UMD PDU（不含 SO）

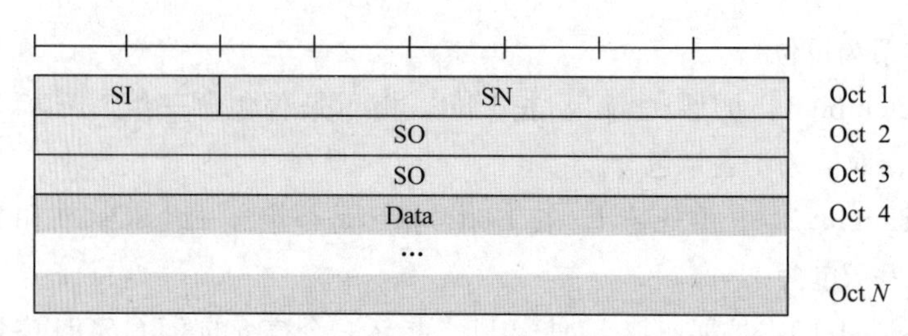

图 4-19　包含 6 bit SN 的 UMD PDU（含 SO）

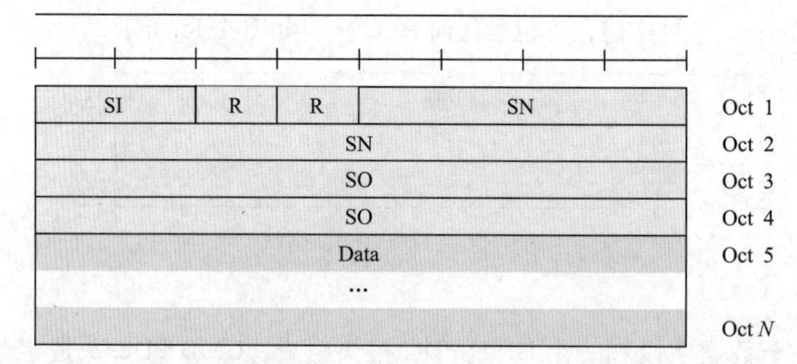

图 4-20　包含 12 bit SN 的 UMD PDU（含 SO）

3. AMD PDU

AMD PDU 由一个数据字段和一个 AMD PDU 报头组成。AMD PDU 头是字节对齐的。

AM RLC 实体的序列号长度通过 RRC 配置，包含 12 bit 或 18 bit 两种类型。AMD PDU 报头的长度分别是 2 字节和 3 字节。AMD PDU 报头包含 D/C、P、SI 和 SN。分段时只有当数据字段由非第一个段的 RLC SDU 段组成时，AMD PDU 报头才包含 SO 字段，在这种情况下，存在 16 bit 的 SO。AMD PDU 结构如图 4-21 ～图 4-24 所示。

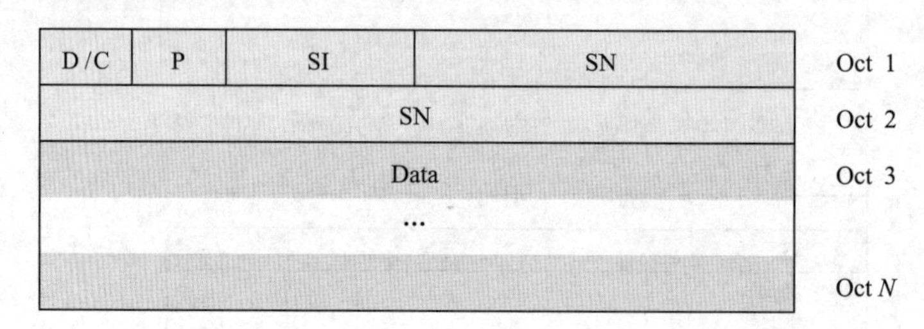

图 4-21　包含 12 bit SN 的 AMD PDU（不含 SO）

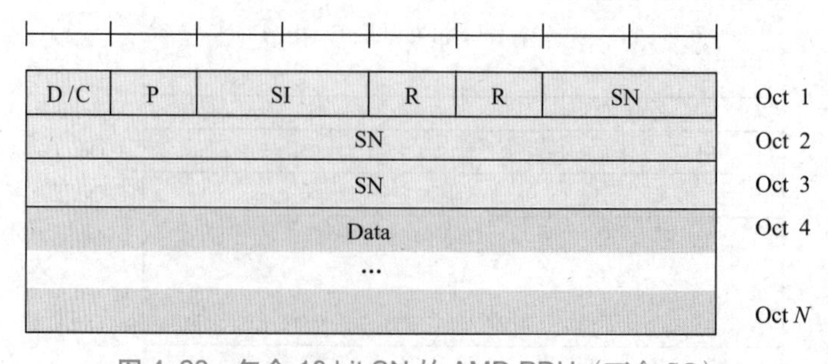

图 4-22　包含 18 bit SN 的 AMD PDU（不含 SO）

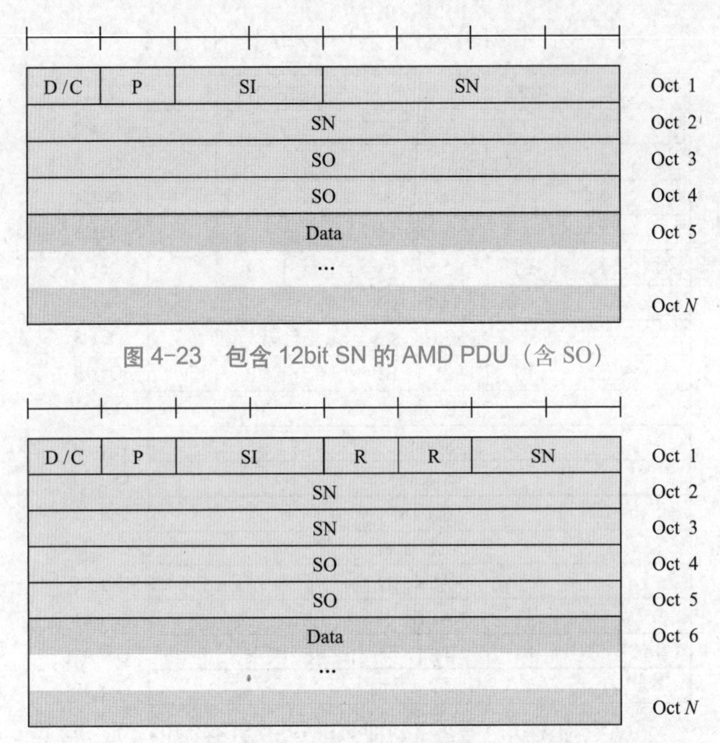

图4-23　包含12bit SN的AMD PDU（含SO）

图4-24　包含18bit SN的AMD PDU（含SO）

4. STATUS PDU

STATUS PDU由STATUS PDU有效负载和RLC控制PDU头组成。RLC控制PDU头由一个D/C和一个CPT字段组成。STATUS PDU有效负载从RLC控制PDU头后面的第一个位开始，包含一个ACK_SN和一个E1、零个或多个NACK_SN、一个E1、一个E2和一个E3，也可能包含一对SOstart和SOend或每一个NACK_SN对应的NACK range。STATUS PDU结构如图4-25、图4-26所示。

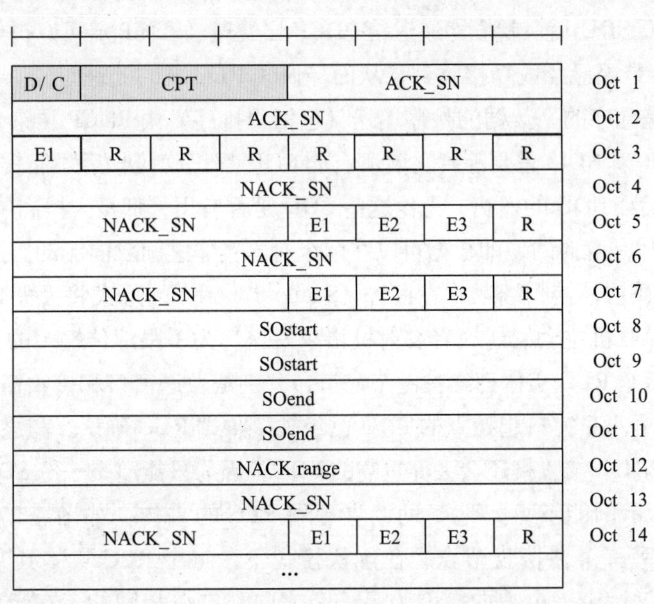

图4-25　包含12 bit SN的STATUS PDU

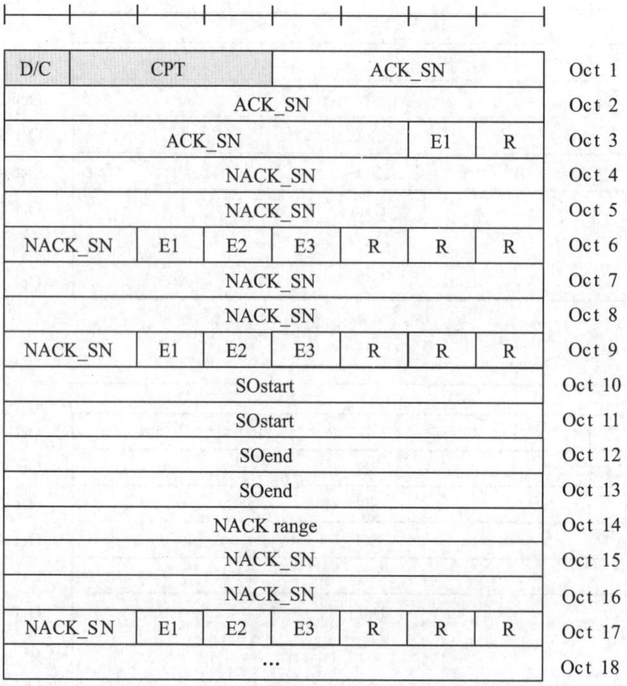

D/C	CPT			ACK_SN				Oct 1
ACK_SN								Oct 2
ACK_SN						E1	R	Oct 3
NACK_SN								Oct 4
NACK_SN								Oct 5
NACK_SN		E1	E2	E3	R	R	R	Oct 6
NACK_SN								Oct 7
NACK_SN								Oct 8
NACK_SN		E1	E2	E3	R	R	R	Oct 9
SOstart								Oct 10
SOstart								Oct 11
SOend								Oct 12
SOend								Oct 13
NACK range								Oct 14
NACK_SN								Oct 15
NACK_SN								Oct 16
NACK_SN		E1	E2	E3	R	R	R	Oct 17
…								Oct 18

图 4-26　包含 18 bit SN 的 STATUS PDU

4.3.3 RLC 关键流程——重传

前面章节 ARQ 纠错部分提到，重传时 RLC AM 模式下的重要内容，作为错误校验的重要手段之一，重传通过检查接收到 PDU 的序列号 SN，可以快速地检测出丢失的 PDU 并请求发送端进行重传。

在 NR 中，移除了 RLC 层的重排序功能，即 RLC 层不支持按序递送 RLC SDU 给 PDCP 层。RLC 层在收到一个完整的 RLC SDU 后，就立即递送给 PDCP 层处理（PDCP 层可以提前做解密操作），而无须关心之前的 RLC SDU 是否已经成功接收到，从而降低了 RLC 层的处理时延。也就是说，RLC 层送往 PDCP 层的数据可能是乱序的，数据的按序递送（包括重排序）由 PDCP 层来负责。LTE 中 RLC 协议支持按序递交，一个 RLC SDU 需要等到之前所有的 SDU 都正确接收后才能转发给高层，若丢失了一个 SDU，会立即阻止后续 SDU 的递交，无论这些 SDU 是否有用，都极大提高了发送时延。

确认模式的 RLC 实体是双向的，即数据可以在两个对等实体之间双向流动。接收 PDU 的实体需要给发送 PDU 的实体反馈确认。接收端以状态报告（Status Report）的形式将丢失 PDU 的信息提供给发送端。状态报告可以由接收机主动发送或者发射机请求发送。为了跟踪传输中的 PDU，报头里采用了序列号。确认模式下，两个 RLC 实体都维护两个窗口，分别是发送窗口和接收窗口。只有发送窗口内的 PDU 才能发送，序列号小于窗口起始点的 PDU 已经被接收端 RLC 确认。与之类似，接收机只接收序列号在接收窗口内的 PDU。接收机还会丢弃重复的 PDU，因为只能递交一份 SDU 给高层。

图 4-27 所示的简单示例能够更好地帮助读者理解 RLC 的重传。如图 4-27 所示，两个 RLC 实体，一个在发送节点，另一个在接收节点。在确认模式下，每个 RLC 实体具有发射机和接收机双重功能，但在该示例中仅讨论一个方向，因为另一个方向是完全相同的。在示例中，序列号从 n 到

n+4 的 PDU 在发送缓存中等待发送。在 t_0 时刻，序列号为 n 和 n 之前的 PDU 都已经发送并且正确接收到，但是只有 n−1 和 n−1 之前的 PDU 已经被接收机确认。如图 4−22 所示，发送窗口从 n 开始，即第一个未被确认的 PDU ；接收窗口从 n+1 开始，即下一个期望接收的 PDU。当接收到 PDU n 时，SDU 重组并递交到高层，即 PDCP 层。对于包含一个完整 SDU 的 PDU，重组就是简单地去除报头，但对于一个分段的 SDU，要等到承载所有分段的 PDU 都接收到之后该 SDU 才能递交。

在 t_2 时刻，PDU 传输继续，PDU n+1 和 n+2 已经发送，但是在接收端只有 n+2 到达。一旦收到一个完整的 SDU 就立刻递交给高层，因此 PDU n+2 转发给 PDCP 层，不用等待丢失的 PDU n+1。PDU n+1 丢失的一个原因可能是正在进行 HARQ 重传，所以还未从 HARQ 递交给 RLC。与前面的图相比，发送窗口保持不变，因为 PDU n 及后续的 PDU 还未被接收机确认。由于发射机不知道这些 PDU 是否已经被正确接收，因此这些 PDU 可能需要重传。

由于 PDU n+1 丢失，当 PDU n+2 到达时，接收窗口不会更新。接收机会启动 t-Reassembly 定时器，如果定时器超时前丢失的 PDU n+1 还未收到，则会请求重传。幸运的是，这个例子中定时器超时前，在 t_4 时刻收到 HARQ 协议发来丢失的 PDU。接收窗口前进，并且由于丢失的 PDU 已经到达，重组定时器停止，递交 PDU n+1 用于重组 SDU n+1。

RLC 还负责重复检测，使用与重传处理相同的序列号。如果 PDU n+2 再次到达（并且在接收窗内），尽管已经收到，也会被丢弃。

如图 4−27 所示，PDU n+3，n+4 和 n+5 继续发送。在 t_3 时刻，n+5 及之前的 PDU 都已发送。只有 PDU n+5 到达，而 PDU n+3 和 n+4 丢失。与上面的情况类似，这会导致重组定时器启动。但是在这个例子里，定时器超时前没有 PDU 到达。定时器在 t_4 时刻超时，触发接收机发送一个包含状态报告的控制 PDU，向对等实体指示丢失的 PDU。为了避免不必要的状态报告延迟，以及对重传时延的负面影响，控制 PDU 的优先级高于数据 PDU。在 t_5 时刻收到状态报告，发射机知道 n+2 及之前的 PDU 都已正确接收到，发送窗前进。丢失的 PDU n+3 和 n+4 重传，并且这次被正确接收到。

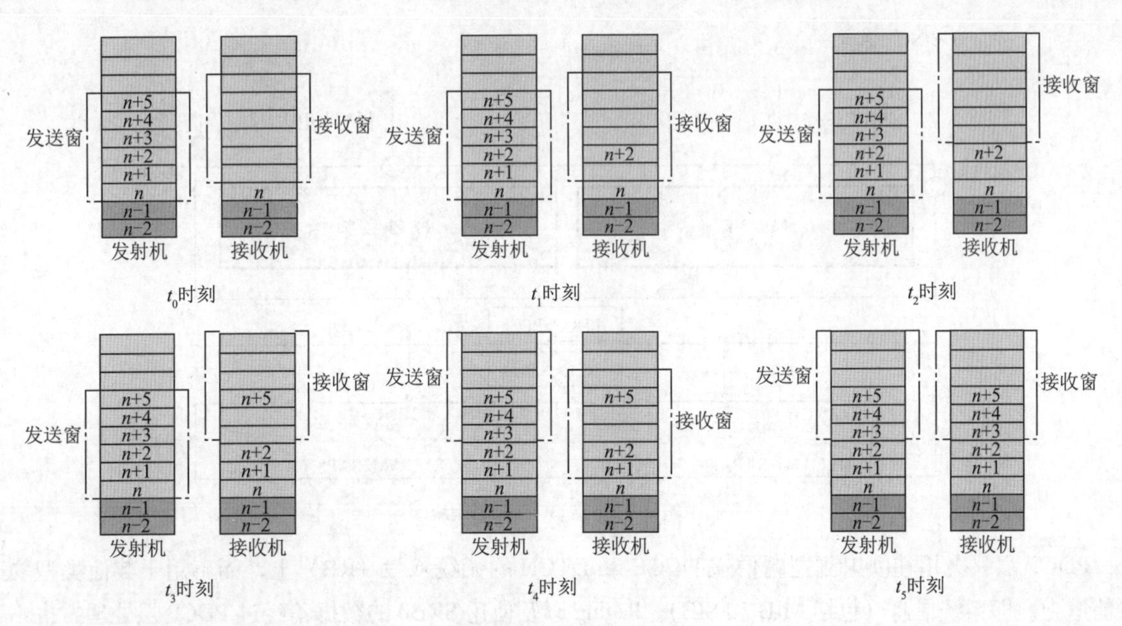

图 4−27　RLC 重传示例

最终，所有的PDU，包括重传的PDU，都已经发送并且被成功接收。由于n+5是发送缓存里最后一个PDU，发射机通过在最后一个RLC数据PDU的报头里设置一个标志，向接收机请求状态报告。当接收机收到设置了标志的PDU时，会发送请求的状态报告，确认n+5及之前所有的PDU。发射机接收到状态报告后，表明所有的PDU都已经正确接收到，发送窗前进。

如前所述，状态报告可以由多种原因触发。然而，为了控制状态报告的数量，避免过多状态报告在回传链路中产生洪泛，可以使用状态禁止定时器。有了状态禁止定时器，状态报告在定时器确定的每个时间间隔内只发送一次。

上述示例中假设每个PDU都承载一个非分段的SDU。分段SDU的处理方式相同，但一个SDU要等到所有的分段都收到后才会递交给PDCP协议。状态报告和重传是基于单个分段的，只需要重传丢失的分段。

重传时，RLC的PDU可能与RLC重传调度的传输块大小不匹配，在这种情况下重新分段遵循与初始分段相同的原则。

4.4 PDCP层基础

PDCP（Packet Data Convergence Protocol）层位于SDAP（用户面）/RRC（控制面）层和RLC层之间。它通过RLC通道（RLC Channel）访问RLC层的传输服务，并向上层提供无线承载DRB(上层为SDAP，用户面)和SRB(上层为RRC，信令面)服务访问点(SAP)。

4.4.1 PDCP概述

PDCP层的功能通过PDCP实体来实现。PDCP实体从SDAP/RRC层接收到的数据，或发往SDAP/RRC层的数据称为PDCP SDU。PDCP实体从RLC层接收到的数据，或发往RLC层的数据称为RLC PDU（或RLC SDU）。PDCP层架构如图4-28所示。

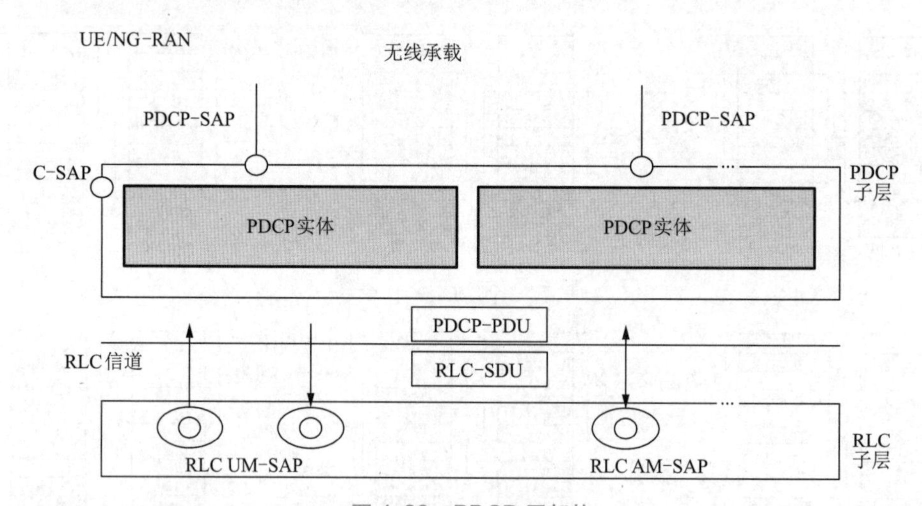

图4-28 PDCP层架构

PDCP层只会用在映射到逻辑信道DCCH和DTCH的无线承载（RB）上，而不用于其他类型的逻辑信道上。即系统信息（包括MIB和SIB）、Paging以及使用SRB0的数据不经过PDCP层处理，也不存在相关联的PDCP实体。除SRB0外，每个无线承载都对应一个PDCP实体。一个UE可建立多条无线承载,因此可包含多个PDCP实体,每个PDCP实体只处理一个无线承载的数据。取决于无线承载的特性（例如：单向/双向、split/non-split）或RLC模式的不同，一个PDCP实体可以与一、二或四个RLC实体相关联。对于non-split承载，每个PDCP实体与一个UM RLC实体（单向）、两个UM RLC实体（双向，每个RLC实体对应一个方向）或一个AM RLC实体（一个AM RLC实体同时支持两个方向）相关联。对于split承载，由于一个PDCP实体在MCG和SCG上均存在对应的RLC实体，因此每个PDCP实体与两个UM RLC实体（同向）、四个UM RLC实体（每个方向各两个）或两个AM RLC实体（同向）相关联。

使用PDCP实体的无线承载可被分成三类，不同类别的无线承载，其处理方式可能不同：

（1）SRB：在RLC层使用AM模式的信令无线承载。

（2）AM DRB：在RLC层使用AM模式的数据无线承载。

（3）UM DRB：在RLC层使用UM模式的数据无线承载。

PDCP不支持在RLC层使用TM模式的数据，使用RLC TM模式的数据并不经过PDCP层。

NR中PDCP协议层的主要目的是发送或接收对等PDCP实体的分组数据PDCP PDU。PDCP的上层实体有两种，即控制面和用户面。在控制面，加密和完整性保护是必选功能；而在用户面，可靠头压缩（ROHC）为必选功能，数据加密为可选功能，这里的数据既可以是用户数据，也可以是应用层信令，如SIP、RTCP等。PDCP层功能如图4-29所示。

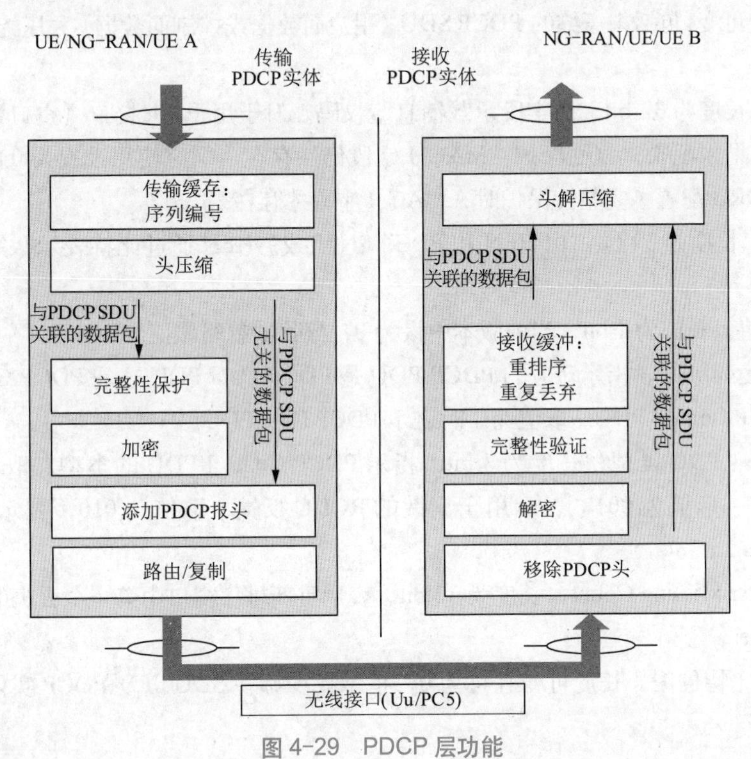

图4-29 PDCP层功能

4.4.2 PDCP PDU

PDCP PDU分为两种类型，即Data PDU和Control PDU。PDCP Data PDU用于传送PDU头以外的

一个或多个以下信息：

（1）用户面数据。

（2）控制面数据。

（3）MAC-O。

PDCP Control PDU除了用于传送PDU头外，还用于传送以下内容之一：

（1）PDCP状态报告。

（2）离散的ROHC反馈。

（3）EHC反馈。

PDCP PDU是一个字节对齐（即8位的倍数）的比特串。比特串用表格表示时，最高有效位是表中第一行最左边的位，最低有效位是表中最后一行最右边的位，即比特串表格阅读顺序为先从左到右，然后从上到下。PDCP PDU中每个参数字段的位顺序用最左边的第一位和最高有效位以及最右边的最后一位和最低有效位表示。

PDCP SDU是字节对齐（即8位的倍数）的比特串。压缩或未压缩的SDU从第一位开始被包括在PDCP Data PDU中。在了解具体的结构前，首先需了解各参数的含义。

（1）PDCP SN：PDCP序列号，长度为12 bit或18 bit，由高层参数pdcp-SN-SizeUL, pdcp-SN-SizeDL,或sl-PDCP-SN-Size配置。12 bit用于UM DRB、AM DRB和SRB；18 bit用于UM DRB和AM DR。

（2）Data：长度可变，包括未压缩的PDCP SDU（用户面数据或控制面数据）和压缩的PDCP SDU（仅用户面数据）。

（3）MAC-I：长度为32 bit，该字段承载消息鉴权码。对于用于Uu接口（空口）的SRB，MAC-I字段始终存在。如果未配置完整性保护，MAC-I字段仍然存在，但应使用设置为0的填充位填充。对于DRB，只有当DRB配置了完整性保护时，MAC-I字段才存在。

（4）COUNT：长度为32 bit，由HFN和PDCP SN组成。HFN通过比特表示，等于32减去PDCP SN的长度。

（5）R：保留值，长度为1 bit，当前版本中设为0，接收端忽略该值。

（6）D/C：长度为1 bit，指示对应的PDCP PDU是PDCP Data PDU还是PDCP Control PDU。取值为0时，表示PDCP Control PDU；取值为1时表示PDCP Data PDU。

（7）PDU Type：PDU类型，长度为3 bit，指示PDCP Control PDU的类型。取值为000，表示用于PDCP状态报告；取值为001，表示用于离散的ROHC反馈；取值为010，表示用于EHC反馈；011～111为预留值。

（8）FMC：First Missing Count，长度为32 bit，表示重新排序窗口中第一个丢失的PDCP SDU的计数值，即RX_deliver。

（9）Bitmap：比特位图，长度可变且可为0，指示缺少哪些SDU以及PDCP实体中正确接收到哪些SDU。

（10）Interspersed ROHC Feedback：离散的ROHC反馈，长度可变，此字段包含一个仅具有反馈的ROHC数据包。

（11）SDU Type：SDU类型，即层三协议数据单元类型，长度为3 bit。PDCP实体可根据SDU类型对SDU进行不同的处理。例如，ROHC适用于IP SDU，但不适用于非IP SDU。取值为000，表示IP

SDU；取值为 001，表示 Non-IP SDU；010 ～ 111 为预留值。

（12）$K_{NRP\text{-}sess}$ ID：长度为 16 bit，对于不需要完整性和加密保护的 SLRB，UE 应在 PDCP PDU 头中将 $K_{NRP\text{-}sess}$ ID 设置为 0

1. Data PDU

PDCP Data PDU 的序列号长度为 12 bit 或 18 bit，可用于 SRB 或 DRB，具体格式与适用情况如图 4-30 ～图 4-32 所示。

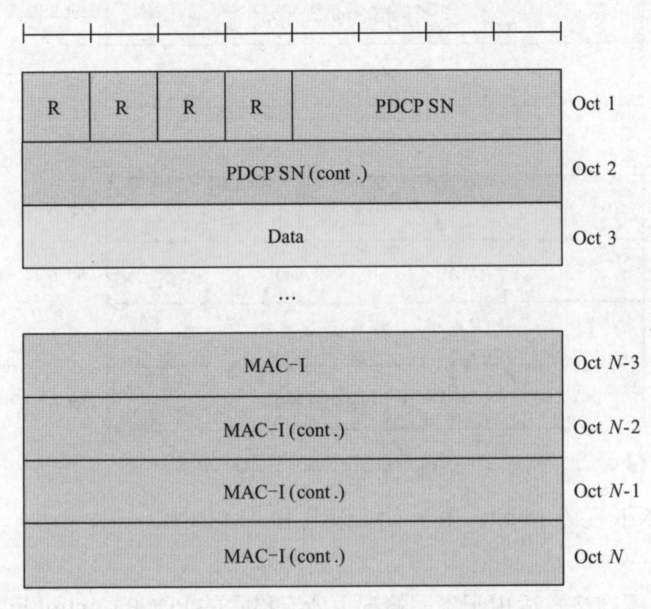

图 4-30　用于 SRB 的 PDCP Data PDU

图 4-30 中 PDCP SN 长度为 12 bit，用于 SRB。

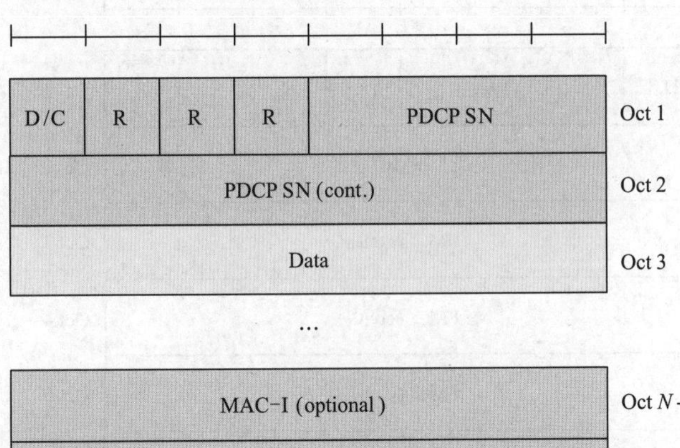

图 4-31　用于 DRB 的 PDCP Data PDU（PDCP SN 为 12 bit）

图 4-31 中 PDCP SN 长度为 12 bit，用于 UM DRB 和 AM DRB。

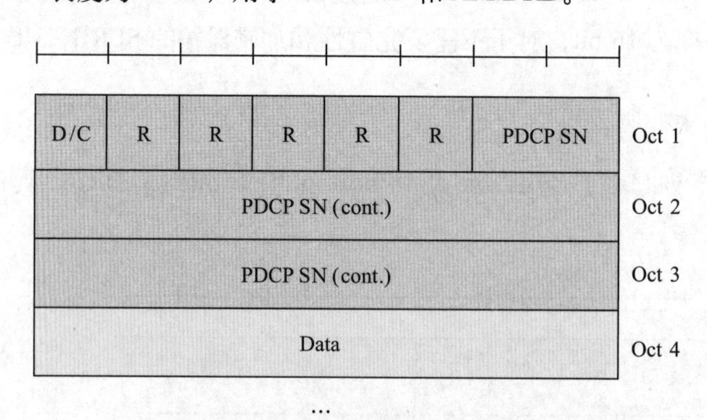

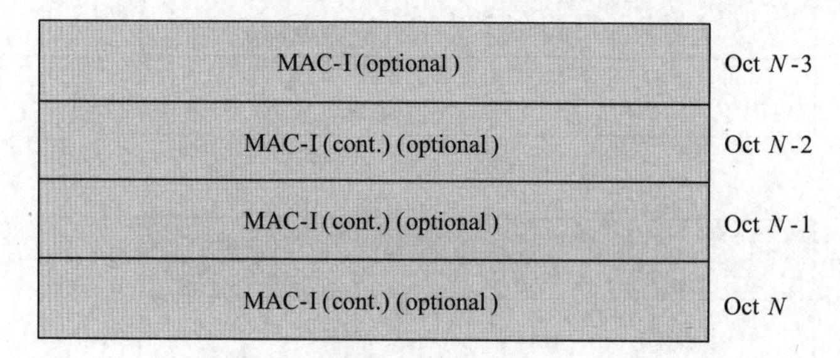

图 4-32　用于 DRB 的 PDCP Data PDU（PDCP SN 为 18 bit）

图 4-32 中 PDCP SN 长度为 18 bit，用于 UM DRB 和 AM DRB。

2. Control PDU

PDCP Control PDU 不同格式适用于不同情况，所有格式的 PDCP Control PDU 可用于 UM DRB 和 AM DRB。具体如图 4-33 ～图 4-35 所示。

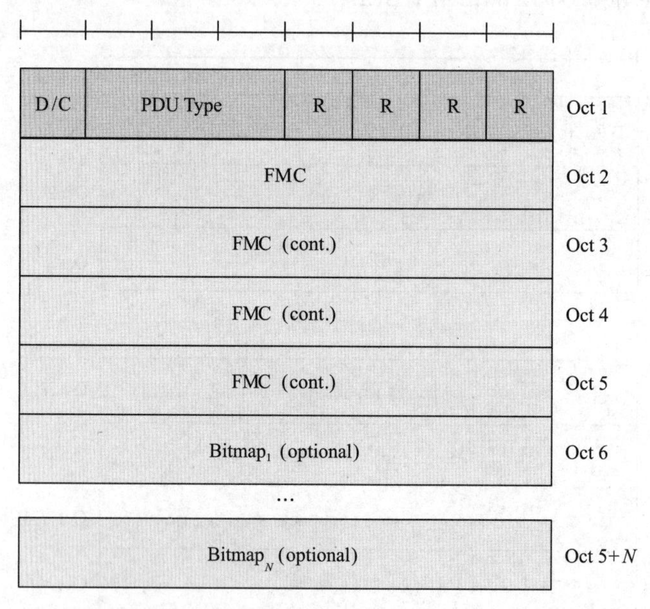

图 4-33　用于 PDCP 状态报告的 PDCP Control PDU

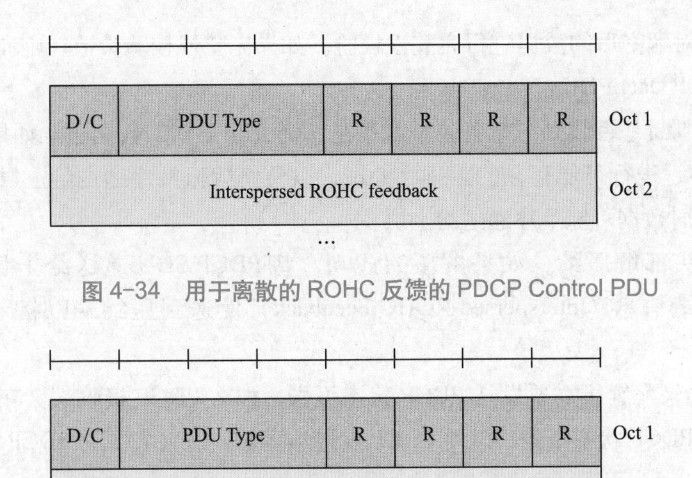

图 4-34　用于离散的 ROHC 反馈的 PDCP Control PDU

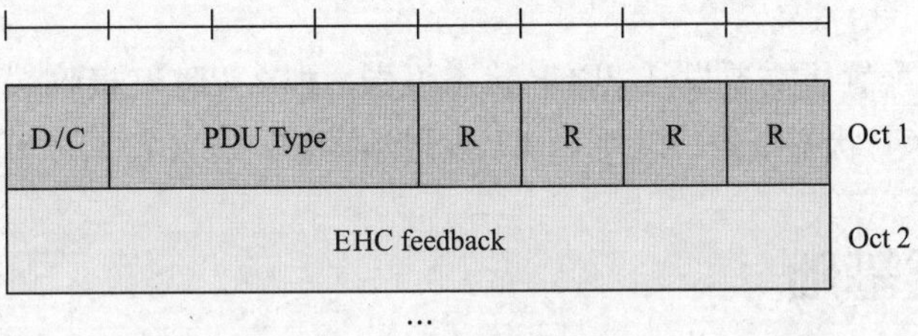

图 4-35　用于 EHC 反馈的 PDCP Control PDU

4.4.3　PDCP 处理流程

PDCP 处理流程一般指同一 PDCP 或对等实体的流程，不同的 PDCP 实体相互独立。PDCP 在发送端按如下步骤处理：

（1）来自 RRC 层的控制面数据或来自 SDAP 层的用户面数据（PDCP SDU）会先缓存在 PDCP 的传输 buffer 中，并按到达 PDCP 层的顺序为每个数据包分配一个 SN，SN 指示了数据包的发送顺序。

（2）PDCP 实体会对用户面数据进行头部压缩处理。头部压缩只应用于用户面数据（DRB），而不应用于控制面数据（SRB）。虽然图中并未明确注明，但用户面数据是否进行头部压缩处理是可选的。

（3）PDCP 实体基于完整性保护算法对控制面数据或用户面数据进行完整性保护，并生成一个称为 MAC-I 的验证码，以便接收端进行完整性校验。控制面数据总是要进行完整性保护，用户面数据的完整性保护功能是可选的。

（4）PDCP 实体会对控制面数据或用户面数据进行加密，以保证发送端和接收端之间传递的数据的保密性。除 PDCP Control PDU 外的经过 PDCP 层的所有数据都会进行加密处理。

（5）添加 PDCP 头部，生成 PDCP PDU。

（6）如果 RRC 层给 UE 配置了复制功能，那么 UE 在发送上行数据时，会在两条独立的传输路径上发送相同的 PDCP PDU。如果建立了 split 承载，PDCP 可能需要对 PDCP PDU 进行路由，以便将数据发送到目标承载上。路由和复制都是在 PDCP 发送实体里进行的。

PDCP 在接收端按如下步骤处理：

（1）PDCP 实体从 RLC 层接收到一个 PDCP Data PDU 后，会先移除该 PDU 的 PDCP 头部，并根据接收到的 PDCP SN 以及自身维护的 HFN 得到该 PDCP Data PDU 的 RCVD_COUNT 值，该值对后续的处理至关重要。

（2）PDCP 实体会使用与 PDCP 发送端相同的加解密算法对数据进行解密。

（3）PDCP 实体会对解密后的数据进行完整性校验。如果完整性校验失败，则向上层指示完整性校验失败，并丢弃该 PDCP Data PDU。

（4）PDCP 实体会判断是否收到了重复包，如果是，则丢弃重复的数据包；如果不是，就将 PDCP SDU 放入接收 buffer 中，进行可能存在的重排序处理，以便将数据按序递送给上层。某些场景下可以去使能重排序功能，这时数据可能乱序递送给上层。

（5）对数据进行头部解压缩。如果解压缩成功，将 PDCP SDU 递送给上层；如果解压缩失败，解压缩端会将反馈信息（Interspersed ROHC Feedback）发送到压缩端以指示报头上下文已被破坏。

对于 AM DRB，如果配置了需要发送 PDCP 状态报告，那么 PDCP 接收端会在 PDCP 实体重建或 PDCP 数据恢复时发送 PDCP 状态报告，以便 PDCP 发送端重新发送丢失了的 PDCP SDU。

4.5 SDAP 层基础

SDAP（Service Data Adaptation Protocol）层为 5G 用户面新增的子层，主要用于 QoS 流与 DRB 之间的映射，控制面无 SDAP 层。

4.5.1 SDAP 概述

SDAP 仅存在于用户面协议中，通过 RRC 信令来配置。SDAP 层负责将 QoS 流映射到对应的 DRB 上。在 5G 中，gNB 与 5GC 之间的接口为 NG 接口，且 NG 接口基于 QoS 流，而空口是基于用户的 DRB 承载，即从 PDCP 开始就是 DRB 承载，因此在 5G 中需要新增一个子层 SDAP，以便将 QoS 映射 DRB。而 LTE 中的核心网是 EPS 承载，其与 DRB 承载可直接一一对应，不需要适配过程。一个或者多个 QoS 流可以映射到同一个 DRB 上，一个 QoS 流只能映射到一个 DRB 上。SDAP 层架构如图 4-36 所示。

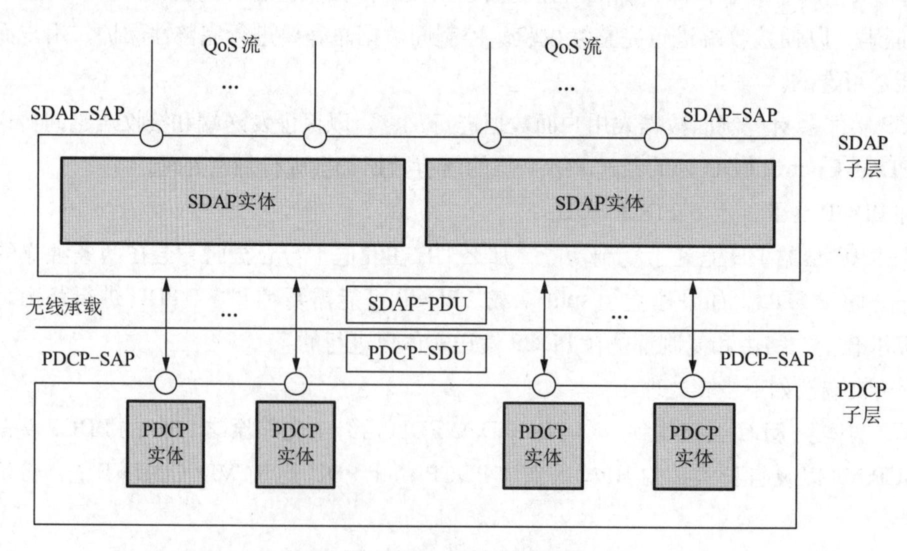

图 4-36　SDAP 层架构

SDAP 实体位于 SDAP 层，每个 PDU 会话都会建立对应的 SDAP 实体，一个 UE 可以有多个 SDAP 实体（因为一个 UE 可以同时建立多个 PDU 会话）。一个 SDAP 实体从上层接收 SDAP SDU（也就是应用层的数据包），将其打包为 SDAP PDU（增加了 SDAP header），最后通过下层（PDCP）将 SDAP PDU 发给对端 SDAP 实体。一个 SDAP 实体从下层（PDCP）接收对端 SDAP 实体发过来的 SDAP PDU，去除 SDAP header 后，将 SDAP SDU 投递给上层。

SDAP 支持如下功能：

（1）用户面数据传输。

（2）上下行 QoS 流和 DRB 映射。

（3）标记上下行数据包中的 QoS flow ID。

（4）为上行 SDAP 数据 PDU 进行反射 QoS 流和 DRB 映射。

具体 SDAP 功能如图 4-37 所示。

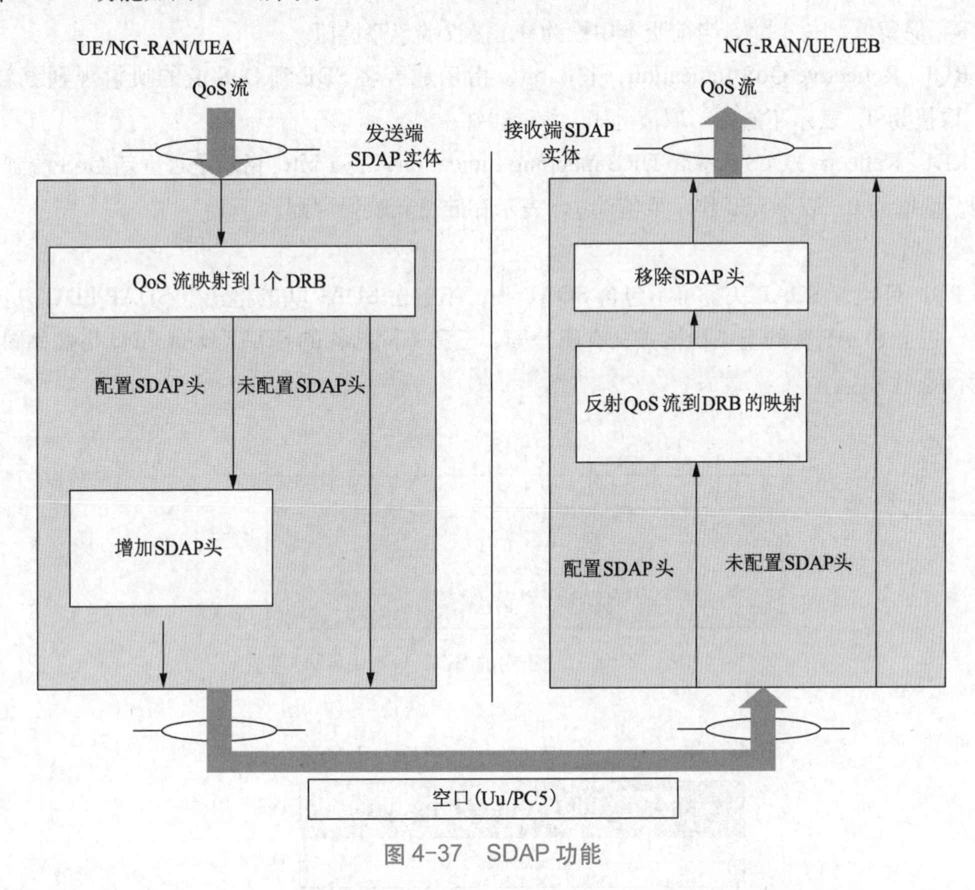

图 4-37　SDAP 功能

4.5.2　SDAP PDU

SDAP PDU 可分为 Data PDU 和 Control PDU。SDAP Data PDU 用于传输 SDAP 报头和用户面数据中的一个或多个。Control PDU 主要为 End-Marker Control PDU（末端标记控制 PDU），为 UE 侧 SDAP

实体使用，用于停止 SDAP SDU 对应的 QoS 流和 DRB 映射，其中 QoS 流由 QFI/PQFI 指示，DRB/SL-DRB 上的 End-Marker Control PDU 已发送。

SDAP PDU 是一字节对齐（即 8 位的倍数）的比特串。比特串用表格表示时，最高有效位是表中第一行最左边的位，最低有效位是表中最后一行最右边的位，即比特串表格阅读顺序为先从左到右，然后从上到下。SDAP PDU 中每个参数字段的位顺序用最左边的第一位和最高有效位以及最右边的最后一位和最低有效位表示。

SDAP SDU 是字节对齐（即 8 位的倍数）的比特串。压缩或未压缩的 SDU 从第一位开始被包括在 PDCP Data PDU 中。在了解具体的结构前，首先需了解各参数的含义。

（1）D/C：长 1 bit，指示该 SDAP PDU 是一个 SDAP Data PDU 或一个 SDAP Control PDU。取值为 0，表示 Control PDU；取值为 1，表示 Data PDU。

（2）QFI：QoS flow ID，QoS 流 ID，长 6 bit。

（3）R：保留值，长 1 bit，当前版本中设为 0，接收端忽略该值。

（4）RQI：Reflective QoS Indication，长 1 bit，指示是否将 SDF 到 QoS 流的映射规则更新通知给 NAS 层。取值为 0，表示不通知；取值为 1，表示通知。

（5）RDI：Reflective QoS flow to DRB mapping Indication，长 1 bit，指示是否更新 QoS 流到 DRB 的映射规则。取值为 0，表示无动作；取值为 1，表示存储更新映射规则。

1. Data PDU

Data PDU 可包含 SDAP 头也可不包含 SDAP 头，不包含 SDAP 头的格式下 SDAP PDU 只包含一个数据字段，包含 SDAP 头的上下行格式又有所差异。三种不同结构的 SDAP Data PDU 格式如图 4-38～图 4-40 所示。

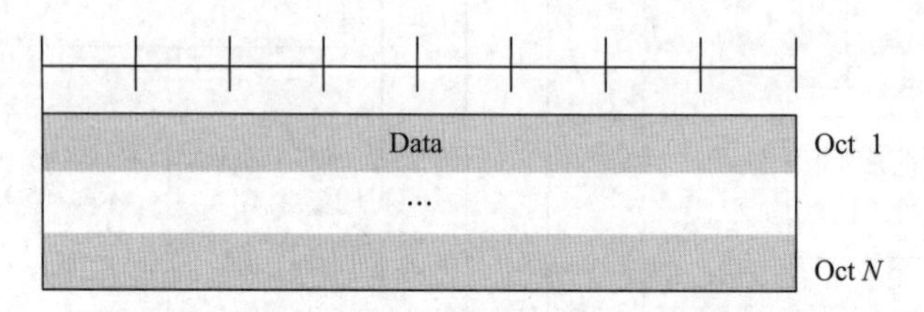

图 4-38　不含 SDAP 头的 SDAP Data PDU 格式

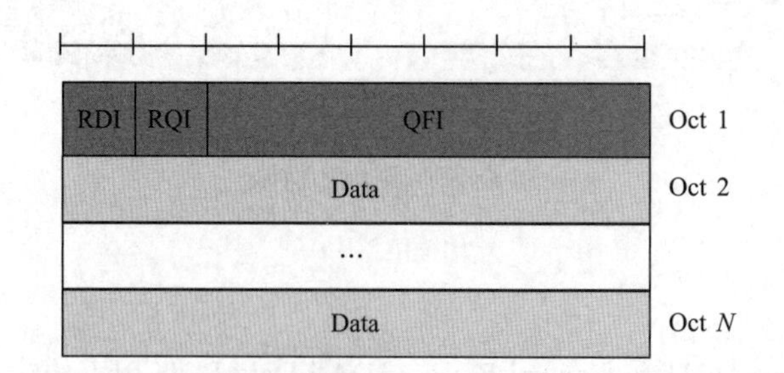

图 4-39　含 SDAP 头的下行 SDAP Data PDU 格式

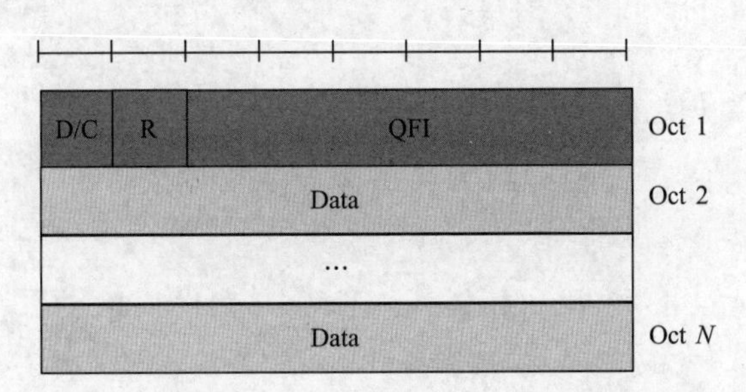

图 4-40　含 SDAP 头的上行 SDAP Data PDU 格式

2. End-Marker Control PDU

End-Marker Control PDU 仅一种格式，如图 4-41 所示。

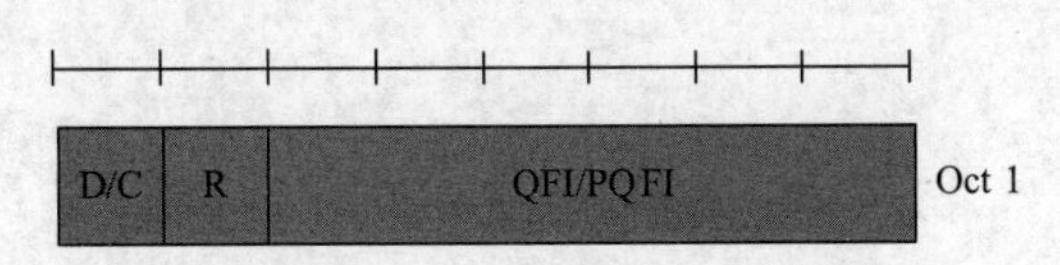

图 4-41　End-Marker Control PDU 格式

SDAP 的流程中最主要的为 QoS 流的映射，将在后续章节中介绍。

小结

数据链路层是无线数据传输中数据处理的重要节点，数据包在数据链路层的每个子层中均有其相应的数据包格式。本章在讲述各子层的架构和数据包格式基础上，详细介绍了 MAC 层 HARQ、RLC 重传、PDCP 数据处理、SDAP QoS 映射等流程。

5G NR 的层二处理流程与 LTE 相比大致类似，但在部分处理节点上为了降低时延并实现更灵活的调度，引入了多种新技术，如不支持 RLC 串联和重排序等，以此提升数据处理效率。本章仅对数据链路层的部分关键流程进行了解析，完成的数据链路层处理流程可参考 3GPP TS 38.321（MAC）、TS 38.322（RLC）、TS 38.323（PDCP）及 TS 37.324（SDAP）协议。

第5章

5G关键流程解析

信令流程是移动通信网络的重要内容，根据协议描述，通信双方在通信建立的过程中需要先交互信息，创建控制面对等的协议实体；然后，通过控制面实体，进一步交互信息，创建用户面对等的协议实体；后续，通过用户面实体进行数据传输。在5G系统中无论是UE与gNodeB之间或者gNodeB与5GC之间均需要通过信令交互传递控制消息、建立用户通道等。5G中典型的信令流程包含小区注册、会话建立、辅助节点状态变更、切换、重选、寻呼、TAU、切片选择等流程。本章通过不同业务的原理与信令流程介绍，详细展示了不同业务在不同网络节点下的状态变化，为后续网络故障排查和网络优化提供了重要理论支撑。

5.1 小区搜索

终端开机后，便开始了小区搜索流程。小区搜索是终端接入网络的第一步，也是随机接入的前置条件，也是注册流程的第一步。小区搜索使得终端获得了当前位置可接入的无线小区，此时终端仅读取系统消息，尚未发送消息至基站侧。

5.1.1 小区搜索流

在5G系统中，小区搜索是UE取得小区下行方向时间和频率同步，并检测小区识别号（Cell ID）的过程。小区搜索的最常见的情况为用户开机与小区切换的需要，小区搜索流程如图5-1所示，主要步骤如下：

（1）UE开机后按照3GPP协议TS 38.104定义的同步栅格（Synchronization Raster）搜索特定频点。

（2）检测PSS/SSS，取得下行时钟同步，并获取小区的PCI；如果失败则转前一步骤搜索下一个频点；否则继续后续步骤。

（3）读取MIB，获取SSB波束信息、系统帧号和广播SIB1的时频域信息。

（4）读取 SIB1，获取上行初始 BWP 信息，初始 BWP 中的信道配置，TDD 小区的半静态配比以及其他 UE 接入网络的必要信息等，同时获取广播 OSI 的搜索空间信息。

（5）读取 OSI，获取小区的其他信息（主要是移动性相关的信息）。

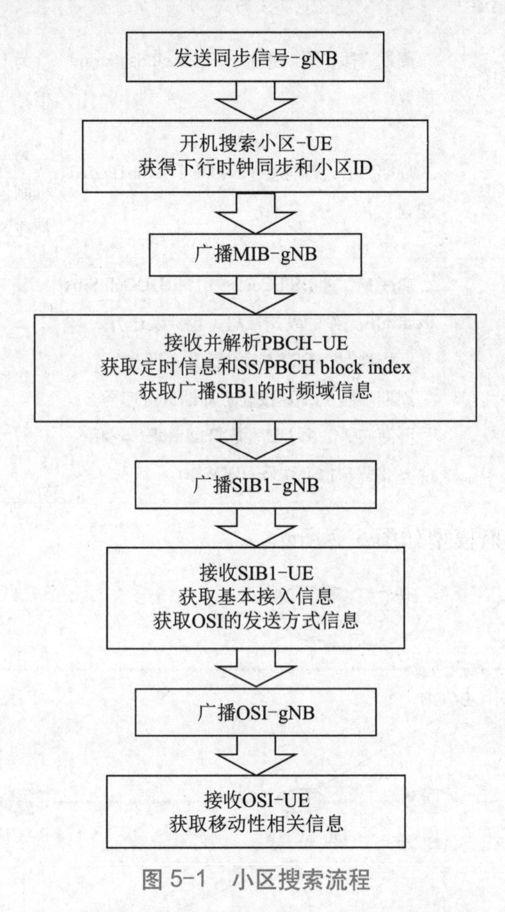

图 5-1　小区搜索流程

图中，-UE 或 -gNB 表示此步骤在 UE 或 gNB 侧进行。

5.1.2　系统消息获取

系统消息广播是 UE 获得网络基本服务信息的第一步，通过系统消息广播过程，UE 可以获得基本的 AS 层和 NAS 层信息：AS 层信息包括公共信道信息、一些 UE 所需的定时器、小区选择 / 重选信息以及邻区信息等；NAS 层信息包括运营商配置信息等。UE 通过系统消息获得的这些信息，决定了在小区中进行驻留、重选以及寻呼的行为方式。

UE 在如下场景会读取系统消息：小区选择（如开机）、小区重选、系统内切换完成、从其他制式系统（如 2G/3G/4G）进入 5G 网络，以及从非覆盖区返回覆盖区时，UE 都会主动读取系统消息。

系统消息可以分为最小系统消息 MSI（Minimum System Information）和其他系统消息 OSI（Other System Information）两种类型。

MSI：包括 MIB 和 SIB1（SIB1 又称 RMSI）。

OSI：包括 SIB2 ～ SIBn，支持 ODOSI 模式。

各类系统消息承载信道、下发方式和承载的内容，见表 5-1。

表 5-1　系统消息解读

大　类	子　类	承载信道	下发方式	承载内容
MSI	MIB	PBCH	周期广播，周期通过 NRDUCell.SsbPeriod 配置	为 UE 提供初始接入信息和 SIB1 的捕获信息
	SIB1	PDSCH	周期广播，周期通过 NRDUCell.Sib1Period 配置	为 UE 提供 OSI 的捕获信息：OSI 的发送机制包括 ODOSI(MSG1 方式和 MSG3 方式) 都在 SIB1 通知所有用户
OSI	SIB2 ~ SIBn	PDSCH	通过 MO gNBSibConfig 和 NRDUCell.SibConfigId 定制的发送策略，包括发送方式和发送周期。发送方式分为如下两类： 周期广播：gNB 按固定周期进行广播。 订阅广播：由 UE 发起订阅请求，然后 gNB 按需广播 (称为 ODOSI)	其他信息

系统消息广播功能信道映射模型如图 5-2 所示。

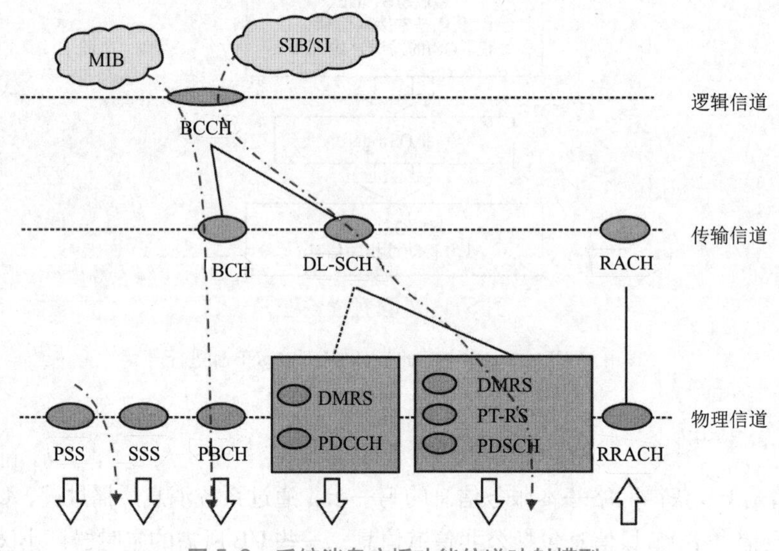

图 5-2　系统消息广播功能信道映射模型

gNB 下发系统消息可以是周期性广播，也可以是按需订阅后广播。依据基站下发的差异，UE 获取系统消息过程也有如下方式：

(1) 搜索小区，解析 MIB，检查小区状态：

①如果 CellBarred = barred，则停止系统消息获取过程；

②如果 CellBarred = not barred，则继续后续步骤。

(2) 使用 MIB 里面消息字段携带的参数，尝试解析 SIB1：

①如果 SIB1 解析成功，则存储相关信息，并继续后续步骤；

②若 SIB1 解析失败，停止系统消息获取过程。

(3) 根据 SIB1 中指示的其他 SIB 发送方式，进一步尝试获取其他 SIB：

①如果其他 SIB 是周期广播方式，则根据 SIB1 中指示的 OSI 搜索空间，尝试接收和解析 SI；

②否则，UE 通过订阅请求获得其他 SIB（称为 ODOSI）。

5.1.3　系统消息更新

当 UE 正确获取了系统消息后，不会反复读取系统消息，但会在满足以下任一条件时重新读取系统消息：

(1) 收到 gNB 寻呼，指示系统消息有变化；

(2) 收到 gNB 寻呼，指示有灾难预警消息等紧急广播；

(3) 距离上次正确接收系统消息 3 h 后（参见 3GPP 协议 TS 38.331 中 5.2.2.2.1 SIB validity: The UE delete any stored version of SI after 3 hours from the moment it was successfully confirmed as valid）。

系统消息更新过程限定在特定的时间窗内进行，这个时间窗被定义为 BCCH 修改周期。BCCH 修改周期的边界由 SFN mod m = 0 的 SFN 值定义，即若某时刻满足 SFN mod m = 0，则在此时刻（SFN 满足上述公式的时刻）启动 BCCH 修改周期。其中，m 是 BCCH 修改周期的无线帧数。

UE 通过寻呼 DCI 接收系统消息更新指示，在下一个 BCCH 修改周期内接收更新后的系统消息。系统消息更新过程如图 5-3 所示，图中不同颜色的小方块代表了不同的系统消息，UE 在第 *n* 个修改周期接收系统消息更新指示，在第 *n*+1 个修改周期接收更新后的系统消息，系统消息更新过程示意图如图 5-3 所示。

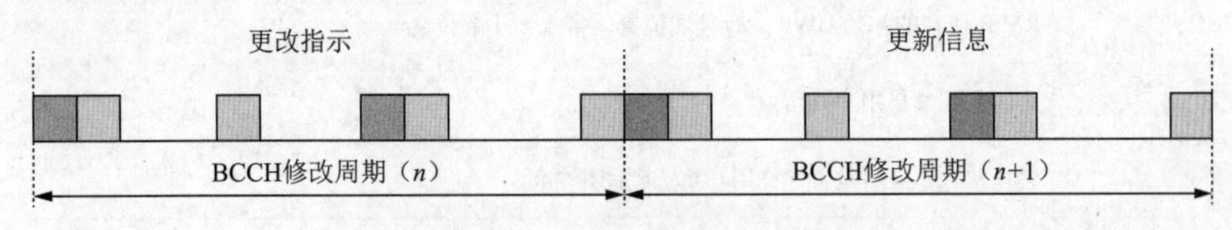

图 5-3　系统消息更新过程示意图

BCCH 修改周期（*m* 个无线帧）= modificationPeriodCoeff × defaultPagingCycle

式中　modificationPeriodCoeff——系统消息修改周期，用于指示系统消息修改周期配置参数，单位为 Paging DRX Cycle 的倍数。该值越大，系统信息修改周期越长。

defaultPagingCycle——默认寻呼周期，单位为无线帧。

注：modificationPeriodCoeff 和 defaultPagingCycle 在 SIB1 中广播。

对于除 SIB6、SIB7、SIB8 之外的系统消息更新，gNodeB 将在 SIB1 中修改 valueTag 值。UE 读取 valueTag 值，并和上次的值进行比较，如果变化则认为系统消息内容改变，UE 重新读取并更新系统消息；否则，UE 认为系统消息没有改变，不读取系统消息。UE 在距离上次正确读取系统消息 3h 后会重新读取系统消息，这时无论 valueTag 是否变化，UE 都会读取全部的系统消息。

5.1.4　关键系统消息内容

1. MIB 主系统消息

消息定义参见 3GPP 协议 TS 38.331。MIB（Master Information Block）的主要作用是获取用户接入

网络中的必要信息，MIB 消息中关键字段如图 5-4 所示。

```
MIB ::=                                    SEQUENCE {
    systemFrameNumber                          BIT STRING (SIZE (6)),
    subCarrierSpacingCommon                    ENUMERATED {scs15or60, scs30or120},
    ssb-SubcarrierOffset                       INTEGER (0..15),
    dmrs-TypeA-Position                        ENUMERATED {pos2, pos3},
    pdcch-ConfigSIB1                           PDCCH-ConfigSIB1,
    cellBarred                                 ENUMERATED {barred, notBarred},
    intraFreqReselection                       ENUMERATED {allowed, notAllowed},
    spare                                      BIT STRING (SIZE (1))
}
```

图 5-4　MIB 消息中关键字段

MIB 主要字段含义见表 5-2。

表 5-2　MIB 主要字段含义

字　段	含　义
systemFrameNumber	系统帧号高 6 位
subCarrierSpacingCommon	RMSI/MSG2/MSG4 使用的子载波间隔，低频只能是 15 kHz 或 30 kHz，高频只能是 60 kHz 或 120 kHz
ssb-SubcarrierOffset	SS/PBCH RB 边界和 CRB 边界之间的偏差
dmrs-TypeA-Position	PDSCH DMRS 的符号位置
pdcch-ConfigSIB1	RMSI 所在的初始 BWP 的时频域位置、带宽大小等信息
cellBarred	小区是否禁止用户驻留
intraFreqReselection	禁止接入小区后是否允许用户重选到同频邻区

关键字段解读：

（1）systemFrameNumber。系统帧号，共 10 bit，低 4 bit 直接编码 PBCH payload 中。

（2）ssb-SubcarrierOffset。携带 K_{ssb}（参见 3GPP 协议 TS 38.213）信息，指示 SSB 相对于 CRB（Common Resource Block）的频域偏移。示意图如图 5-5 所示。

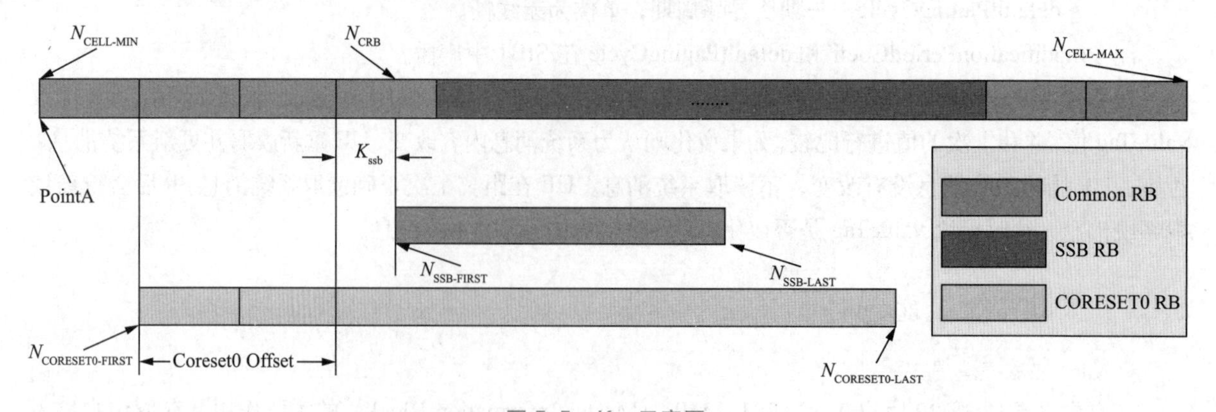

图 5-5　K_{ssb} 示意图

（3）pdcch-ConfigSIB1。指示 RMSI 所在的 CORESET 的时频域位置和周期，其中 MSB（4 bit）用于指示 RMSI 的 CORESET 时频域位置，LSB（4 bit）用于指示 CORSET 的周期，该参数间接指示了初始 BWP 的相关信息，如图 5-6 所示。

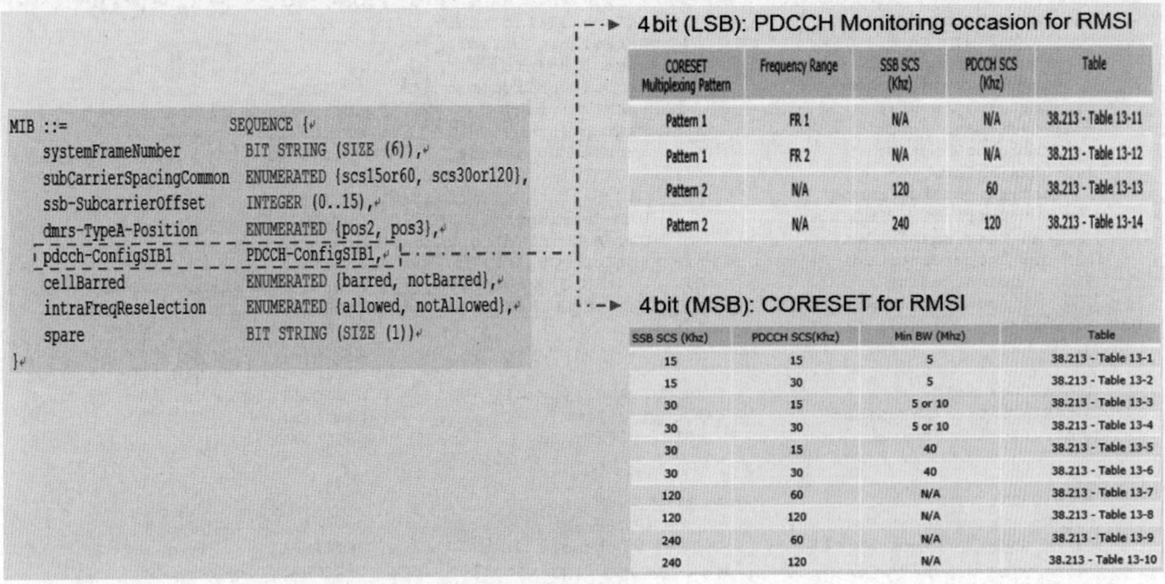

```
MIB ::=                      SEQUENCE {
    systemFrameNumber            BIT STRING (SIZE (6)),
    subCarrierSpacingCommon      ENUMERATED {scs15or60, scs30or120},
    ssb-SubcarrierOffset         INTEGER (0..15),
    dmrs-TypeA-Position          ENUMERATED {pos2, pos3},
    pdcch-ConfigSIB1             PDCCH-ConfigSIB1,
    cellBarred                   ENUMERATED {barred, notBarred},
    intraFreqReselection         ENUMERATED {allowed, notAllowed},
    spare                        BIT STRING (SIZE (1))
}
```

4bit (LSB): PDCCH Monitoring occasion for RMSI

CORESET Multiplexing Pattern	Frequency Range	SSB SCS (Khz)	PDCCH SCS (Khz)	Table
Pattern 1	FR 1	N/A	N/A	38.213 - Table 13-11
Pattern 1	FR 2	N/A	N/A	38.213 - Table 13-12
Pattern 2	N/A	120	60	38.213 - Table 13-13
Pattern 2	N/A	240	120	38.213 - Table 13-14

4bit (MSB): CORESET for RMSI

SSB SCS (Khz)	PDCCH SCS(Khz)	Min BW (Mhz)	Table
15	15	5	38.213 - Table 13-1
15	30	5	38.213 - Table 13-2
30	15	5 or 10	38.213 - Table 13-3
30	30	5 or 10	38.213 - Table 13-4
30	15	40	38.213 - Table 13-5
30	30	40	38.213 - Table 13-6
120	60	N/A	38.213 - Table 13-7
120	120	N/A	38.213 - Table 13-8
240	60	N/A	38.213 - Table 13-9
240	120	N/A	38.213 - Table 13-10

图 5-6　pdcch-ConfigSIB1 字段含义

（4）cellBarred。指示是否禁止接入小区，填写方法见表 5-3。

表 5-3　小区禁止场景

场景编号	场景描述	NSA 小区	SA 小区	NSA&SA 小区
1	激活小区	Barred	notBarred	notBarred
2	高优先级闭塞小区	—	—	—
3	中低优先级闭塞小区	Barred	Barred	Barred
4	解闭塞小区	Barred	notBarred	notBarred
5	NG-C 故障	Barred	Barred	Barred
6	NG-C 恢复	Barred	notBarred	notBarred

2. SIB1 系统消息

消息定义参见 3GPP 协议 TS 38.331。SIB1 消息定义参见 3GPP 协议 TS 38.331 中 6.2.2，SIB1 消息内容如图 5-7 所示。

```
SIB1 ::=         SEQUENCE {
    cellSelectionInfo                          SEQUENCE {
        q-RxLevMin                                 Q-RxLevMin,
        q-RxLevMinOffset                           INTEGER (1..8)        OPTIONAL,    -- Need S
        q-RxLevMinSUL                              Q-RxLevMin            OPTIONAL,    -- Need R
        q-QualMin                                  Q-QualMin             OPTIONAL,    -- Need S
        q-QualMinOffset                            INTEGER (1..8)        OPTIONAL     -- Need S
    }                                                                    OPTIONAL,    -- Cond Standalone
    cellAccessRelatedInfo                      CellAccessRelatedInfo,
    connEstFailureControl                      ConnEstFailureControl     OPTIONAL,    -- Need R
    si-SchedulingInfo                          SI-SchedulingInfo         OPTIONAL,    -- Need R
    servingCellConfigCommon                    ServingCellConfigCommonSIB OPTIONAL,   -- Need R
    ims-EmergencySupport                       ENUMERATED {true}         OPTIONAL,    -- Need R
    eCallOverIMS-Support                       ENUMERATED {true}         OPTIONAL,    -- Need R
    ue-TimersAndConstants                      UE-TimersAndConstants     OPTIONAL,    -- Need R
    uac-BarringInfo                            SEQUENCE {
        uac-BarringForCommon                       UAC-BarringPerCatList    OPTIONAL,    -- Need S
        uac-BarringPerPLMN-List                    UAC-BarringPerPLMN-List  OPTIONAL,    -- Need S
        uac-BarringInfoSetList                     UAC-BarringInfoSetList,
        uac-AccessCategory1-SelectionAssistanceInfo CHOICE {
            plmnCommon                                 UAC-AccessCategory1-SelectionAssistanceInfo,
            individualPLMNList                         SEQUENCE (SIZE (2..maxPLMN)) OF
UAC-AccessCategory1-SelectionAssistanceInfo
        }                                                                OPTIONAL     -- Need S
    }                                                                    OPTIONAL,    -- Need R
    useFullResumeID                            ENUMERATED {true}         OPTIONAL,    -- Need R
    lateNonCriticalExtension                   OCTET STRING              OPTIONAL,
    nonCriticalExtension                       SIB1-v1610-IEs            OPTIONAL
}

SIB1-v1610-IEs ::=                 SEQUENCE {
    idleModeMeasurementsEUTRA-r16          ENUMERATED{true}              OPTIONAL,   -- Need R
    idleModeMeasurementsNR-r16             ENUMERATED{true}              OPTIONAL,   -- Need R
    posSI-SchedulingInfo-r16               PosSI-SchedulingInfo-r16      OPTIONAL,   -- Need R
    nonCriticalExtension                   SEQUENCE {}                   OPTIONAL
}

UAC-AccessCategory1-SelectionAssistanceInfo ::=    ENUMERATED {a, b, c}
```

图 5-7　SIB1 消息内容

SIB1 主要字段含义见表 5-4。

表 5-4　SIB1 主要字段含义

字　段	含　义
q-RxLevMin	小区选择最小 RSRP 接收电平
q-QualMin	小区选择最小 RSRQ 接收电平
cellAccessRelatedInfo	小区接入相关信息
connectionEstablishmentFailureControl	连接失败控制
servingCellConfigCommon	服务小区公共配置
ue-TimersAndConstants	UE 定时器

关键字段解读：

（1）cellAccessRelatedInfo。小区接入相关信息字段说明见表 5-5。

表 5-5　小区接入信息字段说明

字　段	含　义
MCC	移动国家码
MNC	移动网络码
trackingAreaCode	位置区域码，如果该 PLMN 是 SA 组网模式，则携带；否则不携带
ranac	RAN 通知区域码
cellIdentity	小区标识
cellReservedForOperatorUse	小区预留给运营商使用标志

（2）si-SchedulingInfo。系统调度信息字段说明见表 5-6。

表 5-6　系统调度信息字段说明

字　段	含　义
si-BroadcastStatus	SI 发送方式，通过 MO gNBSibConfig 和 NRDUCell.SibConfigId 进行配置
si-Periodicity	SI 发送周期，通过 MO gNBSibConfig 和 NRDUCell.SibConfigId 进行配置
sib-MappingInfo	SIB 到 SI 的映射
si-WindowLength	SI-Window 窗长
si-RequestConfig	ODOSI 请求资源配置
si-RequestConfigSUL	ODOSI 请求资源配置
systemInformationAreaID	系统消息区域 ID

该信元指明了各个 SI 的调度方式，如图 5-8 所示，其基本原理描述如下：

①基站广播哪些 SI 消息，由 SIB1/schedulingInfoList 指定，每个 SI 消息在该列表中的顺序以 n 表示（从 1 开始）。假如 schedulingInfoList 中指定了四个 SI 消息，则会有四个连续的 SI 窗口用于发送这四个 SI 消息，而 n 表明了 SI 消息在第几个 SI 窗口。

②每个 SI 消息对应一个 SI 窗口，窗长由 SIB1/si-WindowLength 字段指定，其单位为 slot。

③每个 SI 消息的发送周期，由 SIB1/si-Periodicity 字段指定，其单位为无线帧。

④每个 SI 消息装载哪些 SIBx，由 SIB1/SchedulingInfo/sib-MappingInfo 字段指定。

⑤对于某个 SI 消息，对应的 SchedulingInfo 信元在 SIB1/schedulingInfoList 中对应的入口编号为 n，可以确定整数 $x = (n-1) \times w$，其中 w 是 SI-Window 的长度。

⑥对于某个 SI 消息，通过如下公式确定调度时域：SI-window 无线帧需要满足 SFN mod T = FLOOR(x/N)；SI-window 起始 slot #a 需要满足 $a = x \bmod N$；其中 T 是关注的 SI 消息的周期，N 是一个无线帧中的 slot 个数。

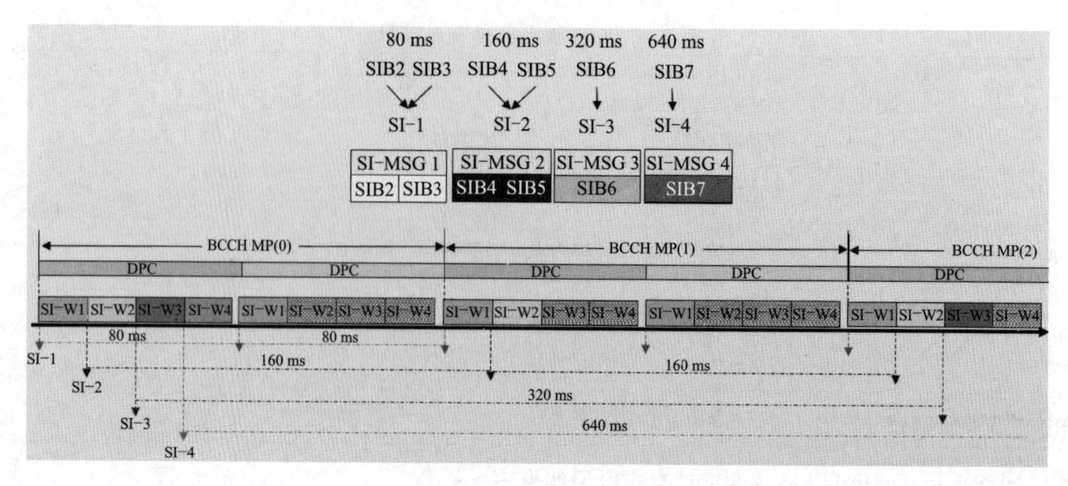

图 5-8　其他系统消息调度

（3）servingCellConfigCommon。服务小区公共配置信息字段说明见表 5-7。

表 5-7　服务小区公共配置信息字段说明

字　段	含　义
downlinkConfigCommon	下行公共参数配置，包括下行频点配置、初始下行 BWP、BCCH 和 PCCH 配置
uplinkConfigCommon	上行公共参数配置，包括上行频点配置、初始上行 BWP 和 TA
n-TimingAdvanceOffset	时间提前量偏移
ssb-PositionsInBurst	SSB 时域位置位图
ssb-PeriodicityServingCell	SSB 周期
tdd-UL-DL-ConfigurationCommon	TDD 上下行公共配置
ss-PBCH-BlockPower	SSB 发送功率

（4）uac-BarringInfo。gNB 基于小区禁止接入配置信息广播 UAC，UE 根据用户接入信息进行 access bar check（详见 3GPP 协议 TS 38.331 中 5.3.14.5 的 Access barring check 部分），参考流程如图 5-9 所示。如果 UE 发现 SIB1 中没有 UAC 信息，则认为接入不受控制，所有的业务都可以发起接入。

3. SI 系统消息

消息定义参见 3GPP 协议 TS 38.331。其他 SIB 简称 OSI（Other SIBs，除 SIB1 之外的其他 SIB），包括除 MSI 之外的所有内容，包含 SIB2 ～ SIB14 共 13 种类型，具体包括：

（1）SIB2、SIB3、SIB4：小区选择相关参数。

（2）SIB5：重选至 4G 相关参数。

（3）SIB6：地震、海啸预警主要通知。

（4）SIB7：地震、海啸预警次要通知。

（5）SIB8：商用移动预警通知。

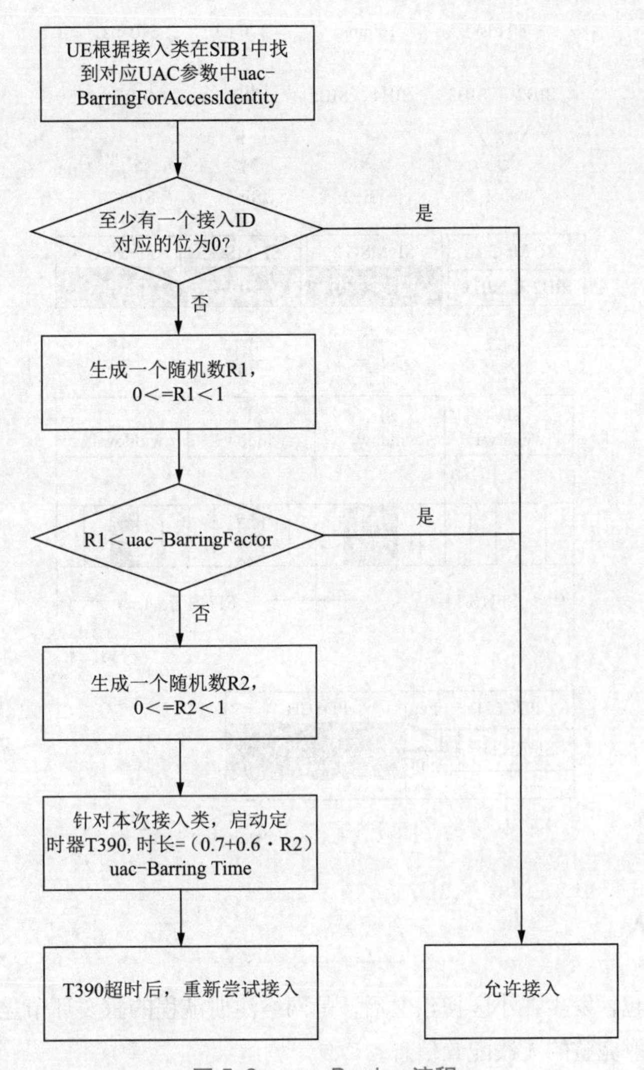

图 5-9　uac-Barring 流程

（6）SIB9：GPS 时钟同步。

（7）SIB10：非公共可接入网络配置。

（8）SIB11：空闲态/非激活态测量。

（9）SIB12：无线侧通信配置。

（10）SIB13：车联网通信。

（11）SIB14：车联网通信。

OSI 既可通过周期广播方式下发，也可通过订阅方式下发，具体哪种方式由 SIB1 指示。本章给出 OSI 周期广播机制的信令流程设计，特征如下：

（1）通过 DL-SCH 信道发送。

（2）OSI 被封装成 SI 消息，在对应的 SI 窗口内下发，示意图如图 5-10 所示。

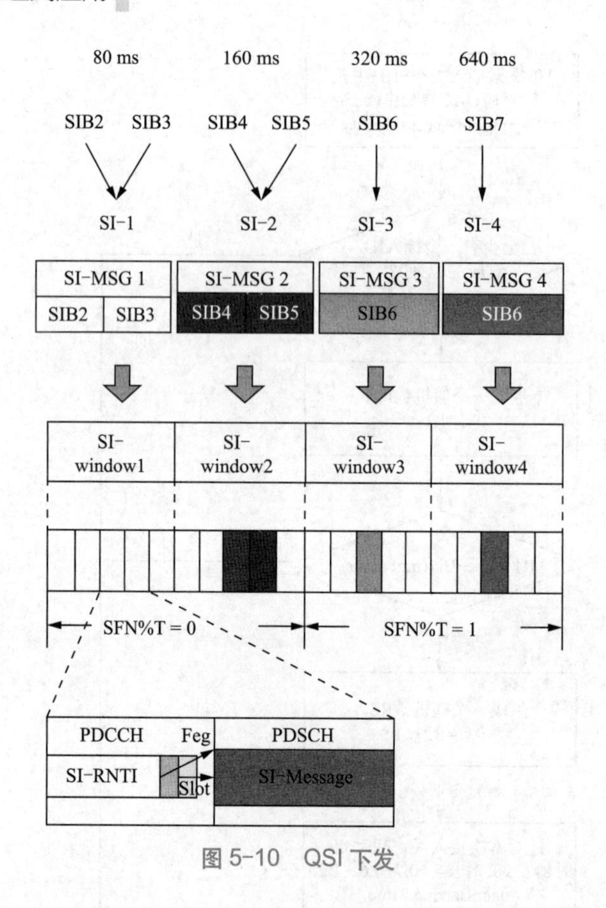

图 5-10　QSI 下发

5.2 随机接入

随机接入由终端发起，发生在小区搜索之后，是网络注册流程的重要环节之一，此时终端获取到小区的公共信息，尚未获取完整的无线配置信息。

5.2.1 随机接入概述

在小区搜索完成后，UE 和小区实现了下行同步，获得了发起随机接入所需要的系统信息，但并未完成注册，且此时上行链路的精确时间也不确定，UE 必须通过随机接入过程与网络侧获得上行同步。除小区初始接入外，随机接入流程还由 PDCCH order、UE MAC 层、UE PHY 层波束恢复指示或 RRC 事件触发，参考 3GPP 协议 TS 38.321.5 和 3GPP 协议 TS 38.300.9.2.6，具体包括场景见表 5-8。

表 5-8　随机接入场景

序　号	触发场景	场景特征	接入方式	触发主体
1	初始 RRC 连接建立	当 UE 从空闲态转到连接态时，UE 会发起 RA	基于竞争的 RA	UE

续表

序　号	触发场景	场景特征	接入方式	触发主体
2	RRC 连接重建	当无线链路失步后，UE 需要重新建立 RRC 连接时，UE 会发起 RA	基于竞争的 RA	UE
3	RRC_INACTIVE 态用户状态迁移	当 UE 从 RRC_INACTIVE 态转到连接态时，UE 会发起 RA	基于竞争的 RA	UE
4	切换（包括 SA 和 NSA 的 DC）	当 UE 进行切换时，UE 会在目标小区发起 RA	基于非竞争的 RA，但是在： （1）gNB 专用前导用完时或者未获取 SSB 测量结果时，会使用基于竞争的 RA； （2）gNB 给 UE 分配的专用 Preamble 所在的波束不满足 UE 最低接入信号门限时，UE 会回退到基于竞争的 RA	gNB RRC 信令
5	上行失步态 UE 下行数据到达	当 gNB 检测到 UE 处于上行失步态且下行数据需要传输时，指示 UE 发起 RA	基于非竞争的 RA，但是在 gNB 专用前导用完时，会使用基于竞争的 RA	gNB PDCCH order
6	上行失步态 UE 上行数据到达	当 UE 处于上行失步态且有上行数据需要传输时，UE 将发起 RA	基于竞争的 RA	UE
7	订阅 ODOSI	订阅 ODOSI	MSG1 方式：基于非竞争的 RA。 MSG3 方式：基于竞争的 RA	UE
8	波束失败恢复	UE 物理层检测到波束失败恢复	基于非竞争的 RA，但是在 gNB 专用前导用完时，会使用基于竞争的 RA	UE

随机接入过程采用两种不同的形式：基于竞争的随机接入（CBRA）和无竞争随机接入（CFRA）。在随机接入过程之后可以进行正常的 DL/UL 传输。对于配置有 SUL 的小区中的初始接入，当且仅当所测量的 DL 的质量低于广播阈值时，UE 才选择 SUL 载波。一旦启动，随机接入过程的所有上行链路传输都保留在所选载波上。

5.2.2　基于竞争的随机接入流程

基于竞争的随机过程中，接入的结果具有随机性，并不能保证 100% 成功；接入前导由 UE 选择，不同 UE 产生前导可能冲突，gNB 需要通过竞争机制解决不同 UE 的接入。基于竞争的随机接入过程一般可分为图 5-11 所示步骤。

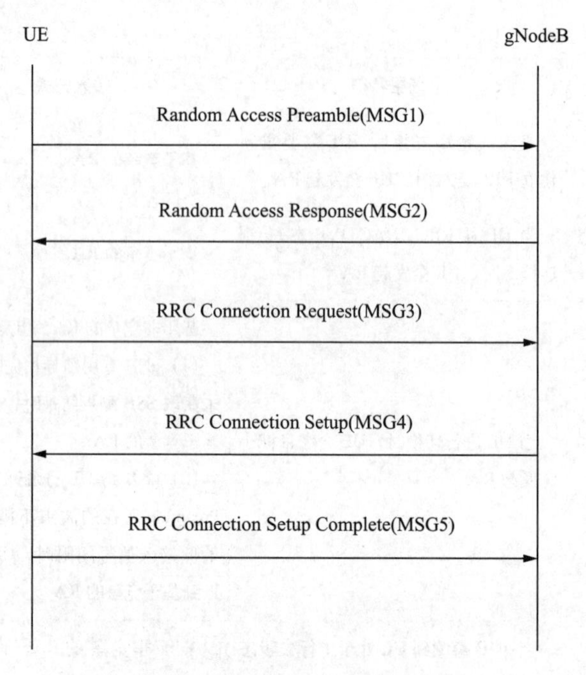

图 5-11　基于竞争的随机接入流程

步骤说明：

(1) UE 在上电进行小区搜索、同步的时候会检测到一个最优波束的 SSB，解析 MIB 得到 SSB 索引，并根据 SIB 消息中携带的 PRACH 配置参数选择 PRACH 资源，发送 Random Access Preamble。

(2) 基站检测到 MSG1 后，在 ra-ResponseWindow 内发送 Random Access Response，MSG2 PDU 包含 preamble index、Timing advance command、Temporary C-RNTI 及 UL grant 信息。

(3) UE 发送 MSG3 即 RRC Connection Request。MSG3 还包含一个重要信息：每个 UE 唯一的标志——竞争解决 ID（由 5G-S-TMSI 或 39bit 随机数产生），用于 MSG4 的冲突解决。

(4) 基站发送 MSG4 即 RRC Connection Setup。基站在冲突解决机制中，会在 MSG4 中携带该 UE 唯一的竞争解决 ID，UE 收到与 MSG3 匹配的竞争解决 ID，则竞争解决成功。

(5) UE 发送 RRC Connection Setup Complete 通知基站竞争解决完成，空口连接建立。

5.2.3　基于非竞争的随机接入流程

对于某些场景，gNB 可以根据需要给 UE 分配专用的随机接入前导码签名，以此种方式进行的随机接入不存在 UE 间的冲突，此接入类型即为基于非竞争的随机接入，相关流程如图 5-12 所示。但当专用的随机接入资源不足时，gNB 会指示 UE 发起基于竞争的随机接入。

(1) UE 首先收到 gNB 下发的指定随机接入前导；

(2) 在收到基站指定的 Preamble 后，UE 通过专用前导码发起随机接入请求；

(3) 由于基站已预留此 UE 的资源，UE 接入成功，gNB 恢复随机接入响应。

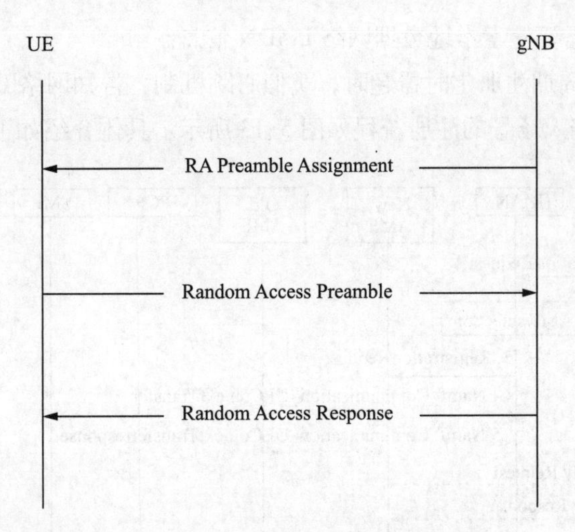

图 5-12　基于非竞争的随机接入流程

5.2.4　补充上行的随机接入

补充上行 SUL 的概念将在第 6 章中详细介绍。本节主要介绍 SUL 的接入流程、SUL 小区（包含一个补充的 SUL 载波，一般为低频）在 SIB1 中指示。终端在读取 SIB1 消息时，判别接入的小区是否为 SUL 小区。当接入小区为 SUL 小区，且终端支持给定频段组合的 SUL 操作时，终端可在 SUL 载波或非 SUL 的上行载波发起随机接入。gNB 通过系统消息给 SUL 载波和非 SUL 上行载波分别配置了各自的随机接入资源，具备 SUL 能力的 UE 通过对系统消息中指示的载波选择门限（一个门限值）和所选 SSB RSRP（非 SUL 载波）值进行比较，决定使用哪个载波进行随机接入。

（1）若 SSB RSRP >门限，则在非 SUL 载波上发起随机接入。

（2）若 SSB RSRP <门限，则在 SUL 载波上发起随机接入。

5.3　注册与去注册

5G 系统中 UE 需要向网络注册才能获得授权接收服务，启用移动性跟踪和启用可达性。注册流程需要终端、NR、5GC 共同参与，包含前面小节的小区搜索、随机接入、用户鉴权、AMF 选择等流程，同时也是会话建立的必要基础条件。去注册（注销）可由网络发起，也可由终端发起，相应的去注册流程也存在差异。

5.3.1　注册

注册管理是 UE 与 5G 系统交互的首要任务，UE 需要在网络注册并获得网络授权后才可在 5G 网络建立上下文并进行业务，注册流程根据触发条件的差异可分为以下类型：

（1）5GS 初始注册。

（2）移动更新注册。根据 UE 的行为可分为三种类型：① UE 在连接态或空闲态移动到新的位置区；②无论 UE 的 TA 是否改变，由于 UE 在注册过程中更新了其能力和协议参数，导致服务的 AMF 提供的服务与网络不兼容；③ UE 需要检索本地数据网络 LADN 信息。

（3）周期性注册更新。周期注册定时器超时，类似心跳机制，告知网络 UE 还在服务区。

（4）紧急注册。3GPP 接入场景的注册流程如图 5-13 所示。具体介绍如下：

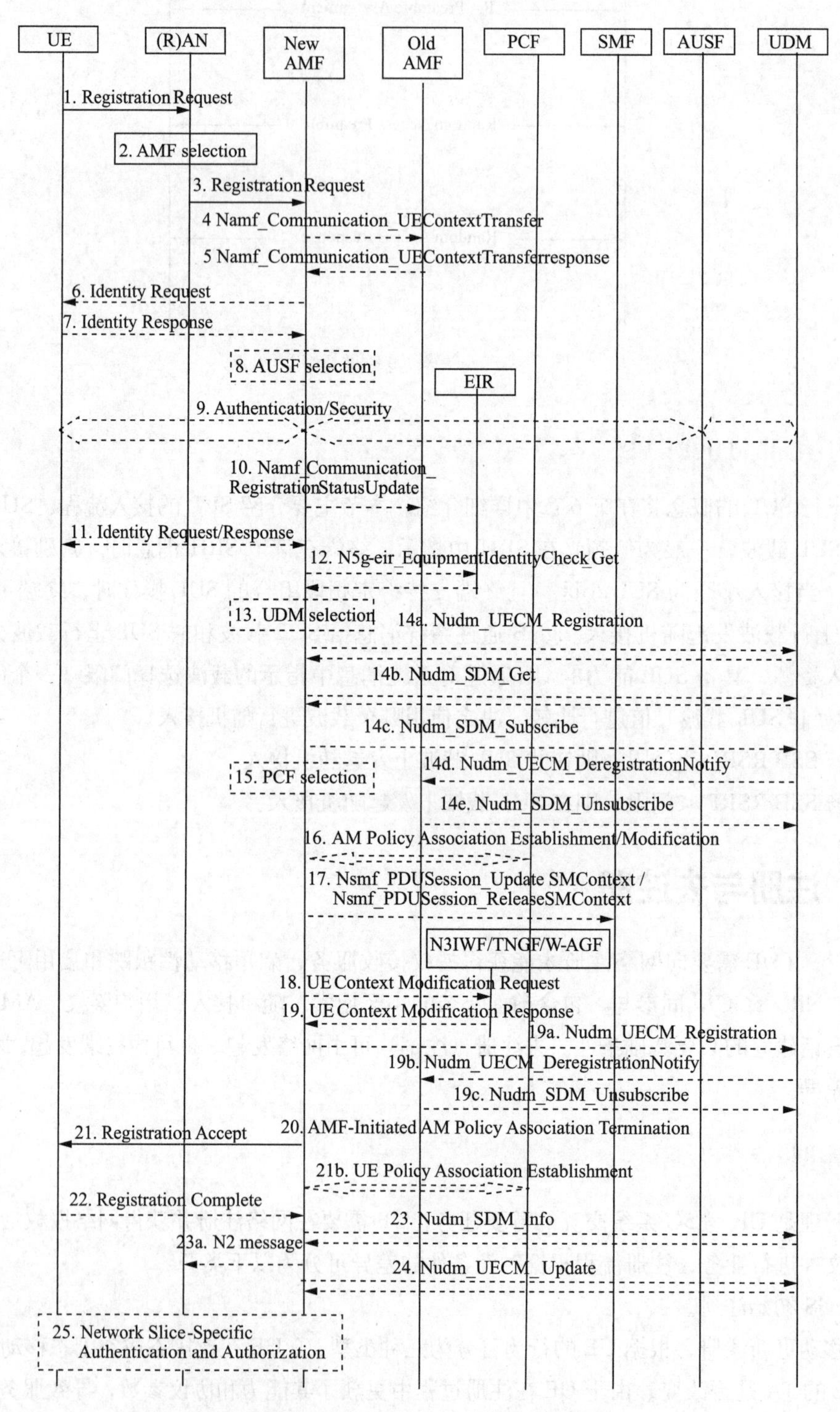

图 5-13　3GPP 接入场景的注册流程

图5-13中的步骤说明如下：

1. 终端发起注册流程（可以是初始注册、周期注册或移动更新注册）。不同的注册类型以及场景下注册请求携带的参数会有所不一样。

2. 接入网（也就是gNB、ng-eNB）根据UE携带的参数选择合适的AMF。

3. 接入网到新的AMF注册请求，通过N2消息将NAS层的Registration-Request消息发给AMF；如果AS和AMF当前存在UE的信令连接，则N2消息为UPLINK NAS TRANSPORT消息，否则为INITIAL UE MESSAGE。如果注册类型为周期性注册，那么步骤4～步骤20可以被忽略。

4. 新AMF到旧AMF：Namf_Communication_UEContextTransfer（完成注册请求）或新AMF到UDSF：Nudsf_UnstructuredData Management_Query。

（1）有UDSF部署：如果UE的5G-GUTI包含在注册请求中且服务AMF自上次注册过程以来已更改，则新AMF和旧AMF处于同一AMF集并部署UDSF，新AMF将检索使用Nudsf_UnstructuredDataManagement_Query服务操作直接从UDSF存储UE的SUPI和UE上下文，或者如果未部署UDSF，它们可以通过特定实现的方式共享存储的UE上下文。这还包括每个NF使用者对给定UE的用户信息。在这种情况下，新AMF使用完整性保护的完整注册请求NAS消息来执行和验证完整性保护。

（2）无UDSF部署：如果UE的5G-GUTI包含在注册请求中并且服务AMF自上次注册过程以来已经改变，则新AMF可以通过Namf_Communication_UEContextTransfer调用旧AMF读取用户信息，包括完整的注册请求NAS消息，以请求UE的SUPI和UE上下文。

5. 旧AMF到新AMF：响应Namf_Communication_UEContextTransfer（SUPI，AMF中的UE上下文）或UDSF到新AMF，Nudsf_Unstructured Data Management_Query。旧AMF可以为UE上下文启动实现特定（保护）定时器。

6. 新AMF到UE：身份请求。如果UE未提供SUCI也未从旧AMF检索SUCI，则AMF向UE请求SUCI。

7.UE到新的AMF：身份请求响应。UE将包括SUCI的身份信息回应给AMF。UE使用HPLMN配置的公钥来获得SUCI。

8. AMF通过调用AUSF来启动UE认证。在这种情况下，AMF选择基于SUPI或SUCI的AUSF。

如果AMF配置为支持无须SUPI身份验证的紧急注册，并且UE上报的注册类型为紧急注册，则AMF会跳过身份验证，或者AMF接受身份验证失败但继续注册过程。

9. 加密鉴权

（1）如果需要验证，AMF从AUSF请求验证；如果AMF上有关于UE的跟踪要求，AMF会在其请求中向AUSF提供跟踪要求。根据AMF的请求，AUSF将执行UE的认证。AUSF按照3GPP协议TS 23.501中6.3.8节的描述选择UDM，并从UDM获取认证数据。

一旦UE经过身份验证，AUSF就会向AMF提供安全相关信息。如果AMF向AUSF提供SUCI，则AUSF仅在认证成功后才将SUPI返回AMF。在新AMF中成功认证（由步骤5中旧AMF中的完整性检查失败触发）后，新AMF再次调用步骤4并指示UE已经过验证。

AMF决定是否需要重新路由注册请求，其中初始AMF是指AMF。

（2）如果NAS安全上下文不存在，则执行NAS安全启动。

（3）如果5G接入网已经请求UE上下文，则AMF启动NGAP过程以向5G接入网提供3GPP协议TS 38.413中规定的安全上下文。此外，如果AMF上有关于UE的跟踪要求，则AMF在NGAP过程中为5G接入网提供跟踪要求。

（4）5G接入网存储安全上下文并向AMF确认。5G接入网使用安全上下文来保护与UE交换的消息。

10. 新AMF到旧AMF：Namf_Communication_RegistrationCompleteNotify（切片不支持PDU会话ID将被释放）。如果AMF已更改，则新AMF通过调用Namf_Communication_RegistrationComplete Notify通知旧AMF已完成新AMF中UE的注册。

如果认证/安全过程失败，则应拒绝注册，并且新AMF使用拒绝指示原因向旧AMF调用Namf_Communication_RegistrationCompleteNotify。旧的AMF继续服务。如果在旧注册区域中使用的一个或多个S-NSSAI不能在目标注册区域中服务，则新AMF确定在新注册区域中不支持对应的PDU会话。新AMF调用Namf_Communication_RegistrationCompleteNotify给旧AMF，包括被拒绝的PDU会话ID和拒绝原因（例如，S-NSSAI变得不再可用）。然后，新的AMF相应地修改PDU会话状态。旧的AMF通过调用Nsmf_PDUSession_ReleaseSMContext通知相应的SMF在本地释放UE的会话管理相关上下文。如果在UE上下文中收到的新AMF在步骤2中传输了有关接入管理策略关联的信息（包括PCF ID），并根据本地策略决定不使用由PCF ID识别的PCF，新的AMF将通知旧的AMF不再使用UE上下文中的AM策略关联，然后在步骤15中执行PCF选择。

11. 新的AMF到UE：身份请求/响应（PEI）。如果PEI未由UE提供也未从旧AMF检索，则新的AMF发起身份请求过程以向UE发送身份请求消息用于检索PEI。PEI应加密传输，除非UE执行紧急注册并且无法进行身份验证。

对于紧急注册，UE可能已将PEI包含在注册请求中。如果为紧急注册，则跳过PEI检索。

12. 可选，新AMF通过调用N5g-eir_EquipmentIdentityCheck_Get服务操作来启动身份检查。对于紧急注册，如果PEI被阻止，则根据运营商策略确定紧急注册过程是继续还是停止。

13. 如果要执行步骤14，则基于SUPI的新AMF选择UDM，然后UDM可以选择UDR实例。

AMF选择3GPP协议TS 23.501中6.3.8节中描述的UDM。

14a-c. 如果AMF自上次注册流程以来已发生变化，或者UE提供的SUPI不是AMF中的有效上下文，或者如果UE注册到同一AMF(即UE通过非3GPP接入注册并启动此注册过程以添加3GPP接入)。UDM存储与接入类型关联的AMF标识，并且不删除与其他接入类型关联的AMF标识。UDM可以存储由Nudr_DM_Update在UDR中注册时提供的信息。

14d. 当UDM将关联的接入类型（例如3GPP）与服务AMF一起存储时，如步骤14a所示，它将使UDM向与其相对应的旧AMF发起Nudm_UECM_DeregistrationNotification（例如3GPP）接入。如果在步骤5中启动的定时器未运行，则旧AMF可以移除UE上下文。否则，AMF可以在定时器到期时移除UE上下文。如果UDM指示的服务NF删除原因是初始注册，那么，旧AMF调用Nsmf_PDUSession_ReleaseSMContext（SUPI，PDU会话ID），对所有相关的SMF进行操作。UE通知UE从旧AMF注销。获取此通知时，SMF将释放PDU会话。如果旧AMF具有针对该UE的N2连接，则旧AMF将执行接入网释放。

14e. 旧 AMF 使用 Nudm_SDM_unsubscribe 取消用户 UDM 以获取用户数据。

15. 如果 AMF 决定启动 PCF 通信，则 AMF 的行为如下。如果新 AMF 决定使用在步骤 5 中由旧 AMF 提供的 UE 上下文信息中通过（V-）PCF ID 标识的 PCF，则 AMF 通过（V-）PCF ID 识别的（V-）PCF 获取策略。如果 AMF 决定执行 PCF 发现和选择，则 AMF 选择 V-PCF 或选择 H-PCF（用于漫游场景）。

16. 新 AMF 执行接入管理策略关联建立。对于紧急注册，将跳过此步骤。如果 AMF 还没有获取到该 UE 的 Access 和 Mobility policy，或者 AMF 中的 Access 和 Mobility policy 不再有效，AMF 将请求 PCF 通过本条消息来应用运营商的策略。在漫游状态时候还需要 H-PCF 和 V-PCF 的交互沟通接入和移动性策略。

17. AMF 到 SMF：Nsmf_PDUSession_UpdateSMContext。对于紧急注册来说，这一步只有当注册类型为移动注册更新时应用。

18. 新 AMF 到 N3IWF：N2 AMF 移动性请求。如果 AMF 已经改变并且旧的 AMF 已经指示现有的 NGAP UE 与 N3IWF 的关联，则新的 AMF 创建与 UE 所连接的 N3IWF 的 NGAPUE 关联。这会自动释放旧 AMF 和 N3IWF 之间的现有 NGAP UE 连接。

19. N3IWF 到新的 AMF：N2AMF 移动性响应。

20. 旧 AMF 到（V-）PCF：AMF 启动的策略关联终止。如果旧的 AMF 已经向 PCF 发起了策略关联，并且旧的 AMF 没有将 PCF ID 转移到新的 AMF（例如，新的 AMF 在不同的 PLMN 中），则旧的 AMF 执行 AMF 发起的策略关联。此外，如果旧 AMF 在 UE 上下文中传输了 PCF ID，但是新 AMF 在步骤 10 中通知 UE 上下文中的接入管理策略关联信息不可用，则旧 AMF 执行 AMF 发起的策略关联终止流程，删除与 PCF 的关联。

21. 新的 AMF 到 UE：注册接受。包含如下信息：5G-GUTI，注册区域，移动性限制，PDU 会话状态，允许的 NSSAI，允许的 NSSAI 的映射，为服务 PLMN 配置的 NSSAI，配置的 NSSAI 的映射，定期注册更新计时器，LADN 信息和接受的 MICO 模式，支持 PS 语音的 IMS 语音指示，紧急服务支持指示符，接受的 DRX 参数，不带 N26 的互通的网络支持，网络切片用户更改指示。用于 UE 的接入允许的 NSSAI 包含在携带注册接受消息的 N2 消息中。

21b. 新的 AMF 执行 3GPP 协议 TS 23.502 中 4.16.11 定义的 UE 策略关联。若是紧急注册，将跳过此步骤。新 AMF 发送 Npcf_UEPolicyControl 创建请求给 PCF，PCF 向新的 AMF 发送 Npcf_UEPolicyControl Create Response 响应消息

22. UE 到新 AMF：注册完成。在步骤 21 中接收到任何用于服务 PLMN 的配置的 NSSAI、配置的 NSSAI 的映射和网络切片订阅更改指示之后，UE 在 AMF 成功更新时向 AMF 发送注册完成消息。UE 向 AMF 发送注册完成消息，以确认是否分配了新的 5G-GUTI。当要激活的 PDU 会话列表未包括在注册请求中时，AMF 释放与 UE 的信令连接。当后续请求包含在注册请求中时，AMF 不应在注册过程完成后释放信令连接。如果 AMF 发现 AMF 中或 UE 与 5GC 之间有一些信令未完成，则 AMF 不应在注册过程完成后立即释放信令连接。若在步骤 21 中包含 PLMN 分配的 UE 无线能力标识，如果 UE 接收到注册完成消息，则 AMF 将 PLMN 分配的 UE 无线电能力标识存储在 UE 上下文中。如果 UE 在步骤 21 中接收到 PLMN 携带的 UE 无线能力标识删除指示，则 UE 应删除该 PLMN 指示的 UE

无线能力标识。

23. AMF 到 UDM：如果在 14b 中由 UDM 向 AMF 提供的接入和移动用户数据包括漫游信息指示，并指示 UDM 确认从 UE 接收的漫游信息，则 AMF 使用 Nudm_SDM_Info 向 UDM 提供 UE 确认。

23a. 对于 3GPP 接入类型的注册，如果 AMF 不释放信令连接，AMF 将向 NG-RAN 发送 RRC 非激活态信息。对于在非 3GPP 接入上进行的注册，如果 UE 在 3GPP 接入上也处于 CM 连接状态，则 AMF 向 NG-RAN 发送 RRC 非激活态信息。AMF 还使用 Nudm_SDM_Info service 向 UDM 提供 UE 接收到的关闭接入组 CAG 信息或网络切片订阅更改指示，并对其进行操作的确认。

24. AMF 到 UDM：在步骤 14a 之后，并且与前面的任何步骤并行，AMF 将使用 Nudm_UECM_Update 向 UDM 发送"基于 PS 会话的 IMS 语音的同质支持"指示。

25. 网络特定切片认证与授权。

5.3.2 去注册

去注册流程的发起包含以下几种类型：

（1）UE 通知网络其不再访问 5G 系统。

（2）网络通知 UE 其不再允许此 UE 访问 5G 网络。

UE 或网络请求的去注册流程既可用于 3GPP 接入，也可用于非 3GPP 接入。UE 发起的去注册流程如图 5-14 所示。

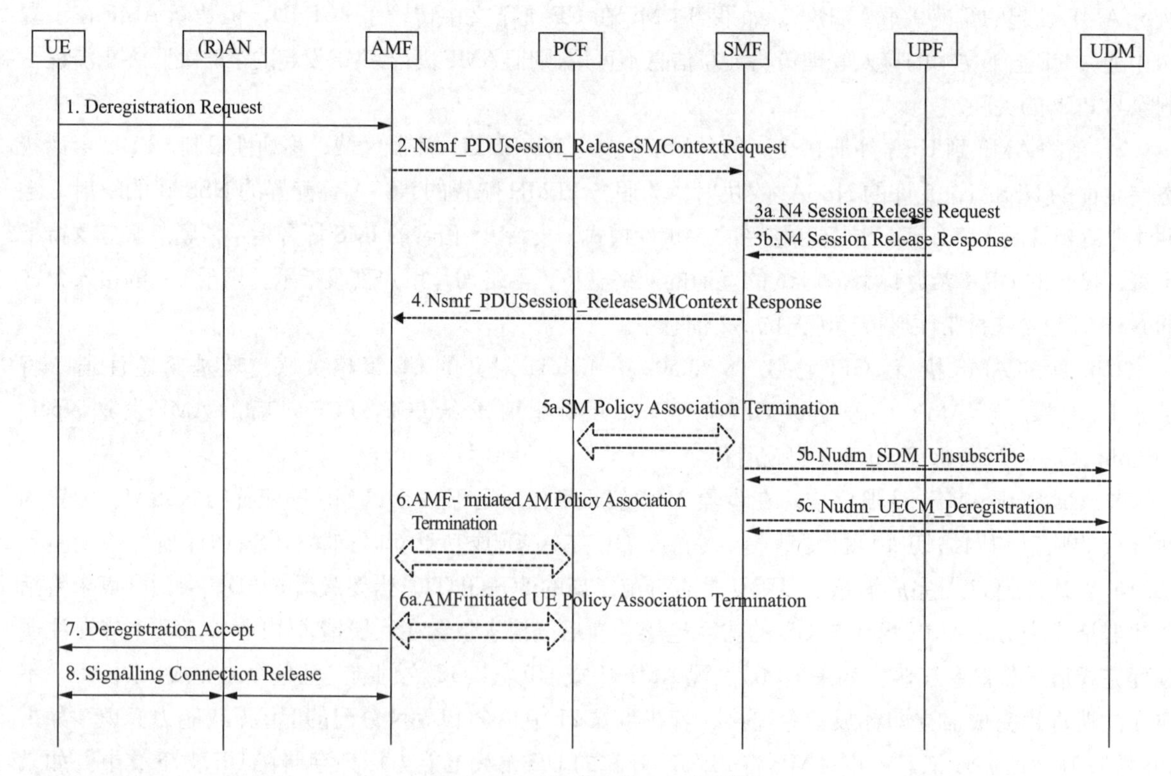

图 5-14　UE 发起的去注册流程

图 5-14 中的步骤说明如下：

1. UE 给 AMF 发送 NAS 消息 Deregistration Request [5G-GUTI，Deregistration type (例如 Switch off), Access type] 给 AMF ；Access type 指示注销流程是 3GPP access 还是 non-3GPP access，或者两者同时。如果 UE 同时接入了同一个 AMF 上的两种接入类型。AMF 将发起 UE 指示的目标接入网络的注销流程。

2. 由 AMF 到 SMF: Nsmf_PDUSession_ReleaseSMContext (SUPI，PDU Session ID)。

如果 UE 没有步骤 1 所示的已经在目标接入网中建立的 PDU Session，那么步骤 2 ～步骤 5 就不需要了。对于所有在目标接入网中建立的 PDU Sessions 将可以通过 AMF 发送消息 Nsmf_PDUSession_ReleaseSMContextRequest (SUPI，PDU Session ID) 给相应的 SMF 来完成。

SMF 将释放分配给 PDU session 的 IP address/Prefix(es) 及相关的用户面资源。

3a. SMF 给 UPF 发送 N4 Session Release Request (N4 Session ID) 消息。然后 UPF 将丢弃任何保留的 PDU session 的数据包，并释放所有的隧道资源和这个 N4 session 关联的上下文信息。

3b. UPF 发送 N4 Session Release Response (N4 Session ID) 消息给 SMF 作为对 N4 Session Release Request 的响应。

4.SMF 向 AMF 回复 Nsmf_PDUSession_ReleaseSMContext Response 消息。

5a. 如果动态 PCC 应用于此会话，SMF 将执行 3GPP 协议 TS 23.502 中 4.16.6 中定义的会话管理 SM 策略关联终止程序。

5b-c. 如果当前会话是 SMF 为关联（DNN，S-NSSAI）的 UE 处理的最后一个 PDU 会话，则 SMF 通过 Nudm_SDM_Unsubscribe 向 UDM 退订 SM 订阅数据更新通知。

6. 如果该 UE 与 PCF 有关联，并且该 UE 不再通过其他路径进行注册，则 AMF 将执行 AMF 发起的 AM 策略关联终止程序，如 3GPP 协议 TS 23.502 中 4.16.3.2 所述，删除与 PCF 的关联。

6a. 如果该 UE 与 PCF 有任何关联，并且该 UE 不再通过其他路径进行注册，则 AMF 将执行 AMF 发起的 UE 策略关联终止程序，如 3GPP 协议 TS 23.502 中 4.16.13.1 所述，删除与 PCF 的关联。

7. AMF 根据去注册类型向 UE 发送 NAS 消息 Deregistration Accept。如果去注册类型为关闭，则 AMF 不发送 Deregistration Accept 消息。

8. AMF 到接入网 ：N2 UE Context Release Request（携带原因值）。如果去注册过程的目标访问是 3GPP 访问或同时是 3GPP 访问和非 3GPP 访问，并且存在到 NG-RAN 的 N2 信令连接，则 AMF 向 NG-RAN 发送 N2 UE Release 命令，原因设置为去注册以释放 N2 信令连接。

如果注销过程的目标访问是非 3GPP 访问或同时是 3GPP 访问和非 3GPP 访问，并且存在到 N3IWF/TNGF/W-AGF 的 N2 信令连接，则 AMF 向 N3IWF/TNGF/W-AGF 发送 N2 UE 释放命令，原因设置为取消注册以释放 N2 信令连接。

去注册流程也可由网络侧发起，AMF 可以直接发起或等到去注册相关定时器超时后发起去注册流程。UDM 也可触发去注册流程来移除用户的无线管理 RM 上下文信息和 PDU 会话。3GPP 协议 TS 23.502 中 4.2.2.3.2 网络侧发起的去注册流程如图 5-15 所示。

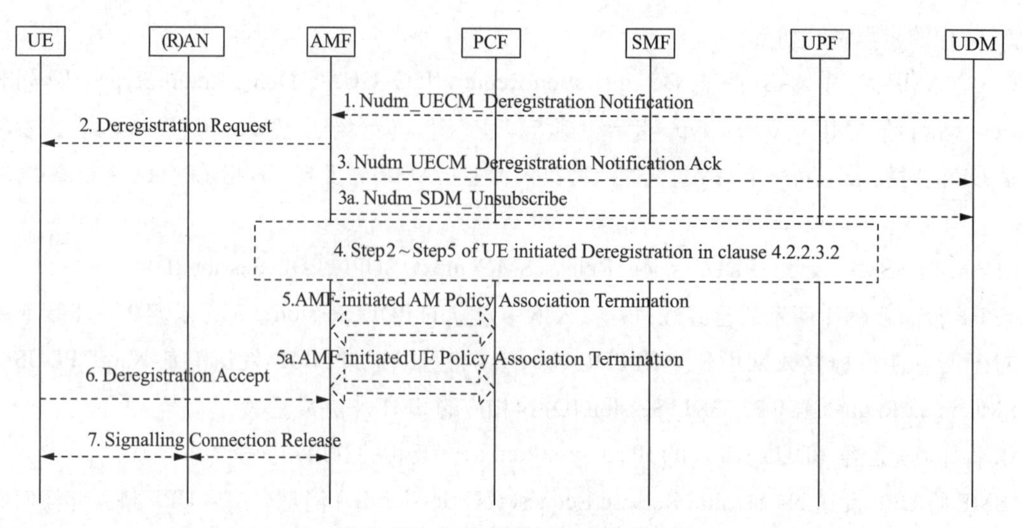

图 5-15　网络侧发起的去注册流程

图 5-15 中的步骤说明如下：

1. 如果 UDM 希望请求立即删除用户的 RM 上下文和 PDU 会话，则 UDM 应向注册的 AMF 发送一条删除原因设置为 Subscription Recovered 的 Nudm_UECM_Deregistration Notification（SUPI、访问类型、删除原因）消息。接入类型可以指示 3GPP 接入、非 3GPP 接入或两者同时接入。

2. 如果在步骤 1 中，AMF 收到 Nudm_UECM_Deregistration Notification，去注册原因为取消订阅，则 AMF 将根据接入类型指示执行去注册过程。

3. 如果去注册流程是由 UDM 触发的（步骤 1），AMF 会向 UDM 确认 Nudm_UECM_Deregistration Notification。

3a. 如果接入类型指示 3GPP 访问或非 3GPP 访问，并且 AMF 没有其他接入类型或所有接入类型的 UE 上下文信息，AMF 使用 Nudm_SDM_Unsubscribe 取消订阅 UDM。

4. 如果 UE 在步骤 2 所述的目标访问上建立了 PDU 会话，则执行 UE 发起的注销程序的步骤 2 ～步骤 5。

5. 如果该 UE 与 PCF 有关联，并且该 UE 不再通过其他路径进行注册，则 AMF 将执行 AMF 发起的 AM 策略关联终止程序，如 3GPP 协议 TS 23.502 中 4.16.3.2 所述，删除与 PCF 的关联。

5a. 如果该 UE 与 PCF 有任何关联，并且该 UE 不再通过其他路径进行注册，则 AMF 将执行 AMF 发起的 UE 策略关联终止程序，如 3GPP 协议 TS 23.502 中 4.16.13.1 所述，删除与 PCF 的关联。

6. 如果 UE 在步骤 2 中收到来自 AMF 的去注册请求消息，则在步骤 2 之后的任何时候，UE 都会向 AMF 发送 Deregistration Accept 消息。NG-RAN 将这个 NAS 消息连同 UE 正在使用的小区的 TAI+ 小区标识一起转发给 AMF。

7.AMF 到接入网：N2 UE Context Release Request（携带原因值）。如果 UE 仅通过 3GPP 访问或非 3GPP 访问去注册，而 AMF 没有另一个接入类型的 UE 上下文，或者如果该过程适用于两种访问类型，则 AMF 可以随时从 UDM 中取消订阅，否则 AMF 可以发送 Nudm_UECM_Deregistration request，通过指示其关联的访问类型从 UDM 去注册。

5.4 切片选择

5G 网络的快速部署加速了各产业的发展，包括车联网、大规模物联网、工业自动化、远程医疗、VR/AR 等，各产业在 5G 网络的助力下迎来了发展热潮，基于服务化的网络切片部署将成为 5G 网络未来发展的重要方向。网络切片是提供特定网络能力和网络特性的逻辑网络，面向服务需求，按需定制，通过统一的物理设施，在逻辑上实现多级隔离，每个逻辑分片独立管理，并能实现实时监控与动态调度，提供有保障的服务。

切片选择需要终端、无线、承载网、核心网共同参与，主要流程如下：

(1) UE 在 AS 和 NAS 层携带请求的 NSSAI，其中包含多个 S–NSSAI，请求 NSSAI 要么来自配置的 NSSAI，要么来自之前保存的允许 NSSAI。如果没有配置 NSSAI，或者允许 NSSAI，UE 不能携带请求 NSSAI。

(2) NR 根据请求 NSSAI 选择一个 AMF，如果 NR 不能根据 NSSAI 选出一个 AMF，它将 NAS 消息发给默认 AMF 集。

(3) AMF 从 UDM 获取用户的签约 S–NSSAI 信息，校验用户请求 NSSAI 是否符合签约切片信息。如果 UE 没有包括请求的 NSSAI，或者与签约不匹配时，AMF 查询 NSSF，携带请求 NSSAI、与归属 NSSAI 映射关系、签约 S–NSSAI、PLMN ID，以及 UE 的 TA。

(4) 如果此 AMF 不能服务 UE，通过重路由消息，发给其他 AMF。

(5) NSSF 校验用户请求 NSSAI 中每个 S–NSSAI 是否符合签约切片信息，并确定允许的 NSSAI 中 S–NSSAI 和签约的 S–NSSAI 的映射。如果 UE 请求的切片没有签约 NSSAI 中任意 S–NSSAI，或签约的切片不能和核心网允许的切片对应，则选择默认 S–NSSAI；如果 UE 请求的 NSSAI 中 S–NSSAI 成功签约，且与核心网允许的切片对应，则选择请求的一个或多个 S–NSSAI 服务 UE。当多个网络实例都可以选择时，NSSF 可以推迟选择切片实例，等后续触发。此外，NSSF 还会确定目标 AMF set。

切片选择可进一步分为注册和会话时切片选择，注册时切片选择如图 5–16 所示。

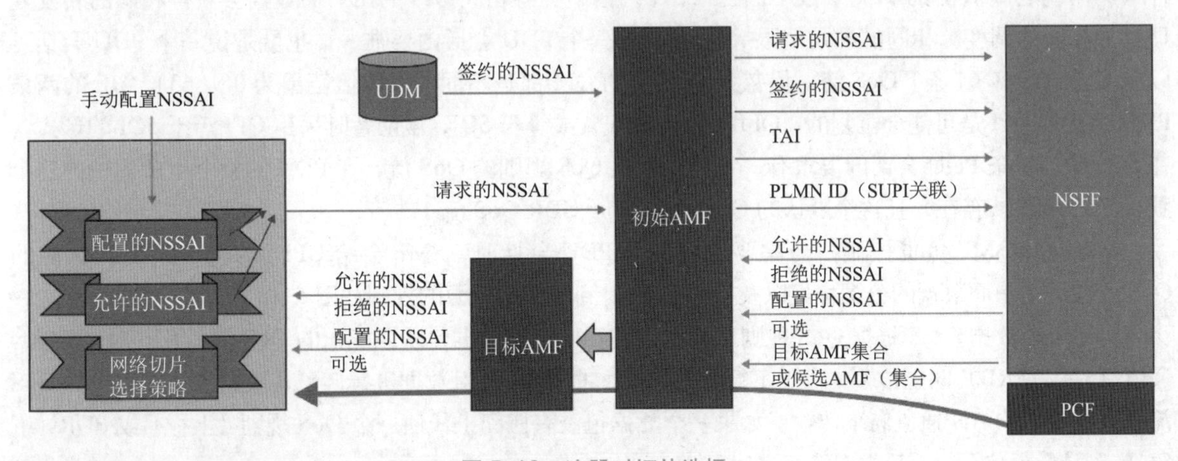

图 5–16　注册时切片选择

会话建立时切片选择如图 5–17 所示。

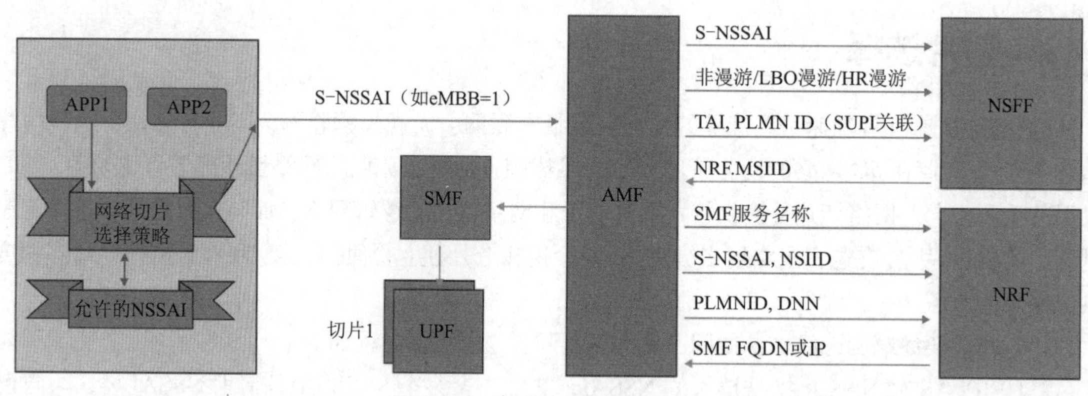

图 5-17　会话建立时切片选择

5.5 会话管理

4G 会话建立一般和 Attach 流程同步进行，但由于 5G 中控制面与用户面实现了分离，相应的会话建立也独立完成，但需保证信令通道已成功建立。会话管理包含会话建立、会话修改与会话释放三种类型，均需 UE、NR、5GC 协同完成。需注意的是，5G 的会话均以 QoS 流为最小单位。

5.5.1 QoS 流基础

5G 网络中 QoS 模型基于 QoS 流（QoS Flow）的形式，支持保障流量比特速率（GBR QoS）的 QoS 流和非保障流量比特速率（Non-GBR）的 QoS 流。此外，5G QoS 模型还支持反射 QoS。QoS 流（QoS Flow）是满足一组 QoS 质量配置（QoS Profile）的端到端数据流，每个 QoS Flow 包含一个 QoS Flow 标识（QFI）、ARP，每条 Non-GBR QoS Flow 可能还包含反射 QoS 属性（RQA）。

QoS 流是 PDU 会话中最小的区分粒度，这就是说两个 PDU 会话的区别就在于它们的 QoS 流不一样（具体就是 QoS 流的 TFT 参数不同）。PDU 会话中具有相同 QFI 的用户面数据会获得相同的转发处理（如相同的调度、相同的准入门限等）；QFI 在一个 PDU 会话内要唯一，也就是说一个 PDU 会话可以有多条（最多 64 条）QoS 流，但每条 QoS 流的 QFI 都是不同的（取值范围为 0 ～ 63），UE 的两条 PDU 会话的 QFI 是可能会重复的，QFI 可以动态配置或等于 5QI，现网暂时采用 QFI 等于 5QI 的形式。在 5GS 中，一条 PDU 会话内要求有一条关联默认 QoS 规则的 QoS 流，在 PDU 的整个生命周期内这个默认 QoS 流保持存在，且这个默认的 QoS 流为 Non-GBR QoS 流。

QoS 流由 SMF 负责控制，当需要建立一条 PDU 会话时，SMF 会给 UPF、AN、UE 配置对应的 QoS 参数。用户面数据的分类标记以及 QoS 流映射到接入网资源的规则如图 5-18 所示。

对于上行数据，UE 根据 QoS 规则对数据包进行匹配，数据包从匹配上的 QoS 流以及其对应的 AN 通道（对应的 RB）向上传输；对于下行数据，UPF 根据 PDR 对数据进行匹配，数据包从匹配上的 QoS 流以及其对应的 AN 通道向下传输。如果一个数据包没有匹配上任何一个 QoS 规则（上行）或 PDR（下行），则该数据包会被 UE 或 UPF 丢弃。

QoS Flow 到 DRB 映射规则（QoS Rule），由 gNB 配置，多条 QoS Flow 可以映射到同一个 DRB，如图 5-19 所示。

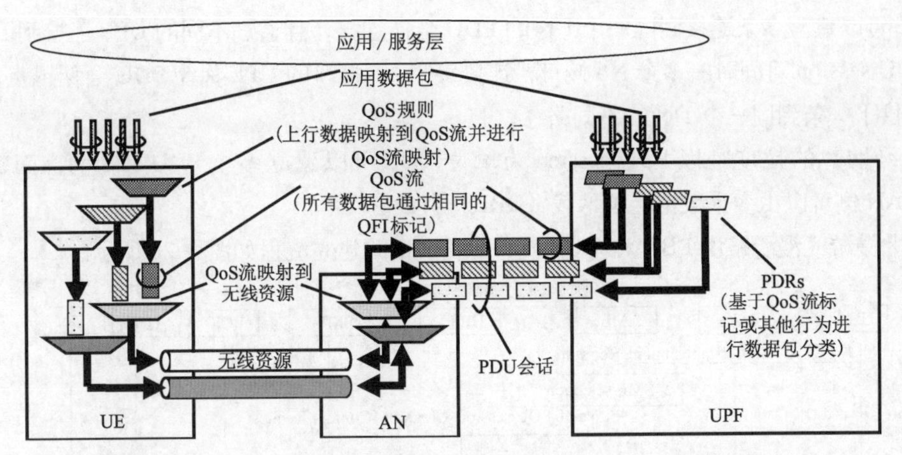

图 5-18　用户面数据的分类标记以及 QoS 流映射到接入网资源的规则

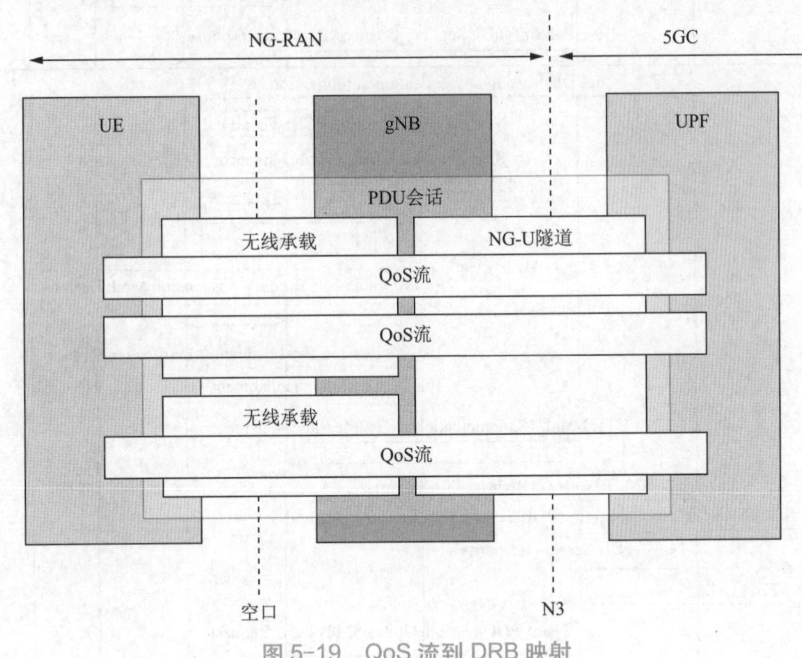

图 5-19　QoS 流到 DRB 映射

5.5.2　PDU 会话建立

一个 PDU 会话是指一个用户终端 UE 与数据网络 DN 之间进行通信的过程，PDU 会话建立后，也就是建立了一条 UE 和 DN 的数据传输通道。PDU 会话类似于 2G/3G 的 PDP 上下文、4G 的承载上下文。PDU 会话信息包括号码、IMSI、IMEI、PDU 会话 ID、会话类型（IPv4、IPv6、IPv4v6、Ethernet、Unstructured）、上下行速率、计费 ID、漫游状态信息、UE 的 IP 信息、PCF 信息、QoS 信息、隧道信息、目的地地址、SMF 标识、切片信息（如果支持）、默认 DRB 信息、数据网名、AMF 信息、用户位置信息、会话管理信息、UPF ID、在线计费标识、离线计费标识等相关信息。PDU 会话的典型特征如下：

（1）PDU 会话的服务 SMF 信息会登记在 UDM 中。

（2）UE 可以建立多条 PDU 会话连接，每条 PDU 会话对应的 SMF 可以不同。

（3）UE 可以建立多条连接到同一个 DN 的 PDU 会话连接，且通过不同的 UPF 连接到 DN 上。

（4）PDU session 可同时有多个 N6 接口，连接每个 N6 接口的 UPF 称为 PDU 会话锚点，每个 PDU 会话锚点提供了一条到同一个 DN 的不同路径。

（5）网络切片的粒度是以 PDU session 为单位，UE 可以建立多个 PDU session，而每一个 PDU session 在 RAN 侧可以由多个数据无须承载（DRB）组成。

典型的非漫游或漫游路由 LBO 漫游场景下 PDU 会话的建立流程如图 5-20 所示。

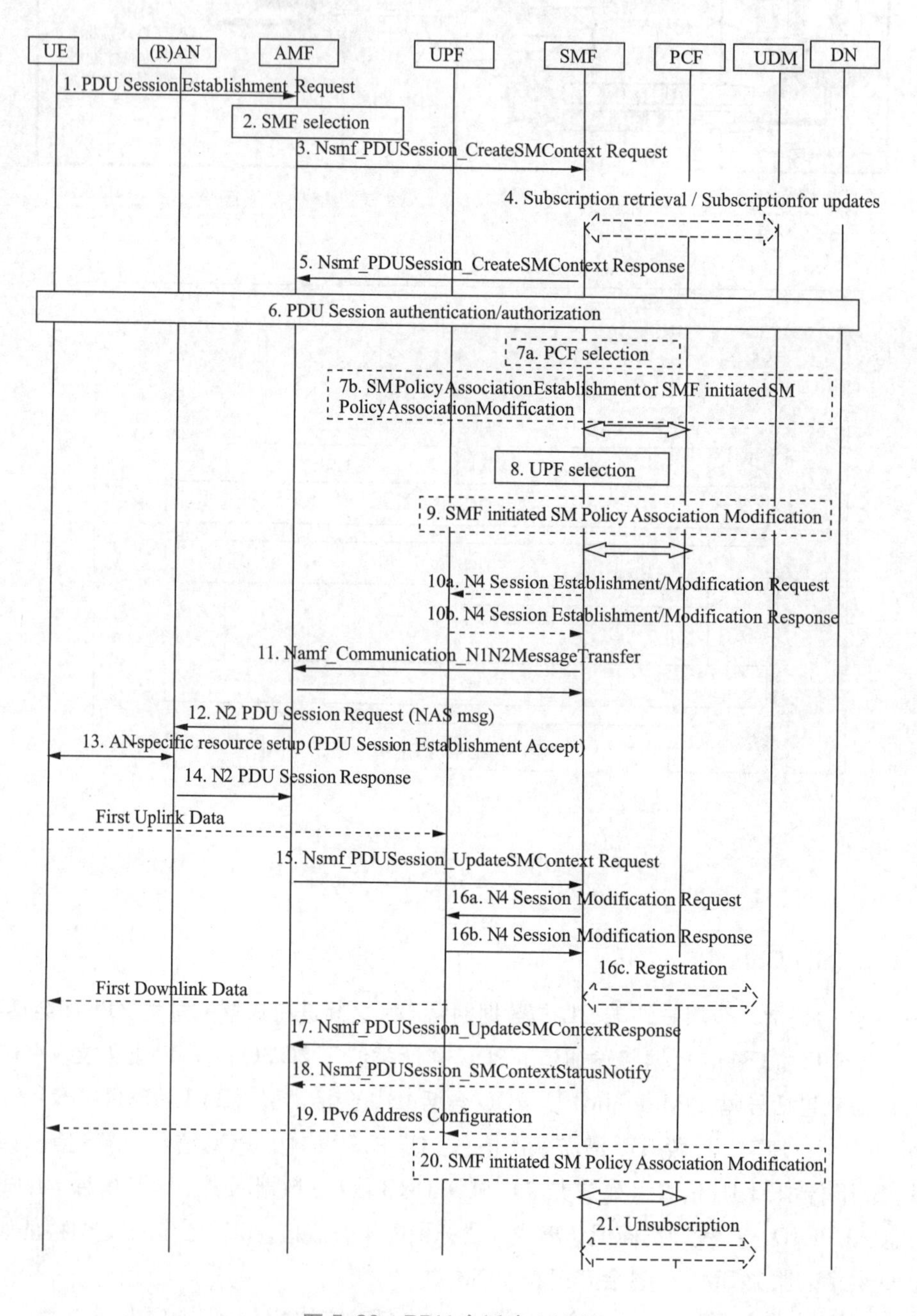

图 5-20　PDU 会话建立流程

图 5-20 中的步骤说明如下：

1.UE 请求建立会话，携带切片信息，DNN 信息，以及 PDU session ID、相关参数。

2-3. AMF 选择 SMF，发送会话建立消息。

4-5. SMF 到 UDM 获取用户签约的会话参数信息，并回复 AMF。

6. SMF 选择 UPF，对 PDU 会话进行授权和认证。

7a-7b. 认证成功，SMF 选择 PCF，获取 PCC 策略。

8. SMF 选择 SSC 模式，分配 IP 地址。

9. SMF 向 PCF 更新用户会话策略信息。

10a-10b. SMF 将会话信息和策略信息下发给 UPF。

11. SMF 发送会话建立接受给 AMF。

12-14.AMF 通知基站建立无线承载。

15-17. 无线分配承载，并通知 SMF 相应隧道信息，SMF 通知 UDF 下行隧道信息。

18-21.IPv6 地址分配，策略和上下文状态通知。

5.5.3　PDU 会话修改

当 UE 或网络需要修改一个既有 PDU 会话中的 QoS 参数时，触发 PDU 会话修改流程。协议中规定了六种触发场景，对应 1a ～ 1f 相关步骤，如图 5-21 所示。PDU 会话释放可由 UE（1a）、gNB（1e）、AMF（1f）、SMF（1b、1c、1d）来触发。

PDU 会话修改流程如图 5-21 所示。

典型的触发情况与触发场景对应关系如下：

（1）UE 请求修改 QoS（1a）。

（2）PCF 下发新的 QoS 策略（1b）。

（3）UDM 中签约的 QoS 信息变更（1c）。

（4）SMF 根据本地配置或收到 RAN 指示需要修改会话（1d 和 1e）。

（5）UE 支持 CE 模式 B 时，AMF 触发会话修改（1f）。

5.5.4　PDU 会话释放

PDU 会话释放用于释放一条已建立的 PDU 会话。释放后相应的资源将被回收，如用户面资源、分配给 UE 的 IP 地址等。PDU 会话释放可以由网络侧或 UE 发起，包含 N4 接口的会话释放、SMF 与 PCF 的会话释放、N2 接口与空口资源释放、UE 的会话管理上下文释放。协议中规定了六种触发场景，对应 1a ～ 1f，即 PDU 会话释放可由 UE（1a）、gNB（1d）、AMF（1c、1f）、SMF（1e）、PCF（1b）来触发。PDU 会话释放流程如图 5-22 所示。

当 SMF 发现触发场景为 1a、1b、1c 或 1e 时，将启动释放流程，即从步骤 2a 开始执行。如果是 1c 触发，则 SMF 回复 3c，并跳过步骤 4 ～步骤 11。如果是 1d 触发，则回复 3a。典型的触发情况与触发场景对应关系如下：

（1）UE 请求释放 QoS（1a）。

（2）PCF 发现 UE 流量超出策略配额（1b）。

（3）UE 和 AMF 的 PDU 会话状态不匹配（1c）。

（4）PDU 会话中所有 QoS 流已释放（1d）。

（5）本地策略变化（1e）。

（6）网络切片不可用（1f）。

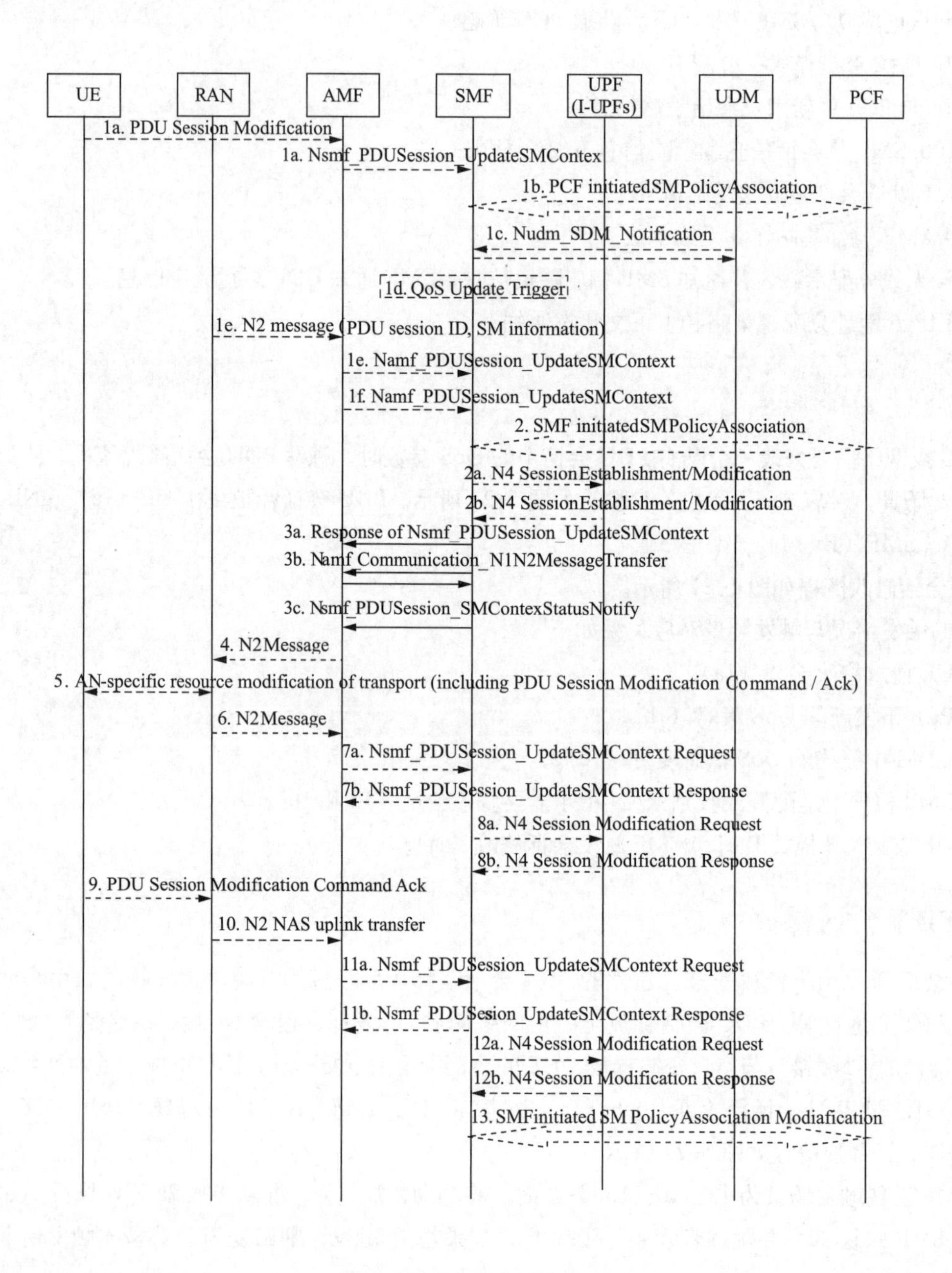

图 5-21　PDU 会话修改流程

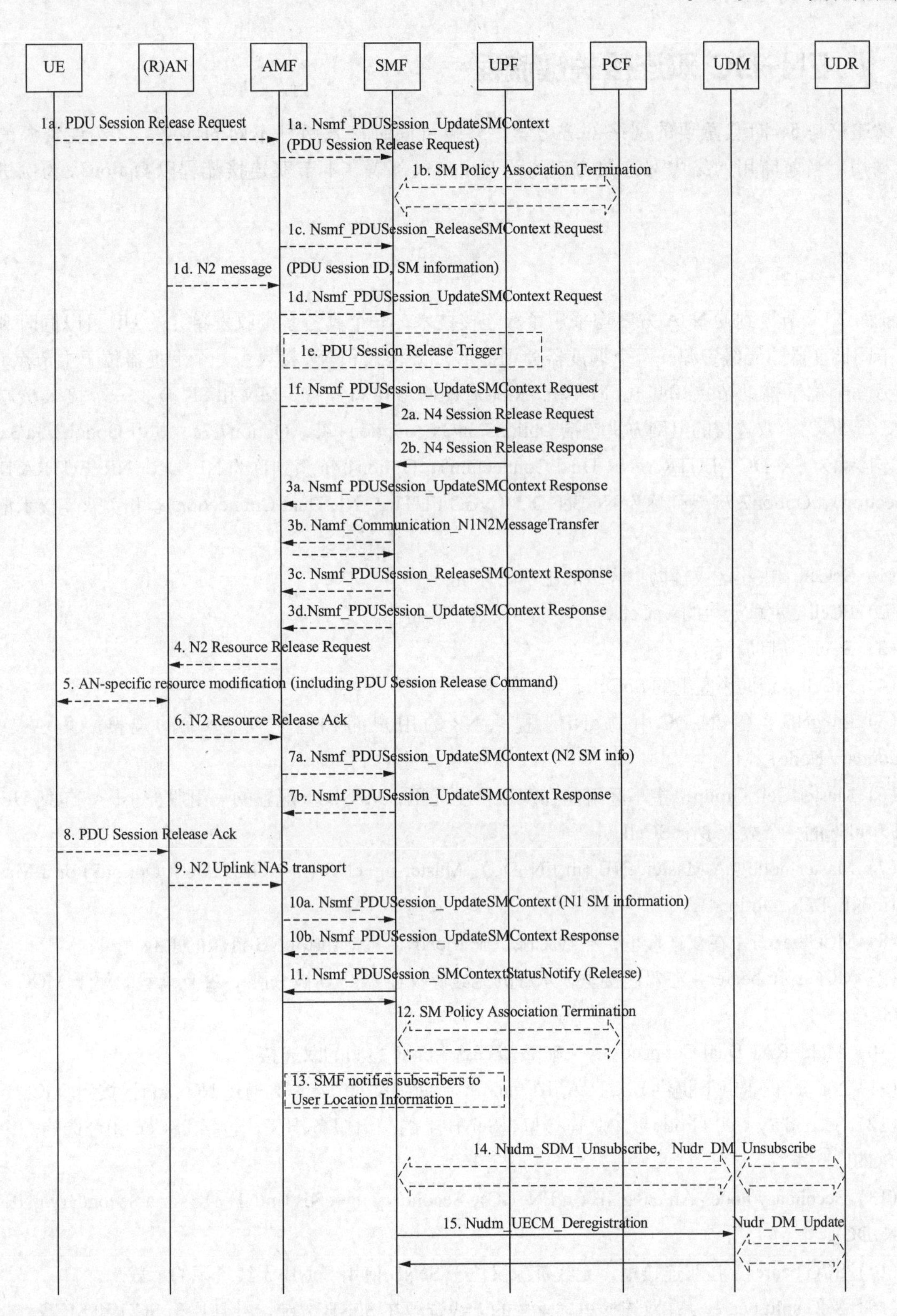

图 5-22　PDU 会话释放流程

5.6 EN-DC双连接关键流程

双连接是5G时代重要的网络部署方案，终端可同时接入两种不同的网络，以实现资源的最大化利用。当前商用网络中双连接方案均为Opiton3x部署。本节双连接流程以Option3x为例进行展开。

5.6.1 双连接基础概念

前面2.1.2节提到的NSA方案均采用了双连接技术，一个具备多个收发单元的UE可以同时利用两个不同调度器的无线资源。两个调度器分别提供LTE接入和NR接入。一个调度器位于主节点MN上，另一个位于辅助节点SN上。MN和SN间通过网络接口连接，MN和SN至少一个接入核心网（EPC or 5GC）。双连接的组网方式包括Option3/3a/3x、Option4/4a、Option7/7a，其中Option3/3a/3x系列双连接称为EN-DC（EUTRA-NR Dual Connection），Option4/4a系列称为NE-DC（NR-EUTRA Dual Connection），Option7/7a系列称为NGEN-DC（NGC EUTRA-NR Dual Connection），相关双连接术语和概念如下：

（1）SpCell：主小区或辅助小区组的主小区。

（2）PCell：主单元组的SpCell。

（3）SCell：辅助小区。

（4）PsCell：辅助小区组的SpCell。

（5）En-gNB：在EN-DC中的gNB。提供NR的用户面和控制面到UE的连接。角色是SN（Secondary Node）。

（6）Master Cell Group：主小区组是在双连接功能里，MeNB上配置的一组服务小区，包括UE的PCell和可选的一个或者多个SCell。

（7）Master node：A Master eNB (in EN-DC), Master ng-eNB (in NGEN-DC，Option7) or a Master gNB (in NE-DC，Option4)。

（8）MCG bearer：在双连接里，无线资源位于MeNB，只使用MeNB资源的承载。

（9）MCG split bearer：在双连接里，承载的无线协议在MgNB被分裂，并且承载既属于MCG，也属于SCG。

（10）Multi-RAT Dual Connectivity：在E-UTRA和NR之间的双连接。

（11）Ng-eNB：向UE提供E-UTRA用户面和控制面协议的节点，并通过NG接口连接到5GC。

（12）Secondary Cell Group：在双连接里，SeNB上的一组服务小区，包括PSCell和可选的一个或多个SCell。

（13）Secondary node：An en-gNB (in EN-DC), Secondary ng-eNB (in NE-DC) or a Secondary gNB (in NGEN-DC)。

（14）SCG bearer：在双连接里，无线资源仅位于SeNB使用SeNB无线资源的承载。

（15）SCG split bearer：在双连接里，承载的无线资源在SgNB分流，并且属于SCG和MCG。

（16）Split bearer：在双连接里，无线资源位于MeNB和SeNB的一个承载。

（17）RLC bearer：一个小区组中无线承载的 RLC 和 MAC 逻辑信道配置。

（18）SRB3：在 EN-DC、NGEN-DC 和 NR-DC 中，SN 和 UE 之间的直接 SRB。

（19）Split PDU Session（or PDU Session split）：一种 PDU 会话，其 QoS 流由 NG-RAN 中的多个 SDAP 实体提供服务。

（20）Split SRB：在 MCG 和 SCG 中，MN 和 UE 之间具有 RLC 承载的 SRB。

商用网络中的双连接大多为基于 Option3x 的 EN-DC 架构，后续内容将以 EN-DC 为基础进行描述。Option3x 中 SRB3 是关键的信令承载之一，可以用来发送不涉及 MN 的 SN RRC 重配、SN RRC 重配完成、SN 测量报告消息。SN RRC 重配完成的消息被映射到与启动该过程的消息相同的 SRB。如果配置了 SRB3，SN 测量报告消息被映射到 SRB3。

5.6.2 EN-DC 处理流程

1. 控制面处理

处于双连接的 UE 会根据 MN 和核心网的连接状态使用单一的连接状态，即每个无线节点都有自己的 RRC 实体。双连接控制面结构如图 5-23 所示。

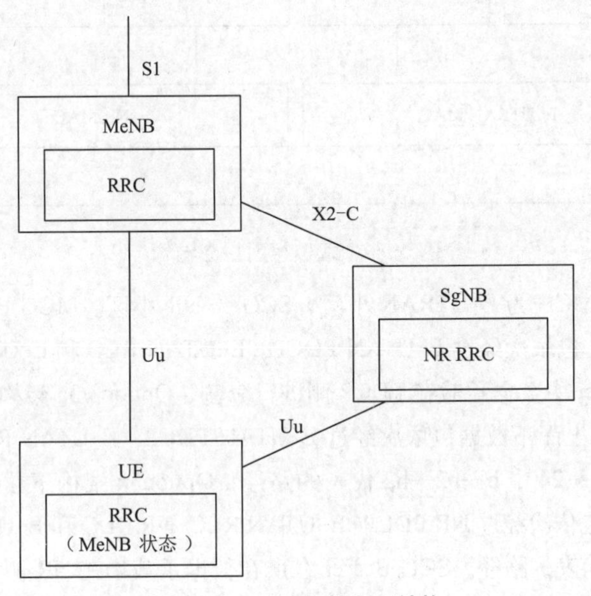

图 5-23 双连接控制面结构

提供 S1-MME 连接的 4G eNodeB 称为主 eNodeB（即 MeNB），另一个 5G gNodeB 用于提供额外的资源，称为辅助 gNodeB（即 SgNB）。EN-DC 模式下的 UE，只需要在 MeNB 和 MME 之间存在一个 S1-C 连接。MeNB 和 SgNB 之间通过 X2-C 进行信令交互，SgNB 生成的 RRC PDU 开始需要通过 MeNB 发送给 UE，之后的 SgNB 配置信息就可以通过 MeNB 或 SgNB 发送。UE 需要同时与 MeNB 和 SgNB 之间进行信令交互。UE 初始连接建立必须通过 MeNB 主站，SRB1 和 SRB2 在主站建立，UE 也可建立 SRB3，用于和从站 SgNB 直接进行 RRC PDU 传输。SgNB 侧空口至少要广播 MIB 系统信息。在 EN-DC 场景（例如：SgNB 添加），SgNB 侧 PSCell 小区的广播系统信息 SIB1 通过专有信令重配 RRC Connection Reconfiguration 消息提供给 UE，该重配 RRC Connection Reconfiguration 消息通过

MeNB 透传给 UE。

2. 用户面处理

双连接时存在三种类型承载：MCG Bearer、Split Bearer 与 SCG Bearer，在 EN-DC 下各类型承载如图 5-24 所示。

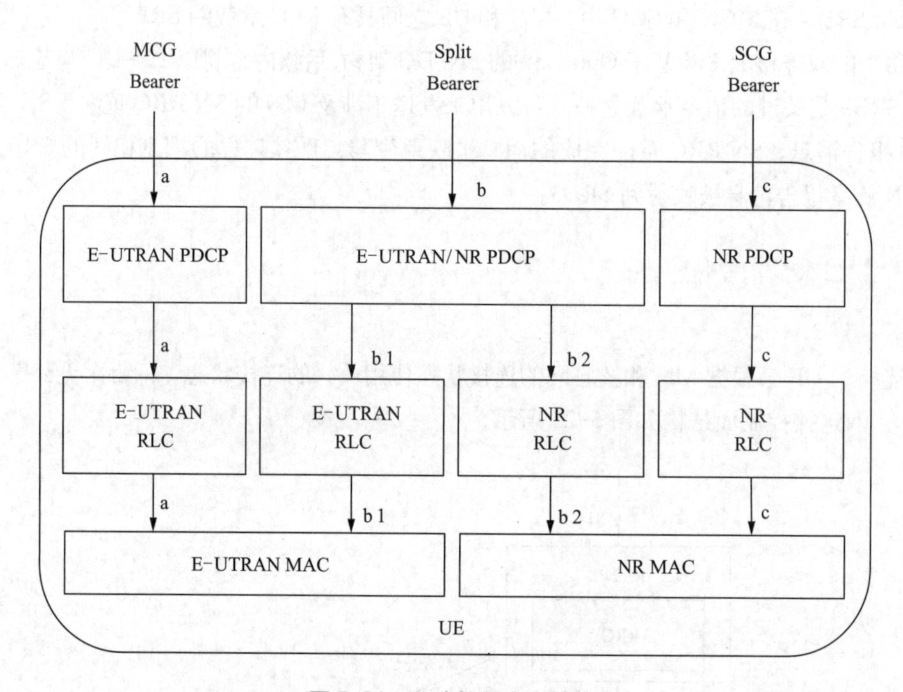

图 5-24　双连接用户面结构

在 EN-DC 架构下，MCG 为 E-UTRAN 小区，SCG 为 NR 小区。MCG Bearer 中所有数据承载均在 LTE 侧，自上而下数据包依次经过 E-UTAN PDCP、E-UTAN RLC 和 E-UTAN MAC，如图 5-24 中 a 代表的路径。Split Bearer 中数据承载在 PDCP 侧进行分割，Option3/3a 架构下数据承载在 E-UTRAN 的 PDCP 侧进行分割，自上而下数据包依次经过 E-UTAN PDCP、E-UTAN RLC/ NR RLC 和 E-UTAN MAC/NR MAC 层，如图 5-24 中 b—b2—b2 代表的路径；Option3x 架构下数据承载在 NR 的 PDCP 侧进行分割，自上而下数据包依次经过 NR PDCP、E-UTAN RLC/ NR RLC 和 E-UTAN MAC/NR MAC 层，如图 5-24 中 b—b2—b2 代表的路径。SCG Bearer 在所在数据承载均在 NR 侧，自上而下数据包依次经过 NR PDCP、NR RLC 和 NR MAC，如图 5-24 中 c 代表的路径。不同承载分流的对比见表 5-9。

表 5-9　不同承载分流的对比

类　型	描　述	优　点	缺　点	适用业务
MCG Bearer	用户面锚点在 MeNB，且只使用 MeNB 资源	没有 fronthaul/backhual delay。数据锚点在 MeNB，不会频繁触发锚点改变	不能使用 SeNB 高频资源	VOIP 之类对速率要求不高但对业务稳定性要求较高的业务。移动速度比较快的业务

续表

类　型	描　述	优　点	缺　点	适用业务
SCG Bearer	用户面锚点在 SeNB，且只使用 SeNB 资源	没有 fronthaul/backhual delay。使用高频资源可以提供更高的速率、更低的时延	高频出现 blockage/deafness 时只能触发 bearer type change 回退到低频。 SeNB 覆盖范围有限，当 SeNB 改变时需触发用户面锚点改变流程	对速率和时延都有较高要求，且慢速移动的业务。例如，不怎么移动的 URLLC
MCG Split bearer	用户面锚点在 MeNB，且同时使用 MeNB 和 SeNB 资源	可以同时使用高频、低频资源。 可以通过 Split Bearer 的路由策略避免 blockage/deafness 时带来的信令过程。 数据锚点在 MeNB，不会频繁触发锚点改变	fronthaul/backhual delay、reordering delay 会引入额外时延	对速率要求较高，但对时延迟没有太高要求的业务。 移动速度比较快的业务
SCG Split bearer	用户面锚点在 SeNB，且同时使用 MeNB 和 SeNB 资源	可以同时使用高频、低频资源。 可以通过 Split Bearer 的路由策略避免 blockage/deafness 时带来的信令过程	fronthaul/backhual delay、reordering delay 会引入额外时延。但如果仅将低频作为备份，只在高频出问题时使用，则此问题会减弱。 SeNB 覆盖范围有限，当 SeNB 改变时需触发用户面锚点改变流程	对速率、时延、可靠性都有较高要求，但移动速度不快的业务

5.6.3　辅助节点添加流程

EN-DC 模式下，锚点为 LTE 小区，辅助节点为 NR 小区，UE 需要在锚点小区发起初始随机接入并在网络上注册，同时将辅助小区加入锚点。辅助小区的添加过程由锚点小区发起，目的是在辅助小区建立 UE 上下文，并为 UE 提供无线资源。辅助节点添加流程如图 5-25 所示。

图 5-25 中的步骤说明：

1. MN 请求 SN 为特定的 E-RAB 分配无线资源，指示 E-RAB 特性（E-RAB 参数，与承载类型对应的 TNL 地址信息）。另外，对于需要 SCG 无线资源的承载，MN 指示所请求的 SCG 配置信息，包括整个 UE 能力和 UE 能力协调结果。

2. 如果 SN 中的 RRM 实体接受资源请求，则它分配相应的无线资源，并且根据承载选项分配相应的传输网络资源。对于需要 SCG 无线资源的承载，SN 触发随机接入，从而可以执行 SN 无线资源配置的同步。SN 决定 Pscell 和其他 SCG Scells，并在 SgNB Addition Request Acknowledge message 中包含的 NR RRC configuration message 中向 MN 提供新的 SCG 无线资源配置。

3. MN 向 UE 发送包括 NR RRC configuration message 的 RRC Connection Reconfiguration message。

4. 如果需要，UE 应用新的配置并且向 MN 回复 RRC Connection Reconfiguration Complete 消息，包

括 NR RRC response message。如果 UE 不能遵守包括在 RRC Connection Reconfiguration 消息中的（部分）配置，则执行重配失败流程。

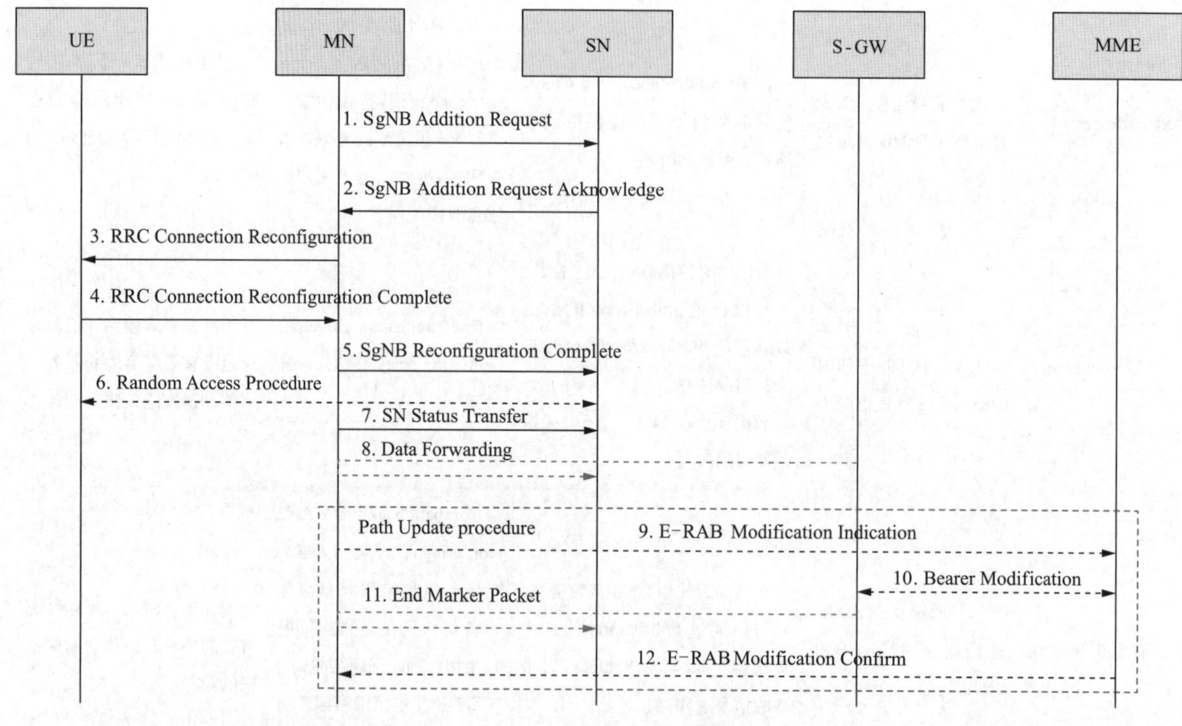

图 5-25　辅助节点添加流程

5. 如果 MN 从 UE 接收到编码 NR RRC response message，则 MN 通过 SgNB Reconfiguration Complete message 通知 SN，UE 已经成功完成了重配过程。

6. 如果配置有需要 SCG 无线资源的承载，则 UE 向 SN 的 PSCell 执行同步。

7-8. 在 SN 终止承载的情况下，MN 可以通过数据转发、SN 状态转移等来最小化由于激活 EN-DC 而导致的服务中断。

9-12. 对于 SN 终止的承载，执行 EPC 的 UP 路径的更新。

5.6.4　辅助节点修改流程

辅助节点的修改流程可以由 MN 或 SN 发起，主要用于修改 / 建立或释放承载上下文、将承载上下文传送到 SN、从 SN 获取承载上下文或修改 SN 中 UE 上下文的其他属性。也可用于 SN 通过 MN 向 UE 发送 RRC 消息，随后将 UE 的回复消息经由 MN 反馈给 SN（不使用 SRB3 时）。在 CPC（PSCell 修改）的情况下，辅助节点修改流程也可用于在同一 SN 内配置或修改 CPC 配置。此外，辅助节点修改的流程不一定需要指向 UE 的信令。

（1）MN 发起的辅助节点修改流程如图 5-26 所示。

MN 使用上述流程来启动相同 SN 内的 SCG 的更新，例如，SCG 承载的增加、修改或释放、分离承载的 SCG RLC 承载与 SN 终止的 MCG 承载的配置更新。承载类型改变后，相应的单个 MN 发起的

SN 修改过程内会添加新承载配置并释放旧承载配置。MN 使用该过程在保持 SN 的同时在同一 MN 内执行切换。MN 还使用该过程来查询当前的 SCG 配置。MN 还使用该过程向 SN 提供 S-RLF 相关信息。MN 可以不使用该过程来启动 SCG Scell 的添加、修改或释放。当此流程涉及 SN 终止的承载的释放或 MN 终止的承载的 SCG RLC 承载，或此流程用于在保持 SN 的同时在相同的 MN 内执行切换的时候，SN 不可拒绝 MN 的 SN 修改请求。

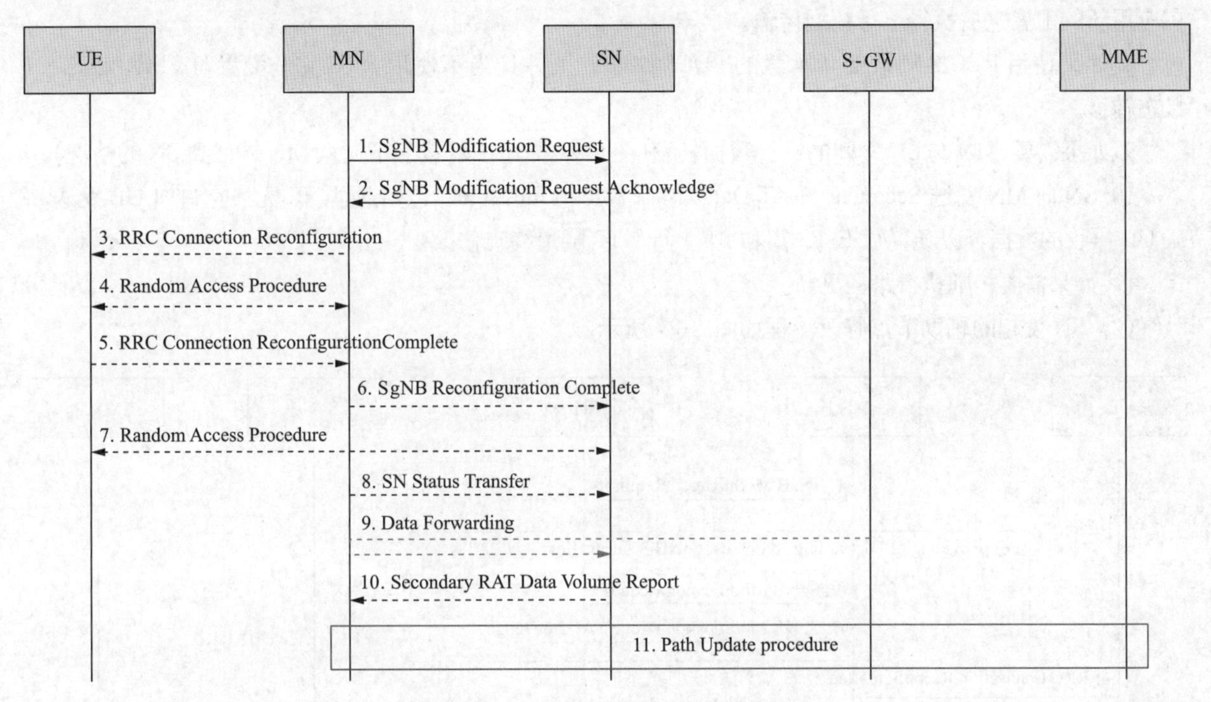

图 5-26　MN 发起的辅助节点修改流程

图 5-26 中的步骤说明如下：

1.MN 发送 SgNB Modification Request 消息，该消息包含与承载上下文相关的或其他 UE 上下文相关信息，数据转发地址信息（如果适用）和所请求的 SCG 配置信息，包括 UE 能力协调结果。当 SN 中的安全密钥需要更新时，还包括新的 SgNB 安全密钥。当 SCG RLC 重建用于配置有 MN 终止承载的 E-RAB 时，SCG RLC 承载不发生承载类型改变，MN 向 SN 提供新的上行 GTP 隧道终点。SN 继续使用之前的上行 GTP 隧道终点向 MN 发送上行 PDCP PDU，直到 MN 重新建立 RLC 并在重建后使用新的上行 GTP 隧道终点。对于 PDCP 重建流程，MN 应该为 SN 提供新的下行 GTP 隧道终点。SN 应该使用之前的下行 GTP 隧道终点继续发送下行 PDCP PDU 直到使用新的下行 GTP 隧道终点的 PDCP 重建完成。

2.SN 响应 SgNB Modification Request Acknowledge 消息，可以包含 NR RRC 配置消息内的 SCG 无线资源配置信息和数据转发地址信息（如果适用）。在伴随安全密钥更新的 PSCell 改变的情况下，对于终结在 MN 的 E-RAB，若需要 MN 和 SN 之间的 X2-U 资源，MN 会给 SN 提供新的下行 GTP 隧道终点。MN 应继续使用先前的下行 GTP 隧道终点向 SN 发送下行 PDCP PDU，直到 PDCP 重建完成或 PDCP 数据恢复。在 PDCP 重建完成或数据 PDCP 恢复后将使用新的下行 GTP 隧道终点发送数据。

3-5. MN 发起 RRC 连接重配过程，包括 NR RRC 配置消息。UE 收到 RRC 消息并应用这些新配置，与MN保持同步（如果在MN内切换的情况下UE被指示）并且回复RRC Connection Reconfiguration Complete，包括一条NR RRC响应消息。如果UE不能支持RRC Connection Reconfiguration消息中包括的配置（部分），将执行重配失败过程。

6. 成功完成重配后，流程成功的信息包含在SgNB Reconfiguration Complete中。

7. 如果UE收到指示，可选择与SN的PSCell的同步，如SgNB添加过程中所述。否则，UE可以在应用新的配置之后执行上行数据传输。

8. 如果使用RLC AM改变了承载的PDCP终止点，并且当不使用RRC完全配置时，MN发送SN状态转移。

9. 如果需要，MN与SN之间的进行数据转发（图5-26描述了承载上下文从MN转移到SN的情况）。

10. SN向MN发送Secondary RAT Data Usage Report message，包括通过NR无线空口向UE发送和从UE接收的数据，以便释放E-RAB和S1上行GTP隧道终点修改。

11. 如果需要，则执行路径更新。

（2）SN发起的辅助节点修改流程如图5-27所示。

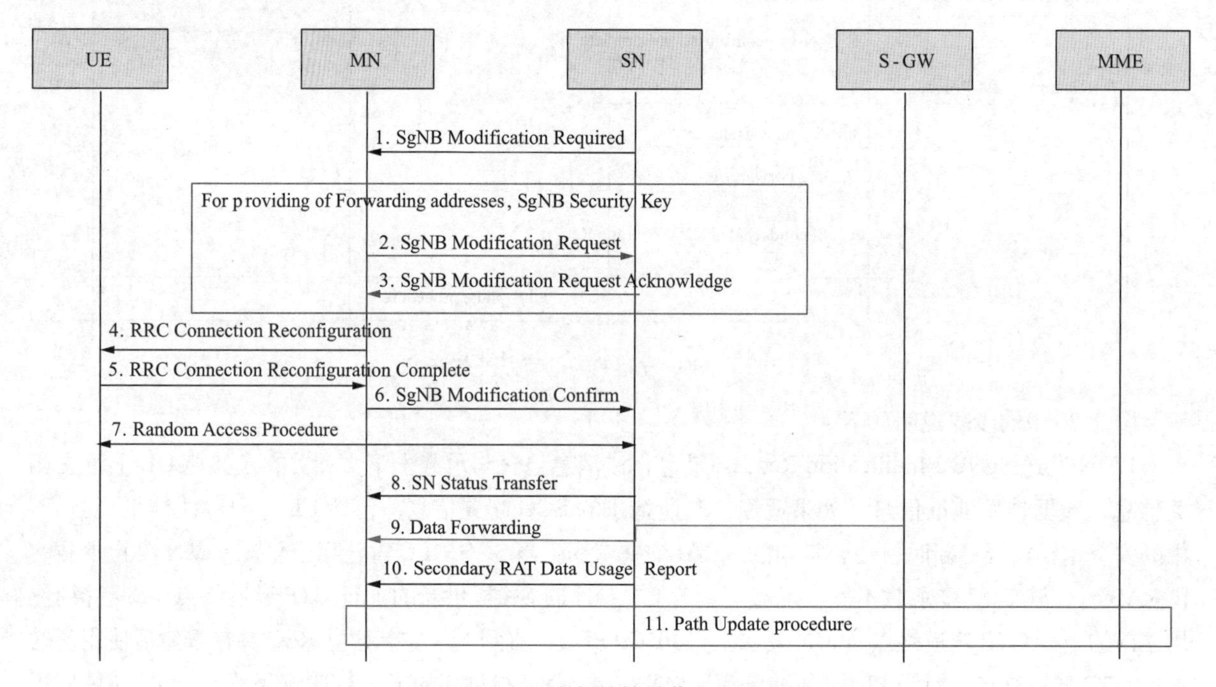

图5-27　SN发起的辅助节点修改流程

SN使用此流程在相同的SN内执行SCG的配置改变，例如，触发释放SCG承载和分离承载的SCG RLC承载，并触发PSCell更改（例如，当需要新的安全密钥或MN需要执行PDCP数据恢复时）。MN不能拒绝SCG承载和分离承载的SCG RLC承载的释放请求。

图5-27中的步骤说明如下：

1.SN发送SgNB Modification Required给MN，包含与承载上下文相关的信息、其他UE上下文相关信息和新的SCG无线资源配置，对于承载释放或修改，相应的E-RAB列表包括在SgNB修改要求消息中。在安全密钥需要更新时，PDCP Change Indication指示需要更新S-KgNB。在MN需要执行PDCP

数据恢复的情况下，PDCP Change Indication 指示需要进行 PDCP 数据恢复。SN 可以决定是否需要更改安全密钥。

2-3. 如果需要应用数据转发或 SN 安全密钥更新，MN 触发由 MN 发起的 SN 修改过程的准备流程，并通过 SN Modification Required 消息提供转发地址和新的 SN 安全密钥信息。如果在步骤 2 中仅提供 SN 安全密钥，则 MN 不需要等待步骤 3 的接收来发起 RRC 连接重配过程。

4. MN 向 UE 发送包括 NR RRC 配置消息的 RRC Connection Reconfiguration message 消息，包括新的 SCG 无线资源配置。

5. 如果需要，UE 应用新配置并发送 RRC Connection Reconfiguration Complete 消息，包括已编码的 NR RRC 响应消息。在 UE 不能支持 RRC Connection Reconfiguration 消息中包括的(部分)配置的情况下，它执行重配、失败过程。

6. 在重配完成后，MN 将发送包含重配成功信息的 SgNB Modification Confirm 消息给 SN。

7. 如果收到指示，UE 执行 SN 的 PSCell 的同步，如 SN 添加过程中所述。否则，UE 可以在应用新配置之后执行上行数据传输。

8. 如果使用 RLC AM 承载的 PDCP 终止点改变，并且当不使用 RRC 完整配置时，SN 会给 MN 发送 SN 状态转移消息。

9. 如果需要，MN 与 SN 之间进行数据转发。

10. SN 向 MN 发送 Secondary RAT Data Usage Report 消息，并且包括通过 NR 无线空口向 UE 发送和从 UE 接收数据，以便释放 E-RAB。

11. 如果需要，则执行路径更新。

（3）SN 在 MN 不参与的情况下的 SN 修改流程如图 5-28 所示。

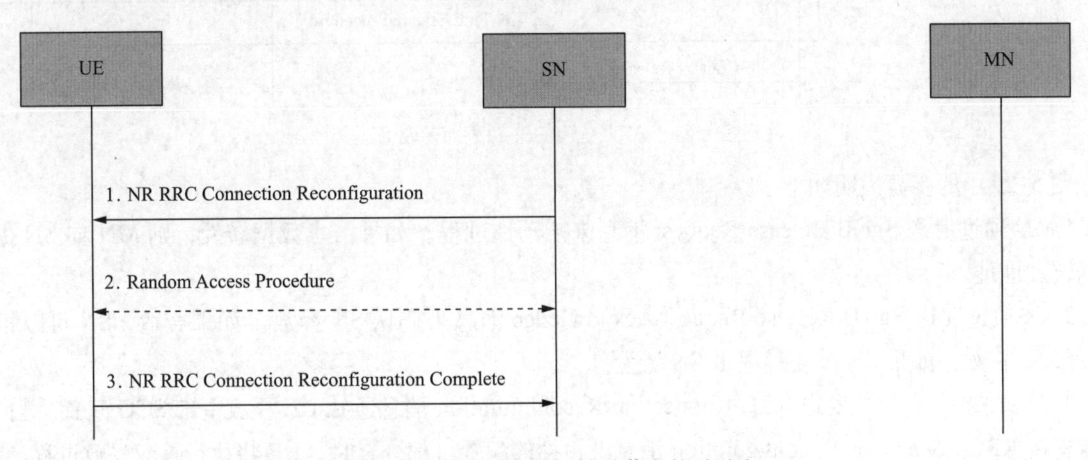

图 5-28　MN 不参与的辅助节点修改流程

在不需要与 MN 协调的情况下，包括 SCG Scell 和 PSCell 的添加 / 修改 / 释放改变（例如，当不需要改变安全密钥时），使用 SN 启动的修改而不涉及 MN 参与的过程来修改 SN 内的配置。此时 MN 和 SN 已建立 SRB3，SRB3 消息可以用在 SN RRC Configuration、SN RRC Configuration Complete 和 SN Measurement Report Messages，仅在 MN 不涉及的流程中使用。MN 的 RRC 消息不会使用 SRB3。

图 5-28 中的步骤说明如下：

1.SN 通过 SRB3 向 UE 发送 RRC Connection Reconfiguration 消息。

2.UE 应用新的配置并回复 RRC Connection Reconfiguration Complete 消息。如果 UE 无法支持 RRC Connection Reconfiguration 消息中包含的配置（部分），它将执行重新配置失败过程。

3. 如果指示，UE 对 SN 的 PSCell 执行同步，如 SgNB 添加过程中所述。否则，在应用新配置后，UE 可能直接执行上行数据传输。

5.6.5 辅助节点释放流程

辅助节点释放过程可以由 MN 或由 SN 发起，用来释放 SN 下的 UE 上下文的释放。该请求的接收节点可以拒绝发起方的请求。此流程不一定需要涉及 UE 的信令。例如，在 MN 中由无线链路故障而 RRC 重建。

（1）MN 发起的辅助节点释放流程如图 5-29 所示。

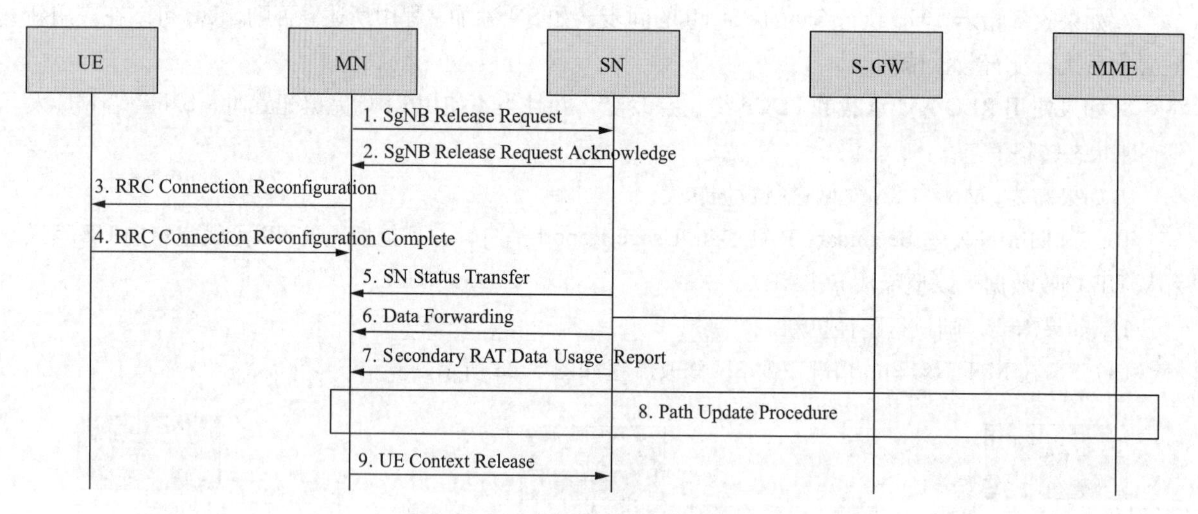

图 5-29 MN 发起的辅助节点释放流程

图 5-29 中的步骤说明如下：

1.MN 通过发送 SgNB Release Request 消息来启动该过程。如果请求数据转发，则 MN 向 SN 提供数据转发地址。

2.SN 通过发送 SgNB Release Request Acknowledge 消息来确认 SN 释放。如果合适，SN 可以拒绝 SN 释放，例如，如果 SN 改变过程由 SN 触发。

3-4. 如果需要，MN 发送 RRC Connection Reconfiguration 消息通知 UE 释放全部 SCG 配置。当 UE 不能支持 RRC Connection Reconfiguration 消息中包括的配置（部分）时，UE 将执行重配失败过程。

5. 如果释放的承载使用 RLC AM，则 SN 发送 SN 状态转移给 MN。

6. 发从 SN 到 MN 的数据转发。

7. SN 向 MN 发送 Secondary RAT Data Usage Report 消息，通知 MN 在 NR 空口上已经发送给 UE 的数据量。

8. 如果需要，启动路径更新流程。

9. 在接收到 UE Context Release 消息时，SN 可以释放与 UE 上下文相关联的无线资源和控制面相关资源。任何正在进行的数据转发可以继续。

（2）SN 发起的辅助节点释放流程如图 5-30 所示。

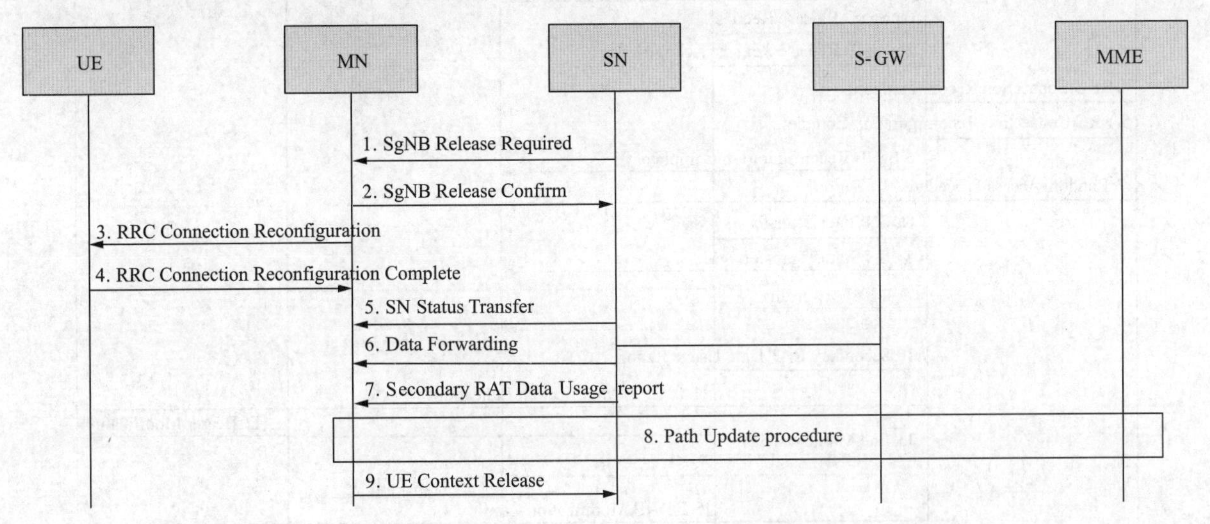

图 5-30　SN 发起的辅助节点释放流程

图 5-30 中的步骤说明如下：

1.SN 通过发送不包含跨节点消息的 SgNB Release Required 消息来启动过程。如果请求数据转发，MN 将向 SgNB 释放确认消息中的 SN 提供数据转发地址。

2. SN 可能在收到 SgNB Release Confirm 消息后就开始数据转发并停止向 UE 提供用户数据。

3-4. 如果需要，MN 在 RRC Connection Reconfiguration 消息中向 UE 指出，UE 应该释放整个 SCG 配置。如果 UE 无法遵守 RRC Connection Reconfiguration 消息中包含的配置（部分），UE 将执行重配失败过程。

5-6. 数据业务从 SN 迁移到 MN。

7.SN 向 MN 发送 Secondary RAT Data Volume Report 消息，并包含通过 NR 空口发送给 UE 的相关 E-RABs 的数据。

8. 如果适用，则启动路径更新过程。

9. 在接收到 UE Context Release 后，SN 可以释放与 UE 上下文相关的空口和控制面相关的资源。任何正在进行的数据转发都可以继续。

5.6.6　辅助节点变更流程

辅助节点改变过程由 MN 或 SN 发起，将 UE 上下文从源 SN 转移到目标 SN ，并将 UE 中的 SCG 配置从一个 SN 改变到另一个 SN。当前协议版本不支持具有单个 RRC 重配的系统间的 SN 改变过程（即没有从 EN-DC 到 DC 的转换）。辅助节点的变更需要通过 MCG SRB 向 UE 发送信令。

（1）MN 发起的辅助节点变更流程如图 5-31 所示。

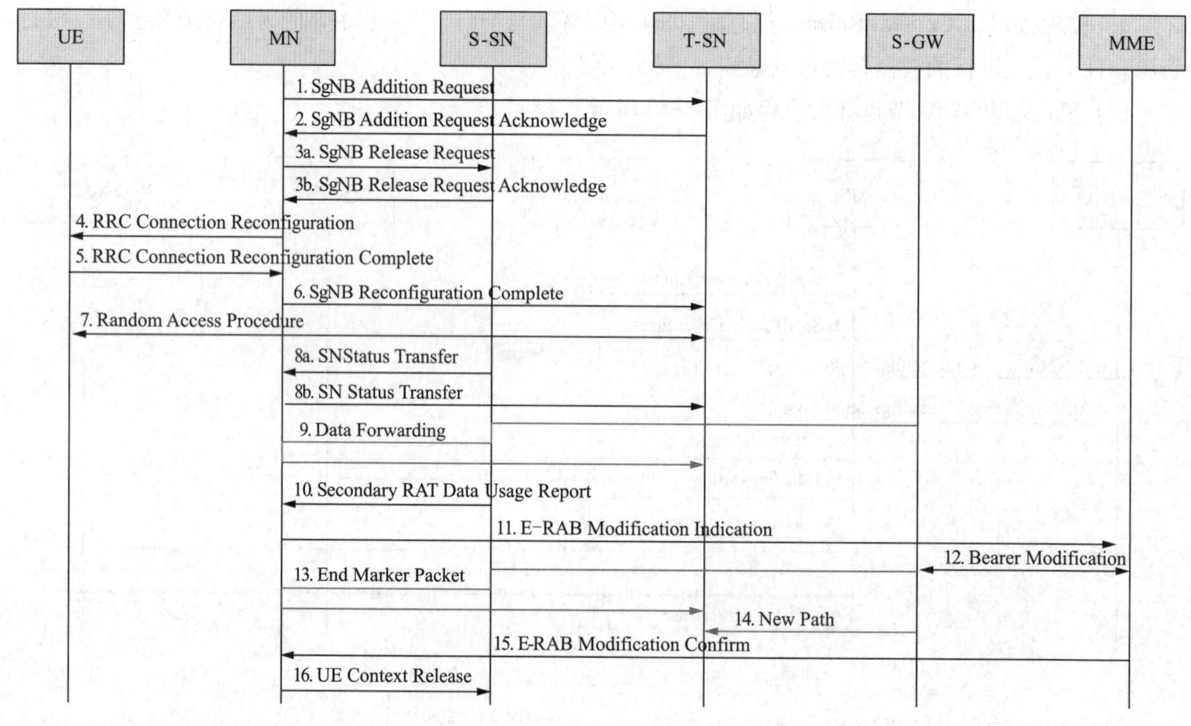

图 5-31　MN 发起的辅助节点变更流程

图 5-31 中的步骤说明如下：

1-2. MN 通过 SgNB 添加进程请求目标 SN 为 UE 分配资源。消息中可能包含目标 SN 相关的测量结果。如果需要转发，目标 SN 将向 MN 提供转发地址。

3. 如果目标 SN 资源分配成功，则 MN 启动源 SN 资源的释放，包括一个表明 SCG 迁移的原因。源 SN 可能拒绝释放。如果需要数据转发，MN 将向源 SN 提供数据转发地址。接收 SgNB 释放请求消息将触发源 SN 停止向 UE 提供用户数据，并启动数据转发。

4-5. MN 通知 UE 来应用新的配置。MN 向 UE 发送 RRC Connection Reconfiguration 消息中的新配置，包括目标 SN 生成的 NR RRC 配置消息。UE 应用新的配置并发送 RRC Connection Reconfiguration Complete 消息，包括对目标 SN 已编码的 NR RRC 响应消息。如果 UE 无法支持 RRC Connection Reconfiguration 消息中包含的配置（部分），它将执行重配失败过程。

6. 如果 RRC 连接重配成功，MN 通过 SgNB Reconfiguration Complete 消息通知目标 SN，并使用目标 SN 已编码的 NR RRC 响应消息。

7. 如果配置了需要 SCG 无线资源承载，UE 将随机接入到目标 SN。

8-9. 如果需要，从源 SN 进行数据转发。可以在源 SN 从 MN 接收到 SgNB Release Request 消息时就被启动。

10. 源 SN 向 MN 发送 Secondary RAT Data Usage Report 消息，并包含通过 NR 无线发送给 UE 的相关 E-RABs 的数据。

11-15. 如果其中一个承载在源 SN 终止，则路径更新由 MN 触发。

16. 在接收到 UE Context Release 后，源 SN 可以释放与 UE 上下文相关的空口和控制面资源。任何正在进行的数据转发都可以继续。

（2）SN 发起的辅助节点变更流程如图 5-32 所示。

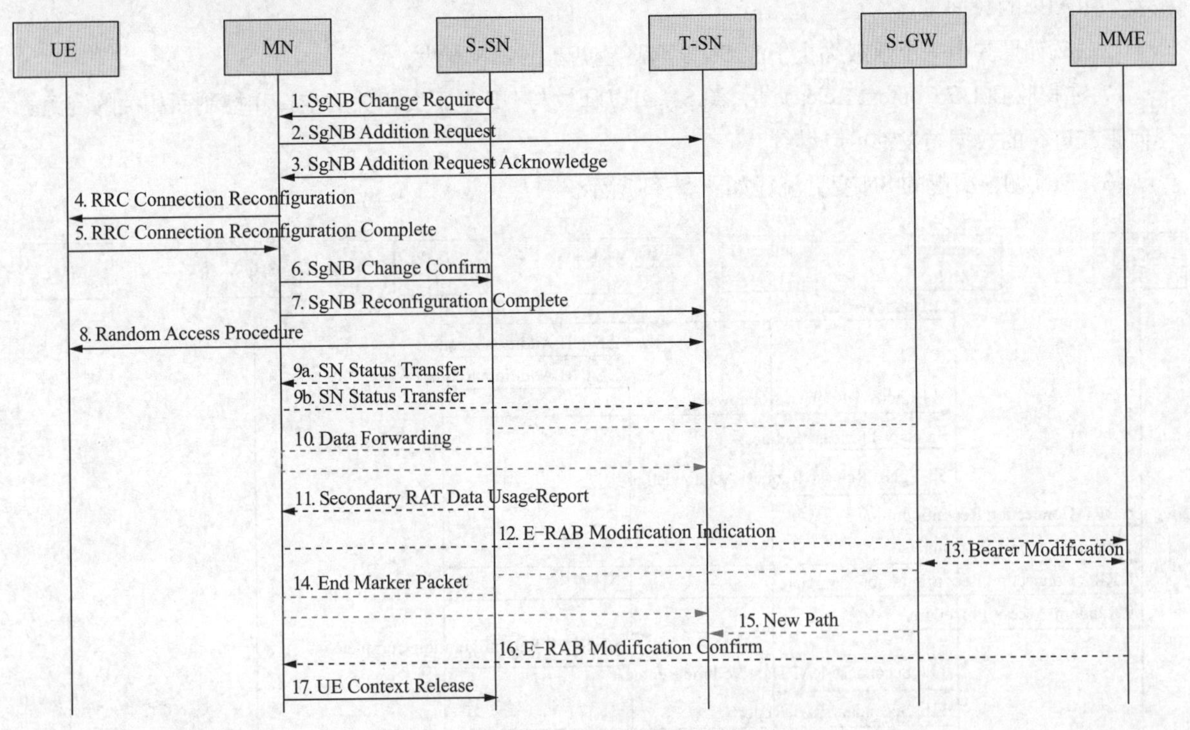

图 5-32　SN 发起的辅助节点变更流程

图 5-32 中的步骤说明如下：

1. 源 SN 通过发送包含目标 SN 标识信息的 SgNB Change Required 消息来启动 SN 变更过程，该消息可能包括 SCG 配置和与目标 SN 相关的测量结果。

2-3. MN 要求目标 SN 通过 SgNB 添加流程为 UE 分配资源，包括与源 SN 接收到的目标 SN 相关的测量结果。如果需要转发，目标 SN 将向 MN 提供转发地址。

4-5. MN 通知 UE 来应用新的配置。MN 在 RRC Connection Reconfiguration 消息中下发新配置，包括目标 SN 生成的 NR RRC 配置消息。UE 应用新的配置并发送 RRC Connection Reconfiguration Complete 消息，包括对目标 SN 已编码的 NR RRC 响应消息。如果 UE 无法支持 RRC Connection Reconfiguration 消息中包含的配置（部分），它将执行重配失败过程。

6. 如果目标 SN 资源分配成功，则 MN 可以确认源 SN 资源的释放。如果需要数据转发，MN 将向源 SN 提供数据转发地址。接收 SgNB 变更确认消息会触发源 SN 停止向 UE 提供用户数据，并启动数据转发。

7. 如果 RRC 连接重配过程成功，MN 通过 SgNB Reconfiguration Complete 消息通知目标 SN，并使用目标 SN 已编码的 NR RRC 响应消息。

8. UE 与目标 SN 同步。（随机接入）

9-10. 如果适用，则从源 SN 进行数据转发。当源 SN 接收到来自 MN 的 SgNB Change Confirm 消息时，就可以启动它。

11. 源 SN 向 MN 发送 Secondary RAT Data Volume Report 消息，并包含通过 NR 空口发送给 UE 的相关 E-RABs 的数据量。

12-16. 如果其中一个承载终止于源 SN，则路径更新由 MN 触发。

17. 在接收到 UE Context Release 后，源 SN 可以释放与 UE 上下文相关的空口和控制面相关的资源。任何正在进行的数据转发都可以继续。

（3）MN 切换引起的 SN 变更流程如图 5-33 所示。

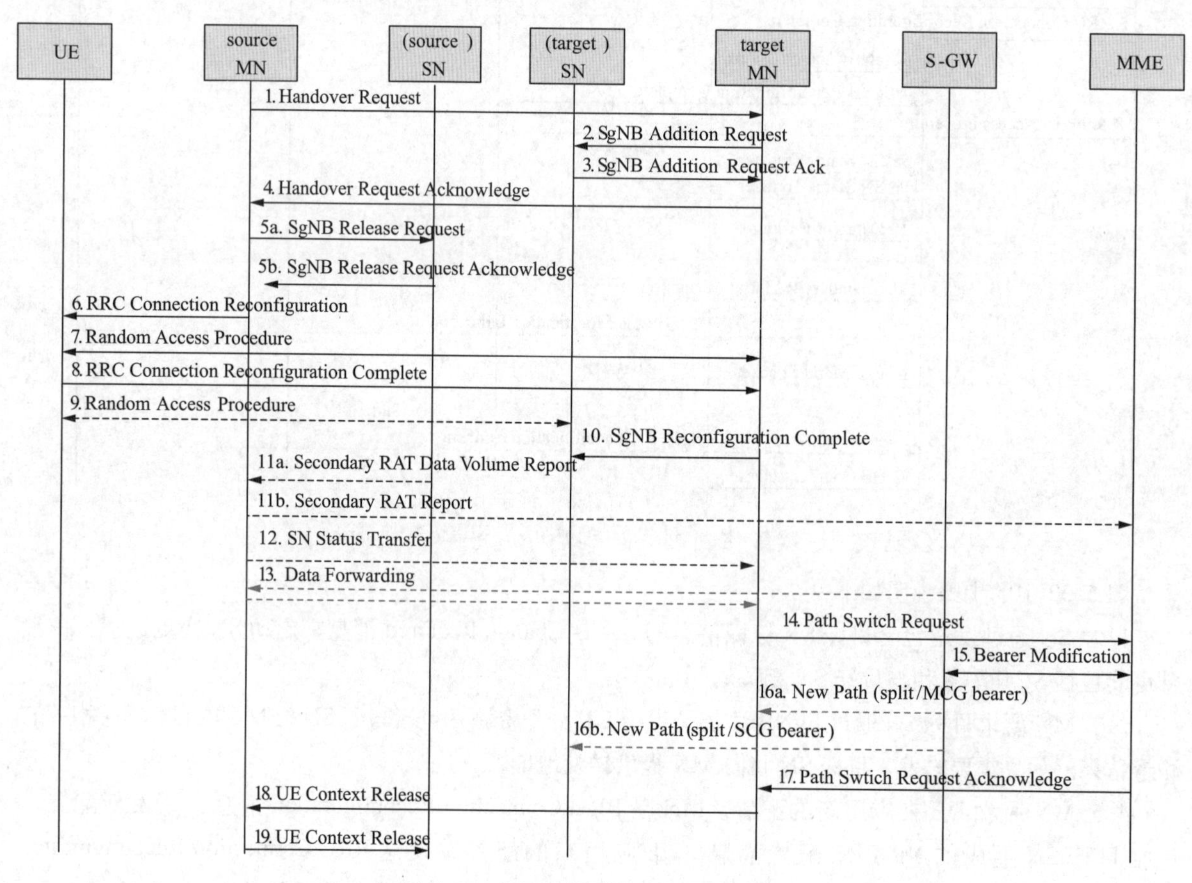

图 5-33　MN 切换引起的 SN 变更流程

使用 / 不使用 MN 启动 SN 变更的 MN 切换用于将上下文数据从源 MN 传输到目标 MN，而 SN 上的上下文被保留或移动到另一个 SN。在 MN 切换期间，目标 MN 决定是否保留或更改 SN（或释放 SN）。

图 5-33 中的步骤说明如下：

1. 源 MN 通过启动 X2 切换准备过程（包括 MCG 和 SCG 配置）来启动切换过程。源 MN 包括（源）SN UE X2AP ID、SN ID 和移交请求消息（源）SN 中的 UE 上下文。

2. 如果目标 MN 决定保留 SN，则目标 MN 向 SN 发送 SN Addition Request，其中包括 SN UE X2AP

ID，作为对源 MN 建立的 SN 中的 UE 上下文的引用。如果目标 MN 决定改变 SN，目标 MN 向目标 SN 发送 SN Addition Request，包括源 MN 所建立的源 SN 中的 UE 上下文。

3.（目标）SN 回复 SN Addition Request Acknowledge 消息。

4. 目标 MN 包括在 Handover Request Acknowledge 消息中，一个透明的容器被作为 RRC 消息发送到 UE 以执行切换（透传），还可以向源 MN 提供转发地址。目标 MN 向源 MN 指示，如果目标 MN 和 SN 决定在步骤 2 和步骤 3 中保持在 SN 中的 UE 上下文，那么 SN 中的 UE 上下文就会被保留。

5. 源 MN 向（源）SN 发送 SN 释放请求，其中包括指示 MCG 迁移的原因。(源)SN 确认释放请求。源 MN 向（源）SN 表示，如果从目标 MN 接收到指示，则 SN 中的 UE 上下文是保留的。如果包含作为 SN 中保存的 UE 上下文的指示，则 SN 保留 UE 上下文。

6. 源 MN 对 UE 重配来使 UE 应用新的配置。

7-8. UE 与目标 MN 同步(随机接入),并使用 RRC Connection Reconfiguration Complete 消息进行回复。

9. 如果配置了需要 SCG 无线资源的承载，UE 将同步到（目标）SN（随机接入）。

10. 如果 RRC 连接重配过程成功，目标 MN 通过 SgNB Reconfiguration Complete 消息通知（目标）SN。

11a. SN 向源 MN 发送 Secondary RAT Data Volume Report 消息，并包含通过 NR 无线发送给 UE 的相关 E-RABs 数据量。

11b. 源 MN 向 MME 发送 Secondary RAT Report 消息，以提供关于使用的 NR 资源的信息。

12-13. 来自源 MN 的数据转发。如果保留 SN、SCG 承载和 SCG 分离承载可以省去数据转发。

14-17. 目标 MN 启动 S1 路径更换过程。

18. 目标 MN 向源 MN 发出 UE Context Release。

19. 在接收到 UE Context Release 消息后，（源）SN 可以向源 MN 释放与 UE 上下文相关的控制面资源。任何正在进行的数据转发都可以继续。如果在步骤 5 的 SN 发布请求中包含了相关配置，那么 SN 将不会释放与目标 MN 相关的 UE Context Release。

5.7 网络关键流程

除基础的控制面与用户面建立释放等相关流程外，切换、重选、漫游、位置更新、寻呼也是 5G 系统中关键的流程，任一流程存在问题均会严重影响网络质量。

5.7.1 小区重选

1. 小区选择

5G 网络中小区选择与重选和 LTE 网络小区选择与重选流程与原理基本相同，区别在于 NR 中为降低时延引入了 RRC_INACTIVE 状态，3GPP 协议 TS 38.304 中 5.2.2 节中规定了具体的 RRC_IDLE 和 RRC_INACTIVE 中的状态转换过程，内容如图 5-34 所示。

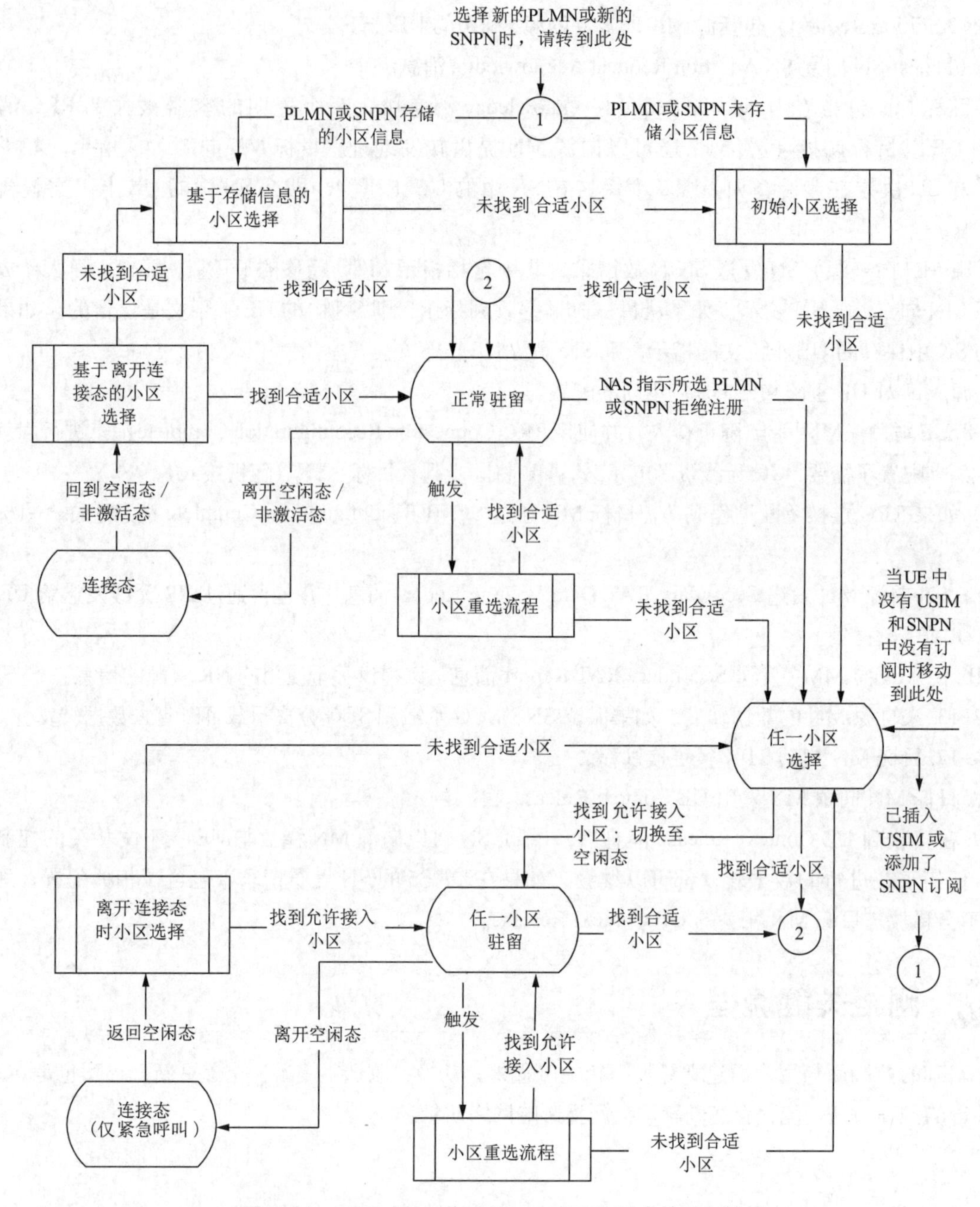

图 5-34　RRC_IDLE 和 RRC_INACTIVE 中的状态转换

小区选择发生在 IDEL 态，流程有两种：

（1）初始小区选择（对应的场景是没有之前保存的 NR 小区频点信息，比如首次开机）流程：

① UE 根据其支持的频段能力扫描所有的频点。

② 对于每个频点，UE 只需要搜索最强信号的小区即可。

③ 一旦有合适小区被找到，则选择该小区。

（2）利用存储信息进行的小区选择（对应的场景是保存有之前搜索到的 NR 小区频点信息）流程：

① 读取之前存储的小区频点信息，对这些频点进行小区搜索。

② 一旦有 suitable 小区被找到，则选择该小区。

③ 如果所有的存储小区频点信息都搜索完也没有找到 suitable 小区，则触发初始小区选择流程。

小区选择主要遵循 S 准则，即小区选择的 S 值 $S_{rxlev}>0$ 或 $S_{qual}>0$ 时允许 UE 驻留。

$$S_{rxlev}=Q_{rxlevmeas}-(Q_{rxlevmin}+Q_{rxlevminoffset})-P_{compensation}-Q_{offsettemp}$$

$$S_{qual}=Q_{qualmeas}-(Q_{qualmin}+Q_{qualminoffset})-Q_{offsettemp}$$

其意义是终端接收信号 RSRP 大于某个门限值并且接收信号的质量值大于某个门限时，终端才能接入该小区。公式中具体的参数见表 5-10。Srxlev 为根据 RSRP 值的计算结果，Squal 为根据 RSRQ 值的计算结果，现网多采用 RSRP 值作为判决标准。

表 5-10　小区选择参数说明

参　数	说　明
S_{rxlev}	小区选择接收信号强度值 (dB)
S_{qual}	小区选择信号质量值 (dB)
$Q_{offsettemp}$	小区的补偿值 (offset) (dB)，系统消息携带
$Q_{rxlevmeas}$	终端测量出来的小区同步信号强度值（SS-RSRP 参考 TS 38.133 4.2.2）
$Q_{qualmeas}$	终端测量出来的小区同步信号质量值 (SS-RSRQ 参考 TS 38.133 4.2.2)
$Q_{rxlevmin}$	接入小区要求的最小接收信号强度值，这参数在基站网管上可配置的。如果在这个小区上 UE 支持 SUL，\mathbf{Q}_{rxlevmin} 就取值于 SIB1 的 q-RxLevMin-sul 参数，否则取值于 SIB1 的 q-RxLevMin 参数
$Q_{qualmin}$	接入该小区要求的最低信号质量值。这个参数在基站网管上可配置。终端可从 SIB1 消息的 q-QualMin 参数获取该值
$Q_{rxlevminoffset}$	接收信号强度补偿值，基站网管可配置。终端可从 SIB1 消息的 q-RxLevMinOffset 参数读取该值。注意：只有在周期性高优先级 PLMN 搜索时进行 S 准则计算时这个参数才起作用，其他场景下该参数无须参与计算
$Q_{qualminoffset}$	接收信号质量补偿值，基站网管可配置。终端可从 SIB1 消息的 q-QualMinOffset 参数读取该值。注意：只有在周期性高优先级 PLMN 搜索时进行 S 准则计算时这个参数才起作用，其他场景下该参数无须参与计算
$P_{compensation}$	对于 FR1，如果 UE 支持 NR-NS-PmaxList 中的附加 P_{max}（如果存在，在 SIB1/2/4 中）： $\max(P_{EMAX1}-P_{PowerClass},0)-[(\min(P_{EMAX2},P_{PowerClass})-\min(P_{EMAX1},P_{PowerClass})]$ (dB)； 此外，$\max(P_{EMAX1}-P_{PowerClass},0)$ (dB) 对于 FR2，$P_{compensation}$ 为 0
P_{EMAX1}, P_{EMAX2}	网络允许 UE 的最大发射功率值级别
$P_{PowerClass}$	UE 的最大射频输出功率级别

2. 小区重选原理

UE 处于 RRC_IDEL 态或 RRC_INACTIVE 态时，均可进行小区重选。小区重选根据目标小区与服务小区的频点差异可分为同频重选和异频重选，异频重选又可根据目标频点优先级与服务小区频点优先级差异分为异频低优先级重选、异频同优先级重选与异频高优先重选。NR 中将频点优先级进行了细分：

实际的频点优先级 = 频点重选优先级 + 频选重选子优先级

除向高优先级频点重选外，所有重选都需要经历重选启动测量、重选判决，高优先级重选会一直测量，无须启动测量过程。不同类型的小区重选流程均需满足 UE 驻留在服务小区超过 1 s。

（1）同频小区重选启动测量。当前服务小区 (Serving Cell) 的信号质量满足如下条件，则启动同频测量；否则，不启动同频测量。

$$S_{\mathrm{rxlev}} \leqslant S_{\mathrm{IntraSearchP}} \quad \text{或} \quad S_{\mathrm{qual}} \leqslant S_{\mathrm{IntraSearchQ}}$$

式中，$S_{\mathrm{IntraSearchP}}$ 表示同频测量判决 RSRP 门限；$S_{\mathrm{IntraSearchQ}}$ 表示同频测量判决 RSRQ 门限。

（2）异频同优先级 / 低优先级重选启动测量。当前服务小区的信号质量满足如下条件，则启动异频同优先级/低优先级频点的测量；否则不启动测量。

$$S_{\mathrm{rxlev}} \leqslant S_{\mathrm{nonIntraSearchP}} \quad \text{或} \quad S_{\mathrm{qual}} \leqslant S_{\mathrm{nonIntraSearchQ}}$$

式中，$S_{\mathrm{nonIntraSearchP}}$ 表示异频测量判决 RSRP 门限；$S_{\mathrm{nonIntraSearchQ}}$ 表示异频测量判决 RSRQ 门限。

（3）同频 / 异频同优先级小区重选判决准则。对于同频或异频同优先级的小区重选，NR 中采用 R 准则进行重选判决，要求目标小区的 Rn 值与服务小区的 Rs 进行比较，当邻小区 Rn 大于服务小区 Rs，并持续 $T_{\mathrm{reselection}}$，同时 UE 已在当前服务小区驻留超过 1 s 以上，则触发向邻小区的重选流程。

$$\mathrm{Rn}=Q_{\mathrm{meas,t}}-Q_{\mathrm{offset}}$$

$$\mathrm{Rs}=Q_{\mathrm{meas,s}}+Q_{\mathrm{hyst}}$$

小区重选 R 准则参数说明见表 5-11。

表 5-11　小区重选 R 准则参数说明

参数名	单位	意义
$Q_{\mathrm{meas,s}}$	dBm	UE 测量到的服务小区 RSRP 实际值
$Q_{\mathrm{meas,t}}$	dBm	UE 测量到的邻小区 RSRP 实际值
Q_{hyst}	dB	服务小区的重选迟滞，常用值是 2。 可使服务小区的信号强度被高估，延迟小区重选
Q_{offsets}	dB	被测邻小区的偏移值：包括不同小区间的偏移 Qoffsets't 和不同频率之间的偏移 $Q_{\mathrm{offsetfrequency}}$，常用值是 0。 可使相邻小区的信号或质量被低估，延迟小区重选；还可根据不同小区、载频，设置不同偏置，影响排队结果，以控制重选的方向
$T_{\mathrm{reselection}}$	s	该参数指示了同优先级小区重选的定时器时长，用于避免乒乓效应

（4）高优先级小区重选判决准则。对于高优先级小区重选，UE 无须启动测量，当重选目标小区的 $S_{\mathrm{nonservingcell}} > T_{\mathrm{hreshx,high}}$，且持续 $T_{\mathrm{reselection}}$，同时 UE 已在当前服务小区驻留超过 1 s 以上，则触发向高优先级邻小区的重选流程。高优先级小区重选参数说明见表 5-12。

表 5-12 高优先级小区重选参数说明

参数名	单位	意义
$S_{noservingcell}$	dB	邻小区 S 值，取服务小区重选配置中异频重选最小接收电平
$T_{hreshx,high}$	dB	小区重选至高优先级的重选判决门限，越小重选至高优先级小区越容易。一般设置为高于 $T_{hreshserving,low}$
$T_{reselection}$	s	该参数指示了优先级不同的 NR 小区重选的定时器时长，用于避免乒乓效应

（5）低优先级小区重选判决准则。对于低优先级小区重选，UE 满足启动测量条件后，高优先级和同优先级频率层上没有其他合适的小区时，当重选目标小区的 $S_{nonservingcell} > T_{hreshx,low}$，服务小区的 $S_{servingcell} < T_{hreshserving,low}$，且持续 $T_{reselection}$，同时 UE 已在当前服务小区驻留超过 1 s 以上，则触发向低优先级邻小区的重选流程。低优先级小区重选参数说明见表 5-13。

表 5-13 低优先级小区重选参数说明

参数名	单位	意义
$S_{noservingcell}$	dB	邻小区 S 值，取服务小区重选配置中异频重选最小接收电平
$T_{hreshx,low}$	dB	小区重选至低优先级的重选判决门限，越大重选至低优先级小区越困难。一般设置为高于 $T_{hreshserving,high}$
$T_{reselection}$	s	该参数指示了优先级不同的 NR 小区重选的定时器时长，用于避免乒乓效应

5.7.2 小区切换

1. 切换基础原理

5G 网络由于组网架构的多样性，切换类型也存在多种类型，其中 SA 组网下切换原理与 LTE 类似，NSA 组网下切换类型较多，主要分为 LTE 系统内和 NR 系统内切换。

NSA 下 LTE 系统内切换主要是 SN 添加和 SN 释放，UE 在 eNB1 和 gNB 的覆盖区内，已接入 LTE/NR 双连接。UE 向基站 eNB2 移动时触发 MN 切换，从 eNB1 切换到 eNB2。此种场景下源 MN 在切换之前会先发起 SN 释放流程，释放掉 SN，切换成功后再触发 SN 增加流程将 SN 增加到目标侧 MN。

NSA 下 NR 内切换中，当后台 NR 小区配置了同频邻区后，UE 会上报 A3 测量报告，接下来会出发 PSCell 变更或 SN 变更流程。根据 UE 的位置，可分为以下两种类型：

（1）UE 在 NR 覆盖区内部。UE 在 NR 覆盖区域内移动时，检测到信号质量更好的 NR 邻区，将发生 PSCell 切换，如果切换的目标 PSCell 在本 gNB 内，称为 PSCell 变更；如果目标 PSCell 在另一个 gNB，则称为 SN 变更。整体流程如下：

① SN 收到 UE 的 A3 测量报告之后，选择候选 PSCell 列表中信号质量最好 PSCell 对应的 gNB，并将该小区的 PSCell 按照信号质量排列。

②判断该 gNB 是否为本 gNB，如果是，则执行步骤③；如果不是，则执行步骤④。

③判断候选 PSCell 列表是否存在邻区配置为 PSCell 开关打开的 NR 小区，如果存在，则执行 PSCell 变更流程。

④执行 SN 变更流程。

发生 PSCell 变更时，UE 通过双连接接入 eNB1 和 gNB 的 cell1，UE 向 cell2 覆盖区移动时，达到 A3 测量门限，触发 A3 事件测量报告，gNB 接收到测量报告后，选择信号质量最好的候选小区，即选中站内的 cell2，gNB 触发 PSCell 变更过程，如图 5-35 所示。

在 NR 服务区内向 gNB2 移动时可能发生 SN 变更或者 PSCell 变更。其中 SN 进行 PSCell 变更时，通过自身的 SRB3 进行 UE 重配。

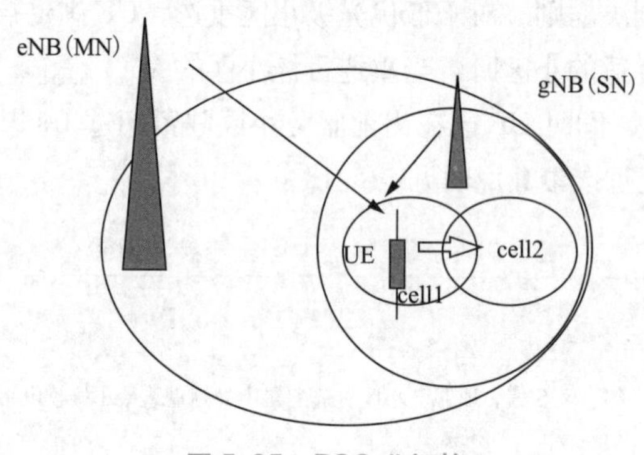

图 5-35 PSCell 切换

PSCell 变更的信令流程如图 5-36 所示。

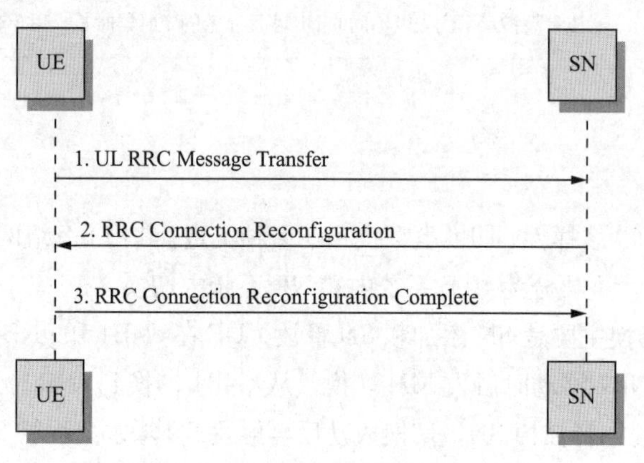

图 5-36 PSCell 变更的信令流程

图 5-36 中的步骤说明如下：

1. UE 通过 UL RRC Message Transfer 消息向源侧 SN 上报 A3 测量报告。

2. SN 根据测量上报结果做出 PSCell 变更判决，SN 建立目标小区资源，然后下发 RRC Connection Reconfiguration 消息进行空口重配。

3. UE 收到 RRC Connection Reconfiguration 消息后，删除源测小区配置，并建立目标小区配置，给 SN 回复 RRC Connection Reconfiguration Complete 消息。

4. SN 收到 RRC Connection Reconfiguration Complete 消息后，删除源小区配置，生效目标小区配置。

发生 SN 变更时，UE 已通过双连接接入 eNB1 和 gNB1，在向 gNB2 移动过程中，达到 A3 测量门限，触发 A3 事件测量报告，gNB1 接收到 UE 的测量报告后，依据信号强度选择测量上报的临小区列表中信号最好的小区，即 gNB2 内小区，发起 SN 变更流程，如图 5-37 所示。

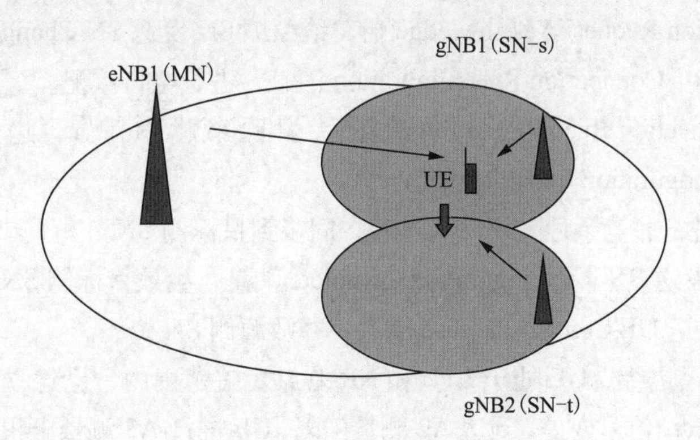

图 5-37　SN 变更

SN 变更的信令流程如图 5-38 所示。

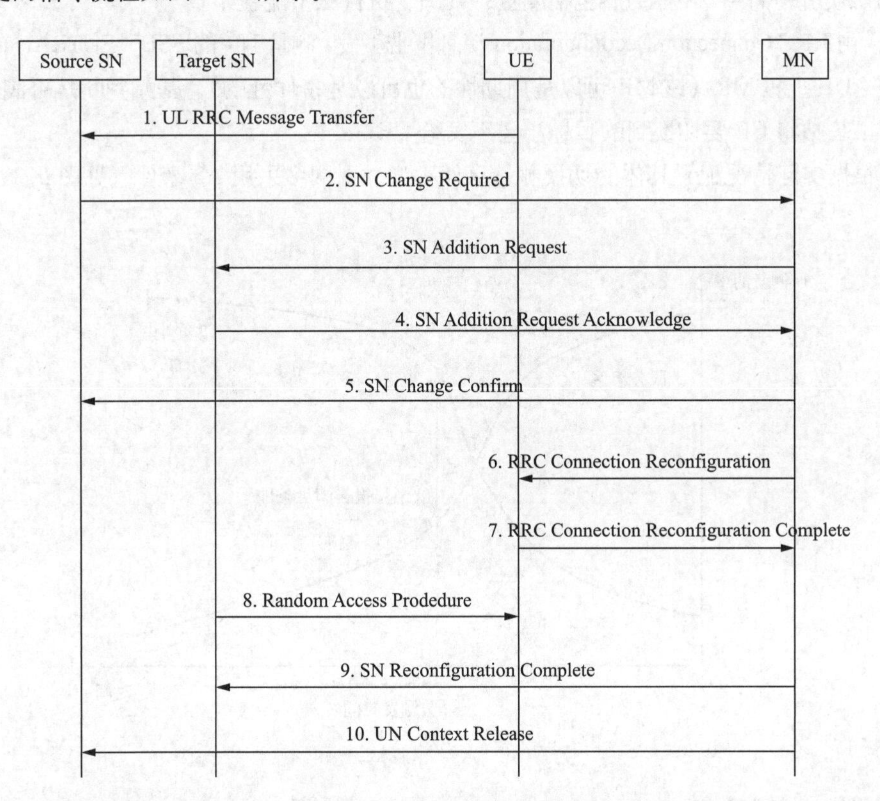

图 5-38　SN 变更的信令流程

图 5-38 中的步骤说明如下：

1. UE 通过 UL RRC Message Transfer 消息向源侧 SN 上报 A3 测量报告。

2. 源侧 SN 根据测量上报结果做出 SN 变更判决，通过 X2 口向 MN 发送 SN Change Required 发起 SN 变更过程。

3.MN 收到源侧 SN 的 SN Change Required 后，向目标侧 SN 发送 SN Addition Request 消息，发起 SN 增加过程。

4. 目标侧 SN 完成增加准备后，给 MN 回复 SN Addition Request Acknowledge。

5.MN 收到 SN Addition Request Acknowledge 后，给源侧 SN 发送 SN Change Confirm 确认变更。

6.MN 给 UE 下发 RRC Connection Reconfiguration 消息，进行空口重配。

7.UE 收到 RRC Connection Reconfiguration 消息后，删除源测 SN 配置，建立目标侧 SN 配置，并回复 RRC Connection Reconfiguration Complete 消息。

8.UE 在目标侧 SN 进行非竞争性随机接入过程，同步到目标侧 SN。

9.MN 给目标侧 SN 发送 SN Reconfiguration Complete 消息，生效目标侧 SN 配置。

10.MN 给源侧 SN 发送 UE Context Release 消息，释放源侧 SN 资源。

（2）UE 在 NR 覆盖区边缘。UE 处于 LTE 和 NR 基站覆盖范围内，已建立 LTE/NR 双连接，UE 向 NR 基站覆盖范围边沿移动，信号变差，到达 A2 测量门限，UE 进行 A2 测量上报，并触发 SN 释放流程。

2. 切换测量

5G NR 的切换流程同 4G 一样仍然包括测量、判决、执行三个流程；

（1）测量：由 RRC Connection Reconfiguration 消息携带下发；测量 NR 的 SSB，EUTRAN 的 CSI-RS。

（2）判决：UE 上报 MR（该 MR 可以是周期性的也可以是事件性的），基站判断是否满足门限。

（3）执行：基站将 UE 要切换到的目标小区下发给 UE。

网管侧可根据实际情况配置具体的切换测量事件类型，现网多采用 A3 事件（见图 5-39）作为切换测量事件。

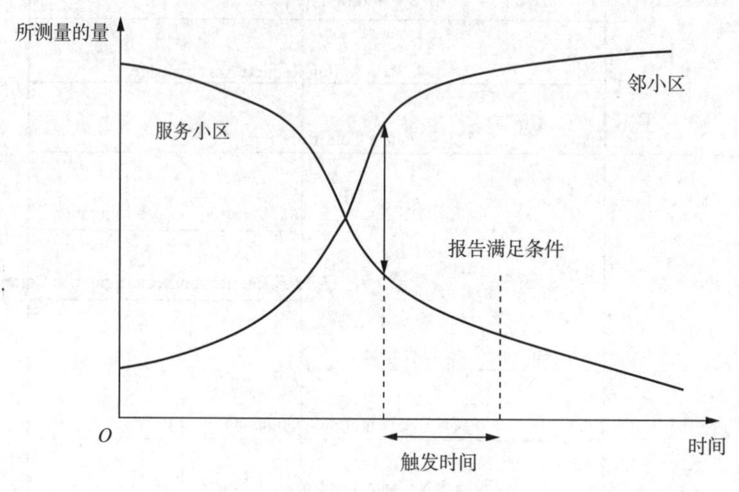

图 5-39　A3 事件示意图

A3 事件终端测量机制如下：

当终端满足（A3 事件）Mn+Ofn+Ocn−Hys ＞ Ms+Ofs+Ocs+Off 且维持 Time to Trigger 个时段后上报测量报告。

Mn+Ofn+Ocn+Hys ＜ Ms+Ofs+Ocs+Off 离开事件。

其中，Mn 为邻小区测量值；Ofn 为邻小区频率偏移；Ocn 为邻小区偏置；Hys 为迟滞值；Ms 为服务小区测量值；Ofs 为服务小区频率偏移；Ocs 为服务小区偏置；Off 为偏置值。

3. 切换事件

切换事件具体算法见 3GPP 协议 TS 38.331 中 5.5.4，NR 可使用的切换事件含义见表 5-14。

表 5-14　NR 可使用的切换事件含义

事件类型	事件含义
A1	服务小区高于绝对门限
A2	服务小区低于绝对门限
A3	邻区－服务小区高于相对门限
A4	邻区高于绝对门限
A5	邻区高于绝对门限且服务小区低于绝对门限
A6	载波聚合中，辅载波与本区的 RSRP/RSRQ/SINR 差值比该值实际 dB 值大时，触发 RSRP/RSRQ/SINR 上报
B1	异系统邻区高于绝对门限
B2	本系统服务小区低于绝对门限且异系统邻区高于绝对门限

切换事件使用场景见表 5-15。

表 5-15　切换事件使用场景

功　能	事　件
基于覆盖的同频测量	A3, A5
释放 SN 小区	A2
更改 SN 小区	A3
CA 增加 Scell 测量	A4
CA 删除 Scell 测量	A2
基于覆盖的异频测量	A3, A5
打开用于切换的异频测量	A2
关闭用于切换的异频测量	A1

4. SA 切换的信令流程

SA 切换的信令流程如图 5-40 所示。

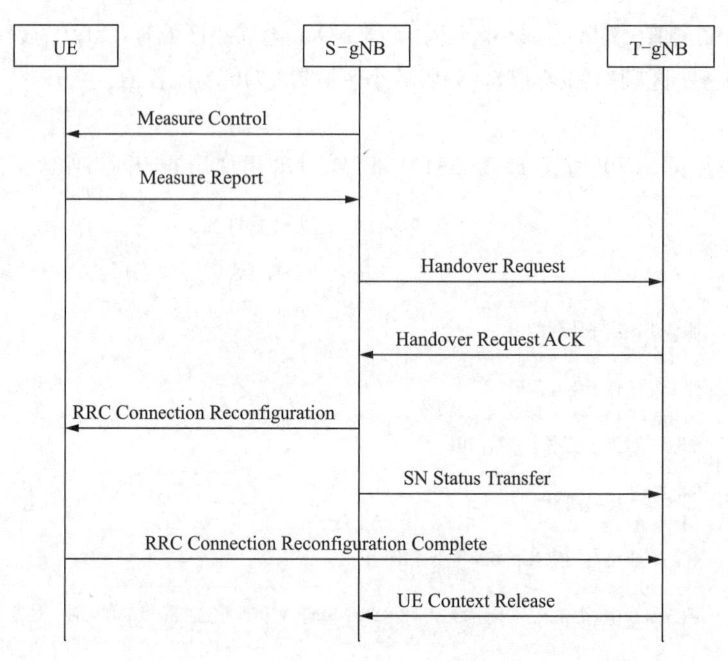

图 5-40 SA 切换流程

当源 gNodeB 收到 UE 的测量上报，并判决 UE 向目标 gNodeB 切换时，会直接通过 Xn 接口向目标 gNodeB 申请资源，完成目标小区的资源准备，之后通过空口的重配消息通知 UE 向目标小区切换，在切换成功后，目标 gNodeB 通知源 gNodeB 释放原来小区的无线资源。此外，还要将源 gNodeB 未发送的数据转发给目标 gNodeB，并更新用户面和控制面的节点关系。NSA 切换信令流程根据切换类型的区别参考 5.6.3 ～ 5.6.6 双连接小节相关流程。

5.7.3 寻呼

根据寻呼的发起方的差异，寻呼可分为 5GC 寻呼与 RAN 寻呼。5GC 寻呼中，寻呼消息来自 5GC，RRC_IDLE 状态 UE 有下行数据到达时，5GC 通过 Paging 寻呼消息通知 UE。RAN 寻呼中，寻呼消息来自 gNB，RRC_INACTIVE 状态 UE 有下行数据到达时，gNB 通过 RAN Paging 寻呼消息通知 UE 启动数据传输。5GC 发起的寻呼和 NAS 层的移动性管理是配套的过程，UE 在 TA 之间移动的时候，通过 TAU 让核心网知道 UE 当前所在的 TA。在 RRC_INACTIVE 状态下，引入了类似 TA 概念的 NA（Notification Area），UE 在 NA 之间移动的时候，通过 NAU 让网络知道 UE 所在的 NA，NA 一般被 TA 包含，所以当网络想要发送下行消息或数据的时候，也需要通过寻呼的方式让 UE 回到 RRC_CONNECTED 状态。

无论是 5GC 寻呼还是 RAN 寻呼，Paging 消息都是相同的，最终的寻呼消息均是由 gNB 通过空口发给 UE 的。与 LTE 寻呼相比，NR 寻呼消息中最大 UE 寻呼个数由 LTE 的 16 增大为 32，并新增了短寻呼消息。

1. 5GC 寻呼

当 UE 处于 RRC_IDLE 时，有下行数据到达，5GC 将通知 gNB 进行寻呼，由 gNB 发起对 UE 的寻呼。

UE 接收到寻呼消息后将发起服务请求，响应核心网的寻呼消息。

5GC 寻呼信令流程如图 5-41 所示。

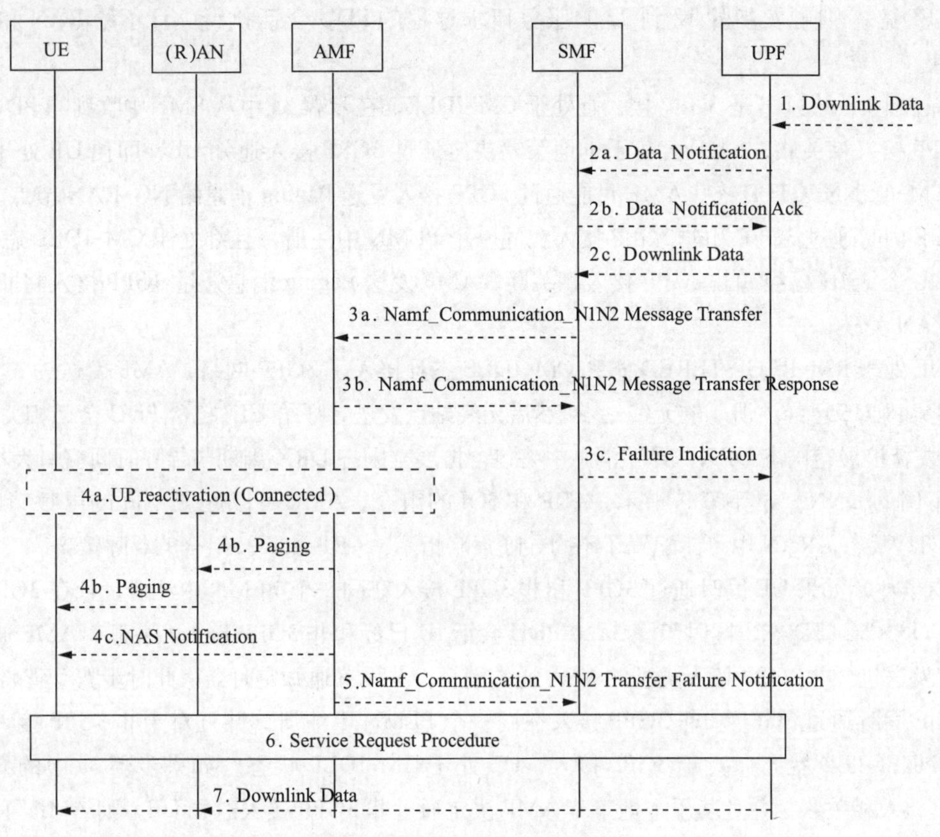

图 5-41 5GC 寻呼信令流程

图 5-41 中的步骤说明如下：

1.UPF 收到 PDU 会话的下行数据并且 UPF 中没有存储与此会话对应接入网的数据通道。SMF 指示 UPF 将这些下行数据放在缓存中（步骤 2a、2b），或将下行数据转发给 SMF（步骤 2c）。

2a.UPF 至 SMF：数据通知（N4 会话 ID、下行数据包的 QoS 流标识、差分服务代码点 DSCP）。

2b. 数据通知 ACK。

2c.SMF 指示 UPF 发送下行数据包给 SMF（SMF 缓存这些数据包）。

3a.（有条件）SMF 至 UPF：Namf_Communication_N1N2 Message Transfer 发送 [SUPI、PDU 会话 ID、N1 会话管理信息、N2 会话管理信息（QFI、QoS Profile、核心网 N3 隧道信息、S-NSSAI）、N2 会话管理的有效区域、ARP、寻呼策略指示、5QI、N1N2 传输失败目的地址通知、扩展缓存支持]；或 NF 至 AMF：Namf 会话、N1N2 消息发送（SUPI、N1 消息）。

3b.（有条件）AMF 响应 SMF：如果 UE 在 AMF 处登记为 CM-IDLE 态，且 AMF 能寻呼到 UE，AMF 立刻向 SMF 发送 Namf_Communication_N1N2 Message Transfer response，以向 SMF 指示 AMF 正在尝试找到 UE 并向 UE 提供步骤 3a 中的 N2 会话管理信息，一旦 UE 可达，SMF 可能需要再次提供 N2 会话管理信息。

3c. SMF 回复 UPF：SMF 可能通知 UPF 用户面配置失败。

4a.（有条件）如果 UE 在步骤 3a 从 SMF 收到的 PDU 会话 ID 相关的接入流程中处在 CM-CONNECTED 态，则触发步骤 12 到 22 的服务请求过程的 PDU 会话执行，且不给 RAN 和 UE 发送 Paging 消息。

4b.（有条件）如果 UE 是 3GPP 接入且处于 CM-IDLE，在步骤 3a 中从 SMF 中收到的 PDU 会话 ID 已经和 3GPP 接入相关联，AMF 会基于本地策略决定通过 3GPP 接入通知 UE，即便 UE 处于非 3GPP 接入下的 CM-CONNECTED 态，AMF 可能通过 3GPP 接入发送 Paging 消息给 NG-RAN 节点。

如果 UE 同时通过 3GPP 和非 3GPP 接入在同一个 PLMN 中注册，且都处于 CM-IDEL 态，同时步骤 3a 中 PDU 会话 ID 已经和非 3GPP 接入相关联，AMF 发送 Paging 消息通过 3GPP 接入将非 3GPP 接入和 NG-RAN 关联。

如果 UE 处于 RM-REGISTERED 态和 CM-IDLE 态且接入了 3GPP 网络，AMF 发送一条 Paging 消息给注册区域内 UE 已经注册了的无线站点，然后无线站点发送寻呼给 UE，包含 PDU 会话相关的接入。如果 AMF 支持扩展空闲态 DRX，寻呼消息中将包含扩展空闲态 DRX 周期与寻呼时间窗口大小。

对于不同的 DNN、寻呼策略指示、ARP 和 5QI 的组合，AMF 可以配置不同的寻呼策略。对于 RRC-INACTIVE 态，RAN 中可能配置了不同寻呼策略指示、ARP 和 5QI 组合的寻呼策略。

4c.（有条件）如果 UE 同时通过 3GPP 和非 3GPP 接入在同一个 PLMN 中注册，且在 3GPP 接入下处于 CM-CONNECTED 态，同时步骤 3a 中 PDU 会话 ID 已经和非 3GPP 接入相关联，AMF 通过 3GPP 接入向 UE 发送包含非 3GPP 接入类型的 NSA 通知消息，并设置通知定时器。此时步骤 5 省略。

如果 UE 同时通过 3GPP 和非 3GPP 接入在同一个 PLMN 中注册，并且对于非 3GPP 接入，UE 处于 CM-CONNECTED 状态，对于 3GPP 接入，UE 处于 CM-IDLE 状态。如果步骤 3a 中的 PDU 会话 ID 与 3GPP 接入相关联，并且基于本地策略 AMF 决定通过非 3GPP 接入通知 UE，则 AMF 可以通过非 3GPP 接入向 UE 发送包含 3GPP 接入类型的 NAS 通知消息，并设置通知计时器。

5.AMF 至 SMF：AMF 通过定时器来监控寻呼过程。如果 AMF 没有收到 UE 的寻呼响应消息，AMF 可以根据步骤 4b 中的寻呼策略继续寻呼。如果 UE 没有响应寻呼，AMF 向 SMF 发送 Namf_Communications_N1N2 Transfer Failure Notification 消息通知步骤 3a 中 SMF 分配的目标地址。但如果是正在进行的 MM 过程阻止 UE 响应，即 AMF 获悉 UE 正在与另一个 AMF 进行注册过程的 N14 上下文请求消息，此时 AMF 不会向 SMF 发送失败通知。当 SMF 收到 Namf_Communication_N1N2 Transfer Failure Notification 消息时，SMF 将通知 UPF。

6.UE 根据其在 3GPP 接入和非 3GPP 接入中的 CM 状态，采取对应的方式发起服务请求流程。同时 SMF 指示 UPF 建立新的数据发送通道。

7.UPF 通过在服务请求中参与的 RAN 给 UE 发送缓存的下行数据，如果缓存的下行数据在 SMF 中，SMF 先将缓存的数据发送给 UPF。如步骤 3a 所述，网络如果此过程是由于其他 NF 请求触发，网络也会发送下行信令给 UE。

2.RAN 寻呼

RRC_INACTIVE 状态下，UE 有下行数据到达时，gNB 通过 RAN Paging 寻呼消息通知 UE 启动数据传输。

RAN 寻呼信令流程如图 5-42 所示。

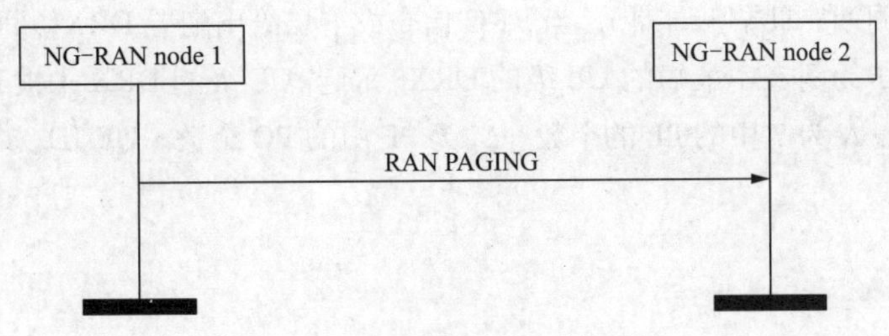

图 5-42　RAN 寻呼信令流程

由 NG-RAN 节点 1 向 NG-RAN 节点 2 发送 RAN PAGING 消息，消息中包含 UE 的 RAN 寻呼标识等必要信息。

3. 寻呼资源

3GPP 协议 TS 38.304 中 7.1 规定，寻呼消息在空口发送时通过寻呼帧 PF 和寻呼机会 PO 共同决定。PF 是一个无线帧，可能包含一个或多个完整的 PO 或 PO 的起始点。PO 为一次 PDCCH 监听时机，由多个子帧或多个符号组成，1 和 PO 等于 1 个波束扫描周期，每个波束上的 Paging 消息内容相同。

寻呼消息的时域位置如图 5-43 所示。

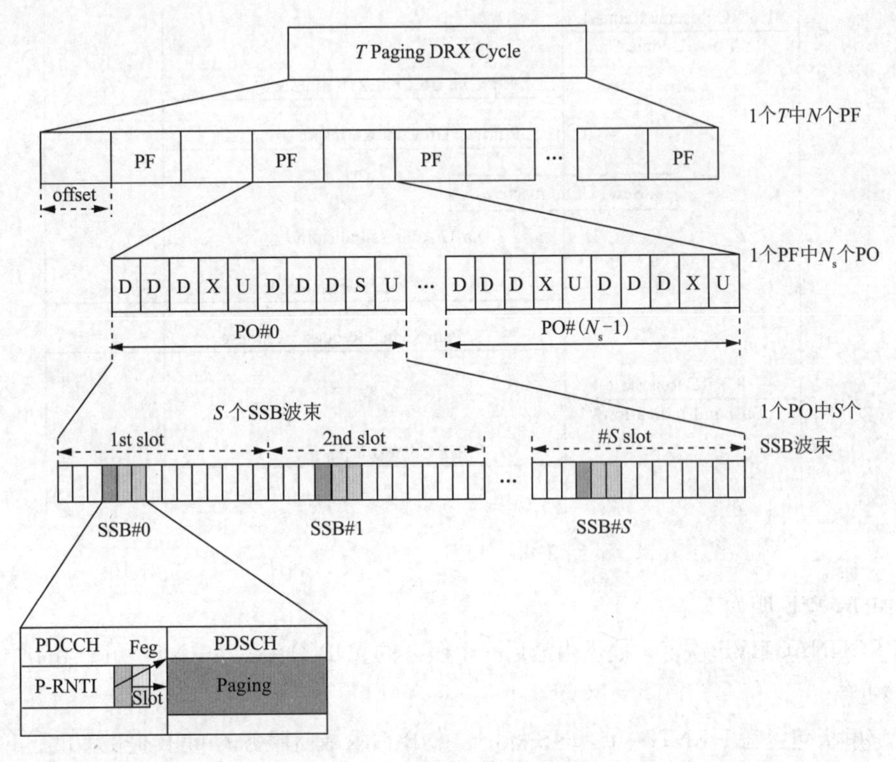

图 5-43　寻呼消息的时域位置

PF 相关计算公式如下：

(SFN+offset) mod T = (T div N) × (UE ID mode N)。

PF 相关计算公式如下：

PO 的 Index=floor（UE ID÷N）mode N_s。

T 为 UE 的 DRX 周期（即寻呼周期），当 RRC 信令或上层给出配置 DRX，同时又收到在系统消息中广播默认的 DRX，T 为两者中最短的 UE 级的 DRX；而当 UE 级的 DRX 未被 RRC 信令或上层配置时，则使用默认 DRX。N 为 T 中的 PF 的个数。N_s 为 PF 中的 PO 个数。UE ID 为 UE 的寻呼 ID。offset 为 PF 的偏置。

5.7.4 位置更新

LTE 网络中位置更新为 TAU 流程，5G 中位置更新包含 registration update 以及 RAN Notification Area Update（用于 RRC_INACTIVE 态），注册更新参考注册流程。本节主要讲述 RNA 更新流程。当 UE 移动出已连接且配置的 RNA，会触发 RNA 更新，或周期性触发 RNA 更新。

RNA 更新流程如图 5-4 所示。

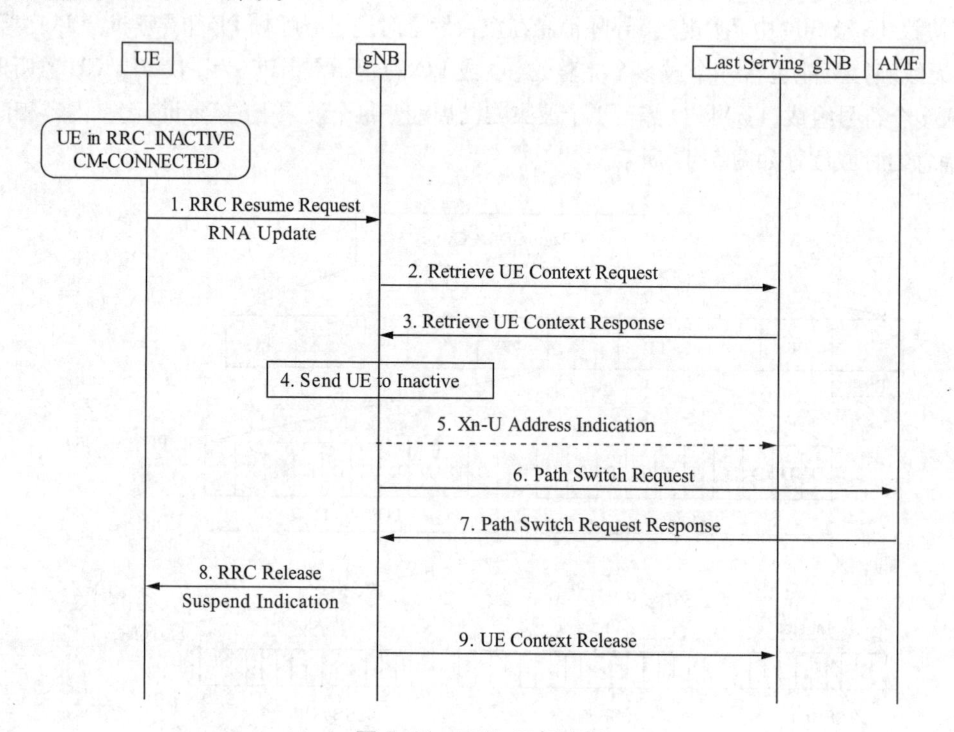

图 5-44　RNA 更新流程

图 5-44 中的步骤说明如下：

1.UE 从 RRC_INACTIVE 恢复，提供由最后一个服务的 gNB 分配的 I-RNTI 和适当的原因值，例如 RAN 通知区域更新。

2. 如果能够解析包含在 I-RNTI 中的 gNB 标识，gNB 请求最后服务的 gNB 提供 UE 上下文。

3. 最后一个服务的 gNB 提供 UE 上下文。

4. gNB 可以将 UE 移动到 RRC_CONNECTED，或者将 UE 发回 RRC_INACTIVE 状态或者将 UE 发送回 RRC_IDLE，如果 UE 被发送回 RRC_IDLE，则不需要执行以下步骤。

5. 为了防止丢失最后一个服务的 gNB 中缓存的 DL 用户数据，gNB 提供转发地址。

6-7. gNB执行路径切换。

8.gNB在最后一个服务的gNB触发UE资源释放。

小结

信令分析是移动网络运维的重要环节，在网络优化与网络维护时可通过具体信令流程、信令字段快速定位网络故障，提升网络质量。由于5G网络用户面与控制面的进一步分离，注册与会话建立在终端接入时独立进行，终端开机后首先需要完成初始注册，若要进行数据传输即可发起会话建立请求，完成数据通道建立。去注册时，可由网络侧发起或终端发起，不同发起方式下信令流程存在较大差异。

双连接是5G中关键的技术之一，主节点与辅助节点的差异存在多种双连接类型。辅助节点的状态变化是双连接中的难点。本章主要介绍了当前商用网络中的Option3x选项的双连接关键流程，其他双连接选项的流程暂未涉及。

此外，移动性管理中的切换、重选、漫游是网络连续服务的基础，掌握好相关原理后，可在后续业务开通与优化中快速解决由于切换重选问题引发的网络质量差的问题。

第 6 章 5G 关键技术

5G 网络性能的提升，并非仅仅依赖于单一的某项技术，而是多种技术相互配合共同服务于相应的应用场景。作为新一代移动通信网络，5G 无论在编码方式、调制方式还是 MIMO 方式上较 LTE 相比均存在较大变革。此外，随着虚拟化技术的引入，5G 网络切片等崭新的技术也迎来了广泛应用，通过超密组网、毫米波技术的深度融合，进一步拓展了 5G 的应用领域，极大提升了 5G 网络性能。本章以 5G 网络中成熟的关键技术为例，系统讲述了不同关键技术的基础原理与应用场景，并对其在商用网络的应用前景进行了深入分析。

6.1 多接入边缘计算

5G 产业应用中，uRLLC 场景对传输时延等指标具有严格要求，mMTC 场景对设备性能容量存在极大冲击，多接入边缘计算的提出，通过服务器本地化部署或边缘部署的形式，从根源上解决了 5G 不同业务类型对时延、容量的要求，极大提高了 5G 网络性能。

6.1.1 多接入边缘计算的概念

多接入边缘计算（Multi-Access Edge Computing，MEC）是一种网络架构，为网络运营商和服务提供商提供云计算能力以及网络边缘的 IT 服务环境。2013 年，IBM 与 Nokia Siemens 网络当时共同推出了一款计算平台，可在无线基站内部运行应用程序，向移动用户提供业务。欧洲电信标准协会（ETSI）于 2014 年成立移动边缘计算规范工作组（Mobile Edge Computing Industry Specification Group），正式宣布推动移动边缘计算标准化。其基本思想是把云计算平台从移动核心网络内部迁移到移动接入网边缘，实现计算及存储资源的弹性利用。这一概念将传统电信蜂窝网络与互联网业务进行了深度融合，旨在减少移动业务交付的端到端时延，发掘无线网络的内在能力，从而提升用户体验，给电信运营商的运作模式带来全新变革，并建立新型的产业链及网络生态圈。2016 年，ETSI 把 MEC 的概念扩展为多接入边缘计算，将边缘计算从电信蜂窝网络进一步延伸至其他无线接入网络（如 Wi-Fi）。MEC 可以看作是一个运行在移动网络边缘的、运行特定任务的云服务器。

据估计，将应用服务器部署于无线网络边缘，可在无线接入网络与现有应用服务器之间的回传链路上节省高达 35% 的带宽使用。2018 年，来自游戏、视频和基于数据流的网页内容已占据 84% 的 IP 流量，这要求移动网络提供更好的体验质量。利用边缘云架构，可使用户体验到的网络延迟降低 50%。据 Gartner 报告，全球联网的物联网设备至 2020 年已高达 208 亿台。在图像识别方面，服务器的处理时间增加 50 ～ 100 ms，能提高 10% ～ 20% 的识别准确率，这意味着在不对现有识别算法做改进的情况下，通过引入多接入边缘计算技术，就可通过降低服务器同移动终端之间的传输时延改善识别效果。

6.1.2　5G 网络中的 MEC 场景

ETSI（European Telecommunication Standards Institute，欧洲电信标准化协会）于 2016 年 4 月 18 日发布了与 MEC 相关的重量级标准，对 MEC 的七大业务场景做了规范和详细描述。5G 网络时代，不同业务对于 5G 网络的性能的要求差异越来越大。例如，车联网场景，要求端到端 99.999% 的高可靠性和端到端小于 5 ms 的超低时延；视频直播类场景用户密度大，带宽要求在 100 Mbit/s ～ 1 Gbit/s，时延要求小于 10 ms；工业 AR/VR 场景需提供大流量移动宽带，峰值速率超过 10 Gbit/s，带宽要求高达几十吉比特每秒，时延要求小于 20 ms。为了契合 5G 时代业务多场景的需求，边缘计算可以按照不同场景以及时延的需求进行分级部署，通常分为地市核心、重要汇聚、普通汇聚、接入站点等四级，如图 6-1 所示。

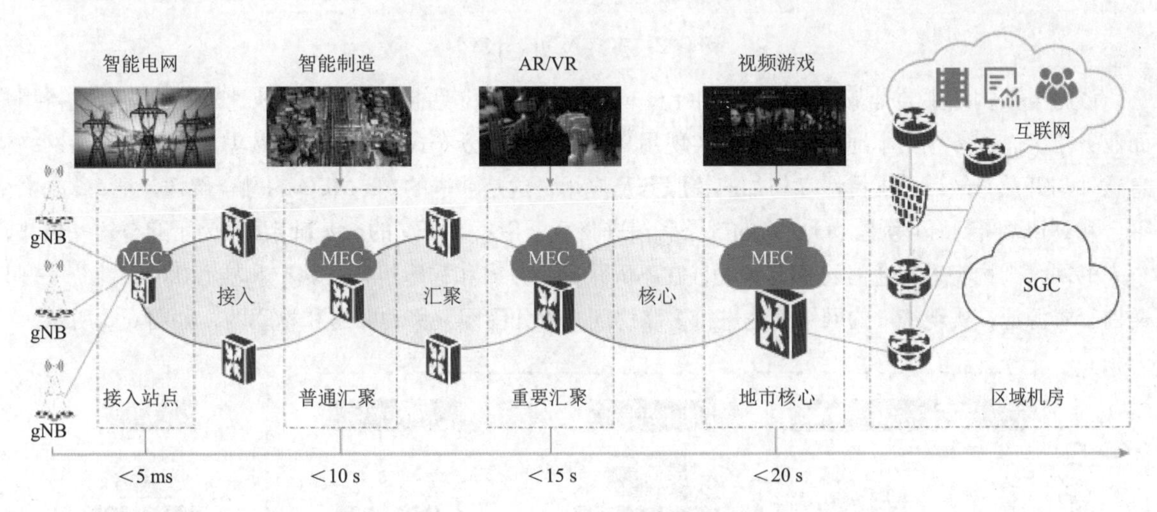

图 6-1　5G 中 MEC 分级场景

（1）地市核心。机房环境条件良好，可以支持规模高密度部署，满足资源需求规模大的行业场景。

（2）重要汇聚。机房环境有一定约束，部署密度受限，满足时延要求低的行业应用。

（3）普通汇聚。机房环境约束大，成本 / 功耗敏感，满足时延要求非常低、资源需求不大的行业场景。

（4）接入站点。机房环境约束非常大，成本、功耗、空间敏感，可以支持移动性不强，资源要求低的应用。

6.1.3 多接入边缘计算架构

MEC 作为边缘云数字化基础设施，既是一个资源计算平台，又是一个无线网络能力平台，通过将移动接入网与互联网业务深度融合，一方面可以改善用户体验，节省带宽资源，另一方面通过将计算能力下沉到网络边缘位置，提供第三方应用集成，为移动边缘入口的服务创新提供想象空间。5G 架构对 MEC 的支持，主要有两种模式：一种是边缘 UPF，相当于给用户一个本地化的 UPF，从 3GPP 直接业务分流过去；另一种方式，UPF 可以选择业务，本地的业务可以选择下沉的方式。多接入边缘计算架构如图 6-2 所示。

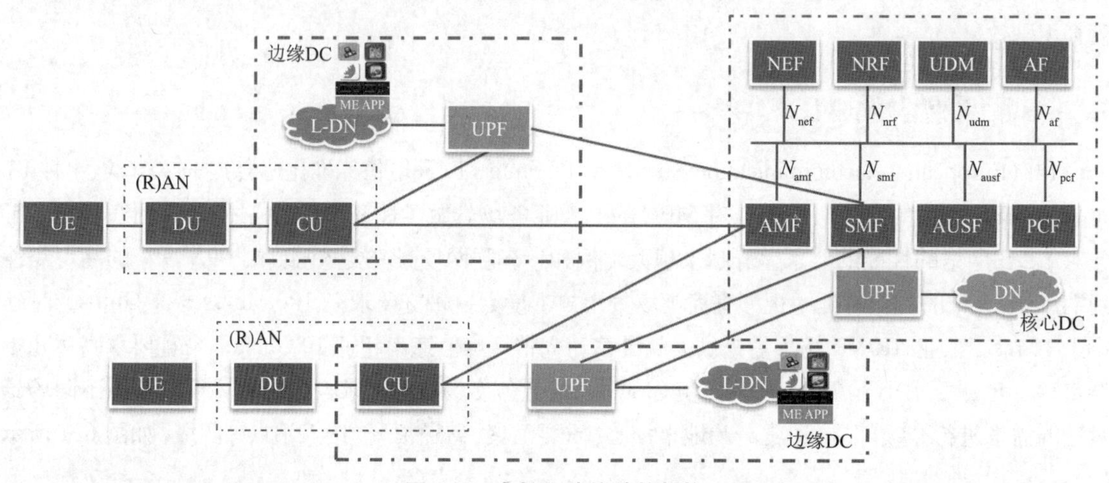

图 6-2 多接入边缘计算架构

该融合架构最主要是基于通用硬件平台，可以支持 MEC 功能、业务应用快速部署。同时支持用户面业务下沉、业务应用本地部署，可以实现用户面及业务的分布式、近距离、按需部署。还支持网络信息感知与开放。最后是支持缓存与加速等服务及应用，这是演进的 5G MEC 的融合架构，把 5G 的网络平台和 MEC 平台整体考虑。5G 网络的部署和演进将基于 SDN / NFV 的云基础架构。为了迎合这一趋势，未来的网络架构将采用通信云 TIC 布局，在不同级别上分布和构建边缘、城市和核心 TIC，并统一规划通信云资源池，实现统一的网络架构进行多路访问，例如固网、移动网络和物联网，如图 6-3 所示。

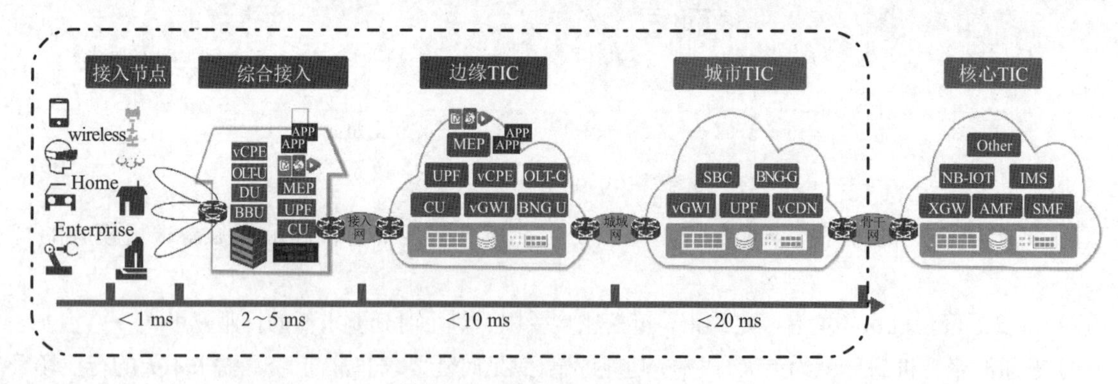

图 6-3 MEC 部署方式

1）核心 TIC

核心 TIC 部署在地区或省级核心局中，为地区或地区服务省级企业，部署区域或省级运营管理中心，例如 OSS/NFVO 组、省级云管理平台、NFVO、VNFM 等；核心内部或省级区域中的网络控制平面包括 AMF、SMF、MME 和 NB-IoT 核心网络；媒体平面集中控制网络元素，例如网元 IMS。核心 TIC 对网元进行统一管理、统一网络管理，以及基础架构的统一管理。TIC 的核心也实现了 NFVO 和 OSS 合作。NFVO 负责虚拟网络调度、资源管理、故障警报等。OSS 还作为传统的网络管理，负责业务和资源协调。NFVO 与 OSS 合作实现统一传统网络和虚拟网络的管理。

2）城市 TIC

城市 TIC 部署位置位于地级市和关键县级市。它主要承载了城域网的控制面网元和集中的用户面网元，并为控制面和局部网络的用户面网元提供服务，包括 CDN、SBC、BNG-C、UPF、GW-U 等。

3）边缘 TIC

边缘 TIC 主要部署在传输汇聚局中。边缘 TIC 主要终止媒体流功能并执行转发，接入层和边缘计算网元主要被部署在这里。5G 的网元 RAN-CU、MEC、BNG-U、OLT-U 和 UPF 可以根据需要，灵活部署在边缘 TIC 上，提供低延迟和高带宽的服务功能。边缘 TIC 的部署可以部署一系列资源，例如云服务环境、计算、存储、网络等，实现各种应用程序和网络的紧密集成。

6.2 网络切片

5G 网络提供了多样化的服务，包括车联网、智慧城市、工业自动化、远程医疗、VR/AR 等等。不同服务对网络的要求是不一样的，如工业自动化要求低时延、高可靠，但对数据速率要求不高；高清视频无须超低时延但要求超高速率；一些大规模物联网不需要切换，但对网络容量具有极大挑战。因此，需要把一张 5G 网络切成多个虚拟且相互隔离的子网络，分别应对不同的服务。

6.2.1 网络切片的定义

网络切片（Network Slicing）是指网络根据承载业务的自有特征和需求，对端到端的网络资源（网络功能、物理硬件及接口管道资源等）进行逻辑划分和封装，以满足不同业务对网络带宽、时延、可靠性等网络性能的 QoS 需求，且自身网络发生故障和恢复时不影响其他切片业务的技术，如图 6-4 所示。

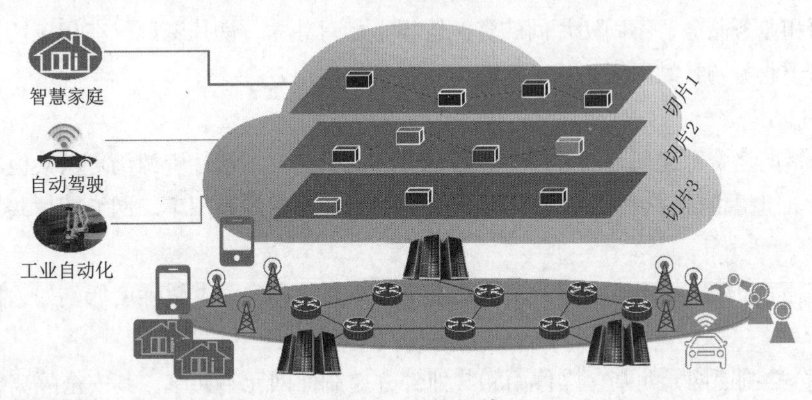

图 6-4　网络切片

网络切片通过统一的物理设备实现了具有不同的特定网络能力和网络特性的逻辑网络，每个虚拟逻辑网络之间，包括网络内的设备、接入、传输和核心网，是逻辑独立的。

6.2.2 网络切片的分类

从业务角度出发，不同类型业务场景对技术层面的需求存在差异，有的需求之间甚至相互对立。例如，要通过单一网络同时为不同类型业务场景提供网络支持，会大幅提升网络架构和策略的复杂度，最终导致网络资源利用率和运维效率低下。5G 网络通过引入切片技术可以很好地解决该问题，且 5G 基于虚拟化方式部署的网络架构使得切片策略也可按需定制。网络运营商可结合自身业务特点，采取差异化的切片策略构建相互隔离的逻辑网络，实现对业务的定制化承载。

1. 基于业务场景的切片

目前，业界主流的方式是基于业务场景进行切片，分为 eMBB 切片、IoT 切片及 uRLLC 切片，在 R16 版本的协议中，将 V2X 从 uRLLC 切片中独立出来形成了 V2X 切片。每种切片对所分配的各层级网络资源和运维管理资源进行有机整合，构成一个完整的逻辑网络，可以独立承担某类业务端到端的网络功能。

对于 eMBB 场景中大带宽业务的实际需求，可考虑在核心数据中心 / 云中部署核心网控制面 Core-CP、视频业务 QoS 保障服务，并在相对靠近用户的网络层级的数据中心 / 云中部署核心网用户面 Core-UP、视频缓存服务器等（IPTV PoP 节点）。针对物联接入的需要，可考虑在核心数据中心 / 云中集中部署 Core-CP 和 Core-UP，并配置相应物联终端连接、测量采集与管理等服务。通常，物联接入场景无须配置移动性管理服务。uRLLC 场景下的业务场景通常需要网络侧最大程度缩短业务端到端时延，此类场景可充分利用承载网络可达性，在网络边缘层级面向用户就近部署 Core-CP 和 Core-UP 实现业务终结，并配置相关应用服务满足业务具体需求，如工业网互联服务等。V2X 切片基本与 uRLLC 场景的特性一致。

2. 基于切片资源访问对象的切片

如果从网络资源的层面划分切片，可根据切片功能资源是否可被其他切片资源共享，分为独立切片和共享切片。

1）独立切片

独立切片是指网络资源经逻辑切片后，指定的用户对象群体或业务场景可获得网络侧完整且独立的端到端网络资源和业务服务，不同切片间的资源逻辑上相对独立，切片资源仅在相应切片内部可被调用并提供服务。基于业务场景的网络切片可理解为独立切片。

2）共享切片

共享切片是指网络资源经切片后并没有进行彻底的逻辑隔离，切片资源仍可供其他不同的独立切片共享调度和使用，以提供部分可共享的业务功能和服务，提高资源利用率。网络切片共享有三种模式，如图 6-5 所示。

切片 1：控制面和媒体面网元都不共享。其安全隔离要求高、成本敏感度低，如远程医疗、工业自动化等。

切片 2：部分控制面网元共享，媒体面和其他部分控制面网元不共享。其安全隔离要求相对低，终端要求同时接入多个切片，如辅助驾驶、车载娱乐等。

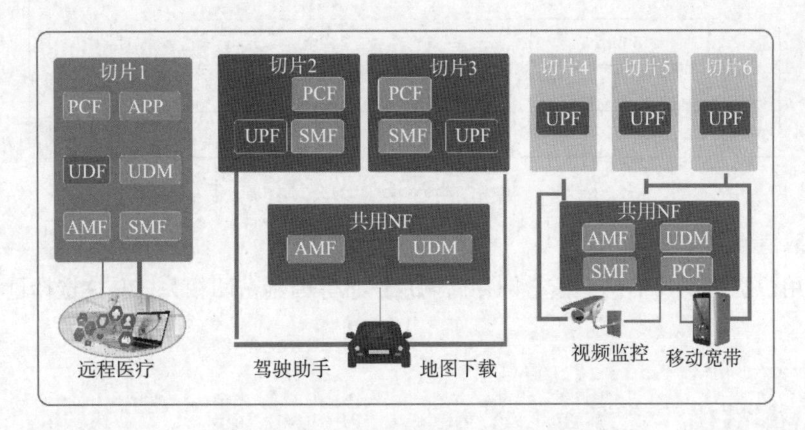

图 6-5　网络切片共享

切片 3：所有控制面网元共享，媒体面网元不共享。其安全隔离要求低，成本敏感，如视频监控、手机视频、智能抄表。

6.2.3　网络切片的架构

一个切片可以提供一个或多个服务，一个切片由一个或多个子切片组成，两个切片可以共享一个或多个子切片，一个 UE 能够同时支持 1 ～ 8 个网络切片。网络切片需要无线、承载、核心网共同参与，5GC 内主要涉及 SMF、AMF、NRF、PCF、UPF 网络功能，UDM 为每个 UE 签约支持的 NSSAI，一个 NSSAI 包含多个 S-NSSAI；PCF 为 UE 提供每个 APP 的网络切片选择策略 NSSP；NSSF 存储切片实例信息（NSI、NSSAI、TA List、AMF List 等）；NRF 存储各切片中的 NF/NFS 实例信息。切片与会话中的 QoS 流密切相关，同一个 Session 的多个流只能在一个切片中。如果 UE 接入多个切片，AMF 在切片间需要共享。切片架构如图 6-6 所示。

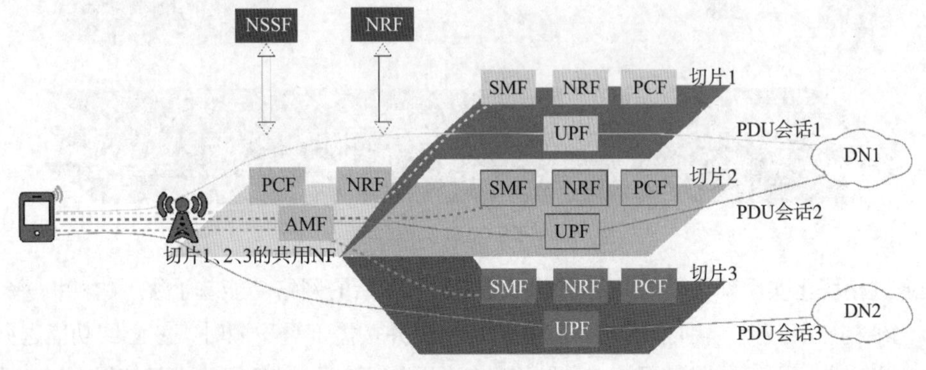

图 6-6　切片架构

为区分不同的端到端网络切片，5G 系统使用单网络切片选择辅助信息 S-NSSAI 来标识一个切片，一个 S-NSSAI 包括切片服务类型 SST 和切片差异区分器 SD。一个 S-NSSAI 的组成示意图如图 6-7 所示。

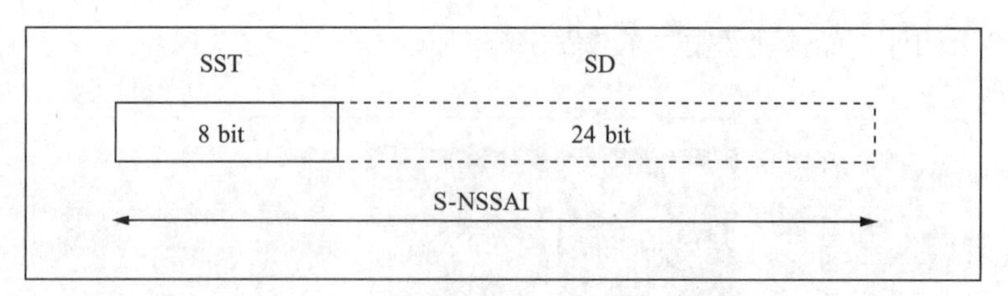

图 6-7　一个 S-NSSAI 的组成示意图

其中，SST 取值规则见表 2-7。

切片选择与用户签约切片信息、核心网存储切片信息等因素密切相关，具体选择过程见后续切片选择流程章节。

6.2.4　端到端网络切片实现

端到端的网络切片主要是指从核心网侧、承载网侧以及无线网侧不同维度切片的组合，如图 6-8 所示。各维度的切片思路各有侧重。

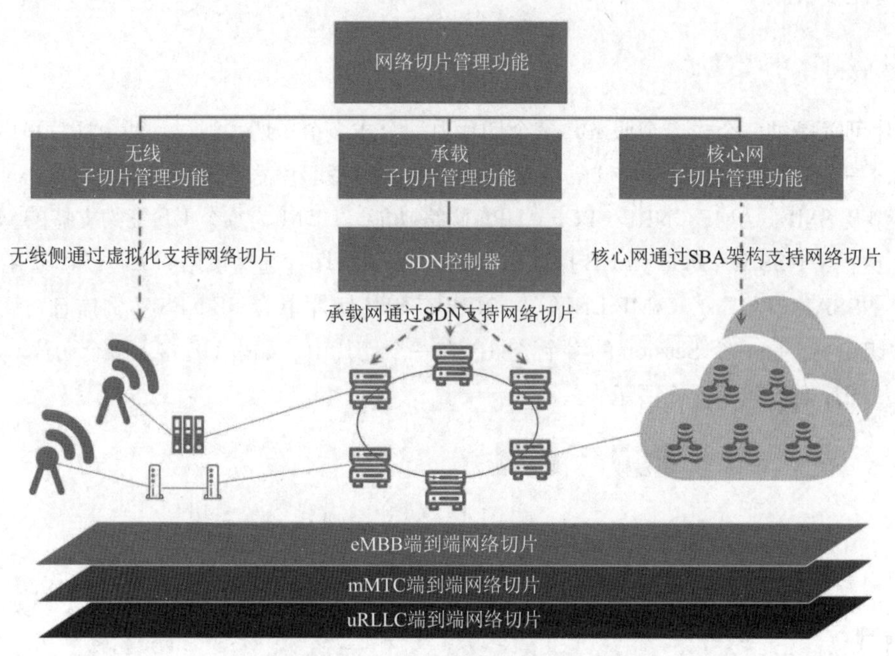

图 6-8　5G 端到端网络切片

核心网通过模块化实现网络功能间的解耦和整合。解耦后的网络功能基于统一的模板进行定义，并抽象为服务化架构（SBA）。每种服务均可独立扩容演进并按需部署。同时，核心网功能之间的交互采用服务化接口来实现，同一种服务可被多种网络功能调用，简化了服务间的交互流程，进一步降低了网络功能间接口定义的耦合度，实现了切片网络的功能按需定制。切片资源间的隔离可通过为虚拟化服务分配虚机的方式实现，每个虚机拥有专属计算、存储和网络资源。同时，虚拟化服务也可看作是许多微服务块的集合。微服务块的运行、实例化及负载均衡等，均被封装在标准容器中运行。通过对容器级的独立管理，也可实现切片资源间更小粒度的隔离。

承载网通过对底层网络的节点、网元及拓扑链路等一系列基础设施资源的虚拟化及统一编排，根据上层业务定制化需求逻辑隔离底层物理资源组织切片子网，并结合边缘计算技术使网络计算和应用处理等核心能力可按需分散部署在网络边缘层级，减轻核心网侧和骨干链路的流量负荷。

无线网侧利用空口资源动态分配方式将空口资源进行逻辑切分，突破现有频谱资源的固定分配格局,通过切片网间空口资源共享机制提升频段重耕可能性,为有限的频谱资源提供更加合理的配置方案。

6.3 超密集组网

5G 移动通信系统较 4G 系统在网络容量方面达到 1 000 倍的提升，减少小区半径、密集部署节点，获得更大的小区分裂增益是达到这一目标的关键手段。在此要求下，UDN（Ultra Dense Network，超密集组网）应运而生，超密集组网时小区增强技术的进一步演进，是未来无线网络发展的重要方向。

6.3.1 超密集组网的概念

为了解决未来移动网络数据流量增大 1 000 倍以及用户体验速率提升 10 ～ 100 倍的需求，除了增加频谱带宽和利用先进的无线传输技术提高频谱利用率外，提升无线系统容量最为有效的办法依然是通过加密小区部署提升空间复用度。传统的无线通信系统通常采用小区分裂的方式减小小区半径，然而随着小区覆盖范围的进一步缩小，小区分裂将很难进行，需要在室内外热点区域密集部署低功率小基站，形成超密集组网。超密集组网将是满足 5G 及未来移动数据流量需求的主要技术手段，超密集组网通过更加“密集化”的无线网络基础设施部署，可获得更高的频谱复用效率，从而在局部热点区域实现百倍千倍量级的系统容量的提升。

超密集组网是解决未来 5G 网络数据流量爆炸式增长的有效解决方案。据预测，在未来无线网络宏基站覆盖的区域中，各种无线接入技术（Radio Access Technology，RAT）的小功率基站的部署密度将达到现有站点密度的 10 倍以上，形成超密集的异构网络，如图 6-9 所示。

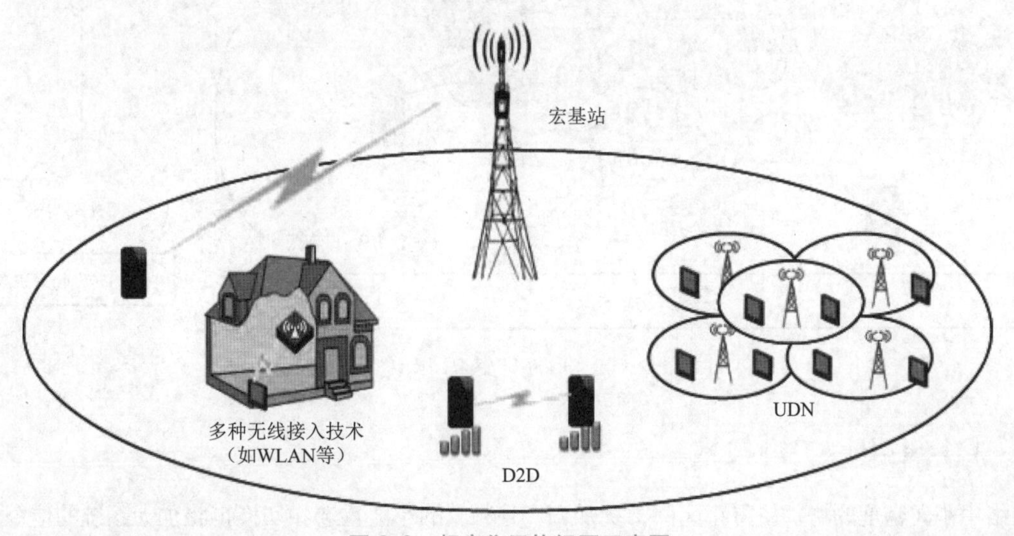

图 6-9 超密集异构组网示意图

在超密集组网场景下，低功率基站较小的覆盖范围会导致具有较高移动速度的终端用户遭受频繁切换，从而降低了用户体验速率。除此之外，虽然超密集组网通过降低基站与终端用户间的路径损耗提升了网络吞吐量，在增大有效接收信号的同时也提升了干扰信号，即超密集组网降低了热噪声对无线网络系统容量的影响，使其成为一个干扰受限系统。如何有效进行干扰消除、干扰协调成为超密集组网提升网络容量需要重点解决的问题。考虑到现有LTE网络采用的分布式干扰协调技术，其小区间交互控制信令负荷会随着小区密度的增加以二次方趋势增长，极大地增加了网络控制信令负荷。

6.3.2 超密集组网网络架构

5G超密集组网网络架构如图6-10所示，它的特点如下：

(1) 通过控制承载分离，即覆盖与容量的分离，实现未来网络对于覆盖和容量的单独优化设计，实现根据业务需求灵活扩展控制面和数据面资源。

(2) 通过将基站部分无线控制功能进行抽离进行分簇化集中式控制，实现簇内小区间干扰协调、无线资源协同、移动性管理等，提升网络容量，为用户提供极致的业务体验。

(3) 除此之外，网关功能下沉、本地缓存、移动边缘计算等增强技术，同样对实现本地分流、内容快速分发、减少基站骨干传输压力等有很大帮助。

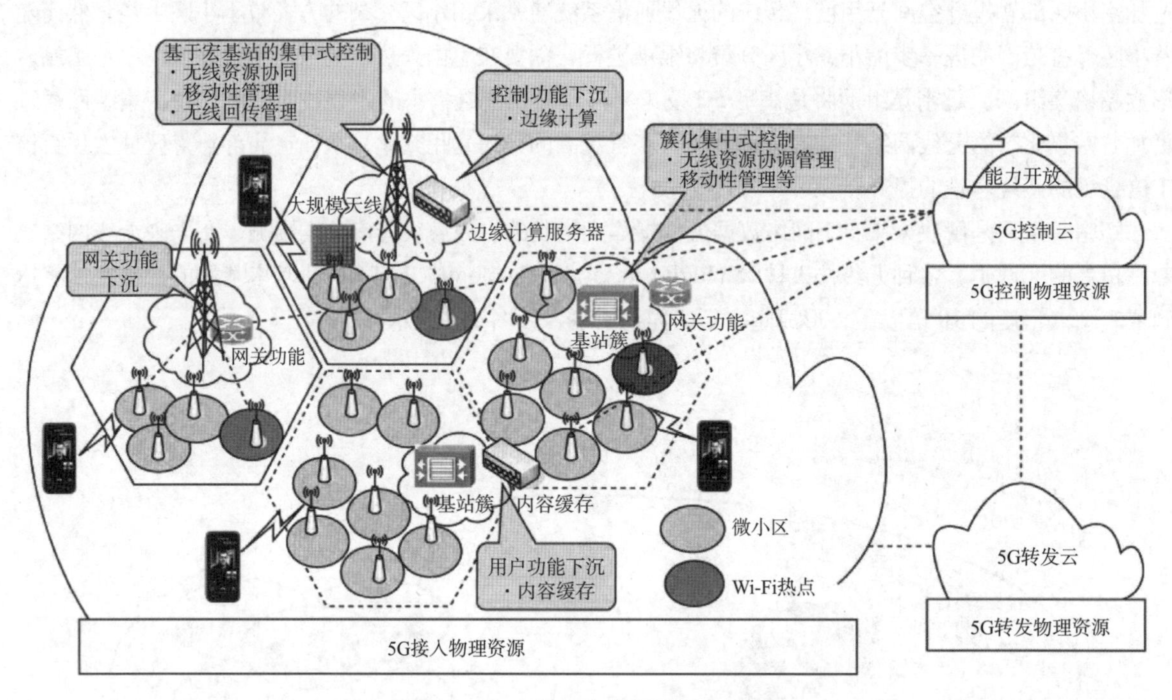

图6-10 5G超密集组网网络架构

6.3.3 超密集组网关键技术

网络中小区密度的增加使得小区间干扰加剧，且频繁的小区重选和切换也将加大系统的信令负荷。在此背景下，D-MIMO技术、Virtual Cell技术和Smart Cell技术成为解决上述问题的主要解决方案。

1. D-MIMO 技术

在同频组网场景下，随着站点数量增加和站点密度增大，小区间重叠覆盖度增加，同频干扰的问题严重，导致站点增加带来的吞吐量提升有限，特别是小区边缘用户的感知很难保证。D-MIMO（Distribute-MIMO）通过将分布在不同地理位置的天线进行联合数据发送，形成 D-MIMO 簇，如图 6-11 所示，可以将其他基站的干扰信号变成有用信号，在协调基站间同频干扰的同时提升单用户的吞吐量和系统频谱效率，保证单位面积的吞吐量随着站点数的增加稳步增长，是高密组网阶段重要的干扰解决和容量提升技术之一。

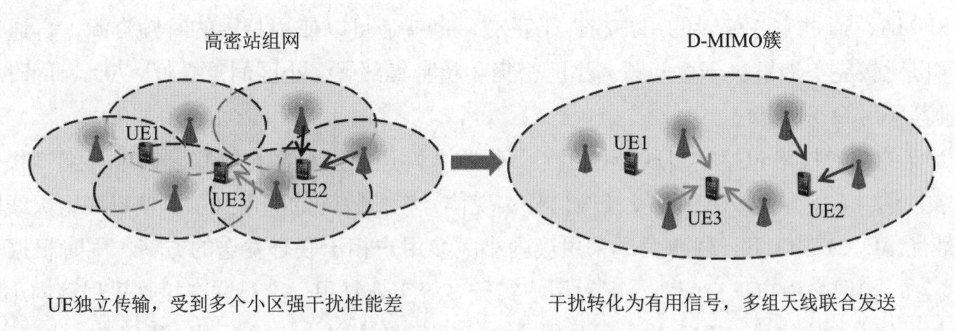

图 6-11　D-MIMO 簇

LTE 中为了解决宏微同频组网时的干扰问题，提出了 eICIC、FeICIC、CoMP、小区合并等宏微协同干扰抑制技术，能有效降低干扰，提升频谱效率及网络边缘的业务性能。多种干扰消除方式的对比如图 6-12 所示。

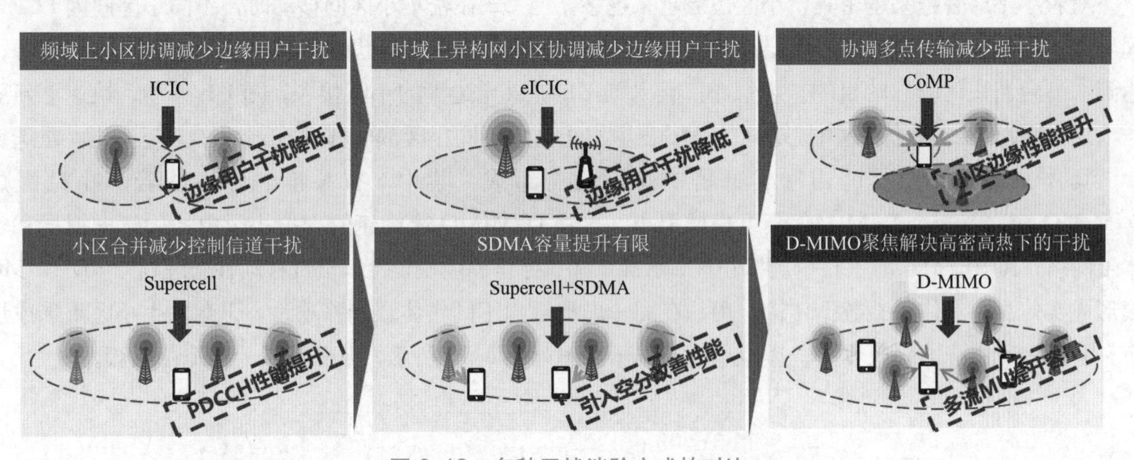

图 6-12　多种干扰消除方式的对比

多点协作（CoMP）技术是宏微间干扰的解决手段之一，通过宏微多点协助发送和接收，提高高速数据传输时的小区边缘吞吐量及系统吞吐量。CoMP 技术方案包含联合发送（JT）、动态点选择（DPS）、协作调度 / 波束赋形（CS/CB）、联合接收（JR）等，其中 JR 与 CS 是目前 LTE 基站设备所采用的主流技术方案。小区较密集部署，小区间重叠度 <30%，优先推荐采用 CoMP。

eICIC 采用几乎空白子帧（ABS）方案，通过在时域上协调宏微小区间的数据传输从而规避干扰。宏站配置一定比例的 ABS 子帧，其中只承载 CRS、PSS/SSS 等公共信号，不承载业务数据；而微站在受保护的 ABS 子帧上调度其边缘用户，可避免受到宏站的干扰。

小区合并是将多个宏 RRU 与微 RRU 覆盖下的物理小区合并为一个逻辑小区，将原先的物理小区边缘高干扰区域转变为逻辑小区中心区域，消除多小区间的干扰。参与合并的所有 RRU 需要共 BBU，在上行方向，BBU 对各 RRU 接收到的用户信号进行联合检测与合并，获得接收增益；在下行方向，各物理小区在相同的时频资源上发送相同的无线信号。小区密集部署，小区间重叠度 >70%，推荐采用 Supercell。

D-MIMO 作为 NR 中 UDN 组网的关键技术，也是起源于 CoMP。CoMP 就是考虑信息的联合发送，但是 D-MIMO 除做多个基站信息的联合发送以外，还会去做多用户的 SDMA，这样就增加了一个空间域的资源。对一个终端联合发送的基站会组成一个 Group，D-MIMO 会促使同一个 Group 内不同用户之间进行 SDMA，通过空分配对的用户趋近于正交，也就是可以使用相同的时频资源，再通过干扰消除技术就可以比较完美地解决干扰问题。小区密集和超密集部署，小区间重叠度 >70%，同时对容量需求高时，推荐采用 D-MIMO。

D-MIMO 的关键技术包括空口联合校正、下行联合发送、上行联合接收。其中，空口联合校正是 D-MIMO 实现的基础，通过 AAU 互发校准信号实现信号在接收端的同向叠加，使得多组天线联合发送增益达到最优。D-MIMO 下行联合发送采用簇内小区多用户相干联合发送的方案，同时根据小区间数据和信息交互，实现多用户正交配对，配对用户实行多流空分复用。上行联合接收采用簇内小区多天线联合接收的方案，接收信号交互合并，同时用户之间进行多流空分复用。现阶段以 Supercell 为单位构成 D-MIMO 簇，组成 D-MIMO 簇的所有小区需要能完成信息交互，能进行联合收发的处理，因此需要基带板和 FS 板的处理能力，交互带宽能满足 D-MIMO 的需求。

2. Virtual Cell 技术

随着小站部署越来越密集，小区边缘越来越多。当 UE 在密集小区间移动时，不同小区间因 PCI 不同导致 UE 小区间切换频繁。虚拟小区（Virtual Cell）技术的核心思想是“以用户为中心”分配资源，达到“一致用户体验”的目的。虚拟小区技术为 UE 提供无边界的小区接入，随 UE 移动，快速更新服务节点，使 UE 始终处于小区中心。此外，UE 在虚拟小区的不同小区簇间移动，不会发生小区切换 / 重选。

具体来说，虚拟小区由密集部署的小站集合组成。其中，重叠度非常高的若干小站组成 D-MIMO 簇，若干个 D-MIMO 簇组成虚拟小区。在 D-MIMO 簇构建的虚拟小区中，构建虚拟层和实体层网络，其中虚拟层涵盖整个虚拟小区，承载广播、寻呼等控制信令，负责移动性管理；各个 D-MIMO 簇形成实体层，具体承载数据传输，用户在同一虚拟层内不同实体层间移动时，不会发生小区重选或切换，从而实现用户的轻快体验。虚拟小区工作示意图如图 6-13 所示，蓝色区域为虚拟小区簇。

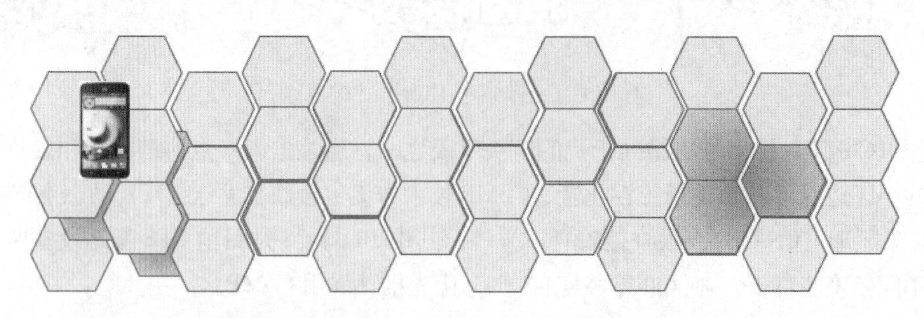

图 6-13　虚拟小区工作示意图

虚拟小区技术可通过单载波和多载波实现。单载波方案通过不同的信号或信道构建虚拟多层网络；多载波方案通过不同载波构建虚拟多层网络，将多个物理小区（或多个物理小区上的一部分资源）虚拟成一个逻辑小区。

3. Smart Cell 技术

自适应微小区分簇通过调整每个时隙、每个微小区的开关状态并动态形成微小区分簇，关闭没有用户连接或者无须提供额外容量的微小区，从而降低对临近微小区的干扰。即使是超级小区场景，如果 UE 接收到的 CRS 功率和实际激活下发的 PDSCH 功率有差异，也会导致 UE 下行解调性能的下降。因此，在超密小区分簇的情况下，需要将话务量较低的微小区关断，如图 6-14 所示，微小区 3 已关断。

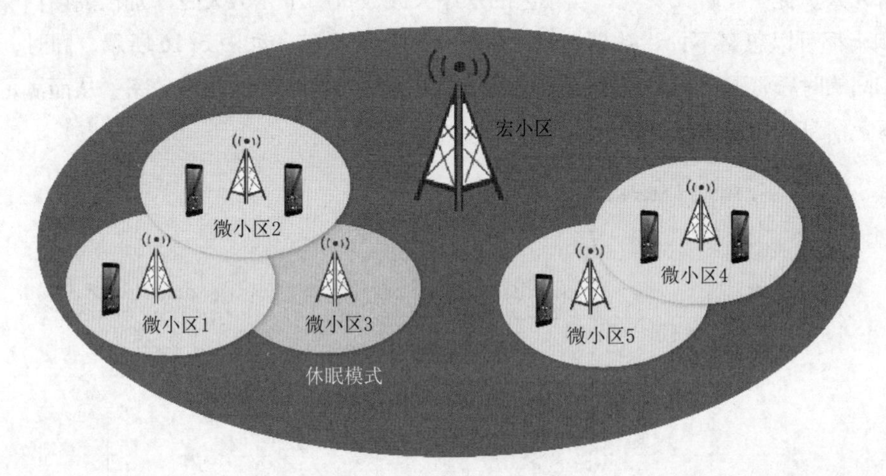

图 6-14　微小区自动关闭

此外，针对不同场景，在相对封闭的环境下，动态调整上下行时隙配比，从而达到容量增强的目的，也是 Smart Cell 的一种调整方式，如图 6-15 所示。

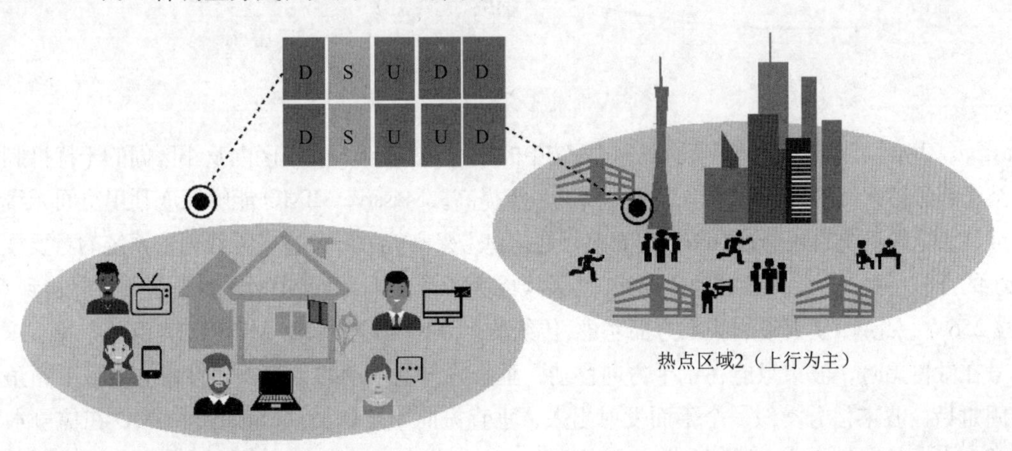

图 6-15　微小区上下行配置自动调整

6.4 Massive MIMO 技术

移动网络的演进，不仅是高带宽的体现，更是代表了高密度的万物互联、低时延高度同步等高品质的内容，以及更好的用户体验的价值聚合。Massive MIMO（大规模天线技术又称 Large Scale MIMO）的规模应用，让无线网络摆脱了频谱资源缺乏的瓶颈，使得移动互联网的价值得到了极大增强。

6.4.1 Massive MIMO 的定义

Massive MIMO 是第五代移动通信（5G）中提高系统容量和频谱利用率的关键技术。它最早由美国贝尔实验室研究人员提出。研究发现，当小区的基站天线数目趋于无穷大时，加性高斯白噪声和瑞利衰落等负面影响全都可以忽略不计，数据传输速率能得到极大提高，如图 6-16 所示。同时，通过空间复用技术，在相同的时频资源上同时服务更多用户来提升无线通信系统的频谱效率，从而满足第五代无线通信系统中海量信息的传输需求。

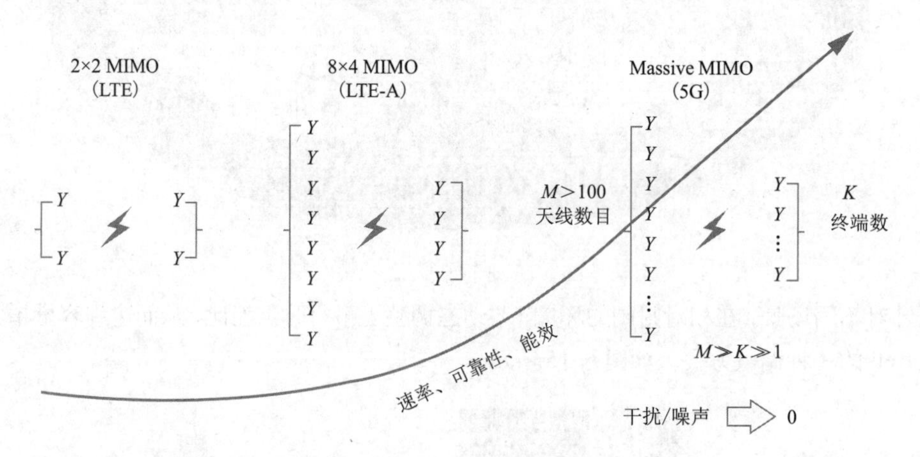

图 6-16 大规模天线阵列示意图

Massive MIMO 可以很好地抑制无线通信系统中的干扰，带来巨大的小区内及小区间的干扰抑制增益，使得整个无线通信系统的容量和覆盖范围得到进一步提高。Massive MIMO 能够深度利用空间无线资源，理论上可显著提高系统的频谱效率和功率效率，是构建未来高能效绿色宽带无线通信系统的重要技术。

传统的 TDD 网络的天线基本是 2 天线、4 天线或 8 天线，Massive MIMO 的通道数可以达到 64 个、128 个或 256 个。此外，从天线的波束方面考虑，传统的 MIMO 称之为 2D-MIMO，以 LTE 中 8 天线为例，实际信号在做覆盖时，波束只能在水平方向移动，垂直方向是不动的，当物理设备的机械下倾角和电子下倾角固定后，波束信号类似一个平面发射出去，垂直方向不可调整。Massive MIMO 在信号水平维度空间基础上引入垂直维度的空域调整，信号的辐射状是个电磁波束，无论是水平方向的波束角度、宽度还是垂直方向的波束角度、宽度，均可灵活调整，Massive MIMO 也被称为 3D-MIMO。此外，随着天线阵列中天线数量的增加，波束宽度将越来越窄，如图 6-17 所示。

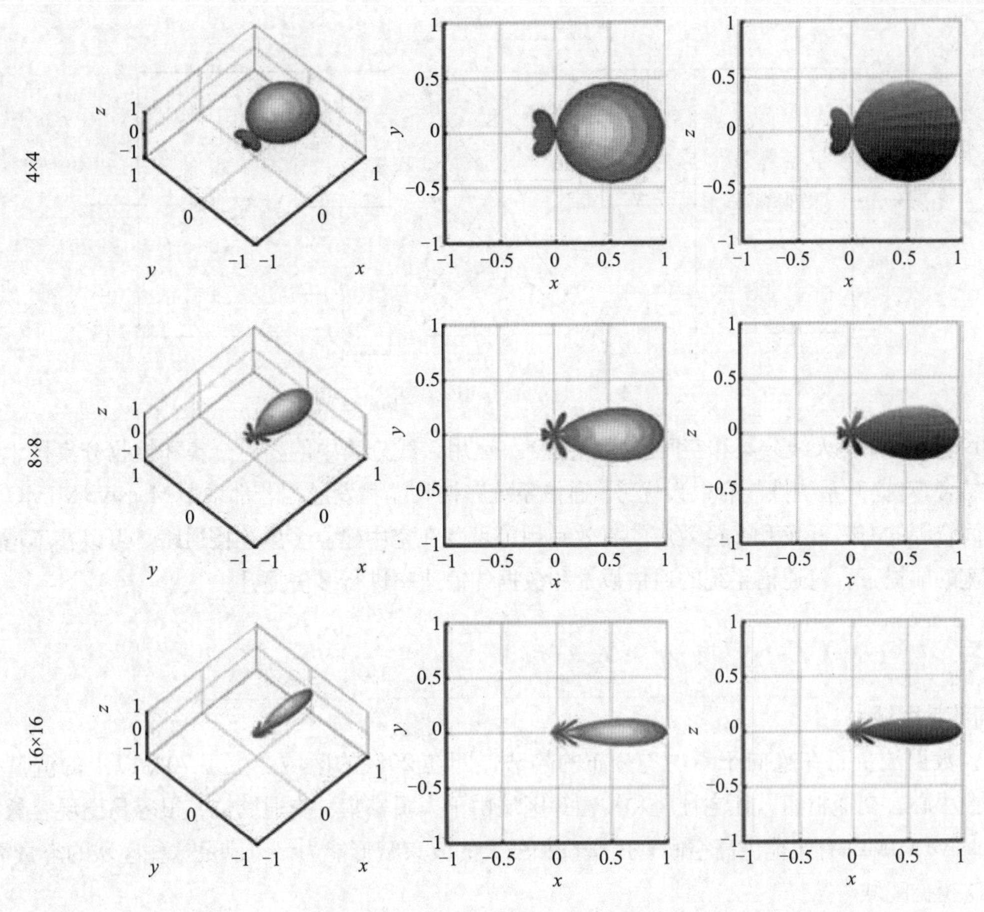

图 6-17　天线阵子与波束宽度的关系

Massive MIMO 可以分为以下四类：

（1）发送分集：主要原理是利用空间信道的弱相关性，结合时间 / 频率上的选择性，为信号的传递提供更多的副本，从而克服信道衰落，增强数据传输的可靠性。

（2）空间复用：在相同的时频资源上，存在多层，传输多条数据流。

（3）波束赋形：在通过调整天线阵列中每个阵元的加权系数产生具有指向性的波束，从而获得明显的阵列增益。

（4）多用户 MIMO（MU-MIMO）：将用户数据分解为多个并行的数据流，在指定的带宽上由多个发射天线同时发射，经过无线信道后，由多个天线同时接受，并根据各个并行数据流的空间特征，利用解调技术，最终恢复出原数据流。

6.4.2　Massive MIMO 基本原理

总体上说，任何 Massive MIMO 系统模型结构都可以按照图 6-17 来建模。Massive MIMO 系统发送端和接收端都对应多根天线。图 6-17 中的 Massive MIMO 系统具体包含 N_T 根发射天线和 N_R 根接收天线。在接收端，每根接收天线均收到来自 N_T 根发射天线的数据，所以不同的收发天线之间的信道对应不同的信道系数。

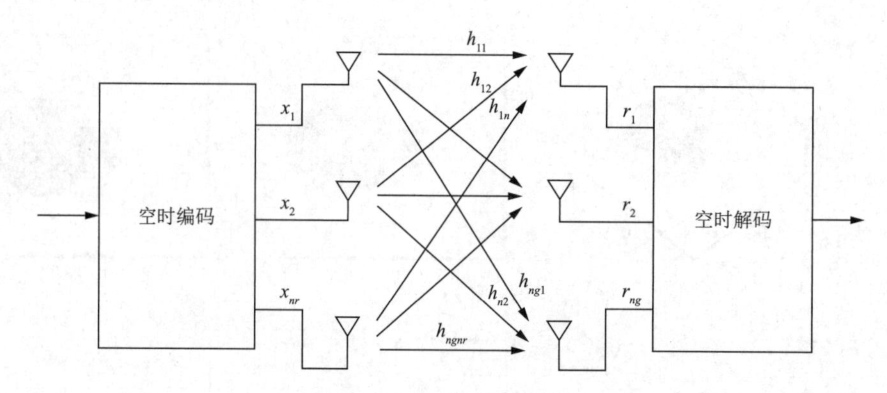

图 6-18 Massive MIMO 系统原理图

Massive MIMO 将天线分集和空时技术相结合，运用天线分集中的发射分集和接收分集技术，还将信道编码结合，对提升系统性能有很大优势。通信系统在接收端和发送端若都采用 Massive MIMO 技术，并且对空间资源的有效开发和多径效应的有效利用，可以在空中建立多条连接通路。可以在不增加发射功率和带宽的前提下，对通信系统的通信质量和数据传输速率进行多倍提升。

6.4.3 Massive MIMO 典型应用场景

1）高流量区域

当前，数据流量正在趋向于不均匀分布的趋势，即在 20%的区域产生了 70%以上的流量。城市 CBD、商业中心、交通枢纽、住宅社区和校园等区域由于人员密集、交通繁忙，很容易出现容量不足的情况。Massive MIMO 有望提供高空间复用增益和强大的波束赋形能力，以满足这些区域的容量需求。

2）3D 覆盖区域

高层建筑物通常覆盖较差，并且由于以下挑战，很难进行广泛覆盖：

（1）高层建筑物需要多根天线，并且很难进行站点获取。

（2）穿透墙壁后，信号会变弱。

（3）上行信号传输会增加高层建筑物的小区间干扰。

高层建筑通常流量较大，为了满足这种高价值场景的流量需求，Massive MIMO 具有以下独特优势：

（1）在垂直平面上采用大量天线阵列，以显著增强高层建筑物的覆盖范围。

（2）获得波束赋形增益以补偿穿透损耗。

（3）根据需要灵活调整波束宽度和方向，以减少小区间干扰，增强 3D 覆盖范围和容量。

3）大型活动现场

在诸如足球比赛、演唱会、马拉松比赛等大型公共活动中，成千上万的人将聚集在同一个地方并产生巨大的流量。通常，传统的宏小区容量将受到 100 ～ 200 个活跃用户的限制，难以满足大型赛事或者活动的要求。但是，采用 Massive MIMO 可以有效地减轻流量负担：

（1）精确的用户特定波束形成和多用户复用。

（2）下行链路控制信道的进一步增强。

（3）与传统宏小区相比，容量为 3 ～ 5 倍。

（4）可以轻松为 500 多个活跃用户提供服务。

6.5 毫米波技术

4G 系统从数据速率、移动性和时延等维度来表征其系统能力，而未来 5G 的需求维度更广，且与 4G 相同维度的能力也有大幅提升。一方面，基于现有频率资源，LTE-A 在峰值速率和用户体验速率两项关键技术能力上无法满足 5G 的需求，且存在较大差距，需要更大频率带宽来弥补这个差距。考虑 3 GHz 以下频段已经很难找到连续的大带宽频谱，5G 需要向更高的频段发展。6 GHz 以上的频段是频谱资源的蓝海，根据具体频段的不同，连续频谱可以达到 1 GHz 甚至 20 GHz。根据频率与波长的关系，频率越高波长越小，当使用 FR2 频段部署 5G 网络时，波长可达毫米级。

6.5.1 引入毫米波的必要性

作为 5G 重要关键技术创新的毫米波，具有以下优点：

（1）频谱宽。根据 3GPP 协议，毫米波频率可以大致认为是 24.25 ～ 300 GHz，带宽超过 275 GHz，即使考虑大气吸收因素，毫米波段只有四个主要的可用窗口，总带宽也超过 135 GHz，可以极大提升信道容量，适用于高速数据业务。

（2）可靠性高。较高的频率使其受气候等干扰很小，能较好地抵抗雨水天气的影响，可以认为具有全天候特性，能提供稳定的传输信道。

（3）波束窄。毫米波受空气中各种悬浮颗粒物的吸收较大，使得传输波束较窄，例如使用等效天线，70 GHz 链路的波束宽度是 18 GHz 链路的 4 倍，这一特征增大了窃听难度，适合短距离点对点通信。

（4）波长短。天线尺寸相对无线波长是固定的，那么载波波长减小意味着天线尺寸可以变小，这易于在较小的空间内集成大规模天线阵。

（5）许可证价格低。毫米波频段的许可证价格较低，在美国、欧洲及日韩，与频段拍卖需要大量投资的微波频段不同，毫米波频段许可的获取成本相当低廉。

美国 FCC 于 2016 年 7 月 14 日正式发布了部分 5G 频段的规划：27.5 ～ 28.35 GHz、37 ～ 40 GHz、64 ～ 71 GHz（免授权频段）。欧盟于 5G 初期计划发展的频率涉及多个频段，其中 24 GHz 以上频段是欧洲 5G 潜在频段，欧盟委员会无线频谱政策组（RSPG）将根据各频段上现有业务和清频难度为 24 GHz 以上频段制定具体的时间表；同时，RSPG 已将 24.25 ～ 27.5 GHz 频段的一部分使用，以满足 5G 市场需求；此外，31.8 ～ 33.4 GHz 也是适用于欧洲的潜在 5G 频段。韩国主要考虑将 26.5 ～ 29.5 GHz 作为试验频率供三家运营商进行 5G 网络部署。日本在高频段重点考虑 27.5 ～ 29.5 GHz。

我国对于 6 GHz 以上高频段主要考虑 24.25 ～ 27.5 GHz 以及 38 ～ 43.5 GHz。

6.5.2 毫米波面临的挑战

除了优点之外，毫米波也有缺点：

（1）传输距离有限。无线电波的频率越高，传播距离越短。在理想的自由空间传播条件下，一个 32 GHz 的毫米波传播 10 m 之后损耗高达 82.5 dB，在实际工程中，传播损耗远大于此。因此，毫米波系统必须通过提高发射功率、提高天线增益等方法来补偿这么大的传播损耗。

（2）穿透能力弱。毫米波由于波长较小，不容易穿过墙壁障碍物，且遇水衰减大。研究表明，通常情况下，降雨的瞬时强度越大、距离越远、雨滴越大，毫米波衰减越严重。

（3）成本较高。过去毫米波器件 / 芯片主要用于军事领域，成本较高。但需求是创新的最大动力，通过使用 SiGe、GaAs、GaN、InP 等材料并结合新的生产工艺，工作于毫米波段的芯片上已经集成了小至几十纳米甚至几纳米的晶体管，降低了成本，为毫米波的商业化应用提供了可能。

测试表明，相比于 3 GHz 以下的频段，使用高频频段进行覆盖时室外基站信号在传播时的损耗非常大，10 GHz 相比于 2.6 GHz 的总损耗达到 30 dB，28 GHz 相比于 2.6 GHz 的总损耗达到 57 dB，几乎无法对室内用户提供服务，所以对于室内如果不新建室分，如何解决覆盖问题，可以考虑在室内放置 Wi-Fi 等低功率节点来解决。典型场景下的传播损耗对比见表 6-1。

表 6-1　典型场景下的传播损耗对比

自由空间传播损耗	衍射损耗	树叶穿透损耗	房屋穿透损耗	室内损耗	总损耗
10 GHz：+12 dB； 28 GHz：+20 dB	10 GHz：+5 dB； 28 GHz：+10 dB	10 GHz：+4 dB； 28 GHz：+8 dB	10 GHz：+8 dB； 28 GHz：+14 dB	10 GHz：+2 dB； 28 GHz：+5 dB	10 GHz：+30 dB； 28 GHz：+57 dB

数据中的树叶穿透损耗同样值得关注，树叶穿透损耗 28 GHz 高频比 2.6 GHz 低频高 8 dB。植被厚度不同，穿透损耗也不同，这里取的相对值，对于毫米波通信而言，植被穿透损耗也需要引起重视，植被越厚，穿透损耗越大，对使用毫米波频段进行大覆盖范围的移动宽带通信系统的性能影响越大。

6.5.3　毫米波关键技术

由于毫米波的特性与低频段有所不同，因此在使用毫米波时需要采用以下几种关键技术：

1）研究大规模天线阵列在高频通信中的应用

大规模天线技术已经在 4G 系统中得以应用。面对 5G 在传输速率和系统容量等方面的性能挑战，天线数目的进一步增加仍将是 MIMO 技术继续演进的重要方向。天线尺寸与频段高低有着密不可分的关系，频率越高，波长越短，天线尺寸越小，多天线技术将成为 5G 高频的基础。虽然高频传播损耗非常大，但是由于高频段波长很短，因此可以在有限的面积内部署非常多的天线阵子，通过大规模天线阵列形成具有非常高增益的窄波束来抵消传播损耗，如图 6-19 所示。

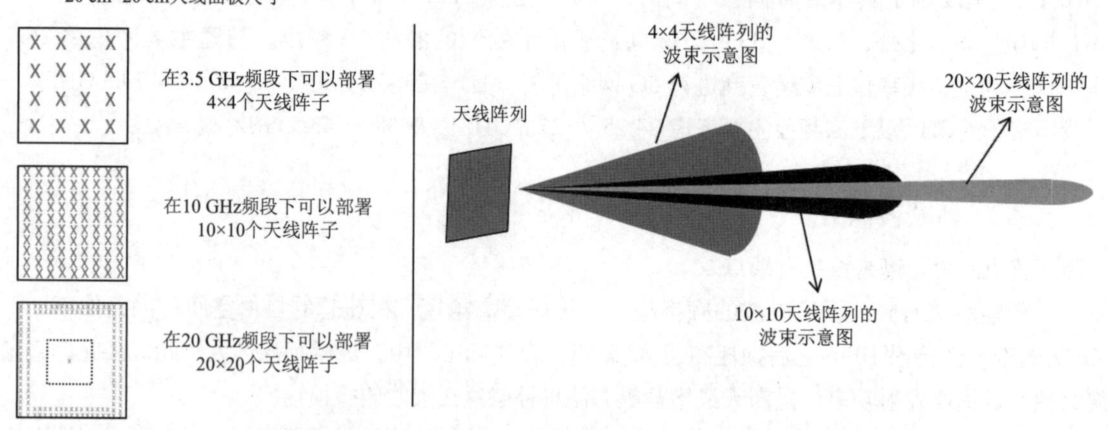

图 6-19　大规模天线阵列在高频通信中的应用

2）研究波束捕获、波束切换等一系列以波束管理为中心的流程

由于高频信号都是通过波束来进行通信的，所以波束管理是高频通信的核心。一个 5G 高频基站的覆盖，是由多个不同指向的波束所组成的，如图 6-20 所示。同时 UE 的天线也会具有指向性。波束管理的核心任务是如何找到具有最佳性能的发射 - 接收波束对。

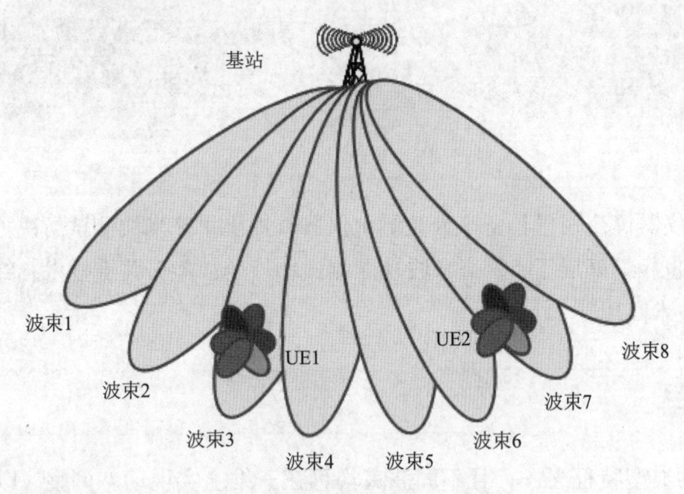

图 6-20　高频波束管理

3）研究如何适配大带宽、高频段下的无线帧结构

高频系统更容易部署动态 TDD，可以灵活地变更上下行切换的时间点，如图 6-21 所示。此外，高频支持自包含的帧结构，系统需要根据不同终端的 HARQ 能力来灵活地进行调度。

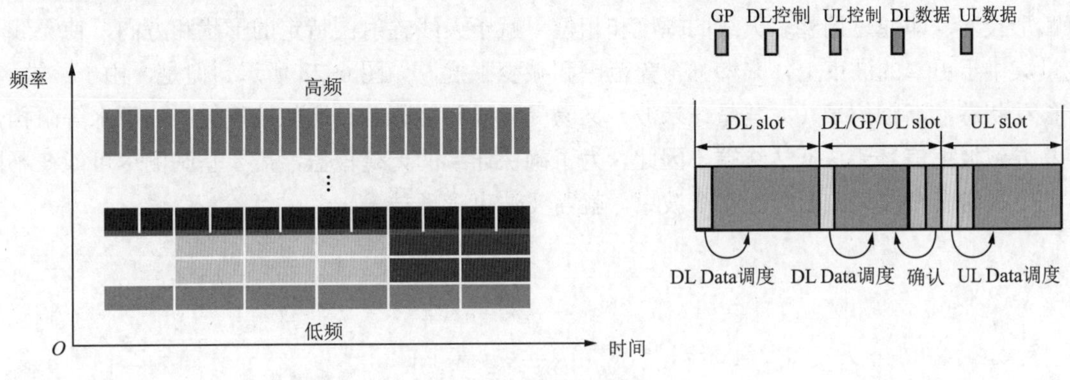

图 6-21　高频帧结构

4）研究如何将高频与低频相结合，为用户提供持续的良好体验

基于高频的传播特性，单独的高频很难独立组网。在实际网络中，可以通过将 5G 高频锚在 4G 低频或者 5G 低频上，实现一个高低频的混合组网。在这种架构下，低频承载控制面信息和部分用户面数据，高频在热点地区提供超高速率用户面数据，如图 6-22 所示。

中国正在分阶段推进 5G 毫米波技术试验工作计划。2020 年，已完成毫米波基站和终端的功能、性能和互操作验证，开展高低频协同组网验证；2021 年，计划开展典型场景验证。

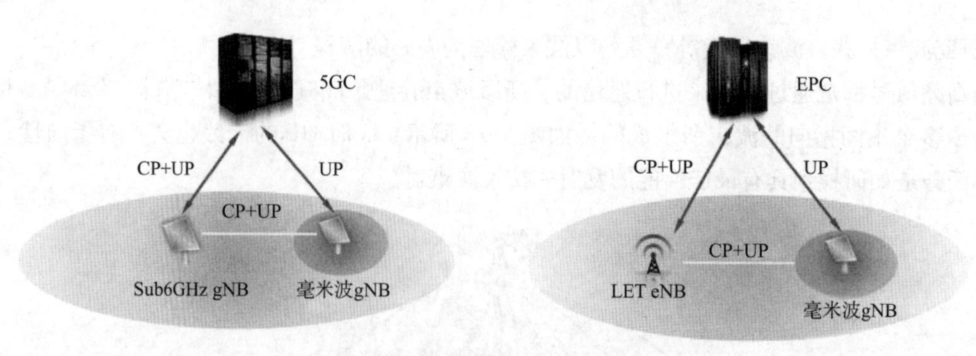

图 6-22 高低频混合组网示意图

目前安捷伦、恩艾仪器等公司已具备毫米波测试仪器并提出了毫米波测试解决方案。诺基亚贝尔、华为、紫光展锐等公司也相继开展了 5G 毫米波功能测试和外场性能、关键技术、终端等测试工作，争取 2022 年实现毫米波技术商用。

6.6 波束管理

多波束是 5G NR 的典型特征之一，且不同波束均可在三维上实现动态调整，以满足不同场景的覆盖要求。如何快速实现多波束管理，避免系统内干扰，最大化利用资源已成为波束管理的主要工作方向。

6.6.1 波束管理概述

5G 频段更高，尤其是毫米波频段，覆盖范围更小。为了增强 5G 覆盖，波束赋形应运而生。波束赋形技术，即通过调整多天线的幅度和相位，赋予天线辐射图特定的形状和方向，使无线信号能量集中于更窄的波束上，来增强覆盖范围和减少干扰，如图 6-23 所示。但是，由于终端经常处于移动状态，高频信号（尤其是毫米波）又易受无线环境影响，比如被建筑物、雨水等阻挡，很容易导致波束信号无法抵达终端。因此，为了确保连续的无缝覆盖，需要基站侧尽可能在不同的方向上发送多个波束。要管理多个波束，就需要波束管理技术。

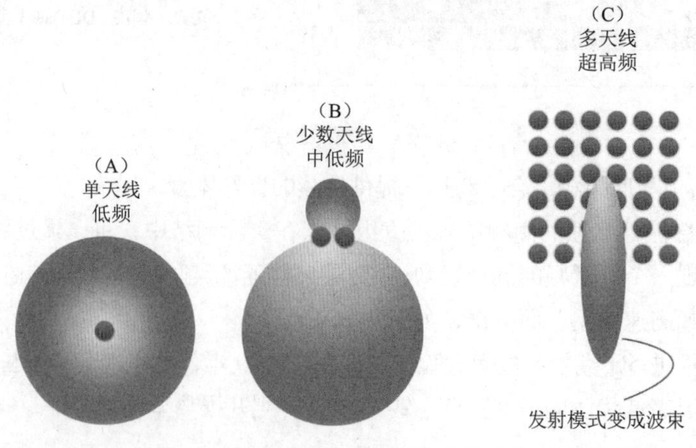

图 6-23 毫米波与大规模天线阵列

波束管理是对静态波束的扫描、上报、维护等进行管理，能够提升小区覆盖、节约系统开销。波束管理的目的是为各个信道选择合适的静态波束。

波束管理相关信道见表 6-2。

表 6-2 波束管理相关信道

信　道	技　术	说　明
广播信道（PBCH/SS）	波束管理	TDD 有多个窄波束覆盖整个小区，因此需要对广播信道的静态波束进行波束扫描
数据信道（PDSCH、PUSCH）	波束管理 + 波束赋形	波束赋形时数据信道的波束采用动态加权
用户级控制信道（PUCCH、PDCCH）及 CSI-RS	波束管理	用户级控制信道也存在多个静态波束，因此需要对这些波束进行扫描、上报、维护

6.6.2 NR 波束管理过程

NR 中的波束管理总体流程包括：

（1）波束扫描：参考信号波束在预定义的时间间隔进行空间扫描。

（2）波束测量：UE 测量参考信号波束，选择最好的波束进行接入。

（3）波束报告：UE 测量 SSB 和 CSI-RS 后会上报相应的波束信息。

（4）波束指示：基站指示 UE 使用的波束。

（5）波束失败恢复：包括波束失败检测，搜索新波束以及恢复过程。

波束管理涉及的参考信号：

（1）下行：SSB（空闲态）和 CSI-RS（连接态）。

（2）上行：PRACH（初始接入）和 SRS（连接态）。

1. 波束扫描

波束扫描是一种在一定的间隔内将波束按预定的方向发射的技术。例如，移动终端注册过程的第一步是小区搜索，即与系统同步并接收最小的系统信息广播。因此，一个 SSB 携带着 PSS、SSS 和 PBCH，它将在 5 ms 窗口内以预定的方向（波束）在时域内重复，这被称为 SS 突发，这个 SS 突发通常以 20 ms 的周期重复。图 6-24 说明了这个概念。

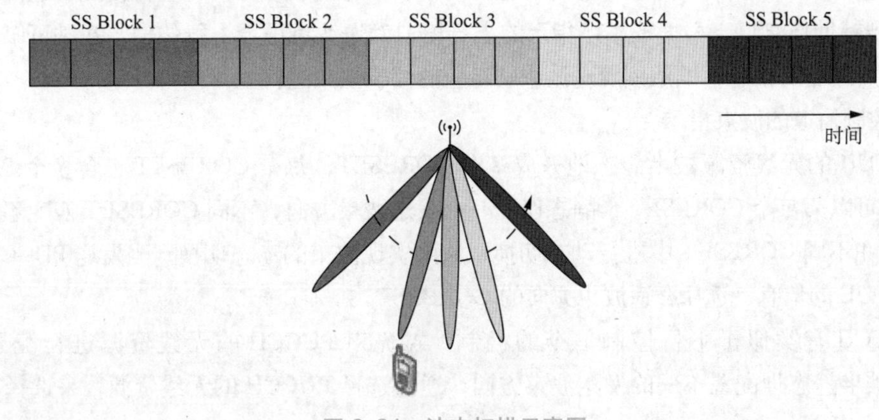

图 6-24 波束扫描示意图

2. 波束测量

在 NR 中支持三种波束测量过程。

（1）联合收发波束测量：基站和 UE 都执行波束测量。每个赋形波束被发送 N 次，从而让 UE 能够测试 N 个不同的接收波束，选取最合适的发送－接收波束对；通常可以采用 N 个时隙或者 N 个不同参考信号资源来实现波束发送。

（2）发送波束测量：基站通过轮询方式发送波束，UE 采用固定接收波束。

（3）接收波束测量：UE 采用轮询方式测试不同接收波束，而基站采用固定波束。

系统采用两种方式通知 UE 所用的波束测量方法：一种用高层信令通知 UE；另一种用控制信令的动态参数指示，这种情况发生在多个参考信号属于相同波束的时候。例如，当基站指示 UE 有 M 个参考信号的发送波束方向相同，UE 将使用接收波束测量过程；否则，如果基站通知 UE 有 M 个参考信号发送波束方向不同，UE 将固定接收波束，从而确定最佳发送波束。

3. 波束报告

虽然通过波束测量，UE 需要监测和估算 $M\times N$ 个波束对的信道质量，但 UE 不需要将所有波束对的信道质量上报给基站，只需要选取其中最优的波束对进行上报。而最优波束对所对应的接收波束只需要存储在 UE，不需要上报给基站。在后续的传输过程中，基站只需要指示 UE 所选择的发送波束，UE 可以根据存储信息，采用对应的接收波束进行接收处理。同时，从节省开销的角度，不需要将所有 M 个发送波束的信道质量信息或者序号上报给基站，可以选取 L 个发送波束进行上报（L 在 1 到 M 之间），根据系统负荷和需要，进行灵活配置。当 L 等于 1 时，UE 只上报所有下行发送波束中最优的波束；当 L 大于 1 时，UE 可以选择所有下行发送波束中最好或者最合适的 L 个波束进行上报。

用于波束测量的参数包括：RSRP、RSRQ 和 CSI。基于 RSRP 测量参数的计算复杂度低，适合于大量波束的快速测量，因此可用于初始波束测量和配对场景。CSI 参数测量更加复杂，但可以提供更精确的波束赋形信息，可用于在一部分候选波束中对波束精确测量的场景。

4. 波束指示

当基站采用波束赋形进行下行传输的时候，基站需要指示 UE 所选的下行模拟发送波束的序号。UE 收到指示后，根据波束训练配对过程中所存储的信息，调用该序号所对应的最佳接收波束进行下行接收。

当基站调度 UE 采用波束赋形进行上行传输的时候，基站需要指示 UE 上行模拟发送波束的辅助信息。UE 接收到辅助信息后，根据基站所指示的上行模拟发送波束进行上行传输，基站可以根据波束训练配对过程中所存储的信息，调用该发送波束所对应的接收波束进行上行接收。

1）用于控制信道的波束指示

用于 PDCCH 的无线资源被半静态地分成多个 CORESET，每个 CORESET 包含多个 PDCCH 的无线资源。基站可以为每个 CORESET 半静态匹配一个发送波束方向，不同 CORESET 匹配不同方向的波束。基站可以在不同 CORESET 中进行动态切换，从而实现波束的动态切换。当发送 PDCCH 的时候，基站可以根据 UE 的信息，选择合适波束方向的 CORESET。

对于 PUCCH 有类似于下行控制信令的机制，首先对 PUCCH 的无线资源进行配置，不同的 PUCCH 资源被半静态地配置不同的发送波束方向，通过选择 PUCCH 的无线资源，来选择不同的发送波束方向，实现多个方向间的波束切换。

2）用于数据业务信道传输的波束指示

PDCCH 中包含了对 PDSCH 发送波束的指示信息，PDCCH 和 PDSCH 之间有一定的时间间隙，这个间隙用来实现对 PDCCH 的译码。在标准中定义了一个用于区分完成或未完成 PDCCH 译码的阈值。如果 PDCCH 与 PDSCH 之间的时隙长度小于阈值，UE 在 PDCCH 译码完成之前就开始接收 PDSCH，无法从 PDCCH 获得波束指示，此时 PDSCH 可以采用一个默认的波束进行接收。当 PDSCH 与 PDCCH 的间隙大于阈值，则对 PDSCH 的接收可以采用 PDCCH 所指示的波束。

PUSCH 的模拟发送波束和与之对应的上行调度 grant 中所指示的 SRS 资源的模拟发送波束相同。如果 PUSCH 的上行调度 grant 中没有指示 SRS 资源且该上行调度 grant 不是 DCI format0_1 时，PUSCH 的发送采用发送基站为它配置的用于上行 CSI 获取的 SRS 资源时的模拟发送波束。当 PUSCH 通过 DCI format0_0 进行调度时，PUSCH 的发送采用激活 BWP 中 ID 最小的 PUCCH 的模拟发送波束。

5. 波束失败恢复

当数据传输过程中波束质量下降时，需要进行波束恢复。波束恢复过程包括波束失败检测、确定新的候选波束、波束失败恢复请求以及波束失败恢复请求响应四个过程。

（1）波束失败检测：UE 监控用于检测波束失败的参考信号，检测是否满足波束失败触发条件。若检测结果满足波束失败触发条件，则宣布波束失败；若检测结果未满足波束失败触发条件，数据传输正常进行。

（2）确定新的候选波束：在数据传输过程中 UE 监控参考信号将用于寻找新的候选波束。新的候选波束可以在之前上报的波束组中进行选择，也可以在原始波束附近进行搜索。如果在时间窗内找不到候选波束，则需要启动小区选择和随机接入过程。

（3）波束失败恢复请求：在检测到波束失败后，用户向基站发送波束失败恢复请求信息告知基站。用于传输波束恢复请求的信道有三类：基于竞争的 PRACH、基于非竞争的 PRACH 和 PUCCH。

（4）波束失败恢复请求响应：接收到波束失败恢复请求指令后，基站应对 UE 做出响应，寻找新的候选波束或者重新建立传输链路。

6.7 上行覆盖增强技术

3GPP 在协议中定义了 5G NR 可用的目标频谱，包含 sub 3G 频段、C-Band 频段以及毫米波，其中 C-Band 频段 3.5 GHz 是全球运营商部署 5G 的主力频段。

然而，不同的 5G NR 频段有着不同的传播损耗。这是由于信号传播特性的影响，移动网络使用频段越高，传播损耗越差，具体见表 6-3。

表 6-3　5G NR 不同频段传播损耗差异

频　段	自由空间传播差异 /dB	衍射差异 /dB	穿透差异 /dB	总传播损耗差异 /dB
900 MHz	0	0	0	0
1.8 GHz	6	2	4	12

续表

频　段	自由空间传播差异 /dB	衍射差异 /dB	穿透差异 /dB	总传播损耗差异 /dB
2.6 GHz	9	4	7	20
3.5 GHz	12	6	10	28
4.9 GHz	15	8	13	36

频段越高，对应部署5G之后的覆盖能力越差，C-Band频段的信号传播相对低频存在劣势，3.5 GHz频段相对于1.8 GHz频段的传播损耗多16 dB。由于上下行功率差异大、上下行时隙配比不均等原因，因此上行覆盖成为C-Band部署5G网络的关键瓶颈。

针对5G上行覆盖不足，可通过关键技术进行一定程度的弥补。目前涉及的5G上行提升的关键技术主要是补充上行链路技术和载波聚合。

6.7.1　补充上行链路

补充上行链路（Supplementary Uplink，SUL）技术在3GPP R15协议中提出，其核心思路是：为5G NR上行引入SUL频段，5G NR下行都使用C-Band频谱进行传播，但是5G NR上行近点使用C-Band频谱进行传播，5G NR上行远点可使用sub 3GHz频段进行传播。它基于NR覆盖情况灵活地调整上行使用的频段，解决C-Band上行覆盖受限的 问题。

对于采用SUL的通信系统，在同一个小区内会配置一个DL频段（NR频段）和两个上行频段（NR频段 +SUL频段），如图6-25所示。NR载波的上行覆盖比较好的情况下，终端会采用NR载波进行数据发送和接收。当超出NR载波的覆盖范围后，终端会采用SUL载波进行数据的发送。终端可以在UL NR和SUL之间动态选择发送链路，但是在同一个时刻终端只能选择其中的一条发送，不能同时使用两条上行链路。3GPP R15定义了上行SUL可用的频段范围，常用的700 MHz/800 MHz/900 MHz/1 800 MHz/2 100 MHz/AWS频段都可以作为SUL频段，并且C-Band 3.5 GHz/3.7 GHz与这六个频段都可以配合进行解耦，具体见表6-4。

表6-4　5G NR上下行解耦SUL目标频谱

	频段编号	频率范围/MHz
SUL	n80（1.8 GHz）	1 710 ～ 1 785
	n81（900 MHz）	880 ～ 915
	n82（800 MHz）	832 ～ 862
	n83（700 GHz）	703 ～ 748
	n84（2.1 GHz）	1 920 ～ 1 980
	n86（AWS）	1 710 ～ 1 780

SUL接入流程基于用户事件测量上报的下行RSRP电平值，指示用户选择合适的上行载波并发起初

始接入。网络侧指示终端上行载波信息和上行载波选择门限，终端则需要测量并选择合适的上行载波用于初始接入。

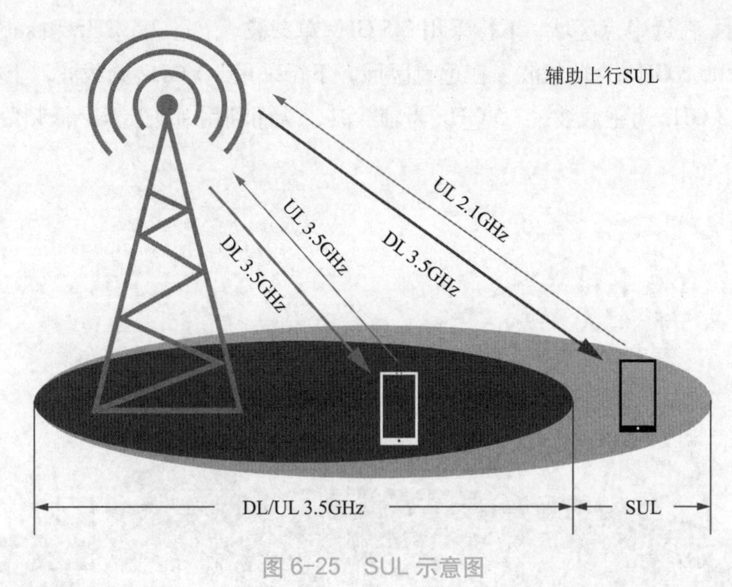

图 6-25　SUL 示意图

SUL 的应用场景如图 6-26 所示。

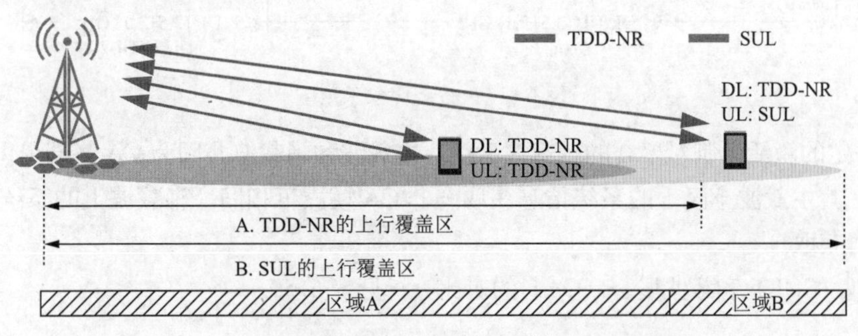

图 6-26　SUL 的应用场景

区域 A：TDD-NR（例如 3.5 GHz）的覆盖良好时，终端的上行使用 TDD-NR 来进行数据收发。

区域 B：当终端远离基站时，上行就会切换到 SUL 频段上进行数据发送。

SUL 技术既能保证在 5G 覆盖区域使用 TDD 的双流能力，又能在小区远点使用 SUL 频段来补充上行覆盖。但是作为新引入的技术，上行补充增强技术实际加强了普通 5G NR 频段和 SUL 频段之间的紧耦合，在实际的部署上存在明显的限制，首先 TDD-NR DL/UL 和 SUL 必须属于一个小区，SUL 无法做到跨小区、跨基站之间的上行补充覆盖。此外，即便是同站的 TDD-NR 频段和 SUL 频段，也要求两个不同载波同覆盖且具备相同的工参，在商用组网环境下难以实现。

6.7.2　载波聚合

载波聚合（Carrier Aggregation，CA）技术是 3GPP R10 引入的：将多个连续的或非连续的载波聚合在一起，为一个终端进行服务，提升单个终端的传输速率。载波聚合不改变之前的物理层结构，主要通过 MAC 的聚合，提升带宽提供能力。载波聚合方式主要有频带内载波聚合、频带间载波聚合。目前现网 CA 的应用为同系统、同制式的载波聚合，对于异系统间的载波聚合在技术上和实现上难度相对较大。

上行载波聚合时，在近中点区域，下行采用 3.5 GHz 单载波，上行 3.5 GHz 和 sub 3 GHz 载波聚合，3.5 GHz 为主载波，sub 3 GHz 为辅载波；在远点区域，下行采用 3.5 GHz 单载波，上行 3.5 GHz 和 sub 3 GHz 载波聚合，sub 3 GHz 为主载波，3.5 GHz 为辅载波，从而利用 sub 3 GHz 低频段，增强上行覆盖，如图 6-27 所示。

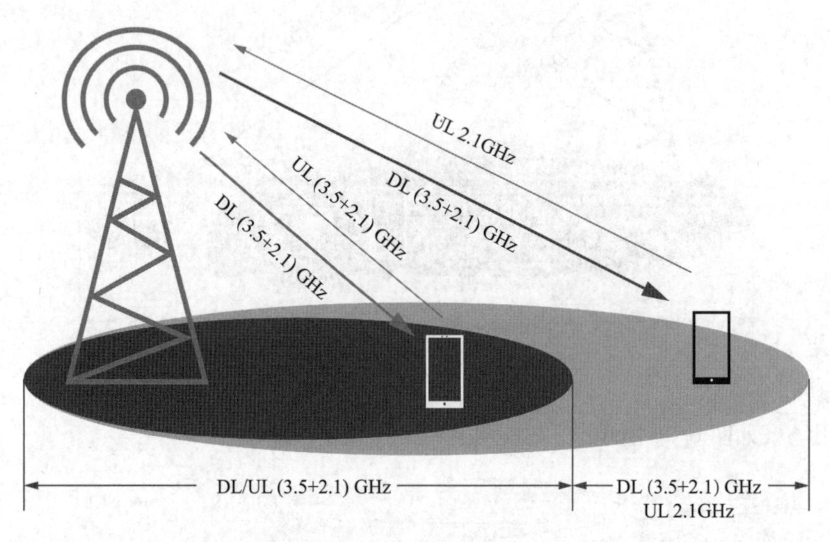

图 6-27　载波聚合示意图

CA 根据一定的激活机制对聚合的辅载波激活，主载波和辅载波共同为 CA 终端提供宽带服务。对于 CA 的终端，其主载波小区上的系统信息获取与非 CA 模式下相同，辅载波上的系统信息通过 RRC 重配置信息进行获取。

上下行解耦（SUL）和载波聚合（CA）的对比分析见表 6-5。

表 6-5　SUL、CA 的对比分析

对比项	SUL	CA
对频率资源的占用	SUL 对现网影响小：SUL 可以只占用低频段的上行，占用的频段资源还可以和 LTE 复用；对应的下行频带 LTE 独享	5G 的 CA 占用的带宽不能再与 LTE 共享：若占用了 1.8 GHz 上行频段，则对应的 1.8 GHz 下行频率资源不能再使用
作用范围	用 5G 中低频段补充高频段的上行弱覆盖区域	主、辅载波覆盖区域内
效率	相对双连接，5G 上行边缘速率改善明显	用户体验速率最高
无线侧实施难度	高，共站同覆盖两套系统	与 SUL 相比，对基站的处理能力要求更高
终端	存在谐波干扰，成本高	终端复杂度高，实现难度大

6.8 新型多址技术

5G mMTC 场景中，终端节点数量特别巨大：100 万终端 /km^2，势必要求节点的成本很低，功耗很低。在海量节点、低速率、低成本、低功耗要求下，目前 4G 的系统是无法满足这个要求的。主要体现为4G系统设计的时候主要针对的是高效的数据通信，是通过严格的接入流程和控制来达到这一目的的。如果非要在 4G 系统上承载上述场景，则势必造成接入节点数远远不能满足要求，信令开销不能接受，节点成本居高不下，尤其是节点功耗不能数量级降低。因此，有必要设计一种新的多址接入方式来满足上述需求。

6.8.1 非正交多址接入技术（NOMA）

从 2G、3G 到 4G，多用户复用技术无非就是在时域、频域、码域上做文章，而 5G 的 NOMA 技术在 OFDM 的基础上增加了一个维度——功率域，如图 6-28 所示。新增这个功率域的目的是，利用每个用户不同的路径损耗来实现多用户复用。实现多用户在功率域的复用，需要在接收端加装一个串行干扰消除器，通过这个干扰消除器，加上信道编码，就可以在接收端区分出不同用户的信号。

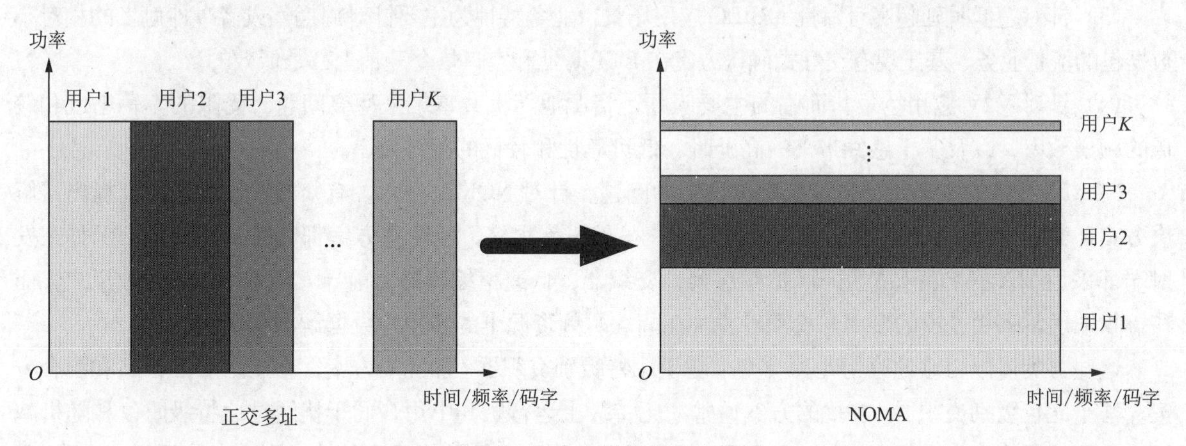

图 6-28　正交多址和非正交多址

NOMA 可以利用不同的路径损耗的差异来对多路发射信号进行叠加，从而提高信号增益。它能够让同一小区覆盖范围的所有移动设备都能获得最大的可接入带宽，可以解决由于大规模连接带来的网络挑战。

NOMA 的另一优点是，无须知道每个信道的信道状态信息（CSI），从而有望在高速移动场景下获得更好的性能，并能组建更好的移动节点回传链路。NOMA 接收算法对不同信号到达时间的同步性要求并不高，这使得物联网终端可以不必等待基站分配专用上行资源，而直接发送数据。相比于传统的基于调度的资源分配，NOMA 技术可以节省一个请求调度、调度授权的周期，既节省时间，又节省网络资源。

而与 CDMA 和 OFDMA 相比，NOMA 可以说兼顾了它们的优点同时也很大程度上避免了它们的缺点。NOMA 不会存在和 3G 一样明显的远近效应问题，多址干扰（MAI）问题也没那么严重；同时由于可以不依赖用户反馈的 CSI 信息，在采用 AMC 和功率复用技术后，应对各种多变的链路状态更加自如，即使在高速移动的环境下，依然可以提供很好的 速率表现；同一子信道上可以由多个用户共享，与 4G 相比，在保证传输速率的同时，可以提高频谱效率，这也是最重要的一点。因此，在 3G、4G 基础上演进的 NOMA 技术，既属于一种在已有标准上比较容易达成的技术，又属于可以达到高频谱效率的技术。

6.8.2 NOMA 设计目标

ITU 定义的 5G NR KPI 中针对 NOMA 设计最重要也是最密切相关的指标包括：mMTC 海量机器通信终端的连接密度达到 100 万终端 /km^2；uRLLC 超低时延应用中达到 1 ms 时延。而针对差异巨大的垂直行业应用，如自动驾驶、商业零售、能源管理、银行金融保险、健康医疗、工业制造、公共交通与安全、运输与物流等行业，要求的 KPI 指标不同，技术指标更为复杂。

首先分析一下各应用场景下面临的主要挑战：

（1）mMTC 海量机器通信是 NOMA 技术最重要的应用场景，面对的问题是海量的低成本 + 低功耗机器通信终端设备伴随不定时突发的上行小数据包发送，而传统的基于交互式确认模式的正交发送方案在空口信令交互时延和空口信令开销方面效率都比较低。

（2）针对非连续突发小包业务的 eMBB 应用场景，面对的问题是小区边缘用户偏高的发射功率会引发显著的站间干扰，小区边缘用户基于传统接入方案的非激活状态终端在信令开销和高功率消耗上不可避免，导致整体上小区边缘的频谱效率相对较低。

（3）针对超低时延超高可靠性 uRLLC 应用场景，业务特性为主要针对周期性或者事件触发的相对小数据包的流量业务，基于现有交互式确认方案在 RTT 时延和空口信令开销上都是低效的。

（4）针对 V2V 应用场景，面临的主要问题是资源池随机共享带来冲突问题、受限的车辆密度和较低的频谱效率，以及基于感知带来的高延时、低可靠性和较低的频谱效率。

NOMA 技术的主要设计目标就是解决上述问题。针对 NOMA 技术，有众多厂家和运营商提出了解决方案，共有 15 种非正交多址接入候选方案。虽然方案很多，但这些方案都具有一些共性，例如在发射端都采用 MA 签名（如扩频码 / 扩频序列、交织器、低速率编码器、前导 / 导频等）来区分用户，而在接收端通常采用先进的多用户检测对叠加在同一时频资源上的多用户数据解调和译码。

这些方案可以粗略地分为几种类型：基于比特级别交织器 / 加扰的方案，基于扩展的方案和混合方案。基于比较级别交织器 / 加扰的方案通常在比特级上运行，其中用户间干扰通过比特级重复和随机减轻。基于扩展的方案通常在符号级别运行，其中通过使用全长扩展的低相关性序列或者使用低密度码（稀疏序列）的扩频来实现降低用户间干扰。NOMA 接收机工作原理如图 6-29、图 6-30 所示。

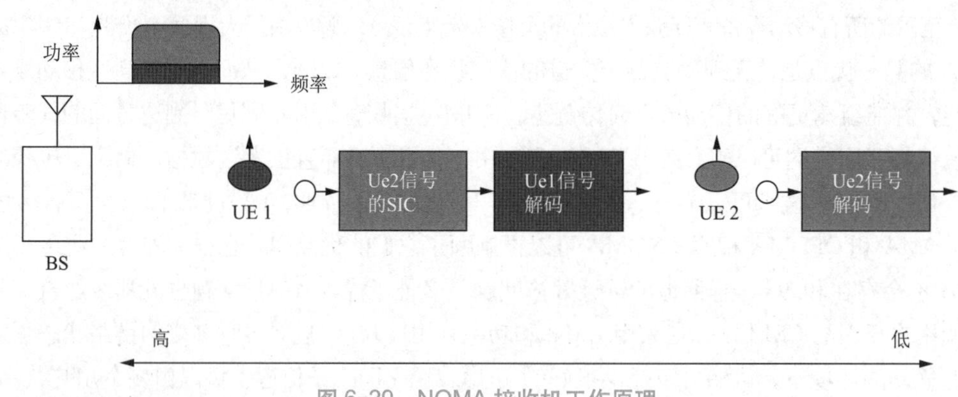

图 6-29　NOMA 接收机工作原理

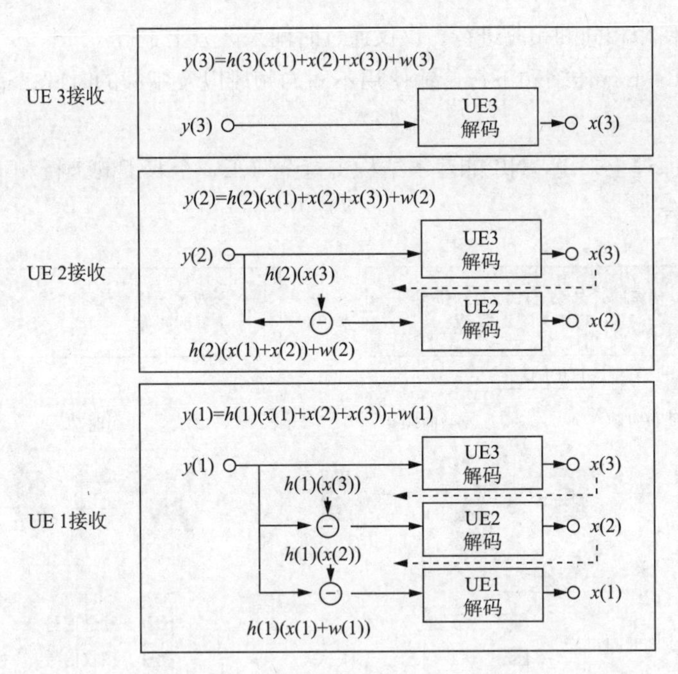

图 6-30　NOMA 接收机解调原理

6.8.3　NOMA 关键技术

NOMA 方案的基本要求首先是需要在 -164 dBm 深度覆盖、低于 160 bit/s 低速率小包条件下的 mMTC、eMBB 小包业务、uRLLC、V2V 多应用场景的适应性；其次，需要有低相关性大容量的多址接入签名码资源池；第三，需要有真正的免调度和海量用户高冲突支持能力，以及低复杂度的先进接收机设计。

在 5G NR 空口的标准化过程中，NOMA 技术通过低相关性大容量多址接入签名码资源池的设计，在终端侧实现真正免调度的 one-shot 发送，基站接收机实现算法简单、运算效率高的盲检过程，突破满足未来 mMTC 海量大连接应用场景低成本、低功耗、海量接入的需求外延，并同时满足 eMBB、uRLLC 应用场景下小数据包随机突发情况下真正的免调度、短时延、低功耗要求。NOMA 技术具有 5G NR 空口带来的降低接入信令开销、功耗和时延，高过载率，海量大连接支持能力，以及针对小数据包传送的多应用场景适应性等多方面优势。

6.9　双工技术

NR 标准的一个关键特性就是灵活的频谱利用。除了可以灵活配置下行传输带宽，NR 的基础架构还支持在频域或者时域上分离上行传输和下行传输，这样不管是半双工还是全双工，NR 都有一套统一的帧结构，极大地提高了频谱利用的灵活性。5G NR 双工方式包括 FDD、TDD、半双工 FDD 和全双工（历代移动通信均不支持）。不同双工方式对比如图 6-31 所示。

（1）FDD：收发使用不同的频段来进行通信，可以实现同时收发。

（2）TDD：收发使用相同的频段进行，仅仅通过时间来区分上下行。

（3）半双工 FDD：上行传输和下行传输使用不同的频段以及不同的时间，适合工作在对称频谱上的低成本终端。

（4）全双工：从原理上来说，NR 的基本结构支持全双工，全双工的上行和下行传输既不用频段来区分也不用时间来区分。

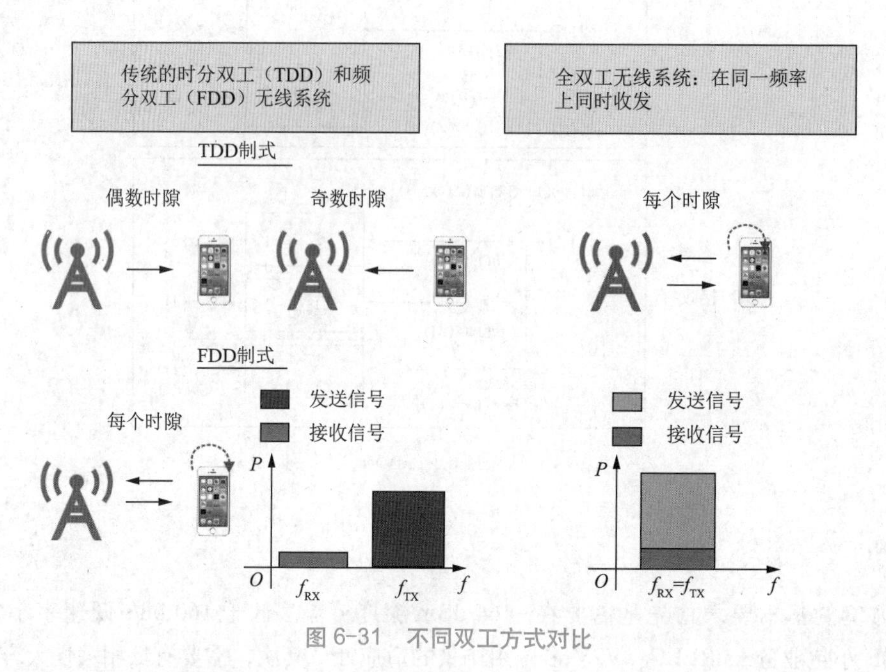

图 6-31　不同双工方式对比

6.9.1　5G 全双工的技术优势

全双工实现同一信道同时发送和接收，相比 FDD 和 TDD 的半双工技术，其频谱效率将提升一倍。其次，相比 TDD 技术，全双工可大幅度缩短时延。在全双工技术下，发送完数据之后即刻接收反馈信息，减少时延。另外，在传送数据包的时候，无须等待数据包完全到达才发送下一个数据包，特别是在重传的时候，时延更会大大减小。另外，由于同频全双工中继节点的收发天线进行同时通信，因此可消除隐藏终端和降低网络拥塞。此外，同频全双工在认知网络通信系统当中，接收天线时刻接收数据能快速感知频谱授权用户的频谱占用状态，为次级用户快速接入和释放频谱资源提供技术优势。

6.9.2　5G 双工技术的实现难点

灵活双工的主要技术难点在于不同通信设备上下行信号间的相互干扰问题。这是因为在 LTE 系统中，上行信号和下行信号在多址方式、子载波映射、参考信号谱图等多方面存在差异，不利于干扰识别和删除。因而，上下行信号格式的统一对灵活双工系统性能的提升非常关键。对于现有的 LTE 系统，可以调整上行或下行信号实现统一格式，如采用载波搬移、调整解调参考信号谱图或静默等方式，再将不同小区的信号通过信道估计、干扰删除等手段进行分离，从而有效解调出有用信息。而未来的 5G 系统很可能采用新频段和新的多址方式等，上下行信号将进行全新的设计，可根据上下行信号对称性原则设计 5G 的通信协议和系统，从而将上下行信号统一，那么上下行信号间干扰自然被转换为同向信号间干扰，再应用现有的干扰删除或干扰协调等手段处理干扰信号。上下行对称设计要求上行信号与下行信号在多方面保持一致，包括子载波映射、参考信号正交性等方面的问题。

此外，为了抑制相邻小区上下行信号间的互干扰，灵活双工将采用降低基站发射功率的方式，使基站的发射功率达到与移动终端对等的水平。未来宏站将承担更多用户管理与控制功能，小站将承载更多的业务流量，而且发射功率较低，更适合采用灵活双工。

同时全双工的应用面临不小的挑战。采用同时同频全双工无线系统，所有同时同频发射节点对于非目标接收节点都是干扰源，同时同频发射机的发射信号会对本地接收机产生强自干扰。在全双工模式下，如果发射信号和接收信号不正交，发射端产生的干扰信号比接收到的有用信号要强数 10 亿倍（大于 100 dBm）。因此，同时同频全双工系统的应用关键在于干扰的有效消除。在点对点场景同时同频全双工系统的自干扰消除研究中，根据干扰消除方式和位置的不同，有三种自干扰消除技术，分别为天线干扰消除、射频干扰消除和数字干扰消除。

（1）天线干扰消除有两种实现原理：一是通过空间布放实现，二是通过对收 / 发信号进行相位反转实现。空间布放实现的天线对消：通过控制收发天线的空间布放位置，使不同发射天线距离接收天线相差半波长的奇数倍，从而使不同发射天线的发射信号在接收天线处引入相位差 π，可以实现两路自干扰信号的对消。相位反转实现的天线对消：在对称布放收发天线的基础上，成对的发射 / 接收天线中，信号发射之前或接收之后在天线端口处引入相位差 π，可以实现自干扰信号的对消。

（2）射频干扰消除是通过从发射端引入发射信号作为干扰参考信号，由反馈电路调节干扰参考信号的振幅和相位，再从接收信号中将调节后的干扰参考信号减去，实现自干扰信号的消除。

（3）数字干扰消除是采用相干检测而非解码来检测干扰信号。相干检测器将输入的射频接收信号与从发射机获取的干扰参考信号进行相关。由于检测器能够获取完整的干扰信号，用其对接收信号进行相干检测，根据得到的相关序列峰值，就能够准确得到接收信号中自干扰分量相对于干扰参考信号的时延和相位差。采用数字干扰消除能够进一步提升有用信号的 SINR 值。

另外，研究表明，异构网络（HetNet）技术使得无线通信系统中频谱效率得以提升。由于在 HetNet 系统中宏蜂窝与微蜂窝共存，宏基站、微基站以及移动用户之间相互干扰，使得 HetNet 当中层内干扰与层间干扰共存，并且随着无线网络的密集化，层间干扰和层内干扰愈加剧烈，从而严重制约无线网络容量的提升，尤其是使用同时同频全双工中继协作传输技术，干扰愈加复杂化。因此，在复杂干扰环境当中，同时同频全双工节点资源共享问题将是另一个技术挑战。

小结

本章对 5G 中的关键技术进行了重点介绍，它们可以被分为网络侧关键技术和无线侧关键技术。

在网络侧，引入了多接入边缘计算、网络切片和超密集组网的概念。多接入边缘计算把云计算平台从移动核心网络内部迁移到移动接入网边缘，实现计算及存储资源的弹性利用，将传统电信蜂窝网络与互联网业务进行了深度融合，减少移动业务交付的端到端时延，从而提升用户体验。而从业务角度出发，不同类型业务场景对技术层面的需求存在差异，为了解决这一问题，网络切片应运而生。运营商可结合自身业务特点，采取差异化的切片策略构建相互隔离的逻辑网络，实现对业务的定制化承载。由于未来频段的提高，超密集组网网络架构势在必行，一方面通过控制承载分离，实现未来网络对于覆盖和容量的单独优化设计；另一方面通过将基站部分无线控制功能进行抽离进行分簇化集中式控制，实现簇内小区间干扰协调、无线资源协同、移动性管理等，提升网络容量，为用户提供极致的业务体验。

在无线侧，引入了Massive MIMO、毫米波、波束管理、上行覆盖增强、NOMA、全双工等技术。Massive MIMO能够深度利用空间资源，显著提高系统的容量和频谱效率，还能与毫米波很好地结合。因毫米波段拥有巨大的频谱资源开发空间，所以成为Massive MIMO通信系统的首要选择。毫米波的波长较短，在Massive MIMO系统中可以在系统基站端实现大规模天线阵列的设计，从而使毫米波的应用结合在波束赋形技术上，这样可以有效地提升天线增益。多天线阵列能产生非常窄的波束，不同的波束之间、不同的用户之间的干扰都比较少，但是不利之处在于，系统必须用非常复杂的算法来找到用户的准确位置，否则就不能精准地将波束对准这个用户。因此，波束管理对Massive MIMO十分重要。针对5G上行覆盖不足，目前提出了上下行解耦和载波聚合两种解决方案。非正交多址接入技术是5G引入的一种新型的多址接入技术，NOMA可以解决由于大规模连接带来的网络挑战，还可以节省请求调度、调度授权的周期，既节省时间，又节省网络资源。5G还采用了全双工技术，可以实现同一信道同时发送和接收，相比FDD和TDD的半双工技术，频谱效率将提升一倍；此外，全双工技术下，发送完数据之后即刻接收反馈信息，可以大大降低时延。

第7章 5G网络规划设计

网络规划包含无线网、承载网、核心网规划，是移动通信网络端到端部署的重要先决条件。一般情况下，通过规划计算可得到较为准确的设备数量与带宽需求。本章主要讲述了5G无线网络规划的关键流程和方法，包含无线链路预算、速率计算、容量计算、参数规划等。通过完整的无线网络规划计算，用户可得到区域内合理的站点数量。并能通过合理的站址位置规划与参数规划，完成初期网络覆盖仿真。

7.1 5G网络规划覆盖概述

合理的网络规划是移动通信网络建设的重要前提，是后续网络优化分析的基础保障。5G网络由于其高频特性与服务化应用场景，其网络规划与4G相比存在较大差异，如何精准进行站点规划、如何更好地服务区域内业务需求已成为5G时代网络规划的重要研究方向。

7.1.1 频谱特性与覆盖性能

前面章节提到，5G网络包含有FR1与FR2两个可用频段，其中FR1为当前商用主要频段，与当前4G频段较为接近；FR2为毫米波部署频段，拥有广阔的频带资源，且外部干扰小，更容易达到高速率与低时延的目标。同时，从天线设计角度而言，频段越高天线的尺寸也就越小，这将更加方便终端和基站在相同的面积下集成更多的天线数目，从而利用波束成形增益来弥补高频覆盖受限的挑战。

根据频谱特性，频段越低，覆盖距离越大，覆盖效果越好，无论是FR1或FR2，与2G/3G/4G相比均不存在低频优势，单个小区的覆盖距离较2G/3G/4G均缩短不少，因而单位面积内实现网络全覆盖，5G制式下所需站点数更多。同时，与低频段的无线传播特性相比，高频段对传播路径上的植被、建筑、雨衰、树木等更加敏感，存在较高的相位噪声，如何有效利用高频段带宽充裕的优势，如何提高无线网络的规划的精度是高频段大规模商用亟待解决的问题。

无线网络规划设计的首要目标是保障网络覆盖，5G网络的FR1与FR2各有其优缺点，高频适用于短距离的高速传输，可在热点区域部署以实现吸热效果。低频可用作区域连续覆盖，以保证 5G 网络的连续性，如图 7-1 所示。

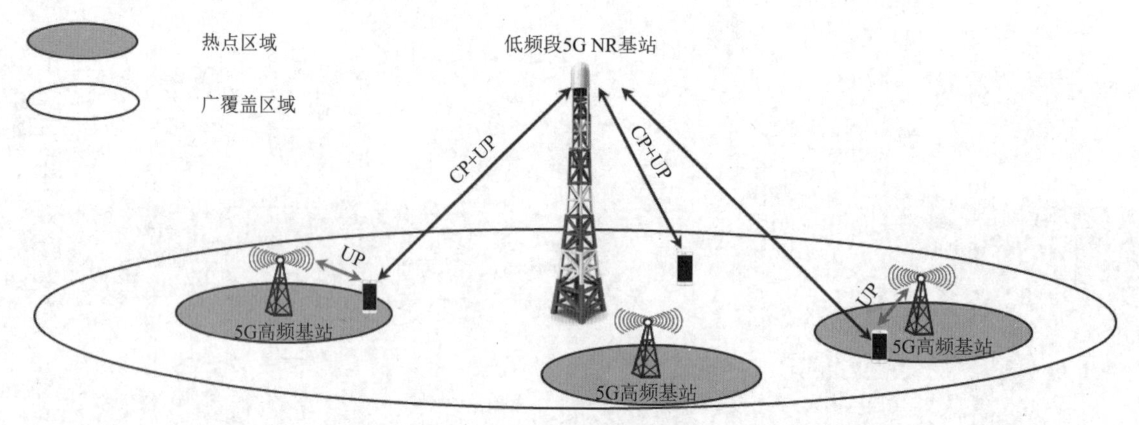

图 7-1　5G 高低频混合组网

7.1.2　网络部署与覆盖性能

前面章节提到了 Option1 ～ Option7 多种组网选项，为不同阶段、不同地区提供了多种 5G 建设方案。我国的 5G 建设根据建设周期可分为两个阶段，分别为：

（1）2017—2020：Option3x 架构，NSA 5G 网络；

（2）2020—2022：Option2 组网，SA 5G 网络。

当大规模 SA 网络建设完成后，运营商可将现有 2G/3G/4G 站点迁移至 5G 核心网，也可保留 2G/3G/4G 核心网，实现不同制式网络独立运行。

Option3x 非独立组网下，5G 站点需依赖 4G 锚点，当无法连接到 4G 网络时用户将无法使用 5G 网络，若 4G 覆盖能力不足或锚点切换不及时，可造成 UE 无法连接到 5G 网络，因此在 5G 网络规划时需并行考虑现有 4G 的站点布局或 4G 站点规划，同时保障 4G 网络与 5G 网络的连续覆盖，其网络规划的难度与细节相对独立组网更加复杂。Option2 独立组网下，5G 网络与 4G 无关联，终端支持 5G 且有 5G 信号前提下即可成功接入 5G 网络，在网络规划时仅需考虑 5G 站点位置与覆盖距离即可。

此外，随着 5G 网络的波束赋形与 MIMO 技术的发展，以用户为中心的动态波束权值成为现实。通过动态调整小区的波束下倾角、方位角，在站点可覆盖范围内用户实时信号质量得到了充分保障，实现了网络资源的最大化利用。但由于动态波束权值下，覆盖情况更加复杂，当用户较多时容易产生覆盖空洞，从而影响其他用户接入 5G 网络，因此对站址位置、站高等前期的网络规划提出了更高的要求。在保证基础覆盖的前提下，定制化覆盖规划将是 5G 时代网络规划的重要研究方向。

7.1.3　5G 网络规划流程

5G 网络规划可分为三个阶段，依次为网络规模估算、网络覆盖仿真、网络参数规划。网络规模估算包括覆盖估算和容量估算，其目标是输出覆盖半径、单站容量、所需站点数、基站配置等初步网络配置信息，本书将在后续章节进行详细介绍。网络覆盖仿真可以结合电子地图输出多站组网的覆盖效果

（RSRP、SINR、Tx Power）和小区容量（平均吞吐量、边缘吞吐量）。网络参数规划包含站点基础工程参数数（经纬度、天线高度、方向角、下倾角、波束）与小区开通参数（小区编号、PCI、PRACH、邻区等），相关参数均可在“IUV-5G全网部署与优化”软件中进行实训，理解不同参数对网络规划覆盖的影响。

网络规模估算阶段是5G网络规划重要的环节，对后续仿真与参数规划影响极大，在规模估算时，需事先确定好区域内场景，需在合适场景内进行基站建设，场景主要包括一般城区、密集城区、景区、郊区、高速、高铁、室内场景等，不同场景规划建议见表7-1。

表7-1 不同场景规划建议

场　景	推荐情况	说　明
一般城区（含高校、工业区等）	推荐场景	适应性广泛，综合瓶颈较小
密集城区、CBD	可选场景	重要性高；建设、测试、优化难度大
景区	不主动推荐	基站建设、调测条件可能受限
郊区	不主动推荐	价值低，建设、调测条件可能受限
高速、高铁	避免	建设、测试、优化难度大，成本高
室内场景	避免	高价值，但对应产品推出较晚

具体项目实施过程中，场景选择并不绝对，部分存在困难的场景，如果重要性特别高，也可以沟通各方意见来推进实施。规划场景确定后，需对场景内进行覆盖估算，覆盖估算的流程如图7-2所示。

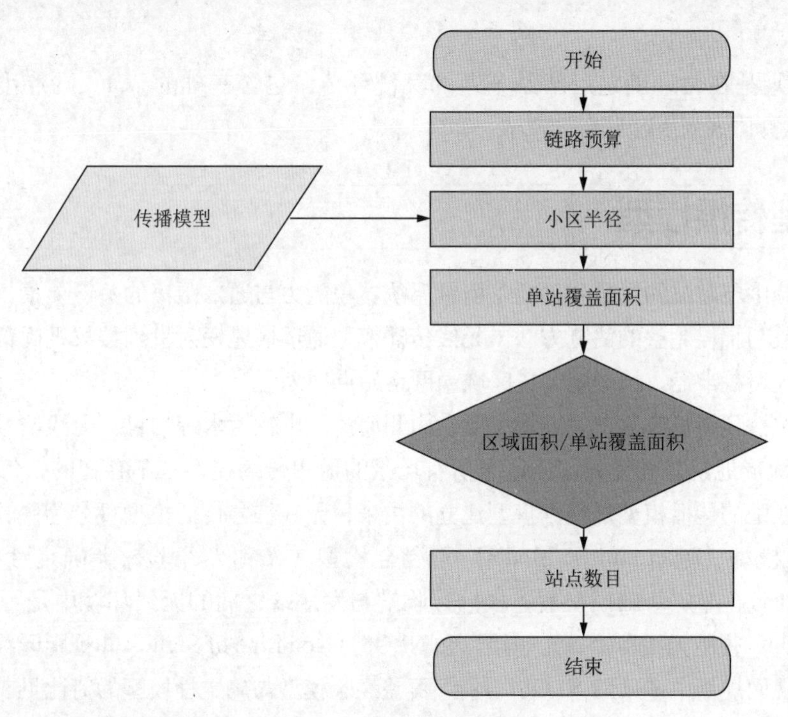

图7-2 覆盖估算流程

覆盖估算的主要目标有三个，分别为：

（1）根据边缘速率要求估算覆盖半径。

（2）根据现网站间距估算 5G 的边缘用户体验速率。

（3）估算给定区域内所需的站点规模。

估算覆盖半径需要用到传播模型和链路预算公式，估算体验速率时可通过用户峰值速率与平均速率得到站点吞吐量。完成覆盖和容量对应的站点估算后，需综合考虑场景内站点规模，在实现连续覆盖基础上得到初步站点数目和站址位置。

网络覆盖仿真是基站建设前的重要环节，利用仿真工具，可模拟出基础站址规划的网络覆盖效果，以此来验证站点设计的合理性，为站点布置位置及 RF 参数优化提供参考。常用的仿真操作平台有 Atoll、AIRCOM、Planet、CXP、Cloud U-Net。网络规划仿真流程如图 7-3 所示。

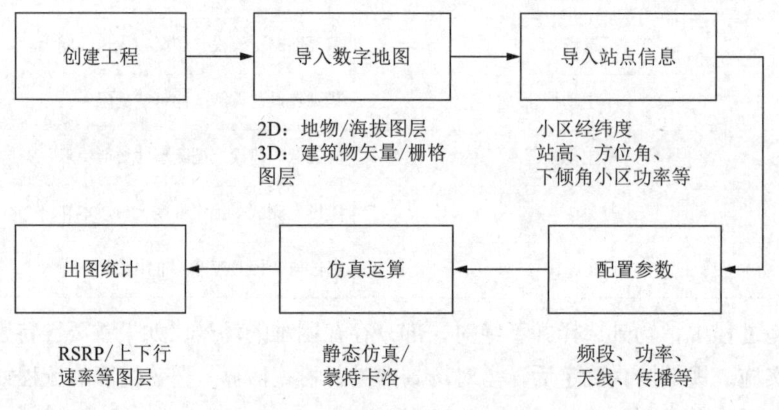

图 7-3　网络规划仿真流程

网络参数规划是在站址确定后基站开通的关键环节，包含基础的 PCI、站点小区标识、TAC、PRACH 等信息，具体规划内容见后续章节。

7.2 典型传播模型

移动通信系统中电磁波的增益和损耗是衡量系统覆盖能力与通信距离的关键要素，而传播模型则提供了空口传播增益与损耗完整的估算方法。无线传播模型通过描述发射机到接收机间信号的传播行为，可准确估算出小区覆盖半径，精准地完成区域内网络站点规划。

无线信号的传播环境极其复杂，高楼大厦、山川河流、车辆树木等均可对无线信号产生较大影响，由于不同区域的地形地貌差异较大，能适合所有场景的通用传播模型是不存在的，每个不同类型的场景可以采用与其匹配的传播模型。根据模型建立的由来，无线信号传播模型可分为经验模型（Empirical Model）、确定性模型（Deterministic Model）与混合模型（又称半经验 - 半确定性模型，Empirical-Deterministic Model）。选定基础模型后，根据接收端与发送端之间的无线环境中是否有遮挡又可分为 LOS（Line of Sight，视距无线传输，无遮挡）和 NLOS（Non Line of Sight，非视距无线传播，有遮挡）两种应用场景，现网规划中多采用 NLOS 场景。覆盖经验模型与确定性模型的对比见表 7-2。

表 7-2　经验模型与确定性模型对比

模型类型	适用场景	优　点	缺　点
经验模型	宏蜂窝	仿真速率快，地图要求低	精度低
确定性模型	微蜂窝	精度高	仿真较慢

在小区覆盖规划时，一般采用正六边形作为单小区的覆盖范围，由于服务小区形状与蜂窝类似，这种网络被称为蜂窝式网络。传统的蜂窝式网络由宏蜂窝小区（Macro Cell）构成，每小区的覆盖半径大多为 1 km 以上，基站天线尽可能做得很高。微蜂窝小区 (Micro Cell) 的覆盖半径一般在 500 m 以内，基站天线高度较低或放置在灯杆等近地场景，传播主要沿着街道的视线进行，因此，Micro Cell 最初被用来加大无线电覆盖，消除 Macro Cell 中的“盲点”。由于低发射功率的 Micro Cell 基站允许较小的频率复用距离，每个单元区域的信道数量较多，因此业务密度得到了巨大的增长，且 RF 干扰很低。

根据传播环境的不同，规划的区域一般划分成密集城区、一般城区、郊区、农村四类环境：

（1）密集城区特点是周围建筑物平均超过 30 ～ 40 m，基站天线高度相对其周围环境建筑物稍高，但是服务区内还存在较多的高大建筑物阻挡，街道建筑物高度超过了街道宽度的 2 倍以上，扇区信号可能是从几个街区之外的建筑物后面传过来的。环境复杂，多径效应、阴影效应等需要重点考虑。

（2）一般城区，其扇区天线的安装位置，相对于周围环境而言，具有较好的高度优势（站在楼顶上，基本上可与扇区天线之间形成 LOS），建筑物的平均高度为 15 ～ 30 m，街道宽度相对较宽（大于建筑物高度）。另外，存在零星的高大建筑物，且服务区域内存在比较多的楼房，有树木，但是树木的高度一般不会比楼房高。

（3）郊区的扇区天线的安装位置，相对于周围环境而言，具有较好的高度优势郊区场景下街道宽度相对较宽（大于建筑物高度），且服务区域内存在着比较多的楼房，有树木，且树木的高度一般会比楼房稍高一些，而且存在一些有树木的开阔地。建筑物的平均高度为 10 ～ 20 m。

（4）农村的地形具体可以分为平原和山区（起伏高度可能会在 20 m 到 400 m 之间，或者更高）。主要覆盖区域为交通道路和村庄。树木和山体的阻挡是主要的因素。

移动通信中有三种常见的经典传播模型。具体如下：

（1）Okumura-Hata 模型。20 世纪 60 年代，奥村（Okumura）等人在东京近郊，采用很宽范围的频率，测量多种基站天线高度、多种移动台天线高度，以及在各种各样不规则地形和环境地物条件下测量信号强度。然后形成一系列曲线图表，这些曲线图表显示的是不同频率上的场强和距离的关系，基站天线的高度作为曲线的参量。接着产生出各种环境中的结果，包括在开阔地和市区中值场强对距离的依赖关系、市区中值场强对频率的依赖关系以及市区和郊区的差别，给出郊区修正因子的曲线、信号强度随基站天线高度变化的曲线以及移动台天线高度对信号强度相互关系的曲线等。

为了简化，Okumura-Hata 模型做了三点假设：

①作为两个全向天线之间的传播损耗处理。

②作为准平滑地形而不是不规则地形处理。

③以城市市区的传播损耗公式作为标准，其他地区采用校正公式进行修正。

适用条件：频率为 150 ～ 1 500 MHz；基站天线挂高 h_b 为 30 ～ 200 m；终端高度 h_m 为 1 ～ 10 m；

通信距离为 1 ～ 35 km。

传播损耗公式：

$$PL=69.55+26.16\lg f-13.82\lg h_b-a(h_m)+(44.9-6.55\lg h_b)(\lg d)^r+K_{clutter}$$

式中 PL——路径损耗；

d——远距离传播修正因子；

f——频率，MHz；

h_b——基站天线挂高；

h_m——终端高度；

$a(h_m)$——移动台天线高度修正因子；

$K_{clutter}$——对应不同传播环境地物的衰减校正因子。

（2）COST 231-Hata 模型。欧洲研究委员会（陆地移动无线电发展）COST 231 传播模型小组建议，根据 Okumura-Hata 模型，利用一些修正项使频率覆盖范围从 1 500 MHz 扩展到 2 000 MHz，所得到的传播模型表达式称为 COST 231-Hata 模型。

适应条件：频率为 1.5 ～ 2.6GHz；基站天线挂高 h_b 为 30 ～ 200 m；终端高度 h_m 为 1 ～ 10 m；通信距离为 1 ～ 35 km。

传播损耗公式：

$$PL=46.3+33.9\lg f-13.82\lg h_b-a(h_m)+(44.9-6.55\lg h_b)(\lg d)^r+K_{clutter}$$

公式中各因子的含义与 Okumura-Hata 模型传播损耗公式相同。

（3）General 模型。General 模型又称标准宏小区传播模型（或 Aircom 模型）。

适应条件：频率为 0.5 ～ 2.6 GHz；基站天线挂高 h_b 为 30 ～ 200 m；终端高度 h_m 为 1 ～ 10 m；通信距离为 1 ～ 35 km。

传播损耗公式：

$$PL=K_1+K_2\lg d+K_3h_{ms}+K_4\lg h_{ms}+K_5\lg h_{eff}+K_6\lg h_{eff}\lg d+K_7(\text{diffraction loss})+\text{clutter loss}$$

式中 K_1——衰减常数；

K_2——距离衰减常数；

K_3、K_4——移动台天线高度修正系数；

K_5、K_6——基站天线高度修正系数；

K_7——绕射修正系数；

clutter loss——地物衰减修正值；

d——基站与移动台之间的距离，km；

h_{ms}——移动台天线有效高度，m；

h_{eff}——基站天线有效高度，m。

General 模型在四种传播环境下的典型参数取值见表 7-3。

表 7-3　General 模型典型参数取值

项　目	密集城区	一般城区	郊　区	农　村
K_1	158	154	148	143

续表

项　目	密集城区	一般城区	郊　区	农　村
K_2	48	45	42	39
K_3	0	0	0	0
K_4	0	0	0	0
K_5	−13.82	−13.82	−13.82	−13.82
K_6	−6.55	−6.55	−6.55	−6.55
K_7	0.4	0.4	0.4	0.4

5G 网络中常见的模型包含 UMa（Urban Macro）、UMi（Urban Micro）、RMa（Rural Macro）、SUI（Stanford University Interim）、InF（Indoor Factory）、InH-office（Indoor Hotspot-office）等经验模型与射线跟踪模型代表的确定性模型。典型模型的计算方法与适用场景将在后续内容中进行进一步探讨。

7.2.1　UMa 模型

UMa 模型是一种适合高频的传播模型，适用频率在 0.8GHz 到 100 GHz 之间，基站一般安装在居民楼等较高建筑的楼顶上。3GPP 协议 TR 36.873 中规定了标准的 3D-UMa 模型公式见表 7-4。

表 7-4　UMa 模型公式

场　景	路损 /dB，（f_c 单位为 -GHz，d 单位为 m）	阴影衰落 /dB	适用范围，天线高度默认值
LOS	$PL = 22.0\lg d_{3D} + 28.0 + 20\lg f_c$ $PL = 40\lg d_{3D}+28.0+20\lg f_c - 9\lg[(d'_{BP})^2+(h_{BS}-h_{UT})^2]$	$\sigma_{SF} = 4$	$10\text{m} < d_{2D} < d'_{BP}$； $d'_{BP} < d_{2D} < 5\,000\ \text{m}$； $h_{BS} = 25\ \text{m}$； $1.5\ \text{m} \leqslant h_{UT} \leqslant 22.5\ \text{m}$
NLOS	$PL = \max(PL_{3D\text{-}UMa\text{-}NLOS}, PL_{3D\text{-}UMa\text{-}LOS})$ $PL_{3D\text{-}UMa\text{-}NLOS} = 161.04 - 7.1\lg W + 7.5\lg h - [24.37 - 3.7(h/h_{BS})^2]\lg h_{BS} + (43.42 - 3.1\lg h_{BS})(\lg d_{3D} - 3) + 20\lg f_c - [3.2(\lg 17.625)^2 - 4.97] - 0.6(h_{UT} - 1.5)$	$\sigma_{SF} = 6$	$10\ \text{m} < d_{2D} < 5\,000\ \text{m}$； h = 平均建筑高度； W = 街道宽度； $h_{BS} = 25\ \text{m}$； $1.5\text{m} \leqslant h_{UT} \leqslant 22.5\ \text{m}$； $W = 20\ \text{m}$； $h = 20\ \text{m}$。 取值范围： $5\ \text{m} < h < 50\ \text{m}$； $5\ \text{m} < W < 50\ \text{m}$； $10\ \text{m} < h_{BS} < 150\ \text{m}$； $1.5\ \text{m} \leqslant h_{UT} \leqslant 22.5\ \text{m}$

主要参数含义见表 7-5。

表7-5 UMa模型公式参数含义

参 数 名	含 义	典型配置
h	平均建筑物高度	20 m
W	街道宽度	20 m
h_{UT}	终端高度	1.5 m
h_{BS}	基站高度	25 m

相关高度之间的关系如图7-4所示。

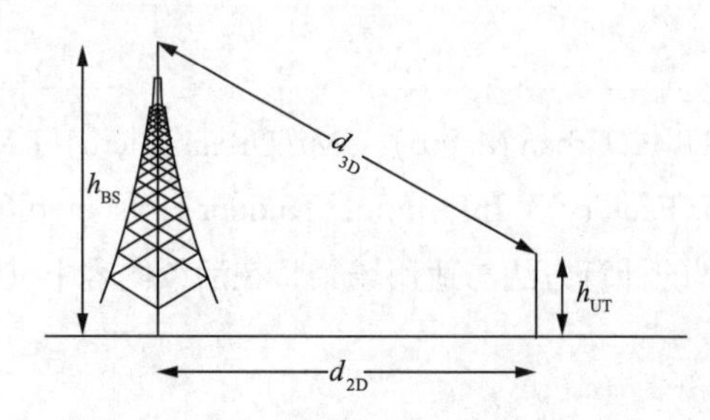

图7-4 相关高度之间的关系

从模型定义可知，LOS与h和W无关，NLOS与h和W有关。根据传播模型的公式可知，h与路损成正比，W与路损成反比，h对路损的影响更大。

平均建筑物高度h为区域内建筑物的加权平均建筑高度，计算公式如下：

$$h=\frac{\sum_{i=0}^{n}S_i\times h_i}{\sum_{i=0}^{n}S_i}$$

式中，S_i为第i个建筑物水平面面积；h_i为第i个建筑物高度。

街道宽度W为区域内街道的宽度，包含各建筑之间的距离，计算公式如下：

$$W=\frac{\sum_{i=0}^{n}W_i}{n}$$

式中，W_i为第i条街道或建筑物之间的宽度。

TR 38.901中对UMa模型做了一定简化，简化模型中与平均建筑物高度h、街道宽度W无关，仅与频率、接收天线高度、天线间距有关。LOS和NLOS场景下简化的UMa的传播模型公式见表7-6。

表7-6 简化的UMa模型公式

场景	路损/dB，(f_c单位为GHz，d单位为m)	阴影衰落/dB	适用范围，天线高度默认值
LOS	$PL_{UMa-LOS}=\begin{cases}PL_1 & 10\,m\leqslant d_{2D}\leqslant d'_{BP}\\ PL_2 & d'_{BP}\leqslant d_{2D}\leqslant 5\,km\end{cases}$ $PL_1=28.0+22\lg d_{3D}+20\lg f_c$ $PL_2=28.0+40\lg d_{3D}+20\lg f_c-9\lg[d'^2_{BP}+(h_{BS}-h_{UT})^2]$	σ_{SF}=4	$1.5\,m\leqslant h_{UT}\leqslant 2.5\,m$； h_{BS}=25 m

续表

场景	路损 /dB，(f_c 单位为 GHz，d 单位为 m)	阴影衰落 /dB	适用范围，天线高度默认值
NLOS	$PL_{UMa-NLOS}=\max(PL_{UMa-LOS},PL'_{UMa-NLOS})$ $PL'_{UMa-NLOS}=13.54+39.08\lg d_{3D}+20\lg f_c-0.6(h_{UT}-1.5)$	σ_{SF}=6	1.5 m $\leqslant h_{UT}\leqslant$ 2.5 m； h_{BS}=25 m
	$PL=32.4+20\lg f_c+30\lg d_{3D}$	σ_{SF}=7.8	

通过曲线拟合，两种不同的 UMa 模型的路损与距离关系的曲线基本重合，在进行模型选择时，需综合考虑场景特征与需求精度，选择合适的传播模型公式，“IUV-5G 全网部署与优化”软件中采用完整版 3D-UMa 模型下 NLOS 场景进行网络规划，在网络规划计算时需合理进行相关高度与基站频率的规划设计。

7.2.2　UMi 模型

UMi 模型一般用于城市道路小基站场景，基站高度一般低于周边建筑物高度。3GPP 协议 TR 36.873 中规定了的通用的 3D-UMi 模型公式见表 7-7。

表 7-7　UMi 模型公式

场景	路损 /dB，(f_c 单位为 GHz，d 单位为 m)	阴影衰落 /dB	适用范围，天线高度默认值
LOS	$PL=22.0\lg d_{3D}+28.0+20\lg f_c$ $PL=40\lg d_{3D}+28.0+20\lg f_c-9\lg[d'^2_{BP}+(h_{BS}-h_{UT})^2]$	$\sigma_{SF}=3$	10 m $<d_{2D}<d'_{BP}$； $d'_{BP}<d_{2D}<$ 5 000 m； $h_{BS}=10$ m； 1.5 m $\leqslant h_{UT}\leqslant$ 22.5 m
NLOS	$PL=\max(PL_{3D-UMi-NLOS},PL_{3D-UMi-LOS})$ $PL_{3D-UMi-NLOS}=36.7\lg d_{3D}+22.7+26\lg f_c-0.3(h_{UT}-1.5)$	$\sigma_{SF}=4$	10 m $<d_{2D}<$ 2 000 m； $h_{BS}=10$ m； 1.5 m $\leqslant h_{UT}\leqslant$ 22.5 m

TR 38.901 中对 UMi 模型做了一定修改，使其更加适配 5G 的频率特性，修改后的模型公式见表 7-8。

表 7-8　修改后的 UMi 模型公式

场景	路损 /dB (f_c 单位为 GHz，d 单位为 m)	阴影衰落 /dB	适用范围，天线高度默认值
LOS	$PL_{UMa-LOS}=\begin{cases}PL_1 & 10\text{m}\leqslant d_{2D}\leqslant d'_{BP}\\ PL_2 & d'_{BP}\leqslant d_{2D}\leqslant 5\text{km}\end{cases}$ $PL_1=32.4+21\lg d_{3D}+20\lg f_c$ $PL_2=32.4+40\lg d_{3D}+20\lg f_c-9.5\lg[d'^2_{BP}+(h_{BS}-h_{UT})^2]$	σ_{SF}=4	1.5 m $\leqslant h_{UT}\leqslant$ 22.5 m h_{BS}=10 m
NLOS	$PL_{UMi-NLOS}=\max(PL_{UMi-LOS},PL'_{UMi-NLOS})$ 适用于 10 m $\leqslant d_{2D}\leqslant$ 5 km $PL_{3D-UMi-NLOS}=35.3\lg d_{3D}+22.4+21.3\lg f_c-0.3(h_{UT}-1.5)$	σ_{SF}=7.82	1.5 m $\leqslant h_{UT}\leqslant$ 22.5 m h_{BS}=10 m

根据传播模型公式进行拟合发现，两种模型随着收发天线的距离增大，其结果差值越大，由于5G小基站规划覆盖距离一般较小，在一定覆盖规划距离内，两者差距在合理范围之内，均可作为小基站场景下无线网络规划参考。

7.2.3 RMa模型

RMa模型是5G郊区宏站的适配模型，一般用于农村、城市、郊区等开阔且用户相对分散的场景。3GPP协议TR 36.873中规定了标准的3D-RMa模型公式见表7-9。

表7-9 RMa模型公式

场景	路损/dB（f_c单位为GHz，d单位为m）	阴影衰落/dB	适用范围，天线高度默认值
LOS	$PL_1 = 20\lg(40\pi d_{3D}f_c/3) + \min(0.03h^{1.72},10)\lg d_{3D} - \min(0.044h^{1.72},$ $14.77) + 0.002\lg(h)d_{3D}$ $PL_2 = PL_1\ d_{BP} + 40\lg(d_{3D}/d_{BP})$	$\sigma_{SF} = 4$； $\sigma_{SF} = 6$	$10\text{ m} < d_{2D} < d_{BP}$； $d_{BP} < d_{2D} < 10\ 000\text{ m}$； $h_{BS} = 35\text{ m}$； $h_{UT} = 1.5\text{ m}$； $W = 20\text{ m}$； $h = 5\text{ m}$。 适用范围： $5\text{ m} < h < 50\text{ m}$； $5\text{ m} < W < 50\text{ m}$； $10\text{ m} < h_{BS} < 150\text{ m}$； $1\text{ m} < h_{UT} < 10\text{ m}$
NLOS	$PL = 161.04 - 7.1\lg W + 7.5\lg h - (24.37 - 3.7(h/h_{BS})^2)\lg h_{BS} +$ $(43.42 - 3.1\lg h_{BS})(\lg d_{3D} - 3) + 20\lg f_c - [3.2(\lg 11.75 h_{UT})^2 - 4.97]$	$\sigma_{SF} = 8$	$10\text{ m} < d_{2D} < 5\ 000\text{ m}$； $h_{BS} = 35\text{ m}$； $h_{UT} = 1.5\text{ m}$； $W = 20\text{ m}$； $h = 5\text{ m}$。 适用范围： $5\text{ m} < h < 50\text{ m}$； $5\text{ m} < W < 50\text{ m}$； $10\text{ m} < h_{BS} < 150\text{ m}$； $1\text{ m} < h_{UT} < 10\text{ m}$

TR 38.901中LOS场景下传播模型公式与TR 36.873中一致，仅对NLOS场景下传播模型进行了修改，使得NLOS场景下模型取值与LOS相关联，内容见表7-10。

表 7-10　修改后的 RMa 模型公式

场景	路损/dB（f_c 单位为 GHz，d 单位为 m）	阴影衰落 /dB	适用范围，天线高度默认值
LOS	$PL_{UMa-LOS}=\begin{cases}PL_1 & 10\,m\leqslant d_{2D}\leqslant d_{BP}\\PL_2 & d_{BP}\leqslant d_{2D}\leqslant 10\,km\end{cases}$， $PL=20\lg(40\pi d_{3D}f_c/3)+\min(0.03h^{1.72},10)\lg d_{3D}-\min(0.044h^{1.72},14.77)+0.002\lg(h)d_{3D}$ $PL_2=PL_1d_{BP}+40\lg(d_{3D}/d_{BP})$	$\sigma_{SF}=4$； $\sigma_{SF}=6$	$h_{BS}=35$ m； $h_{UT}=1.5$ m； $W=20$ m； $h=5$ m。 适用范围： 5 m $\leqslant h \leqslant$ 50 m； 5 m $\leqslant W \leqslant$ 50 m； 10 m $\leqslant h_{BS} \leqslant$ 150 m； 1 m $\leqslant h_{UT} \leqslant$ 10 m
NLOS	$PL_{RMa-NLOS}=\max(PL_{RMa-LOS},PL'_{RMa-NLOS})$ 适用于 10 m $\leqslant d_{2D}\leqslant$ 5 km $PL'_{RMa-NLOS}=161.04-7.1\lg W+7.5\lg h-(24.37-3.7(h/h_{BS})^2)\lg h_{BS}+(43.42-3.1\lg h_{BS})[\lg(d_{3D})-3]+20\lg f_c-[3.2(\lg 11.75h_{UT})^2-4.97]$	$\sigma_{SF}=8$	

7.2.4　SUI 模型

SUI 模型为 802.16 IEEE 小组和斯坦福大学的研究成果，是 3.5 GHz 频率下宏蜂窝的重要规划方法之一，针对不同的区域类型，可分为 SUI A、SUI B 和 SUI C 三类，各自特点如下：

（1）A 类：中到重度植被覆盖的丘陵地形，路径损耗最大。

（2）B 类：植被稀少的丘陵地形，传播路损适中。

（3）C 类：多为平坦地形，树木密度小，路径损耗最小。

对于此三种类型，一般情况如下：

（1）小区半径＜ 10 km。

（2）接收端天线高度在 2 ～ 10 m 范围内。

（3）基站天线高度在 15 ～ 40 m 范围内。

（4）小区覆盖率要求高（80% ～ 90%）。

SUI 模型一般公式如下：

$$L=A+10\gamma\lg\frac{d}{d_0}+X_f+X_h+S$$

式中，$A=20\lg\frac{4\pi d_0}{\lambda}$；$\gamma=a-bh_b+\frac{c}{h_b}$，$h_b$ 是基站高度，a、b、c 取值见表 7-11；L 是路径损耗，单位为 dB；d 是终端与基站的距离，单位为 m；d_0 是参考距离，取值 100 m，同时需满足 $d>d_0$；X_f 是频率修正项，$X_f=6\lg\frac{f}{2\,000}$，f 是频率，单位为 MHz；X_h 是高度修正项，对于 SUI A 和 SUI B，$X_h=-10.8\lg\frac{h_m}{2}$，对于 SUI C，$X_h=-20\lg\frac{h_m}{2}$，$h_m$ 是终端高度，单位为 m；s 是阴影效应（shadowing effect），一般取值 8.2 dB ＜ s ＜ 10.6 dB。

表 7-11　SUI 模型公式参数取值

参　数	SUI A	SUI B	SUI C
a	4.6	4.0	3.6
b	0.007 5	0.006 5	0.005
c	12.6	17.1	20

7.2.5　InF 模型

3GPP TR 38.901 协议规定，InF 场景侧重于不同大小和不同“杂乱”密度的厂房，如机械、装配线、货架等。InF 模型场景信息见表 7-12。

表 7-12　InF 模型场景信息

<table>
<tr><th colspan="2" rowspan="2">参数</th><th colspan="5">InF</th></tr>
<tr><th>InF-SL
（稀疏杂波，低站点）</th><th>InF-DL
（密集杂波，低站点）</th><th>InF-SH
（稀疏杂波，高站点）</th><th>InF-DH
（密集杂波，低站点）</th><th>InF-HH
（高站点，高接收位置）</th></tr>
<tr><td rowspan="4">场景布局</td><td>室内面积</td><td colspan="5">矩形：20 ～ 160 000 m^2</td></tr>
<tr><td>天花板高度</td><td>5 ～ 25 m</td><td>5 ～ 15 m</td><td>5 ～ 25 m</td><td>5 ～ 15 m</td><td>5 ～ 25 m</td></tr>
<tr><td>有效杂波高度 h_c</td><td colspan="5">0 ～ 10 m</td></tr>
<tr><td>外墙和天花板类型</td><td colspan="5">混凝土或金属墙体，带金属涂层窗户的天花板</td></tr>
<tr><td colspan="2">杂波类型</td><td>由规则的金属表面组成的大型机械。例如：多个带有开放空间和储存 / 调试区的混合生产区</td><td>结构不规则的中小型金属机械和物体。例如：混杂着小型机械的装配线和生产线周围</td><td>由规则的金属面组成的大型机械。例如：多个带有开放空间和储存 / 调试区的混合生产区</td><td>结构不规则的中小型金属机械和物体。例如：混杂着小型机械的装配线和生产线周围</td><td>任意</td></tr>
<tr><td colspan="2">典型的杂波大小，$d_{clutter}$</td><td>10 m</td><td>2 m</td><td>10 m</td><td>2 m</td><td>任意</td></tr>
<tr><td colspan="2">典型杂波大小，杂波密度 r（杂波占表面积的百分比）</td><td>低杂波密度 ($<40\%$)</td><td>高杂波密度 ($\geq 40\%$)</td><td>低杂波密度 ($<40\%$)</td><td>高杂波密度 ($\geq 40\%$)</td><td>任意</td></tr>
<tr><td colspan="2">基站天线高度 h_{BS}</td><td colspan="2">杂波嵌入，即基站天线高度低于平均杂波高度</td><td colspan="2">杂波之上</td><td>杂波之上</td></tr>
<tr><td rowspan="2">UT 位置</td><td>LOS/NLOS</td><td colspan="4">LOS 和 NLOS</td><td>100% LOS</td></tr>
<tr><td>高度 h_{UT}</td><td colspan="4">杂波嵌入</td><td>杂波之上</td></tr>
</table>

InF 模型公式见表 7-13。

表 7-13 InF 模型公式

场景	路损/dB（f_c 单位为 GHz，d 单位为 m）	阴影衰落 /dB	适用范围，天线高度默认值
LOS	$PL_{LOS}=31.84+21.50\lg d_{3D}+19.00\lg f_c$	$\sigma_{SF}=4.3$	$1\text{ m}\leqslant d_{3D}\leqslant 600\text{ m}$
NLOS	InF-SL: $PL=33+25.5\lg d_{3D}+20\lg f_c$ $PL_{NLOS}=\max(PL, PL_{LOS})$	$\sigma_{SF}=5.7$	
	InF-DL: $PL=18.6+35.7\lg d_{3D}+20\lg f_c$ $PL_{NLOS}=\max(PL, PL_{LOS}, PL_{InF\text{-}SL})$	$\sigma_{SF}=7.2$	
	InF-SH: $PL=32.4+23.0\lg d_{3D}+20\lg f_c$ $PL_{NLOS}=\max(PL, PL_{LOS})$	$\sigma_{SF}=5.9$	
	InF-DH: $PL=33.63+21.9\lg d_{3D}+20\lg f_c$ $PL_{NLOS}=\max(PL, PL_{LOS})$	$\sigma_{SF}=4.0$	

7.2.6 InH-office 模型

3GPP TR 36.873 中描述了一般室内热点场景下的 InH 模型特征，具体的场景信息见表 7-14。

表 7-14 InH 模型场景信息

布局	天线位于横中轴线
UE 移动性（水平移动）	3 km/h
站点天线高度	3 m 或 6 m
基站总发射功率	24 dBm
载波频率	2 GHz 或 4 GHz
UE 至基站的最短 2D 距离	3 m
UE 高度 (h_{UT})	$h_{UT}=1.5$ m
UE 分布（在 x-y 平面）	在平面图区域内随机均匀分布
ISD	2 天线，天线间隔 60 m。 3 天线，天线间隔 40 m。 6 天线 Case A，天线间隔 20m。 6 天线 Case B，天线间隔 水平 40 m，垂直 20 m

为了更精准地进行场景匹配，TR 38.900 中将 InH 模型细分成了 InH-Shopping mall 和 InH-Office 两个小类，各自有着不同的模型计算公式，最新的 3GPP TR 38.901 中描述了 InH-Office 的传播模型公式见表 7-15。

表 7-15　InH-Office 传播模型公式

场　景	路损/dB（f_c 单位为 GHz，d 单位为 m）	阴影衰落 /dB	适用范围，天线高度默认值
LOS	$PL_{\text{InH-LOS}}=32.4+17.3\lg d_{3D}+20\lg f_c$	$\sigma_{SF}=3$	$1\text{ m}\leqslant d_{3D}\leqslant 150\text{ m}$
NLOS	$PL_{\text{InH-NLOS}}=\max(PL_{\text{InH-LOS}},PL'_{\text{InH-NLOS}})$ $PL'_{\text{InH-NLOS}}=38.3\lg d_{3D}+17.30+24.9\lg f_c$	$\sigma_{SF}=8.03$	$1\text{ m}\leqslant d_{3D}\leqslant 150\text{ m}$
	$PL'_{\text{InH-NLOS}}=32.4+20\lg f_c+31.9\lg d_{3D}$	$\sigma_{SF}=8.29$	$1\text{ m}\leqslant d_{3D}\leqslant 150\text{ m}$

5G 网络现阶段室分场景多为商务办公楼，用户分布具有一定规律，在进行网络规划时 InH-Office 模型可作为室分规划的参考。

7.2.7　射线跟踪模型

射线跟踪模型是确定性模型，常用的射线跟踪模型有 volcano、cross wave、P3M 等。区别于传统经验模型，射线跟踪模型没有固定的经验公式，而是通过对无线信号的传播路径的跟踪来评估信号传播的路损和长度，其基本原理是几何绕射理论与标准衍射理论。射线跟踪模型示意图如图 7-5 所示。

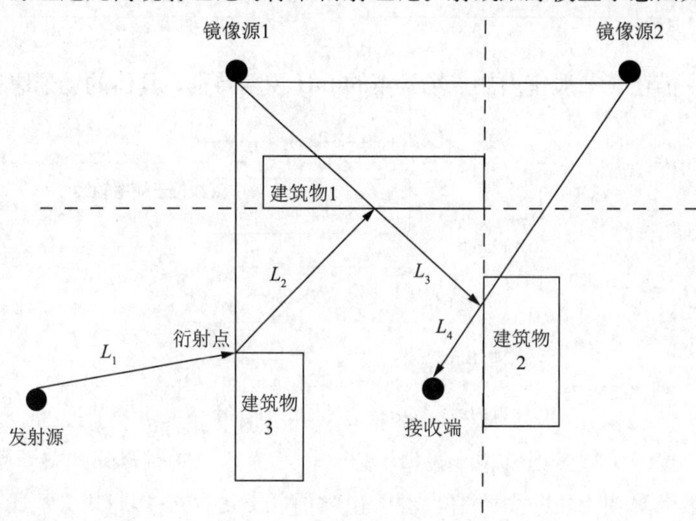

图 7-5　射线跟踪模型示意图

经过图 7-5 中的衍射、反射，最终确定发射源与接收端之间的传播路径为 $L_1\rightarrow L_2\rightarrow L_3\rightarrow L_4$。

射线跟踪模型中典型的 volcano 模型公式如下：

$$PL=A+b\lg d+\alpha L_{\text{DET}}+L_{\text{FS}}+L_{\text{ANT}}+L_{\text{c}}$$

式中　L_{DET}——射线跟踪模型计算得到的路径损耗；

L_{FS}——自由空间传播 1m 距离的路径损耗；

L_{ANT}——针对基站和终端天线的校正因子；

L_{c}——基站和终端所处位置的 Clutter 校正因子。

在仿真应用中，相比于传统经验模型，射线跟踪模型计算精度大大提高，但其仿真运行相对比较耗时，且不适用于链路预算，因此链路预算建议用经验模型，5G 仿真优选射线跟踪模型，尤其是高频仿真。

7.3 5G 无线覆盖链路预算

链路预算是网络规划中的重要环节，是对系统的覆盖能力进行评估，简单地说就是计算小区能覆盖多远，计算的思路是在保证最低接收灵敏度的前提下，对收发信机之间的增益与损耗进行分析，进而得到无线传播的路径上所能容忍的最大传播损耗，这个传播损耗又称最大允许路损。得到最大允许路损值后，结合传播模型公式，就可以计算得到单小区的覆盖半径。

链路预算又分为下行链路预算和上行链路预算，实际中，由于手机功率是定值，上行受限情况较多，优先考虑上行链路预算，然后再计算下行的链路预算。下面以业务信道链路预算为例。链路预算模型如图 7-5 所示。

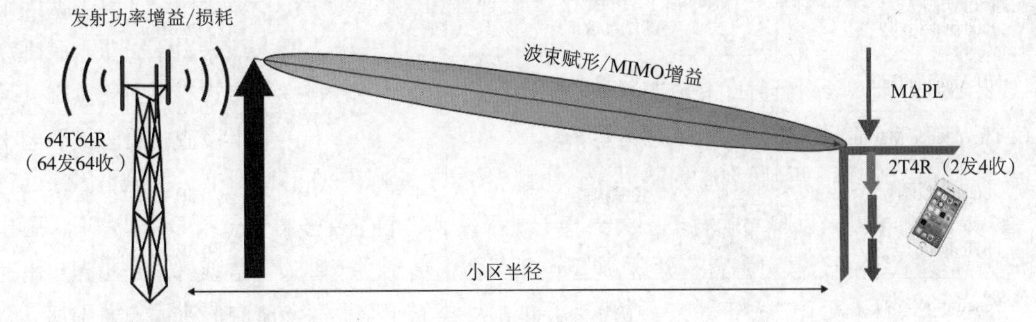

图 7-6　链路预算模型

链路预算的典型计算方法如下：

MAPL=Effective Tx Power+Rx Gain−Rx Sensitivity−Margin−Loss

式中，各参数的含义见表 7-16。

表 7-16　链路预算参数含义

参数名称	含　义
MAPL	最大允许路损
Effective Tx Power	有效发射功率
Rx Gain	接收增益
Rx Sensitivity	接收机灵敏度
Margin	余量
Loss	损耗

7.3.1 上行链路预算

结合 5G 网络无线信号传播的具体路径，5G 网络中宏站场景下链路预算可参考如下公式，其中上行链路预算公式为

MAPL=UE Tx Power+UE Antenna Gain+Hand off Gain+gNB Antenna Gain−gNB Sensitivity−

UL Interference Margin−Cable Loss−Body Loss−Penetration Loss−Shadow Fading Margin

式中，各参数含义见表7-17。表中同时给出了NR 3.5 GHz下PUSCH信道边缘速率满足1 Mbit/s时链路预算时各参数的推荐取值。该组取值下终端收发模式为2T4R，基站收发模式为64T64R。

表7-17　上行链路预算参数配置

参数名称	含　义	PUSCH-NR 3.5 G
UE Tx Power	终端发射功率	26 dBm
UE Antenna Gain	终端天线增益	0 dBi
Hand off Gain	对接增益	4.52 dB
gNB Sensitivity	基站灵敏度	−125.08 dBm
gNB Antenna Gain	基站天线增益	11 dB
UL Interference Margin	上行干扰余量	2 dB
Cable Loss	线缆损耗	0 dB
Body Loss	人体损耗	0 dB
Penetration Loss	穿透损耗	26 dB
Shadow Fading Margin	阴影衰落余量	11.6 dB

根据表7-17中推荐取值，可以计算出NR 3.5 GHz PUSCH信道的最大允许路损：

$$\text{MAPL}=[26+0+4.52+11-(-125.08)-2-0-0-26-11.6]\ \text{dB}=127\ \text{dB}$$

若采用UMa模型NLOS场景，根据公式：

$$PL_{\text{3D-UMa-NLOS}} = 161.04 - 7.1\lg W + 7.5\lg h - [24.37 - 3.7(h/h_{\text{BS}})^2]\lg h_{\text{BS}} + (43.42 - 3.1\lg h_{\text{BS}})(\lg d_{\text{3D}} - 3) + 20\lg f_c - [3.2(\lg 17.625)^2 - 4.97] - 0.6(h_{\text{UT}} - 1.5)$$

可得到：

$$127=161.04-7.1\lg W+7.5\lg h-[24.37-3.7\times(h/h_{\text{BS}})^2]\lg h_{\text{BS}}+(43.42-3.1\lg h_{\text{BS}})\times(\lg d_{\text{3D}}-3)+20\lg 3.5-[3.2\times(\lg 17.625)^2-4.97]-0.6(h_{\text{UT}}-1.5)$$

当街道宽度W=20 m，平均建筑物高度h=20 m，基站高度h_{BS}=25 m，终端高度h_{UT}=1.5 m时，代入上式得到：

$$127=161.04-7.1\lg 20+7.5\lg 20-[24.37-3.7\times(20/25)^2]\times\lg 25+(43.42-3.1\lg 25)\times(\lg d_{\text{3D}}-3)+20\lg 3.5-[3.2\times(\lg 17.625)^2-4.97]-0.6(1.5-1.5)$$

由此得到基站与终端之间的距离d_{3D}=421 m，根据d_{2D}与d_{3D}转换关系：

$$421^2=\sqrt{d_{\text{2D}}^2+(25-1.5)^2}$$

可以得到d_{2D}=420 m。

若以PUSCH信道链路预算为例，单小区的覆盖半径为420 m。不同参数规划下小区覆盖半径预算结果不同，可在“IUV-5G全网部署与优化”软件规划计算模块进一步了解不同参数取值对链路预算结果的影响。

7.3.2　下行链路预算

可根据无线环境的上下行互易性，参考上行链路预算的传播路径，5G 网络中宏站场景下的下行链路预算公式为

MAPL=gNB Tx Power+gNB Antenna Gain+UE Antenna Gain+Hand off Gain−Cable Loss−UE Sensitivity−DL Interference Margin−Body Loss−Penetration Loss−Shadow Fading Margin

式中，各参数含义见表 7-18，表中同时给出了 NR 3.5GHz 下 PDSCH 信道边缘速率满足 50 Mbit/s 时链路预算时各参数的推荐取值，该组取值下终端收发模式为 2T4R，基站收发模式为 64T64R。

表 7-18　下行链路预算参数配置

参数名称	含　义	PSCH-NR 3.5 G
gNB Tx Power	基站发射功率	53 dBm
gNB Antenna Gain	基站天线增益	11 dBi
Hand off Gain	对接增益	4.52 dB
UE Sensitivity	终端灵敏度	-104.25 dBm
UE Antenna Gain	终端天线增益	0 dB
DL Interference Margin	下行干扰余量	7 dB
Cable Loss	线缆损耗	0 dB
Body Loss	人体损耗	0 dB
Penetration Loss	穿透损耗	26 dB
Shadow Fading Margin	阴影衰落余量	11.6 dB

根据表 7-8 中推荐取值，可以计算出 NR 3.5 GHz PUSCH 信道的最大允许路损：

$$\mathrm{MAPL}=[53+11+4.52-(-104.25)-7-0-0-26-11.6]\ \mathrm{dB}=128.17\ \mathrm{dB}$$

与上行链路一样，采用 UMa 模型 NLOS 场景，根据公式：

$$PL_{\text{3D-UMa-NLOS}} = 161.04 - 7.1\lg W + 7.5\lg h - [24.37 - 3.7(h/h_{\mathrm{BS}})^2]\lg h_{\mathrm{BS}} + (43.42 - 3.1\lg h_{\mathrm{BS}})(\lg d_{\mathrm{3D}} - 3) + 20\lg f_{\mathrm{c}} - [3.2(\lg 17.625)^2 - 4.97] - 0.6(h_{\mathrm{UT}} - 1.5)$$

可得到：

$$128.17=161.04-7.1\lg W+ 7.5\lg h - [24.37 - 3.7\times(h/h_{\mathrm{BS}})^2]\lg h_{\mathrm{BS}} + (43.42 - 3.1\lg h_{\mathrm{BS}})\times(\lg d_{\mathrm{3D}} - 3) + 20\lg 3.5 - [3.2\times(\lg 17.625)^2 - 4.97] - 0.6\times(h_{\mathrm{UT}} - 1.5)$$

当街道宽度 W=20 m，平均建筑物高度 h=20 m，基站高度 h_{BS}=25 m，终端高度 h_{UT}=1.5 m 时，代入上式得到：

$$128.17=161.04-7.1\lg 20 + 7.5\lg 20 - [24.37 - 3.7\times(20/25)^2]\times\lg 25 + (43.42 - 3.1\lg 25)\times(\lg d_{\mathrm{3D}} - 3) + 20\lg 3.5 - [3.2\times(\lg 17.625)^2 - 4.97] - 0.6(1.5 - 1.5)$$

由此得到基站与终端之间的距离 d_{3D}=451 m，根据 d_{2D} 与 d_{3D} 转换关系：

$$451^2=\sqrt{d_{2D}^2+(25-1.5)^2}$$

可以得到 d_{2D}=450 m，与 PUSCH 信道的结果综合，得到小区覆盖半径为 420 m。

若以 PDSCH 信道链路预算为例，单小区的覆盖半径为 450 m。不同参数规划下小区覆盖半径预算结果不同，可在“IUV-5G 全网部署与优化”软件规划计算模块进一步了解不同参数取值对链路预算结果的影响。

通过上下行链路预算可以发现，在 NR-3.5 GHz 下，运用 UMa NLOS 模型计算得到的上下行信道对应的小区覆盖半径差距为 30 m，差距较小，说明在宏站场景下，UMa 模型的准确度符合 5G 网络的上下行信道要求，可作为后续规划参考。当得到多组小区半径后，需要选择最小值作为小区覆盖规划半径，以满足所有信道的业务需求。

本书链路预算实例为 3.5 GHz 下的估算结果，5G 高频毫米波也可以通过上面的上下行链路预算流程进行小区半径的估算。通过多组实验数据的对比分析，在 5G 采用 UMa 模型，4G 采用 COST 231 模型的前提条件下，得到了 5G 低频、高频与 4G 链路预算的各影响参数的比较，对比内容见表 7-19。

表 7-19　4G/5G 链路预算对比分析

链路预算参数	4G	NR-3.5 GHz	NR- 毫米波
馈线损耗	RRU 形态，天线外接存在 馈线损耗	AAU 形态，无外接天线馈线损耗 RRU 形态，天线外接存在馈线损耗	AAU 形态，无外接天线馈线损耗
基站天线增益	单个物理天线仅关联单个 TRX，单个 TRX 天线增益 即为物理天线增益	Massive MIMO 天线阵列，链路预算里面的天线增益仅为单个 TRX 代表的天线增益。 5G RAN1.0 C-band 64T64R，64TRX，每个 TRX 天线增益为 10 dBi，整体单极化天线增益为 25 dBi，其中 15 dB 为 BF 增益，体现在解调门限里	Massive MIMO 天线阵列，链路预算里面的天线增益仅为单个 TRX 代表的天线增益。 5G RAN1.0 mm Wave 4T4R，4TRX，每个 TRX 天线增益为 28 dBi，整体单极化 天线增益为 31 dBi，其中 3 dB 为 BF 增益，体现在解调门限里
传播模型	COST 231-Hata	UMa	UMa
穿透损耗	相对较小	更高频段，更高穿透损耗	损耗最大
干扰余量	相对较大	毫米波束，天然带有干扰避让效果，干扰较小	毫米波束，天然带有干扰避让效果，干扰较小，频段较高
人体遮挡损耗	可忽略	可忽略	需要考虑
雨衰	可忽略	可忽略	WTTX 场景需要考虑
树衰	可忽略	可忽略	LOS 场景需要考虑

7.4 5G 峰值速率与容量性能

对于无线网络而言，覆盖仅为初期规划目标，通过连片站点覆盖即可满足区域内覆盖要求。随着区域内用户数量的不断增长，容量受限的情况越来越严重，已成为制约网络健康度的重要因素之一。因而在网络规划阶段，完成覆盖估算后，合理进行5G速率容量规划已成为5G网络时代规划的重要内容之一。

7.4.1 5G终端峰值速率

高速率是5G网络的重要标签之一，也是衡量无线网络优劣性的关键要素。5G峰值速率计算方式与LTE类似，与资源分配、收发模式、调制方式、载波数等参数相关，3GPP TS 38.306 4.1.2中提到了UE最大速率计算方式：

$$\text{data rate (in Mbit/s)} = 10^{-6} \cdot \sum_{j=1}^{J}\left[v_{\text{Layers}}^{(j)} \cdot Q_{\text{m}}^{(j)} \cdot f^{(j)} \cdot R_{\max} \cdot \frac{N_{\text{PRB}}^{\text{BW}(j),\mu} \cdot 12}{T_{\text{s}}^{\mu}} \cdot \left(1 - OH^{(j)}\right) \right]$$

式中，J是载波数；$R_{\max}$=948/1 024；对于某个分量载波，$v_{\text{Layers}}^{(j)}$在下行方向由高层参数maxNumberMIMO-LayersPDSCH决定，上行方向由高层参数maxNumberMIMO-LayersCB-PUSCH和maxNumberMIMO-LayersNonCB-PUSCH共同决定；$Q_{\text{m}}^{(j)}$由调制方式决定，取值方式见表7-20；$f^{(j)}$为缩放因子，由高层参数scalingFactor给定，可取值1、0.8、0.75和0.4；μ为对应于子载波间隔的参数集；T_{s}^{μ}是子帧中的平均OFDM符号长度，由于每个子帧长度均为1 ms，包含2^{μ}个时隙，每个时隙中包含14个OFDM符号（normal CP），所以子帧中符号的平均长度为$T_{\text{s}}^{\mu} = \frac{10^{-3}}{14 \cdot 2^{\mu}}$；$N_{\text{PRB}}^{\text{BW}(i),\mu}$是载波带宽中所包含的最大的RB数，与$\mu$相关；$OH^{(j)}$为开销，取值如下：FR1下，下行取值0.14，上行取值0.08；FR2下，下行取值0.18，上行取值0.10。

表7-20 调制方式与调制阶数

调制方式	$Q_{\text{m}}^{(j)}$
QPSK	2
16QAM	4
64QAM	6
256QAM	8

调制方式的选取由MCS决定，3GPP协议TS 38.306中4.1.2规定了三种MCS与调制阶数的对应关系，实际上MCS映射表是在CQI标识的基础上基于频谱通过附庸和插值等方式得来的，具体表格的选择与高层参数PDSCH-Config中的mcs-Table的取值有关。

当mcs-Table配置为默认时，最高的调制阶数为6，即最高可支持64QAM调制，MCS与调制阶数关系见表7-21。

表7-21 MCS与调制阶数关系1

MCS索引I_{MCS}	调制阶数Q_{m}	目标编码速率R_{x}	频谱效率
0	2	120	0.234 4
1	2	157	0.306 6

续表

MCS 索引 I_{MCS}	调制阶数 Q_m	目标编码速率 R_x	频谱效率
2	2	193	0.377 0
3	2	251	0.490 2
4	2	308	0.601 6
5	2	379	0.740 2
6	2	449	0.877 0
7	2	526	1.027 3
8	2	602	1.175 8
9	2	679	1.326 2
10	4	340	1.328 1
11	4	378	1.476 6
12	4	434	1.695 3
13	4	490	1.914 1
14	4	553	2.160 2
15	4	616	2.406 3
16	4	658	2.570 3
17	6	438	2.566 4
18	6	466	2.730 5
19	6	517	3.029 3
20	6	567	3.322 3
21	6	616	3.609 4
22	6	666	3.902 3
23	6	719	4.212 9
24	6	772	4.523 4
25	6	822	4.816 4
26	6	873	5.115 2
27	6	910	5.332 0
28	6	948	5.554 7
29	2	预留	
30	4	预留	
31	6	预留	

当 mcs-Table 配置为“qam235”时，最高的调制阶数为 8，即最高可支持 256QAM 调制，MCS 与调制阶数关系见表 7-22。

表 7-22　MCS 与调制阶数关系 2

MCS 索引 I_{MCS}	调制阶数 Q_m	目标编码速率 R_x	频谱效率
0	2	120	0.234 4
1	2	193	0.377 0
2	2	308	0.601 6
3	2	449	0.877 0
4	2	602	1.175 8
5	4	378	1.476 6
6	4	434	1.695 3
7	4	490	1.914 1
8	4	553	2.160 2
9	4	616	2.406 3
10	4	658	2.570 3
11	6	466	2.730 5
12	6	517	3.029 3
13	6	567	3.322 3
14	6	616	3.609 4
15	6	666	3.902 3
16	6	719	4.212 9
17	6	772	4.523 4
18	6	822	4.816 4
19	6	873	5.115 2
20	8	682.5	5.332 0
21	8	711	5.554 7
22	8	754	5.890 6
23	8	797	6.226 6
24	8	841	6.570 3

续表

MCS 索引 I_{MCS}	调制阶数 Q_m	目标编码速率 R_x	频谱效率
25	8	885	6.914 1
26	8	916.5	7.160 2
27	8	948	7.406 3
28	2	预留	
29	4	预留	
30	6	预留	
31	8	预留	

当 mcs-Table 配置为“qam64LowSE”时，最高的调制阶数为 6，即最高可支持 256QAM 调制，MCS 与调制阶数关系见表 7-23。

表 7-23　MCS 与调制阶数关系 3

MCS 索引 I_{MCS}	调制阶数 Q_m	目标编码速率 R_x	频谱效率
0	2	30	0.058 6
1	2	40	0.078 1
2	2	50	0.097 7
3	2	64	0.125 0
4	2	78	0.152 3
5	2	99	0.193 4
6	2	120	0.234 4
7	2	157	0.306 6
8	2	193	0.377 0
9	2	251	0.490 2
10	2	308	0.601 6
11	2	379	0.740 2
12	2	449	0.877 0
13	2	526	1.027 3
14	2	602	1.175 8
15	4	340	1.328 1

续表

MCS 索引 I_{MCS}	调制阶数 Q_m	目标编码速率 R_x	频谱效率
16	4	378	1.476 6
17	4	434	1.695 3
18	4	490	1.914 1
19	4	553	2.160 2
20	4	616	2.406 3
21	6	438	2.566 4
22	6	466	2.730 5
23	6	517	3.029 3
24	6	567	3.322 3
25	6	616	3.609 4
26	6	666	3.902 3
27	6	719	4.212 9
28	6	772	4.523 4
29	2	预留	
30	4	预留	
31	6	预留	

对于配置了 SUL 的小区，只计算主载波或 SUL 载波中的一个。

n41 频段下当子载波间隔为 30 kHz，下行调制方式为 256QAM，系统 RB 为 273，终端收发模式为 2T4R，下行 MIMO 最大层数为 4，若上行 $f^{(j)}$ 为 0.8，则

最大下载速率 $=[10^{-6}\times4\times8\times0.8\times948\div1\,024\times273\times12\div(10^{-3}\div14\div2)\times(1-0.14)]$Mbit/s=1 869.9 Mbit/s

根据上述方法，可以计算出上下行速率的理论最大值，但一般情况下，尤其在 NR TDD 系统中，资源不可能全部分配给上行或者下行使用，计算最大速率时需要根据实际的上下可用资源，并考虑编码效率，得到的计算值更接近测试结果。在部分工程现场，也存在简化的粗略速率估算方法，粗略的速率计算方式如下：

峰值速率 = 系统 RB 数 × 载波数 × 符号数 × 每毫秒中下 / 上行符号数 × 比特数 × 流数

若采用标准算法同等配置，在 2.5 ms 双周期 DDDSUDDSUU 帧结构情况下，11 个符号用于数据传输，特殊时隙配置为 10∶2∶2 时，每毫秒中的下行时隙数＝（5+2 × 10 ÷ 14）÷ 5=1.286 个 /ms，则

下行峰值速率 =(273 × 12 × 11 × 1.286 × 8 × 4 ÷ 1 024) Mbit/s=1 448.2 Mbit/s

从上述两种算法的结果来看，理论算法和经验算法差距为 421.7 Mbit/s，但理论算法未考虑符号开

销。无论是协议定义的标准速率计算或者粗略的速率计算，都是理想的结果，现实中由于终端的硬件性能、服务器、现场的无线环境、签约速率等多种因素的影响，一般不能达到计算的峰值速率，如果要达到最大速率，可以考虑采用载波聚合的方式。

7.4.2 基站容量性能

基站容量是制约 5G 系统容量的关键节点之一，一般分为控制面容量和用户面容量。控制面容量主要为同时在线用户数和激活用户数，用户面容量主要为最大容量、实际容量和 TBS 容量。

1. 控制面容量

1）单小区同时在线用户数

5G 系统中，eMBB 与 mMTC 场景下数据业务对时延的敏感度较低，且基于 IP 的数据业务的突发情况较少，只要 gNodeB 保持用户的信令连接，不需要每帧进行上行或下行业务就可以保证用户在线，因此最大同时在线并发用户数与 5G 系统协议字段的设计以及设备能力有更大的相关性，只要协议设计支持，并且不超过系统设备的负载能力，就可以保障尽可能多的用户同时在线。

2）单小区同时激活用户数

激活用户表示当前用户正在通过上下行共享信道进行上行或下行业务，其 RRC 连接处于激活态，并且时刻保持上行同步。单小区同时激活用户数表示系统最大同时可调度的用户数，指的是在一定的时间间隔内，在调度队列中有数据的用户较单小区同时在线用户数能更准确地反映控制面容量。

5G 能同时调度的最大用户数受限于控制信道的可用资源数，即 PDCCH 信道可用的 CCE 数。因为 5G 的 PDCCH 容量可以通过高层参数精心控制调节，因此在网络中控制面的容量可认为不受限制，这里重点关注用户面容量。

2. 用户面容量

1）最大系统容量

最大系统容量是在不考虑信道开销的情况下，在分配资源最大化的情况下得到的系统容量，也可理解为基站的最大下行速率。根据容量的定义，单位时间内系统最大吞吐量 $\text{Throughput}_{\max}$ 的计算方式如下：

（1）计算频率效率：

$$Eff_{\text{spe}} = Eff_{\text{cod}} \times Q_{\text{m}}^{(j)} \times Str_{\text{ant}}$$

式中 Eff_{spe}——频谱效率；

Eff_{cod}——目标编码效率；

$Q_{\text{m}}^{(j)}$——调制阶数；

Str_{ant}——天线流数。

（2）计算帧周期内符号数：

$$\text{Max}N_{\text{symb}}=273 \times 12 \times N_{\text{symb}} \times N_{\text{slot}}$$

式中 $\text{Max}N_{\text{symb}}$——最大符号数；

N_{symb}——一个时隙包含的符号数；

N_{slot}——时隙数。

（3）计算最大系统吞吐量：

$$\text{Throughput}_{\max}=Eff_{\text{spe}} \times \text{Max}N_{\text{symb}} \div T$$

式中　T——帧周期。

当系统 RB 为 273 个，在 2.5 ms 双周期 DDDSUDDSUU 帧结构情况下，特殊时隙配置为 10:2:2，调制方式为 256QAM，天线 MIMO 流数为 8，目标编码效率为 0.925 7 时，

$$Eff_{spe}=0.925\,7\times8\times8\text{(bit/s)/Hz}=59.244\,8\text{ (bit/s)/Hz}$$

$$\text{Max}N_{symb}=273\times12\times14\times(5+10\div14\times2)=294\,840\text{ 个}$$

$$\text{Throughput}_{max}=[59.244\,8\times294\,840\div(2.5\times2)\times1\,000\div1\,024\div1\,024]\text{ Mbit/s}=3\,331.71\text{ Mbit/s}$$

该值表示 5G 单站在上述配置下极限吞吐量，较终端的峰值速率有很大优势。

2）实际系统容量

在实际网络中，计算系统容量必须考虑信道开销和信号的开销。基站吞吐量计算时，下行开销涉及的信道和信号包含 PDCCH、SSB、DMRS、PT-RS 和 CSI-RS。

（1）PDCCH 信道开销：

① PDCCH 信道在一个 TTI 内占用的 RE 资源数：

$$N_{PDCCH}=12\times P-Q$$

式中　P——PDCCH 时域符号数，由高层参数 coreset-time duration 给出，可以为 1、2、3。当更高层参数 DL-DMRS-typeA-pos 取值为 3 时，PDCCH 占用三个符号数，其他情况下占用一个或两个符号；

Q——PDCCH 信道的 DMRS 占用的 RE 数。

②计算 PDCCH 信道开销：

$$OH_{PDCCH}=\frac{N_{PDCCH}}{N_{TTI}\times12\times N_{symb}}$$

式中　N_{TTI}——一个 TTI 包含的时隙数；

N_{symb}——一个时隙包含的符号数。

当 P=3，Q=3 时，PDCCH 信道 RE 资源数：

$$N_{PDCCH}=12\times3-3=33$$

当 μ=1 时，1 个 TTI 包含 2 个时隙，1 个时隙包含 14 个符号，则 PDCCH 信道开销为

$$OH_{PDCCH}=\frac{33}{2\times12\times14}\approx9.82\%$$

（2）SSB 开销。5G 中 SSB 块由主同步信号 PSS、辅同步信号 SSS 和 PBCH 信道与其 DMRS 组成。SSB 在时域上占用 4 个 OFDM 符号，频域上占用 20 个 RB，240 个子载波。SSB 块的开销为

$$OH_{SSB}=\frac{N_{SSB}}{N_{OFDM}}$$

式中　N_{SSB}——一个时隙内 SSB 块时域符号数；

N_{OFDM}——相同时隙内的总符号数。

若系统频段为 n41，系统带宽为 273RB，μ=1 时，SSB 时域起始符号配置为 2, 8, 16, 22, 30, 36, 44, 50，在 2.5 ms 双周期 DDDSUDDSUU 帧结构情况下，特殊时隙配置为 10∶2∶2 时，共有 7 个 SSB 块，1 个时隙中大约有 2 个 SSB 块，SSB 块的开销为

$$OH_{SSB}=\frac{4\times20\times12\times2}{273\times12\times14}\approx4.19\%$$

（3）PDSCH DMRS 信道开销。由于 PDCCH 信道和 PBCH 信道的 DMRS 开销已包含在 PDCCH 信道开销和 SSB 开销内，此处仅需关注 PDSCH 信道的 DMRS 信道开销即可。PDSCH DMRS 开销为

$$OH_{\text{PDSCH DMRS}} = \frac{N_{\text{PDSCH DMRS}}}{N_{\text{symb}}}$$

式中 $N_{\text{PDSCH DMRS}}$——DMRS 配置的符号数，可以在每个时隙配置 0.5, 1, 2, 3, 4；

N_{symb}——一个时隙包含的符号数。

当 PDSCH DMRS 配置为 2 个符号时，DMRS 开销为

$$OH_{\text{PDSCH DMRS}} = \frac{2}{14} \approx 14.29\%$$

（4）PT-RS 开销。PT-RS 在 1 个 RB 的 1 个时隙上占用 1 个符号，其开销为

$$OH_{\text{PTRS}} = \frac{N_{\text{PTRS}}}{12 \times N_{\text{symb}}}$$

式中 N_{PTRS}——PT-RS 占用的符号数，取值为 1；

N_{symb}——一个时隙包含的符号数，取值为 14。

代入计算：

$$OH_{\text{PTRS}} = \frac{1}{12 \times 14} \approx 0.60\%$$

（5）CSI-RS 开销。每个天线端口在 1 个 RB 上占用 1 个符号，其开销为

$$OH_{\text{CSIRS}} = \frac{N_{\text{CSIRS}} \times N_{\text{MIMO}}}{1 \times 12 \times N_{\text{symb}}}$$

式中 N_{CSIRS}——CSI-RS 占用的符号数；

N_{MIMO}——天线端口数；

N_{symb}——一个时隙包含的符号数。

当天线端口数为 8 时，代入计算：

$$OH_{\text{CSIRS}} = \frac{1 \times 8}{1 \times 12 \times 14} \approx 4.76\%$$

综上，下行信道的总开销 OH_{DL}=9.82%+4.19%+14.29%+0.60%+4.76%=33.66%。根据最大吞吐量的计算结果，可得到实际吞吐量 $\text{Throughput}_{\text{act}}$ 为

$$\text{Throughput}_{\text{act}} = \text{Throughput}_{\max} \times (1 - OH_{\text{DL}})$$

代入计算结果可得：

$$\text{Throughput}_{\text{act}} = 3\,331.71 \times (1 - 33.66\%)\ \text{Mbit/s} \approx 2\,210.26\ \text{Mbit/s}$$

3）TBS 容量

传输块大小 TBS 表示在一个 TTI 内传输的比特数。TBS 的大小主要取决于业务信道的有效资源数量和频谱效率，区别在于 LTE 中有明确的 TBS 表。5G 系统中的 TBS 计算需要更加灵活和有效的计算方法，3GPP 协议 TS 36.213 中给出了标准的 TBS 计算方法，相关流程如下：

（1）确定时隙内的分配给 PDSCH 信道的 RE 数量。首先需要计算 PRB 内初始分配给 PDSCH 的 RE 数量，计算公式如下：

$$N'_{\text{RE}} = N_{\text{SC}}^{\text{RB}} \times N_{\text{symb}}^{\text{sh}} - N_{\text{DMRS}}^{\text{PRB}} - N_{\text{oh}}^{\text{PRB}}$$

式中　N_{SC}^{RB}——PRB 中子载波数，等于 12；

N_{symb}^{sh}——一个时隙内分配给 PDSCH 的符号数；

N_{DMRS}^{PRB}——调度期内每个 PRB 内的 DMRS 的 RE 数；

N_{oh}^{PRB}——CSI-RS 与 CORSET 开销，采用 PDSCH=ServingCellConfig 中的高层参数 xOverhead 进行配置。

假设一个下行时隙内所有符号均分配给 PDSCH 信道使用，N_{oh}^{PRB}为 0 时，代入公式可得

$$N'_{RE}=12\times14-12-0=156$$

得到N'_{RE}后，UE 需要确定承载 PDSCH 的每个可用时隙上的 RE 总数 N_{RE}，计算公式为

$$N_{RE}=\min(156, N'_{RE})\times n_{PRB}$$

式中　n_{PRB}——分配给 UE 的 PRB 的总数。

当 n_{PRB} 取 273 时，根据计算结果，并代入公式可得

$$N_{RE}=\min(156,156)\times273=42\ 588$$

（2）获取信息比特的中间数 N_{info}。获取信息比特的中间数 N_{info} 的计算公式如下：

$$N_{info}=N_{RE}\times R\times Q_m\times v$$

式中　R——码率含义；

Q_m——调制阶数；

v——MIMO 天线层数。

根据前序参数规划，天线下行层数为 8，目标编码效率为 0.925 7，调制方式为 256QAM 时，代入计算可得

$$N_{info}=42\ 588\times0.925\ 7\times8\times8=2\ 523\ 117.542\ 4$$

（3）根据 N_{info} 计算 TBS。

3GPP 规定，根据 N_{info} 和 3 824 之间的大小关系，采用不同的 TBS 计算方法。

①当 $N_{info}\leqslant 3\ 824$

a. 获取的量化中间数：

$$N'_{info}=\max\left(24,2^n\left\lfloor\frac{N_{info}}{2^n}\right\rfloor\right)$$

式中，$n=\max\left(3,\lfloor\log_2 N_{info}\rfloor-6\right)$，$2^n\left\lfloor\frac{N_{info}}{2^n}\right\rfloor$表示采用 2^n 对 N_{info} 进行量化，将 N_{info} 近似到 2^n 以缩小 TBS 的取值范围，提高初传和重传的调度效率。

当 N_{info} 为 3 824 时，$\lfloor\log_2 N_{info}\rfloor=11$，则 n 的取值范围为 3 ～ 5。

b. 根据N'_{info}计算结果，在表中找到不小于N'_{info}的最接近的 TBS，参考 3GPP 协议 TS 38.214 中 5.3.1.2 节的表，内容见表 7-24。

表 7-24　TBS 索引

Index	TBS	Index	TBS	Index	TBS	Index	TBS
1	24	31	336	61	1 288	91	3 624
2	32	32	352	62	1 320	92	3 752

续表

Index	TBS	Index	TBS	Index	TBS	Index	TBS
3	40	33	368	63	1 352	93	3 824
4	48	34	384	64	1 416		
5	56	35	408	65	1 480		
6	64	36	432	66	1 544		
7	72	37	456	67	1 608		
8	80	38	480	68	1 672		
9	88	39	504	69	1 736		
10	96	40	528	70	1 800		
11	104	41	552	71	1 864		
12	112	42	576	72	1 928		
13	120	43	608	73	2 024		
14	128	44	640	74	2 088		
15	136	45	672	75	2 152		
16	144	46	704	76	2 216		
17	152	47	736	77	2 280		
18	160	48	768	78	2 408		
19	168	49	808	79	2 472		
20	176	50	848	80	2 536		
21	184	51	888	81	2 600		
22	192	52	928	82	2 664		
23	208	53	984	83	2 728		
24	224	54	1 032	84	2 792		
25	240	55	1 064	85	2 856		
26	256	56	1 128	86	2 976		
27	272	57	1 160	87	3 104		
28	288	58	1 192	88	3 240		
29	304	59	1 224	89	3 368		
30	320	60	1 256	90	3 496		

② $N_{\text{info}}>3824$：

获取的量化中间数：

$$N'_{\text{info}}=\max\left[3\,480, 2^{n}\times \text{round}\left(\frac{N_{\text{info}}-24}{2^{n}}\right)\right]$$

式中，$n=\lfloor \log_2(N_{\text{info}}-24) \rfloor -5$ 并向上取整。代入步骤（2）中计算结果可得

$$N'_{\text{info}}=\max\left[3\,480, 2^{16}\times \text{round}\left(\frac{2\,523\,117.5424-24}{2^{16}}\right)\right]=2\,555\,904$$

如果 $R\leqslant 1/4$，则$\text{TBS}=8\times C\times\left\lceil\frac{N'_{\text{info}}+24}{8\times C}\right\rceil-24$，其中$C=\left\lceil\frac{N'_{\text{info}}+24}{3\,816}\right\rceil$；

如果 $R>1/4$，且$N'_{\text{info}}>8\,424$，则$\text{TBS}=8\times C\times\left\lceil\frac{N'_{\text{info}}+24}{8\times C}\right\rceil-24$，其中$C=\left\lceil\frac{N'_{\text{info}}+24}{8\,424}\right\rceil$；

如果 $R>1/4$，且$N'_{\text{info}}\leqslant 8\,424$，则$\text{TBS}=8\times\left\lceil\frac{N'_{\text{inf}\,o}+24}{8\times C}\right\rceil-24$。

参考前文中 R=0.925 7，根据N'_{info}结果，可得一个时隙中：

$$\text{TBS}=8\times\left\lceil\frac{2\,555\,904+24}{8\,424}\right\rceil\times\left\lceil\frac{2\,555\,904+24}{8\times 304}\right\rceil-24=2\,556\,008$$

计算 TBS 容量：

$$\text{Throughput}_{\text{TBS}}=TBS\times N_{\text{slot}}\times Str_{\text{ant}}\div T$$

式中 N_{slot}——时隙数；

Str_{ant}——天线流数；

T——帧周期。

在 2.5 ms 双周期 DDDSUDDSUU 帧结构情况下，天线流数为 8 时，TBS 容量为

$\text{Throughput}_{\text{TBS}}$=[2 556 008 × (5+10 ÷ 14 × 2) ÷ (2.5 × 2) × 1 000 ÷ 1 024 ÷ 1 024] Mbit/s=3 134.06 Mbit/s

7.5 基础参数规划

合理的参数规划是网络质量的基础保障，5G 网络基础参数规划包含 PCI、PRACH、跟踪区码 TAC、邻区等内容。在进行规划时，不同参数需遵循各自的规划原则。在理解参数基础原理基础上，实现最优的参数规划。

7.5.1 PCI

PCI（Physical Cell ID）标识小区的物理层小区标识号，5G NR 系统共有 1 008 个 PCI，取值范围为 0 ～ 1007，4G 为 504 个 PCI，取值范围为 0 ～ 503。将 PCI 分成 336 组，每组包含 3 个小区 ID。组标识为$N_{\text{ID}}^{(1)}$，取值范围为 0 ～ 335；组内标识为$N_{\text{ID}}^{(2)}$，取值范围为 0 ～ 2。主同步信号 PSS 承载$N_{\text{ID}}^{(2)}$(0 ～ 2)，辅助同步信号 SSS 承载$N_{\text{ID}}^{(1)}$（0 ～ 335）。PCI 的计算公式为

$$N_{\text{ID}}^{\text{Cell}}=3N_{\text{ID}}^{(1)}+N_{\text{ID}}^{(2)}$$

站点开通前，需要按照一定的 PCI 规划原则给每个小区分配 PCI，如图 7-7 所示。

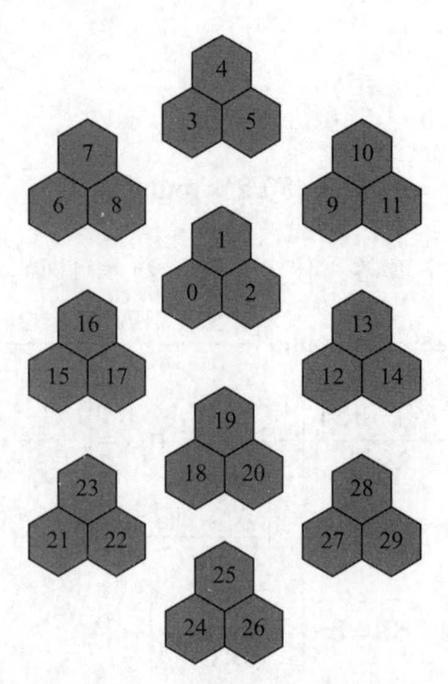

图7-7 PCI分配示意图

PCI规划时，需要遵循以下原则：

（1）小区ID不能冲突，即相邻小区的ID不能相同；

（2）小区ID不能出现混淆，即同一个小区的所有相邻小区中，不能有相同的小区ID；

（3）相邻小区的PCI模3不同（考虑主同步序列错开）；

（4）PCI模30复用距离最大化（考虑SRS序列错开）；

（5）PCI复用距离最大化；

（6）满足PCI相关性和邻区功率泄漏比门限；

（7）预留部分PCI用于不同场景的应用。

5G与4G PCI规划对比见表7-25。

表7-25 5G与4G PCI规划对比

序 列	LTE	5G NR	区别及影响
同步信号	主同步信号使用了基于ZC序列，序列长度62	主同步信号使用了基于m序列，序列长度127	LTE为ZC序列，相关性相对较差，相邻小区间PCI模3应尽量错开。5G为m序列，相关性相对较好，相邻小区间PCI模3错开与否，略微影响小区检测时间
上行参考信号	DMRS for PUCCH/PUSCH，以及SRS基于ZC序列，有30组根，根与PCI关联	DMRS for PUSCH和SRS基于ZC序列，有30组根，根与PCI关联	5G与LTE一样，相邻小区需要PCI模30不同
下行参考信号	CRS资源位置由PCI模3确定	DMRS for PBCH资源位置由PCIMOD4确定	5G没有CRS。5G有DMRS for PBCH。邻近小区PCI模不同，可错开邻近小区的PBCH DMRS，但PBCH DMRS会被邻近小区的SSB干扰。PCI模4错开与否，不影响PBCH DMRS的性能

7.5.2 PRACH

PRACH 前导序列 Preamble 有长格式（序列长度为 839）和短格式（序列长度为 139）两种，长格式包括 Format 0/1/2/3，短格式包括 Format A1/A2/A3/B1/B2/B3/B4/C0/C2，总共有 13 种 Preamble 格式。

前导序列 Preamble 时域结构如图 7-8 所示，分别由循环前缀 CP（长度为 T_{CD}），前导序列 Seq（长度为 T_{seq}）和保护间隔 GP（长度为 T_{GP}）组成，不同前导格式下这三个参数的时长不同。其中，推荐使用的 Format 0 格式长度为 1 ms，Format B4 格式长度为 12 个符号，具体时域结构参考 3GPP 协议 TS 38.211 中 6.3.3 节。

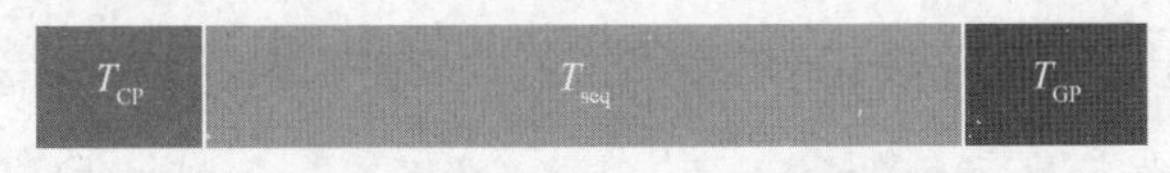

图 7-8　前导序列 Preamble 时域结构

每个前导序列对应一个根序列 μ。3GPP 协议 TS 38.211 中规定在一个小区中总共有 64 个前导序列(和 4G 个数一样)。

一个根序列 μ 通过多次的循环移位（位数由随机接入循环偏移 N_{cs} 决定）产生多个前导序列。如果一个根序列不能产生 64 个前导序列，那么利用接下来的连续的根序列继续产生前导序列，直到所有 64 个前导序列全部产生。

类似 PCI 规划，根序列索引规划需要给每个小区分配根序列 μ，简要步骤如下：

（1）根据覆盖场景 (半径 / 移动速度), 选择 Zc 序列及对应的 N_{cs}；

（2）根据 N_{cs} 计算生成 64 个前导需要的逻辑根序列。如下面举例：

短格式 B4、30 kHz，N_{cs} 取 46，Preamble 格式长度为 139，可以生成 3 个前导（139/46），通过循环偏移，生成 64 个前导需要根序列个数为 22 个 [64/(139/46) 向上取整]。

长格式 Format 0，N_{cs} 取 46，序列长度为 839，按照上述计算方式，则每个小区配置 4 个根序列即可生成 64 个前导序列。

（3）给每个小区分配根序列索引值，如按照第（2）步短格式示例结果，第一个小区分配 0 ～ 21，第二个小区为 22 ～ 44，第 3 个小区为 44 ～ 65……，实际每个小区配置只要给定 N_{cs} 和每组的第一个逻辑根序列索引值即可，如图 7-9 所示。类似 PCI 分配，相同根序列复用距离最大化。

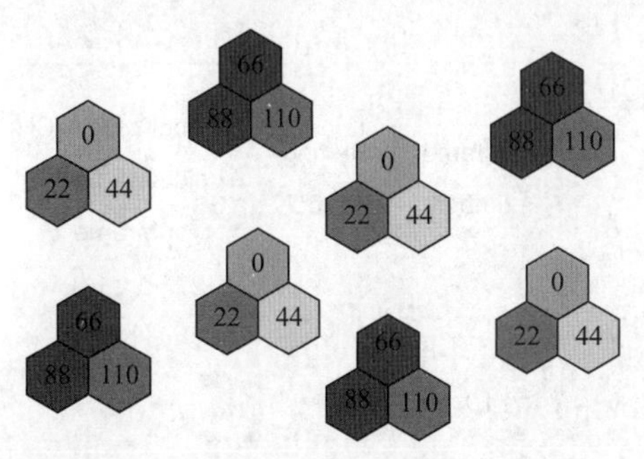

图 7-9　根序列索引分配示意图

PRACH 根序列规划需要关注多个参数，见表 7-26，其余相关参数一般版本默认设置即可。

表 7-26 PRACH 参数配置说明

英文字段	中文说明	配置建议
prachFormat	PRACH 格式	2.5 ms 双周期和 5 ms 周期：Format 0； 2.5 ms 单周期：Format B4
restrictedSetConfig	跟高低速移动场景有关	低速：非限制集； 高速：限制集 A/B
zeroCorrelationZoneConfig	基于逻辑根序列的循环移位参数 (N_{cs})	Format0：32(对应网管配置 6) Format B4: 46(对应网管配置 14)
rootSequenceIndex	根序列索引	根据前导格式和 N_{cs} 规划
prachConfigIndex	PRACH 资源配置索引	Format0：17 Format B4: 162

具体说明如下：

（1）Format 格式：

2.5 ms 和 5 ms 双周期帧结构，初始规划推荐长格式 Format 0，长格式相比于短格式，接入半径更大，可复用根序列个数更多。

2.5 ms 单周期，DDSU 结构，所以无法使用 1 ms 长度的 Format 0 格式，初始规划使用 Format B4 格式。

（2）N_{cs} 循环移位参数：

Format 0 格式下可以继承 4G 配置参数，4G 外场一般配置为 32、38 或 46（对应 Zc 序列为 6、7 或 8，小区接入半径约 3.8 km、4.6 km 和 5.8 km），对应每个小区配置根序列索引个数为 3 个、3 个或 4 个。

一般情况下，推荐 N_{cs} 配置 32（Zc 序列为 6），小区接入半径约 3.8 km，根序列可复用个数为 279 个。（注：个别超远覆盖小区根据接入范围再适当调大 N_{cs}。）

Format B4 格式，N_{cs} 推荐 46（对应 Zc 序列为 14，小区接入半径约 1.5km），每个小区配置根序列索引个数为 22 个（个别接入半径受限小区，需要再调大 N_{cs} 为 69，接入半径约 2.4 km）。

（3）PRACH 时域资源配置索引 prachconfigindex。时域资源配置，原则上需要考虑随机接入时延、负荷等因素，初始规划中 Format 0 推荐 17，Format B4 推荐 162，见表 7-27 配置和参数说明。

表 7-27 prachconfigindex 推荐配置和参数说明

PRACH Configuration Index	Preamble Format	$n_{SFN} \bmod x = y$		Subframe number	Starting symbol	Number of PRACH slots within a subframe	$N_t^{RA,slot}$, number of time-domain PRACH occasions within a PRACH slot	N_{dur}^{RA}, PRACH duration
		x	y					
17	0	1	0	4,9	0	—	—	0
162	B4	1	0	4,9	2	1	1	12

表 7-27 中：

$n_{SFN} \bmod x = y$，n_{SFN}为 PRACH 资源所在的无线帧，x 为 PRACH 周期（单位 10 ms）以 SFN0 作为起点，y 用来计算 PRACH 资源所在无线帧在 PRACH 周期内的位置。

Subframe number：PRACH 资源所在的子帧号。

Starting symbol：PRACH 资源的起始符号。

$N_t^{RA,slot}$, number of time-domain PRACH occasions within a RACH slot：一个 RACH slot 中时域 PRACH occasion 数目。

N_{dur}^{RA}, PRACH duration：一个 PRACH occasion 的时域符号长度，对于不同的前导格式，占用的符号长度不同，例如对于格式 A1，占两个符号长度。

Number of PRACH slots within a subframe：一个子帧中 PRACH slot 的数目，当 SCS = 15 kHz 时，在一个子帧中只有一个 RACH slot；当 SCS = 30 kHz 时，在一个子帧中可以有一个或两个 RACH slots。如果值为 1，则子帧的第二个 slot 为 RACH slot；如果值为 2，则子帧的两个 slot 都是 RACH slot。

7.5.3　跟踪区码 TAC

跟踪区（Tracking Area）是系统为 UE 位置管理设立的概念，和 LTE 网络一样，NR 覆盖区根据跟踪区码（TAC）被划分成许多个跟踪区。跟踪区定义为 UE 不需要更新服务的自由移动区域，当 UE 处于空闲状态时，核心网能够知道 UE 所在的跟踪区；当处于空闲状态的 UE 需要被寻呼时，核心网必须在 UE 所注册的跟踪区的所有小区进行寻呼。

TAC LTE 为 16 bit 的 2 字节，十六进制编码 X1X2X3X4；NR 扩展到 24 bit 的 3 字节，十六进制编码 X1X2X3X4X5X6。TAC 码一般由运营商集团和省公司统筹规划分配。

每个小区除了需要配置 TAC 码，还需要具体划分哪些站点规划为一个 TA 范围。TA 边界划分主要考虑以下原则：

（1）TA 边界应尽量规划在话务量较低的区域，有利于降低系统的负荷和减小 TAU 信令开销。

（2）TA 边界规划时应借助用户数少的山体、河流、海湾等天然屏障来减小不同 TA 下不同小区的覆盖交叠深度。

（3）应尽量避免以街道特别是主要干道作为 TA 边界。

（4）NR 初期考虑 4G/5G 核心网合建，弱覆盖区域 5G 信号回落到 4G，建议 4G/5G 保持相同 TA 范围。

（5）随着商用后网络规模扩大和 5G 用户数增长，可以考虑在原有 TA 基础上进行 TA 分裂（根据网络实际情况将原有的 TA 一分为二或一分为多）。

7.5.4　CGI

NR CGI 由 gNB ID 和 Cell ID 组成，总共 36 bit，gNB 的 bit 位数 22 ～ 32 可变。具体编号由运营商统一编制。目前比较合理的分配是：gNB ID 24 bit 和 Cell ID 12 bit

gNB ID 24 bit，可表示为 X1X2X3X4X5X6（6 位十六进制数），其中 X1X2（前两位）由集团网络部统一分配，X3X4X5X6 由各省自行分配，每一个 X1X2 号段包含 65536 个 gNodeB ID 码号资源，原则上可满足 65 536 个逻辑基站规划建设需求。取值范围为 0x000000 ～ 0xFFFFFF,全部为 0 的编码不用。

Cell ID 12bit，不同运营商用对于 Cell ID 的编制都不尽相同，移动和联通原则如下：

（1）移动预留高两位作为标识小区类型（初始值设置为 00），可用作未来扩展 gNodeBID 空间或区分不同类型小区。Cell ID 的范围为 0 ～ 1 023，共计 1 024 个。

2.6G 频段基站小区号范围为 1 ～ 200；

4.9G 频段基站小区号范围为 201 ～ 400；

小区号 401 ～ 1023 预留后续分配使用。

（2）联通则用二进制位数表示尽量多的信息，原则如下：

b_0b_1：共 2 bit，表示基站类型。00 表示宏站，01 表示室分信源，10 表示异地拉远小区（C-RAN 中的拉远小区或 D-RAN 中单独拉远至其他物理站址的小区），11 表示小微基站。

b_2：共 1 bit，表示覆盖类型。0 表示主要覆盖室外，1 表示主要覆盖室内。

b_3：共 1 bit，表示是否与其他运营商共享载波。0 表示不共享或独立载波，1 表示共享载波。

$b_4b_5b_6b_7$：共 4 bit，表示工作频段和载波代号。0000 表示 3.5 GHz 联通载波（3 500 ～ 3 600 MHz），0001 表示 3.5 GHz 电信载波（3 400 ～ 3 500 MHz）（注：在基站共享时使用），其他数值保留，待以后中国联通现有频段重耕 5G 或国家分配新的频段（如毫米波频段等）之后再指定。

$b_8b_9b_{10}b_{11}$：共 4 bit，表示扇区号。对于室分信源，采用编号 0 ～ 15 表示不同小区；对于宏站，表示扇区号，取值 0 ～ 15，并且有以下要求：

①同一个载波的不同小区，由朝北（或接近朝北）的小区开始编号，扇区编号部分顺时针依次递增。

②相同朝向的不同载波的小区，扇区编号部分尽量相等。

③对于同一个载波，全向小区配置的优先采用编号 15；两小区配置的优先采用编号 13 和 14；三小区配置的采用编号 0 ～ 2；其他多扇区情形（比如 4 扇区、6 扇区等）考虑编号 3 ～ 12（比如 4 扇区使用 3 ～ 6，6 扇区使用 7 ～ 12）。

7.5.5 邻区规划

5G 邻区规划包含以下场景：

（1）4G 侧添加系统间 5G 邻区：SA 组网，用于 UE 从 4G 系统切换到 5G 系统服务；NSA 组网，用于 UE 做 EN-DC 双连接。

（2）5G 侧添加系统间 4G 邻区：SA 组网，用于 UE 从 5G 弱覆盖或者没有 5G 覆盖的区域切换到 4G 系统服务；NSA 组网，无须配置。

（3）5G 侧添加系统内 5G 邻区：SA 和 NSA 组网，包括同频和异频，用于 UE 在 5G 系统内部的移动连续性。

邻区配置的一般原则如下：

（1）地理位置上直接相邻的小区一般要作为邻区。

（2）一般都要求互配为邻区。在一些特殊场合，可能要求配置单向邻区。

（3）邻区应该根据路测情况和实际无线环境而定。尤其对于市郊和郊县的基站，即使站间距很大，也尽量把要把位置上相邻的作为邻区，保证能够及时做可能的切换。

邻区个数要适当。邻区不是越多越好，也不是越少越好，应该遵循适当原则。太多，可能会加重手机终端测量负担。太少，可能会因为缺少邻区导致不必要的掉话和切换失败。初始配置建议在 20 个左右。

在双连接中，通常说的锚点配置，即某 4G 小区侧添加 5G 小区作为邻区，则相应 5G 小区把该 4G 小区作为锚点小区。

7.5.6 对接参数规划

1. Option2 对接

Option2 组网选项的 5GC+NR 组网下，AMF 与 CUCP 对接，UPF 与 CUUP 对接。CUCP 与 CUUP 同在一个设备，当采用 CUDU 分离架构时，需配置 F1-C 与 F1-U 逻辑接口的偶联对接与路由；当采用 CUDU 合适架构时，仅需配置偶联。整体方案如图 7-10 所示。

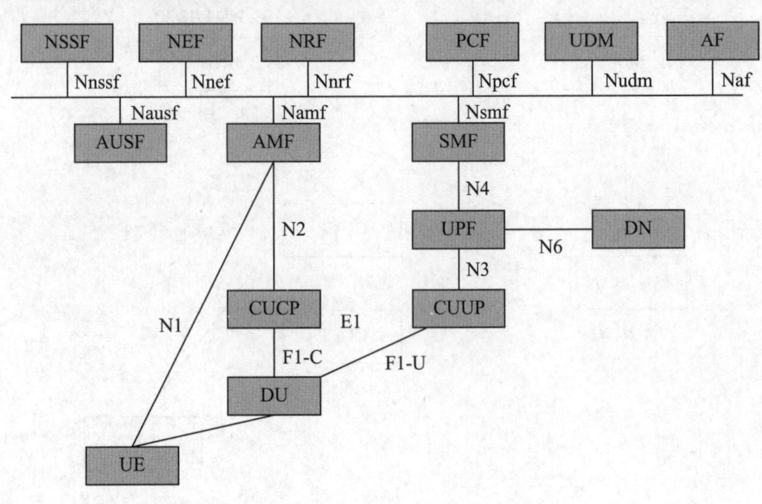

图 7-10 Option2 系统架构

下面以一套典型的完整数据为案例，结合“IUV-5G 全网部署与优化”软件完成 Option2 架构下兴城市实验模式站点开通配置。无线相关网元 / 网络功能的对接地址规划如图 7-11 所示。

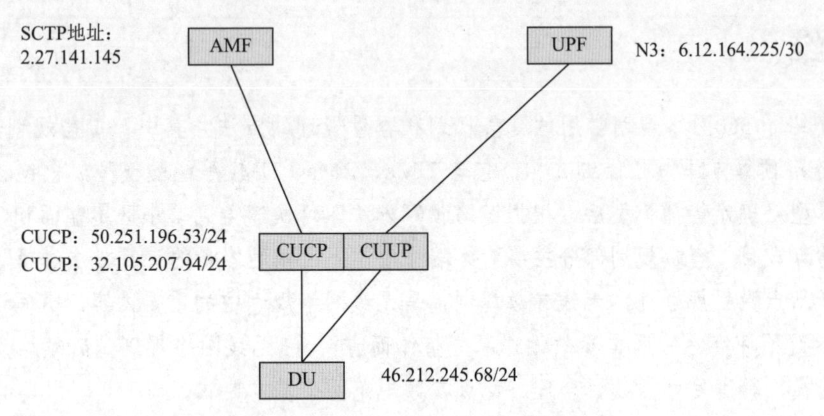

图 7-11 Option2 核心网无线 IP 规划

基于图 7-11 中 IP 地址规划，在“IUV-5G 全网部署与优化”软件中在相应机房完成设备部署与连线后，按规划完成相应对接参数配置后即可完成对接，需注意设备连接时光口两端速率保持一致。

2. Option3x 对接

双连接作为 5G 系统中关键技术，通过充分利用现有网络资源实现了业务质量最优化。当前商用双连接局点均为基于 Option3X 的 EN-DC 方案，即主节点为 4G，辅助节点为 5G 的双连接。EN-DC 双连接配置时，需保证有完整的 4G 小区和 5G 小区配置。3X 架构下，控制面以 E-UTRAN 为锚点，数据面在 NR 侧进行分流，即在基础 LTE 核心网与 E-UTRAN 对接的基础上，配置 NR 到 SGW 的数据链路，同时 E-UTRAN 与 NR 间均存在数据与信令链路。

软件中一个城市只可采用一种组网架构。这里采用独立的 IP 规划作为双连接配置参考数据。Option3x 架构下无线内部的 F1 对接和 E1 对接与 Option2 架构下的配置方法一致。相关网元 IP 规划如图 7-12 所示。

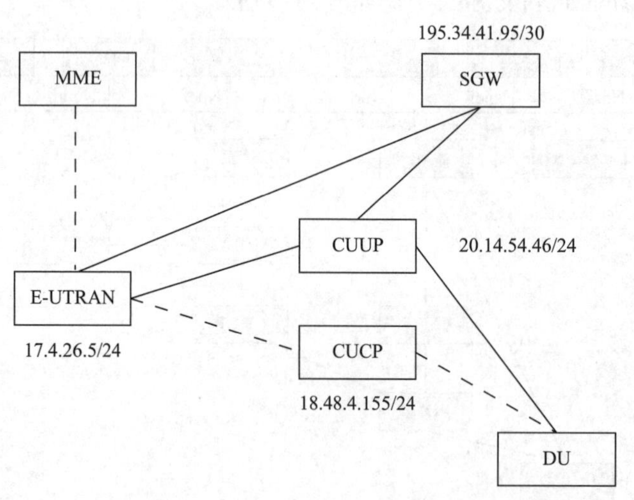

图 7-12　Option3x 核心网无线 IP 规划

基于图 7-12 中 IP 地址规划，在“IUV-5G 全网部署与优化”软件中在相应机房完成设备部署与连线后，按规划完成相应对接参数配置后即可完成对接，需注意设备连接时光口两端速率保持一致。

小结

本章主要介绍了 5G 网络规划常用的覆盖规划和容量规划的方法。其中，覆盖规划部分对 5G 典型的传播模型和链路预算方法做了详细介绍，包含 UMa、RMa、UMi 等经验模型，也包含射线跟踪模型代表的确定性模型。确定传播模型后，根据链路预算方法即可快速得到单小区覆盖面积，以确定最终区域内覆盖规划站点数目。容量规划部分主要对终端峰值速率、基站容量的计算方法进行了详细介绍。

此外，除了站点数目规划外，无线参数规划也是无线网络规划中的重要内容，需保证标识类参数不重复、干扰类参数不冲突、邻区类参数无遗漏。整体而言，5G 无线网络规划是后续站点建设和网络业务优化的重要前提，需满足站点数目合理、站点参数规范两个基本要求。

第8章 5G网络优化

网络建设中有四个要点“规、建、维、优”，规是指覆盖规划和图纸设计，建是指工程施工和基站建设，维是指站点验收和设备维护，优是指覆盖优化和参数优化。网络优化是网络建设的最后一步，是直接面向移动用户并负责网络感知体验。“规、建、维”任意一步出现问题都会直接影响优化的工作，如规划不合理导致出现覆盖黑洞，建设不合理导致速率容量达不到要求，维护不及时导致设备挂死无法提供服务。网络优化是最后一道用户感知保障。

8.1 5G无线网络覆盖优化

由于现实生活中存在各种各样的建筑设施和地形环境，无线信号在传播过程中可能发生反射、绕射、散射现象，而且人类社会在不断发展进步中，信号覆盖场景也在不断变化。为了保证无线信号的连续覆盖，减少覆盖黑洞和同频干扰，无线覆盖优化将是长期且不间断的工作。

8.1.1 覆盖优化概述

无线网络覆盖是网络业务和性能的基石，通过开展无线网络覆盖优化工作，可以使网络覆盖范围更合理、覆盖水平更高、干扰水平更低，为业务应用和性能提升提供重要保障。无线网络覆盖优化工作伴随实验网建设、预商用网络建设、工程优化、日常运维优化、专项优化等各个网络发展阶段，是网络优化工作的重要组成部分。5G NR覆盖优化涉及CSI和SSB的覆盖空洞、弱覆盖、越区覆盖和导频污染优化，同时覆盖空洞可以归入到弱覆盖中，越区覆盖和导频污染都可以归为交叉覆盖，所以，从这个角度和现场可实施角度来讲，优化主要有两个内容：消除弱覆盖和交叉覆盖。

8.1.2 5G RF覆盖评估指标

LTE网络主要基于CRS-RSRP和SINR对网络覆盖进行测量，CRS即小区下行参考信号，用于小区信号测量和相位参考、下行信道估计及非 beamforming 模式下的解调参考。而 5G NR 网络覆盖主要基于同步信号（SS-RSRP 和 SINR）和 CSI-RS 信号（CSI-RSRP 和 SINR）进行测量。

5G NR 覆盖评估指标说明如下：

（1）5G NR SS-RSRP，SS-SINR：

①基于广播同步信号 SSB 测量 RSRP 及 SINR。

②空闲态 / 连接态均可测量。

③用于重选、切换、波束选择判决。

（2）5G CSI-RSRP，CSI-SINR：

①基于用户 CSI-RS 测量。

②仅连接态可测量。

③对连接态 UE 发送，用于 RRM 测量、无线链路状态监测、CQI/PMI/RI 测量。

8.1.3 5G 覆盖优化标准

1. 中国移动 5G 覆盖要求

中国移动 2.6 GHz 5G 网络当前以 NSA 为目标网开展 5G 网络规划，规划优化覆盖指标要求：室外多波束按照 SS-RSRP ≥ –88 dBm 进行规划，在 SSB 宽波束时频域对齐配置下，要求多波束配置下 SS-SINR ≥ –3 dBm，具体要求见表 8-1。

表 8-1 中国移动 5G 覆盖要求

类型		指标定义	指标要求
基础覆盖	NR 覆盖率	NR 的 SSB 覆盖要求	8 波束： SS-RSRP ≥ –88 dBm 的覆盖率≥ 97%； SS-SINR ≥ –3 dB 的覆盖率≥ 97%。 宽波束： SS-RSRP ≥ –95 dBm 的覆盖率≥ 97%； SS-SINR ≥ –7 dB 的覆盖率≥ 97%
	LTE 锚点覆盖率	锚点小区的覆盖	RS-RSRP ≥ –110 dBm 的覆盖率≥ 97%； RS-SINR ≥ –3 dB 的覆盖率≥ 97%
	LTE D 频段覆盖率	D 频段小区覆盖率	RS-RSRP ≥ –98 dBm 的覆盖率≥ 97%； RS-SINR ≥ –3 dB 的覆盖率≥ 97%

对于网络优化的验收，按照此标准规划的站点开通率≥ 90%，可按照此标准进行网络优化的验收。

2. 中国电信 5G 覆盖要求

中国电信当前以 NSA 为目标网开展 5G 网络规划，规划优化覆盖指标要求：以多波束 SS-RSRP ≥ 92 dBm 覆盖率满足 97%、SS-SINR ≥ –3 dB 覆盖率满足 97% 为参考。具体要求见表 8-2。

表 8-2　中国电信 5G 覆盖要求

类　型		指标定义	指标要求
基础覆盖	NR 覆盖率	NR 的 SSB 覆盖要求	7 波束： SS-RSRP ≥ −92 dBm 的覆盖率≥ 97%； SS-SINR ≥ −3 dB 的覆盖率≥ 97%。 宽波束： SS-RSRP ≥ −99 dBm 的覆盖率≥ 97%； SS-SINR ≥ −7 dB 的覆盖率≥ 97%
	LTE 锚点覆盖率	锚点小区的覆盖	RS-RSRP ≥ −105 dBm 的覆盖率≥ 97%； RS-SINR ≥ −3 dB 的覆盖率≥ 97%

对于网络优化的验收，按照此标准规划的站点开通率≥ 90%，可按照此标准进行网络优化的验收。

3. 中国联通 5G 覆盖要求

中国联通覆盖标准同中国电信，规划优化覆盖指标要求：以多波束 SS-RSRP ≥ 92dBm 覆盖率满足 97%、SS-SINR ≥ −3dB 覆盖率满足 97% 为参考。具体要求见表 8-3。

表 8-3　中国联通 5G 覆盖要求

类　型		指标定义	指标要求
基础覆盖	NR 覆盖率	NR 的 SSB 覆盖要求	7 波束： SS-RSRP ≥ −92 dBm 的覆盖率≥ 97%； SS-SINR ≥ −3 dB 的覆盖率≥ 97%。 宽波束： SS-RSRP ≥ −99 dBm 的覆盖率≥ 97%； SS-SINR ≥ −7 dB 的覆盖率≥ 97%
	LTE 锚点覆盖率	锚点小区的覆盖	RS-RSRP ≥ −105 dBm 的覆盖率≥ 97%； RS-SINR ≥ −3 dB 的覆盖率≥ 97%

对于网络优化的验收，按照此标准规划的站点开通率≥ 90%，可按照此标准进行网络优化的验收。

8.1.4　5G 覆盖优化流程

1. 整体覆盖优化流程

5G 覆盖优化同 LTE 一样，整体遵循图 8-1 所示工作流程，严格控制优化流程和质量，确保各项工作顺利开展。

2. RF 调整工作流程

RF 调整优化通常包括测试准备、数据采集、数据分析和优化调整方案实施等几个步骤，详细工作流程如图 8-2 所示。

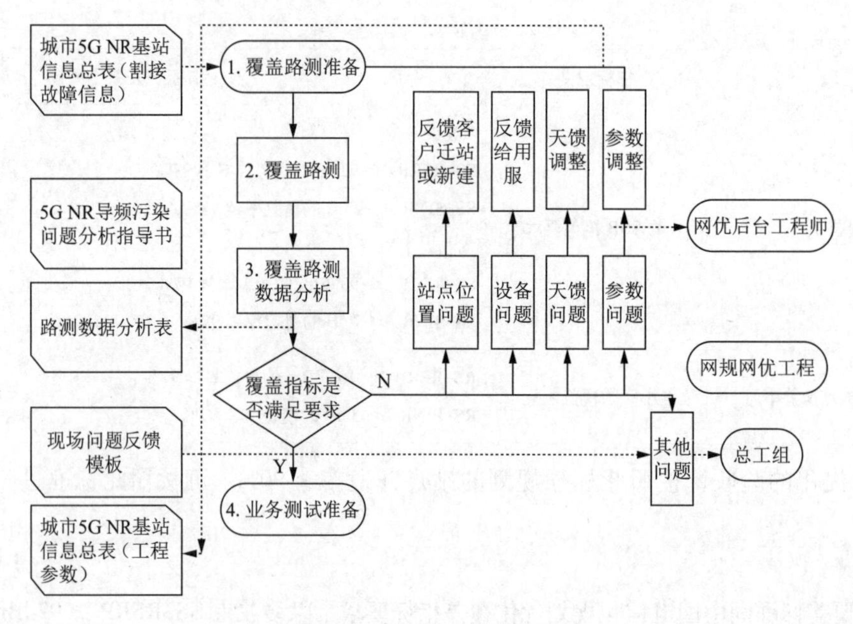

图 8-1　覆盖优化工作流程

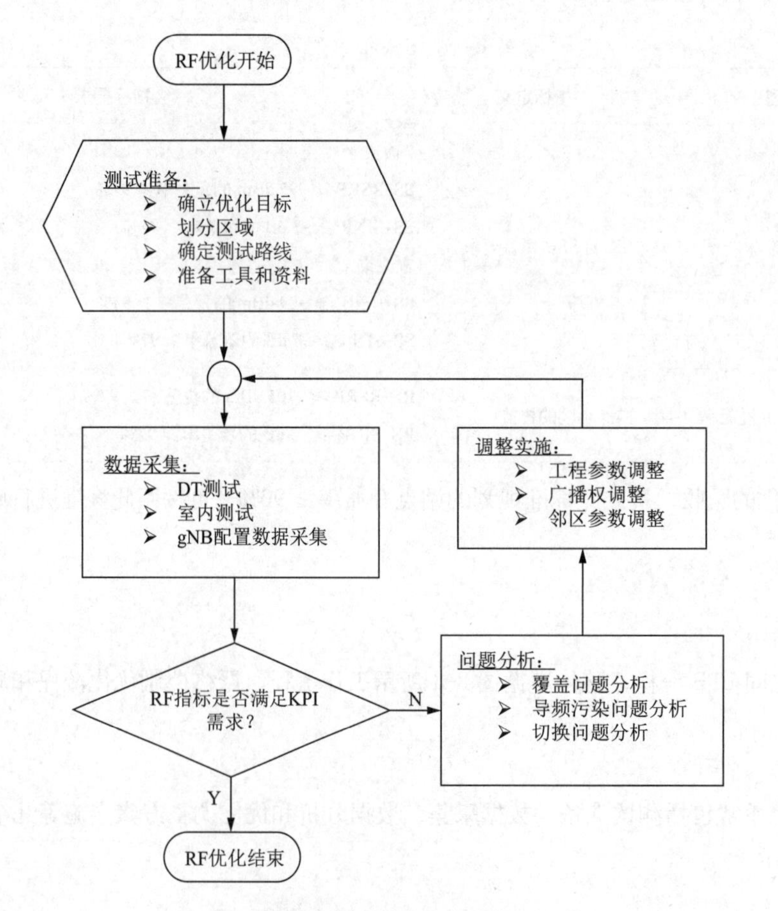

图 8-2　RF 优化工作流程

8.1.5　5G 覆盖问题优化原则

1. 整体覆盖优化原则

（1）先优化 SSB RSRP，后优化 SSB SINR。

（2）覆盖优化的两大关键任务：消除弱覆盖和交叉覆盖。

（3）优先优化弱覆盖、越区覆盖，再优化导频污染。

（4）工程优化阶段按照规划方案优先开展工程质量整改，其次建议优先权值功率优化，再进行物理天馈调整优化。

2. SA 组网覆盖优化原则

SA 组网模式覆盖优化原则与 LTE 整体一致，重点关注如下几个方面：

（1）按照天线上 3 dB 落点在第一层邻区最大站间距 3/4 之内原则进行工程优化。

（2）覆盖优化调整顺序：工程优化阶段按照规划方案优先开展工程质量整改，其次建议优先权值功率优化（为保证空分后性能，建议功率最大化配置），再进行物理天馈调整优化；权值→功率→天馈，天馈调整优先进行下倾角、方位角调整，再考虑天线挂高调整、迁站及加站覆盖优化方案。

（3）严格控制导频污染。

3. NSA 组网覆盖优化原则

NSA 组网模式下 5G NR 的控制面是锚定在 LTE 侧，对 LTE 网络存在依赖性，锚点与 NR 两层网络单独进行优化，需同时保证锚点与 NR 覆盖的连续性。

（1）锚点覆盖优化：NSA 组网场景下，4G 网络覆盖是保证 5G 服务的前提，优先完成锚点站点的覆盖优化，即通过 RF 优化调整，保证锚点 4G 小区覆盖良好，无弱覆盖、越区覆盖和无主导小区的情况，且业务性能良好，如接入 / 切换成功率良好、切换关系合理、乒乓切换少。

（2）NR 覆盖优化：5G NR 覆盖优化方法与 LTE 相似度较高，基于外场测试数据分析，结合网络拓扑结构、基础工参及参数配置，对网络覆盖问题产生的原因进行深入分析，制定相应的优化解决方案。若 NR 与锚点采用 1:1 的建设方案，NR 的初始方位角和下倾角可与锚点站点保持一致，优先进行机械方位角和下倾角调整以保证覆盖的连续性。

8.1.6　5G 覆盖问题原因分析

根据图 8-3 所示的无线信号传播模型和无线网络优化经验，影响无线网络覆盖的主要因素如下：

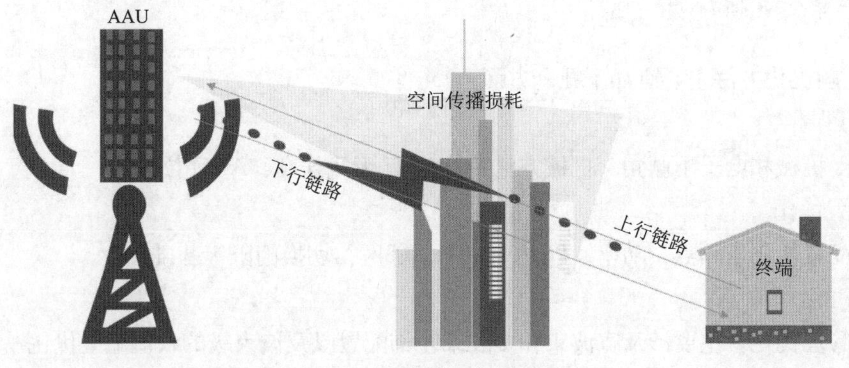

图 8-3　无线信号传播模型

（1）网络规划不合理：

①站址规划不合理。

②站高规划不合理。

③方位角规划不合理。

④下倾角规划不合理。

⑤主方向有障碍物。

⑥无线环境发生变化。

⑦新增覆盖需求等。

（2）工程质量问题：

①线缆接口施工质量不合格。

②天线物理参数未按规划方案施工。

③站点位置未按规划方案实施。

④ GPS 安装位置不符合规范。

⑤天馈接反等。

（3）设备异常：

①基站电源不稳定。

② GPS 故障。

③光模块故障。

④主设备运行异常。

⑤基站版本错误。

⑥ AAU 功率异常等。

（4）工程参数配置问题：

①天馈物理参数错误。

②频率配置错误。

③功率配置超限或过小。

④ PCI 配置不合理。

⑤邻区配置错误。

8.1.7 5G 覆盖问题优化方法

5G 覆盖问题优化方法主要有如下几个方面：

1. 工程参数调整

调整内容：机械和电子下倾角、机械方位角、AAU 天线挂高、AAU 位置等。

2. 参数配置优化

基础参数配置优化：频点、功率、PCI/PRACH、邻区、切换门限等基础参数。

3. 波束管理优化

广播波束管理优化，主要涉及宽波束和多波束轮询配置以及波束级的权值配置优化。

在功率配置一定的情况下，多波束轮询相比宽波束配置，整体有 3 ～ 7 dB 覆盖增益，可根据场景需求配置使用。采用多波束扫描主要有如下优势：

(1) 精准强覆盖：通过不同权值生成不同赋形波束，满足更精准的覆盖要求。

(2) 降低干扰：时分扫描降低广播信道干扰，改善 SS-SINR。

(3) 可选子波束多：广播波束要求前 2 ms 内发完，受帧结构影响，最大波束个数存在一定差异。中国移动 5 ms 单周期帧结构下支持 8 波束配置；中国电信和中国联通 2.5 ms 双周期帧结构下，支持 7 波束配置。

8.2 5G 干扰排查分析

不同频段的电磁波具有不同的传播特性，为了防止出现混乱互相干扰的情况，国家为各行各业明确划分了使用频段。国内运营商都是使用国家分发的频段进行无线信号发射的，而凡是对运营商有用信号的接收造成损伤的无线电信号都是干扰。

8.2.1 干扰的分类

无线干扰的产生是多种多样的，移动通信网络无线干扰产生的因素有：某些专用无线电系统占用没有明确划分的频率资源；不同运营商网络参数配置冲突；基站收发机滤波器的性能不达标；小区覆盖重叠；电磁兼容（EMC）以及有意干扰等。

按照干扰来源可以分为系统内与系统外干扰以及基站设备本身的运行故障产生的干扰等。

干扰源的发射信号从天线口被放大发射出来后，经过了空间损耗，最后进入被干扰接收机。如果空间隔离不够，进入被干扰接收机的干扰信号强度够大，将会使接收机信噪比恶化或者饱和失真，如图 8-4 所示。

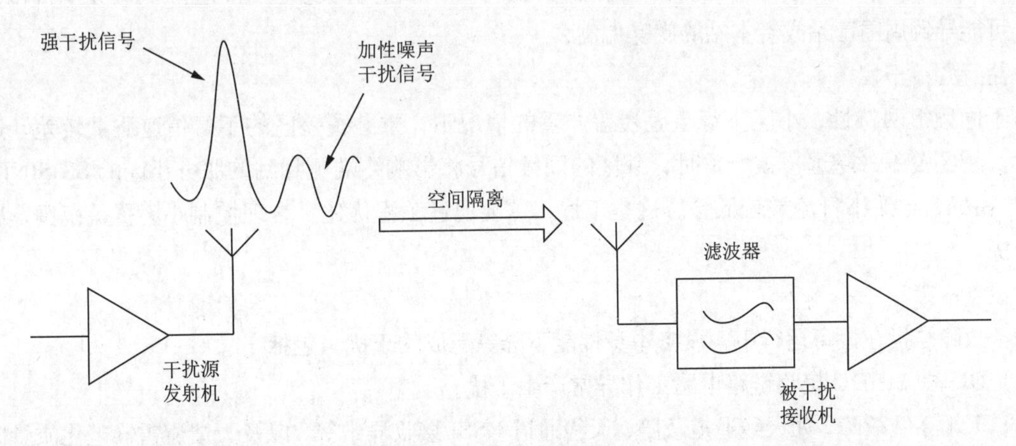

图 8-4 干扰原理图示

不同系统之间的互干扰原理，与干扰和被干扰两个系统之间的特点以及射频指标紧紧相关。但从最基本来看，不同频率系统间的共存干扰，是由于发射机和接收机的非完美性造成的。发射机在发射有用信号时会产生带外辐射，带外辐射包括由于调制引起的邻频辐射和带外杂散辐射。

由于 TDD 系统的同频组网特性，当存在某一频率干扰 TDD 系统时，基站侧上行与终端侧下行均会受到影响。但由于基站的接收灵敏度高于终端接收灵敏度，且基站天线位置较高，容易接收到干扰信号，所以当存在干扰信号时，更容易被基站检测到，因此干扰排查对象默认是指基站侧收到的上行干扰。

终端侧检测到下行干扰，如 SS SINR、CSI SINR 差，主要为邻区间重叠覆盖或 PCI 不合理引起，需要通过工程手段合理控制覆盖，减轻邻区间干扰。

8.2.2 系统内干扰

系统内干扰是指干扰来自于 5G 现网小区之间产生的干扰。TDD 系统属于时分系统，同频组网特性，使得系统内在某些情况下很容易产生干扰。系统内一般引起干扰的原因有：数据配置错误形成干扰、GNSS 时钟失步干扰、超远覆盖干扰、设备故障等。一般来说，系统内的干扰对上下行都有影响。

1. 数据配置错误形成干扰

5G 系统参数配置错误，如时隙配置错误、系统带宽配置重叠、帧头调整等参数配置错误，形成系统内干扰。需要核查全网参数，保持参数配置合理性。

2. GNSS 时钟失步干扰

GNSS 时钟失步基站与周围基站上行下行收发不一致。当失步基站的下行功率落入周边基站的上行时，将会严重干扰周边基站的上行接收性能，导致邻站上行链路恶化，甚至终端无法接入等。

当网络中存在某个 GNSS 时钟失步的基站，会有告警产生；或者某些站点没有 GNSS 时钟失步告警产生，但 GPS/ 北斗模块可能存在隐性故障导致失步，GNSS 时钟失步产生的影响范围较大，可能会影响到周边地理距离较远的基站，需要扩大核查的范围。GNSS 时钟失步基站的上下行收发与周围基站不同步，可能导致周围基站或者本站的底噪偏高。

3. 超远覆盖干扰

由于同频组网特性，小区下行重叠覆盖严重的情况下，重叠覆盖区的下行信道质量较差，造成下行干扰。越区覆盖、超远覆盖严重时，邻区的同频信号将影响终端测量到的服务小区的 SS SINR、CSI SINR 等指标，导致下行流量较低等。这类干扰，需要通过工程优化，合理控制小区覆盖范围，减轻邻区间干扰。

4. 设备故障

设备故障是指在设备运行中，设备本身性能下降等造成的干扰。包括：

（1）DU 故障，DU 接收链路电路工作异常产生干扰。

（2）天馈系统故障，如天线通道故障、天线通道 RSSI 接收异常等，以及天馈避雷器老化质量问题，产生互调信号落入工作带宽内。

8.2.3 系统外干扰

系统外干扰按照形成干扰的原因，主要类型有：互调干扰、阻塞干扰、杂散干扰等。

系统外干扰一般来源：

（1）不同无线通信制式之间的干扰，即系统间干扰。不同的通信制式对 5G 系统产生的干扰。如 DCS1800、PHS、WiMAX、TDSCDMA、UMTS、LTE 等，因不同系统间的收发天线的隔离度不够、滤波器性能指标不合规范、非法使用无线频率等原因，产生干扰。

（2）工业或民用电气设备启动时产生意外干扰频率，例如卫星信号发射站、广播电视信号。

1. 互调干扰

互调干扰是当两个以上不同频率信号作用于一非线性电路时，将互相调制产生新频率的信号输出。如果该频率正好落在接收机工作信道带宽内，则构成对该接收机的干扰，称为互调干扰。常见为 PIM3 阶、PIM5 阶互调干扰。典型的情况是，其奇数阶互调产物，如 $IM3=2\times f_2-f_1$（f_1, f_2 为两个不同频率信号的频率）会落在基站的上行或接收频段内，成为干扰接收机工作的信号，造成接收机性能下降。在多频段系统共站或共天馈的情况下，各个频段的互调就更为复杂。

2. 阻塞干扰

阻塞干扰是指当强的干扰信号与有用信号同时加入接收机时，强干扰会使接收机链路的非线性器件饱和，产生非线性失真。有用信号，在信号过强时，也会产生振幅压缩现象，严重时会阻塞。产生阻塞的主要原因是器件的非线性，特别是引起互调、交调的多阶产物，同时接收机的动态范围受限也会引起阻塞干扰。

阻塞干扰又分带内阻塞与带外阻塞。接收机在接收有用信号的同时，落入信道内的干扰信号可能会引起接收机灵敏度的损失，落入接收带宽内的干扰信号可能会引起带内阻塞；同时，接收机也存在非线性，带外信号（发射机有用信号）会引起接收机的带外阻塞。

3. 杂散干扰

由干扰源在被干扰接收机工作频段产生的噪声，包括干扰源的杂散、噪声、发射互调产物等，使被干扰接收机的信噪比恶化，称为干扰源对被干扰接收机的加性噪声干扰，又称杂散干扰。

8.2.4　干扰排查思路和流程

1. 干扰排查思路

（1）无线通信系统间的干扰应先考虑工作频谱邻近已知的通信系统的干扰，之后再排查工作频谱远离频谱的通信系统；最后到未知的电气设备产生的干扰。（了解所用系统频段邻近的频谱规划，了解该频谱过往被干扰的排查过程，以便借鉴。）

（2）先排查受到较强干扰，且干扰持续存在的小区，最后排查干扰较弱，干扰不持续的小区。某一地区的干扰也符合 20/80 的原则，即 80% 的干扰源，只属于 20% 的干扰类型。

（3）尽可能掌握干扰小区的多种特性，便于定位干扰源。

（4）检查被干扰基站天线安装是否符合隔离度标准，获取被干扰基站的工程设计图纸。获取被干扰基站周边的地理状况，检查是否为水面、峡谷等特殊环境。

2. 干扰排查流程

一般干扰排查流程如图 8-6 所示。在处理干扰时，首先应提取网管噪声指标，如果某小区 RB 底噪干扰持续大于门限值，即可启动干扰排查。一般采取以下排查步骤：

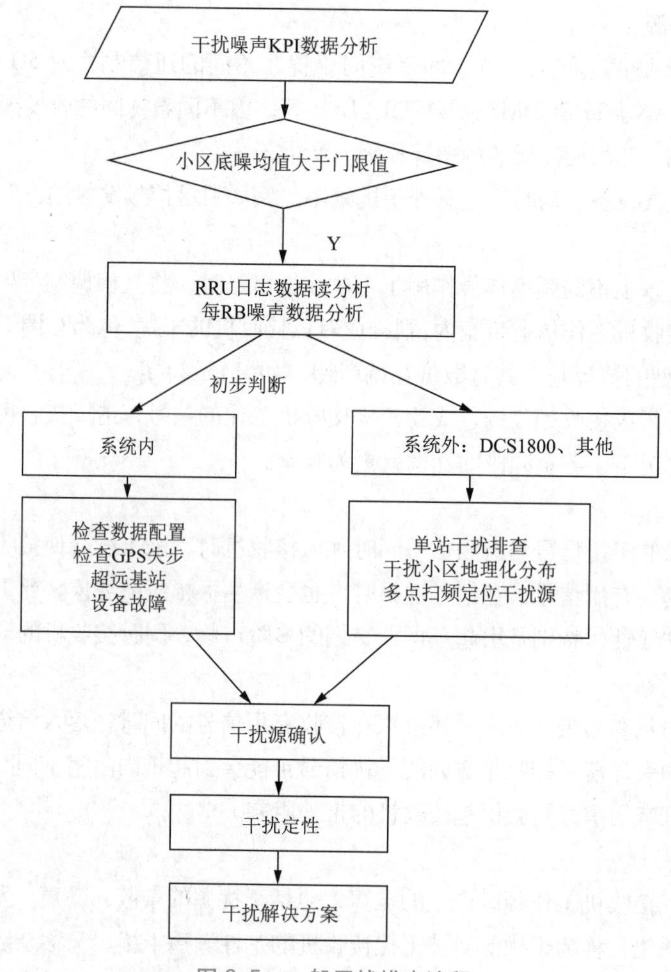

图 8-5　一般干扰排查流程

（1）检查被干扰小区底噪数据，分析干扰特点：

① 分析带宽内受干扰的频域特性。查看是否部分 RB 被干扰，还是整个带宽内存在干扰。可以通过网管自带的频谱扫描工具，即时查询各 RB 的噪声值，将存在干扰的 RB 换算为频率，利用频率相关特性寻找干扰来源。

② 分析受干扰小区时间周期特性。是否固定时刻出现干扰，还是时间连续性干扰，干扰强度是否随通常定义的话务忙闲时变化，白天与夜间的干扰程度是否存在变化。

③ 分析受干扰小区存在个别小区还是多个小区出现。如果多个小区存在干扰，可对比受干扰小区的噪声，与随时间变化关系，确认是否受同一干扰源。

（2）检查被干扰小区、基站的工作状态。排查受干扰小区是否存在设备故障，排除设备问题引起底噪数据异常。通过网管查询各类告警：AAU 故障、GPS 告警、天线通道告警等。寻找干扰严重的小区，排查天馈是否异常。

（3）区分系统内干扰与系统外干扰。关闭本 5G 系统的所有站点，单独开启受干扰小区，在小区空载状况下，检查底噪情况，如果底噪恢复正常，可确定为系统内干扰。如果仍存在底噪升高的情况，则判定为系统外干扰。如果无法关闭本系统 5G 小区，可通过 AAU 日志与噪声指标分析，大致判断是否为系统内干扰。

(4) 系统内干扰排查方法：

① 检查数据配置有无错误，关注是否存在交叉时隙配置。

② 检查是否有 GNSS 时钟异常基站，排查设备故障引起的底噪偏高。

③ 如果不好确定施扰基站，则需要逐个关闭干扰来源方向上的基站，寻找具体的施扰基站。

(5) 系统外干扰排查方法。系统外干扰的排查主要结合排除干扰源与扫频定位干扰源的方法，从单站排查干扰源开始，逐渐扩大排查区域。通过关闭 5G 小区的下行功率，使用扫频仪连接八木天线，扫频带宽设定为系统带宽的上下扩展 20 MHz 内，观察系统带宽内外的噪声分布，查看有无邻频的大信号(可能带来阻塞干扰)。利用八木天线的定向接收特性，多个角度进行扫频，寻找最大干扰源方向。多个小区逐点扫频，定位干扰来源。

(6) 制定干扰排查方案。安排有经验的排查人员，准备精度较好的扫频仪，八木天线等。从受到强干扰小区开始进行排查。

(7) 采用排除法，在找到疑似干扰后，对干扰源进行消除确认。协调关闭干扰源，通常需要关闭干扰源电源，以查验 5G 系统干扰是否消除。如果不便于直接关闭干扰源，则可采用屏蔽物的方法，将干扰源使用电磁屏蔽材料遮盖。或将干扰源传播途径阻挡起来，检验干扰程度是否降低，直至确认干扰源。

(8) 对干扰成因定性排查，搞清楚干扰类型，如阻塞干扰、杂散干扰、互调干扰等。

(9) 确认干扰源之后，通过沟通协商确认干扰解决方案。

3. 单站干扰排查流程

随着目前无线通信设备 2G、3G、4G、5G 在网设备的不断增多，因设备指标与隔离度设计不够的问题，会增加无线通信系统间互干扰的可能性。同时也存在各类民用和专用的电子设备产生的干扰。

采用排除法设计排查流程，判断干扰来源。在排查过程中，先排除 5G 系统内的干扰，其次排除 LTE 系统的干扰，再排除 GSM 系统的干扰，最后到不同运营商设备的干扰。如果排除以上干扰，仍没有明确的干扰源，则判断为存在外部不明干扰源。

单站排查目的为找到单站的干扰来源，适用于与 5G 基站共站址的异系统干扰排查，排查要点如下：

(1) 单站干扰排查时需要挑选受干扰较强的小区。因为排查手段主要为关闭共站址的异系统基站，再观察 5G 小区底噪变化，如果某一步操作，小区底噪出现较明显的变化 (3 ～ 20 dB 左右)，则认为该操作对象为干扰源。

(2) 尽量选择强干扰小区进行排查。如果干扰源不在本站同一天面，或者共站 2G/4G 基站形成的干扰较小，则可能关闭疑似干扰源前后，底噪变化不明显，导致无法判断。

(3) 每次操作疑似干扰源，修改干扰源频段配置，都需要记录小区每 RB 的噪声值，采集 AAU 日志分析，对上行 FTP 业务进行验证，便于对比每种配置的干扰影响。

(4) 常规干扰解决手段：从干扰成因频谱、工程、设备、干扰类型综合考虑，如图 8-6 所示。

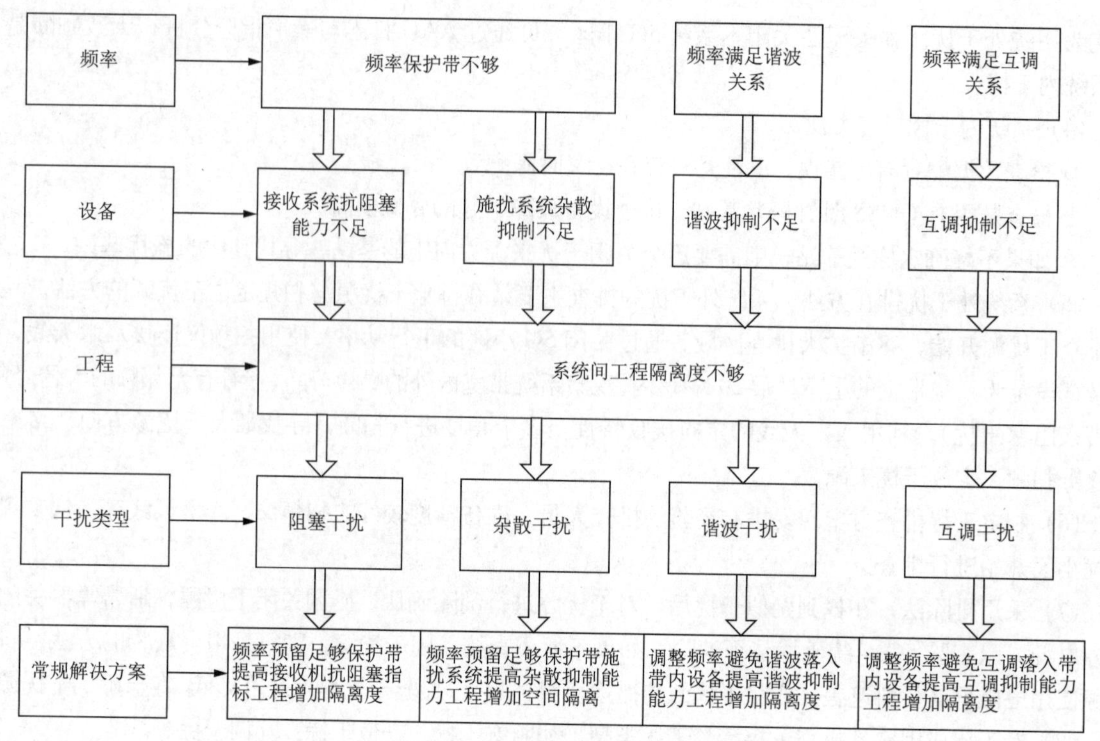

图 8-6　干扰成因与解决方案

8.2.5　系统外干扰排查

1. 同一干扰源确认

(1) 干扰小区频谱分析。对比 5G 小区底噪抬升的频域特性，在带宽内观察干扰信号的分布。将所有 RB 的底噪值画出曲线，如果多个小区被干扰的底噪曲线在相同 RB 位置抬升趋势一致，则可佐证这些小区的干扰来源与干扰性质相同。

(2) 干扰小区强度时间变化。一般单个小区受到的干扰强度随时间周期性变化。如果多个小区受到强干扰随时间变化趋势完全一致，则可以判定这些小区受到的干扰来源相同。噪声数据来源为干扰噪声 KPI。

2. 外部干扰源排查

(1) 干扰小区地理化。如果多个小区受干扰的频域大体相同，且随时间变化趋势一致，就可以怀疑这些小区受到的干扰来源为同一个外部干扰源。对于怀疑属同一干扰源带来的干扰，可以将干扰小区的干扰强度进行地理化显示。

由于无线传播特性，一般距离干扰源越近的小区，受到干扰强度越大。网管提取干扰噪声指标，计算得到每个小区噪声干扰均值 X，结合小区工参信息，使用专用软件（mapinfo）按照地理分布作图，并制作干扰强度的专题图层，大致推断干扰最强区域，如图 8-7 所示。如果干扰源为点源，则周围站点均会存在干扰，干扰小区排列呈圆形分布。如果为方向性辐射的干扰源，则受干扰的小区排列可能呈现扇形或者线形。

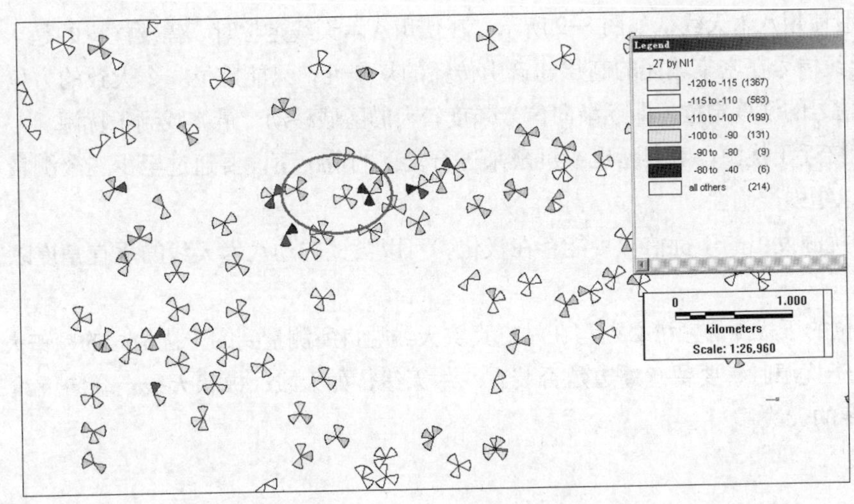

图 8-7　干扰小区地理化作图

（2）多点扫频定位。对于无线信号干扰源，最能有效直观的检测利器就是扫频仪。使用扫频仪定位之前，可以做一些准备工作，摸清干扰小区的频域时域特性，在干扰最强的时间去查找干扰源。推荐使用八木天线配合扫频仪寻找干扰源。当八木天线指向干扰源时，扫频仪上检测到的干扰信号功率越高。距离干扰源越近，扫频仪上检测到的干扰信号功率越高。当干扰源设备电源开启时，会向外围空间辐射干扰信号，找到干扰源之后需要对干扰源断电进行确认。下列是注意事项：

①用扫频仪在被干扰的站点找到干扰最大的方向，作出干扰来源的方向与强度分布图，并记录最大干扰强度、频谱特性、最强干扰来源方向。在其他站点做同样工作，至少选择地理位置相近的两个站点，并得到每一个站点的干扰最大方向与频谱特性、最大强度。

②分析不同站点系统带宽内干扰曲线频域特性是否一致，如果一致则可能为同一干扰源带来。可依据多个站点的地理位置结合干扰方向定位的方法，确定干扰源位置，再抵近干扰源进一步扫频，观察是否检测到更大干扰功率，频谱特性是否一致，直至找到干扰源，如图 8-8 所示。

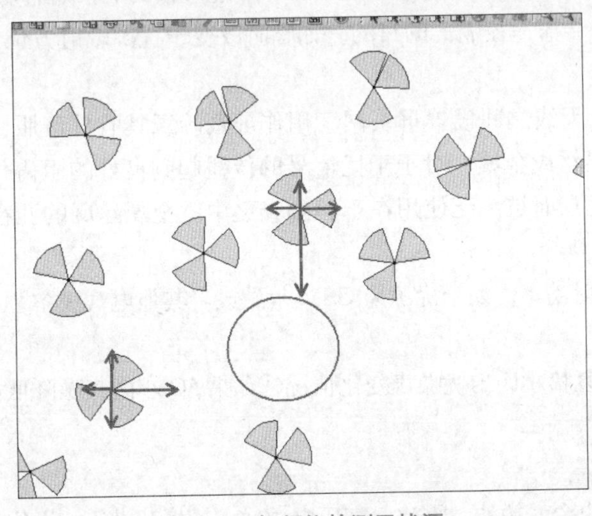

图 8-8　扫频仪检测干扰源

扫频时一般使用八木天线，如图 8-9 所示。在使用八木天线定位时，需要注意的是：

① 由于无线信号在密集城区的高层建筑中传播的复杂性，只能定位一个大致的方位，此时更重要的是依据干扰信号的强度定位，即逐渐向信号强度较大的区域移动，最终找到干扰源。

② 在不能接近干扰源，对其断电或屏蔽来进行验证的情况下，要通过至少三个测量点的定位才能确认干扰源，以增强准确性。

③ 固定干扰源发出的干扰信号可能存在极化，可以尝试转动八木天线的垂直角度以获取干扰信号的最强点。

④ 最终定位的干扰源的频谱必须与在站点真实天线端口所测量到的干扰信号的频谱大体一致。

⑤ 在接近干扰源时，要留意周边是否装有八木天线，如天线、板状天线、全向天线、电视天线等极易成为干扰源的天线。

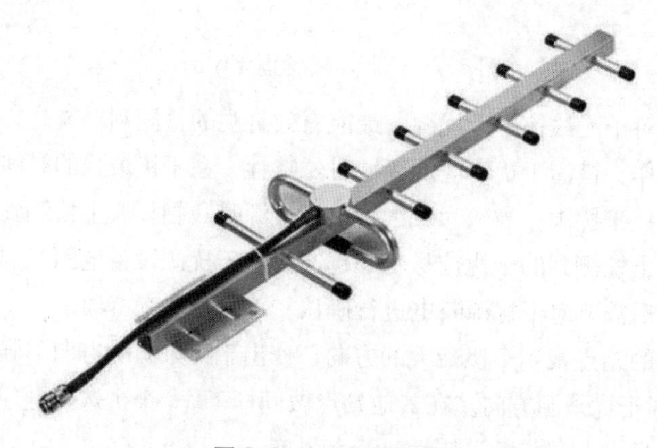

图 8-9　八木天线实物

3. 干扰源确认

通过扫频仪找到的疑似干扰源，需要将疑似干扰源关闭以进行确认。

(1) 一般可采用的方法为直接对干扰源断电。如果不能直接断电，则需要采取其他手段，达到将干扰源与被干扰小区天线的传播途径隔离的目的。如临时改变干扰源辐射方位角，使其不指向受干扰的小区。

(2) 在干扰源与接收天线之间设置屏蔽网。用作屏蔽的工具有屏蔽服、金属板、锡纸和金属丝网等，这些物品表面的碳丝或金属，对于干扰信号的传播起到良好的阻碍作用。屏蔽服更具有折叠方便、衰减作用明显等优点而被广泛使用在干扰排查之中。金属丝网的孔径应该小于干扰信号波长的 1/5。

(3) 降低干扰源的发射功率，如干扰源为 GSM 基站或者其他电气设备，可以尝试降低其发射功率做观察。

采取以上措施后，再复检小区干扰噪声变化情况，如果 5G 小区底噪降低或者消失，则可以确认干扰源。

4. 民用专用设备干扰特点

网外干扰源有大功率电台、微波、雷达、高压电力线、模拟基站等，无线网络的规范建设后，以上网外干扰源造成的干扰较少。但也可能出现私人安装放大器现象，造成区域性的干扰，这类干扰表现为干扰小区干扰较强，可能存在时间选择性。政府部门或军事部门开会时，对会议内容进行保密时会开启无线干扰器，这类干扰造成的是全频段干扰，使用频谱仪扫频时候能发现底噪升高。这类干扰的处理，需要配合小区上行底噪统计，再对干扰区域使用扫频仪现场确定干扰源。

8.3　5G 容量优化

网络规划时都会考虑到移动用户容量的需求进行建设，但人类对更好的服务追求，如高速率、低时延是一直不变的，对于容量的优化需结合覆盖规划和软硬件资源，减少因无线环境差导致的无线资源浪费，提升站点设备的利用率。

8.3.1　5G 容量优化概述

随着 5G 网络的发展和 5G 用户的快速增长，热点区域小区负荷将逐渐升高，用户的不均匀分布将导致部分小区出现高负荷情况，热点区域小区均匀覆盖和单载波不能保障用户的需求时，小区间覆盖伸缩和双载波部署的重要性将凸显。通过覆盖调整、参数优化、负荷均衡、资源扩容等方式需要在热点区域展开，以提升网络容量和减少负荷不均衡情况。

8.3.2　5G 容量指标定义

以下是国内某运营商的 5G 基础容量指标定义：

（1）自忙时：指 1 天 24 h 中，上行 PRB 利用率、下行 PRB 利用率、PDCCH 信道 CCE 占用率最大的 1 h，即每小时为一组，每组有 3 个指标统计结果，共 72 个统计结果，统计结果最大的组所在的那个小时即为自忙时。

（2）上行 PRB 利用率：小时粒度的取值指本小时上行 PUSCH PRB 占用数 / 本小时上行 PUSCH PRB 可用数（每 15 min 上报一个值，共 4 个值，上行 PUSCH PRB 占用数、上行 PUSCH PRB 可用数分别求和后计算）；天粒度的取值，即日峰值上行 PRB 利用率，为 1 天 24 h 中的最大值（即 24 个值的最大值）。

（3）下行 PRB 利用率：小时粒度的取值指本小时下行 PDSCH PRB 占用数 / 本小时下行 PDSCH PRB 可用数（每 15 min 上报一个值，共 4 个值，下行 PDSCH PRB 占用数、下行 PDSCH PRB 可用数分别求和后计算）；天粒度的取值，即日峰值下行 PRB 利用率，为 1 天 24 h 中的最大值（即 24 个值的最大值）。

（4）PDCCH 信道 CCE 占用率：小时粒度的取值指本小时下行 PDCCH 信道 CCE 占用数 / 本小时下行 PDCCH 信道 CCE 可用数（每 15 min 上报一个值，共 4 个值，下行 PDCCH 信道 CCE 占用数、下行 PDCCH 信道 CCE 可用数分别求和后计算）；天粒度的取值，即日峰值下行 PDCCH 信道 CCE 占用率，为 1 天 24 h 中的最大值（即 24 个值的最大值）。

（5）平均激活用户数：小时粒度的计算方式为每 15 min 取一个值（共 4 个值，15 min 为上报数据的颗粒度），取算术平均；天粒度的计算方法为一天 24 个值的平均值。

（6）最大激活用户数：小时粒度的计算方式为每15 min取一个值（共4个值，15 min为上报数据的颗粒度），取最大值；天粒度的计算方法为一天24个值的最大值。

（7）无线利用率：即日峰值上下行最大利用率，指自忙时Max（上行PRB利用率，下行PRB利用率，PDCCH信道CCE占用率）；即1天24 h,3个指标共72个值，取最大值。

运营商通过大量数据计算得出实际用户上网、语音感知下降拐点，制定基础容量指标的门限值来判断容量是否该进行优化。

8.3.3 5G容量优化方法

1. 覆盖优化调整

（1）参考信号功率调整。通过增加功率扩大小区覆盖范围，对低流量小区进行优化，在控制导频污染的前提下实现深度覆盖和吸收用户驻留；通过减小功率收缩小区覆盖范围，对高负荷小区进行优化，在保证信号连续覆盖的前提下将边缘用户赶往其他小区实现分流。

（2）天馈调整。通过调整天线方位角或下倾角控制小区覆盖范围，对过覆盖引起的重叠覆盖和高负荷小区进行优化，减少重叠覆盖产生的干扰，当下行覆盖（CQI：信道质量指示）越好，同等PRB利用率下小区体验速率越高，容量和承载的用户数越高。

2. 参数优化调整

（1）小区重选优先级调整。适用于异频小区间，降低高负荷小区的频内小区重选优先级，升高低负荷邻区的频间小区重选优先级，让用户通过重选驻留到低负荷的异频小区。

（2）小区重选迟滞。适用于同频小区间，降低高负荷小区的重选迟滞，升高低负荷小区重选迟滞，以加快用户向低负荷小区重选，抑制用户从低负荷小区重选出来。

（3）切换策略和门限调整。适用于异频小区间，对于室内与室外小区，可加快室外向室内驻留或室内向室外驻留；对于高负荷与低负荷小区，可加快用户从高负荷小区迁移至低负荷小区。

（4）切换迟滞、偏移、时延调整。适用于同频异频小区间，调整高负荷小区到切换最多的前三个邻区的切换难易度，改变切换带让用户提前切换到低负荷小区。

（5）频间频率偏移。适用于异频小区间，降低高负荷小区频间频率偏移，加快向异频小区重选。

3. 负荷均衡功能

负荷均衡是用来平衡小区间、频率间和无线接入技术之间的负荷，可以平衡整个系统的性能，提高系统的稳定性。功能是根据服务小区和其邻区负荷状态或者用户数情况合理部署小区运行流量，有效地使用系统资源，以提高系统的容量和系统的稳定性。

负荷均衡特性目前主要分为三个场景，同频段站内同覆盖、异频站内C+D（C表示4.9 GHz频段，D表示2.6 GHz频段）部分同覆盖、异频站间C+D部分同覆盖，下面以这三个场景分别介绍。

（1）同频段站内同覆盖：目前主要站内同频段场景有3.5G+3.6G双层网组网的完全同覆盖场景，完全同覆盖场景为共站同AAU下完全同覆盖的两个小区，是同频段的同覆盖，同覆盖的两个小区发射功率相同，主要适用于人口密度比较大且比较均匀的闹市区，如图8-10所示。

（2）异频站内C+D部分同覆盖：部分同覆盖主要有C+D站内同覆盖和C+D同站同覆盖，D进行广覆盖（连续覆盖），C进行部分覆盖（热点区域覆盖）如图8-11所示，在小区边缘主要存在D的同频干扰，对于 C 频点，只在同一基站内不同小区覆盖区域间存在少量重叠，如图 8-11 所示。

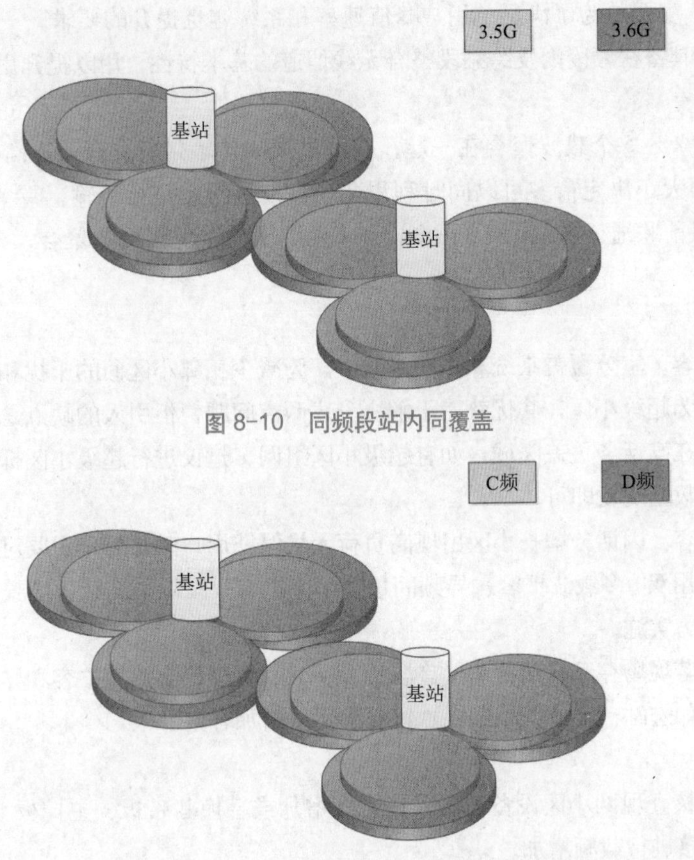

图 8-10　同频段站内同覆盖

图 8-11　异频站内 C+D 部分同覆盖

（3）异频站间 C+D 部分同覆盖：部分同覆盖有 C+D 站间场景，D 进行广覆盖（连续覆盖），C 进行部分覆盖（热点区域覆盖）如图 8-12 所示，在小区边缘主要存在 D 的同频干扰，对于 C 频点，只在同一基站内不同小区覆盖区域间存在少量重叠，如图 8-12 所示。

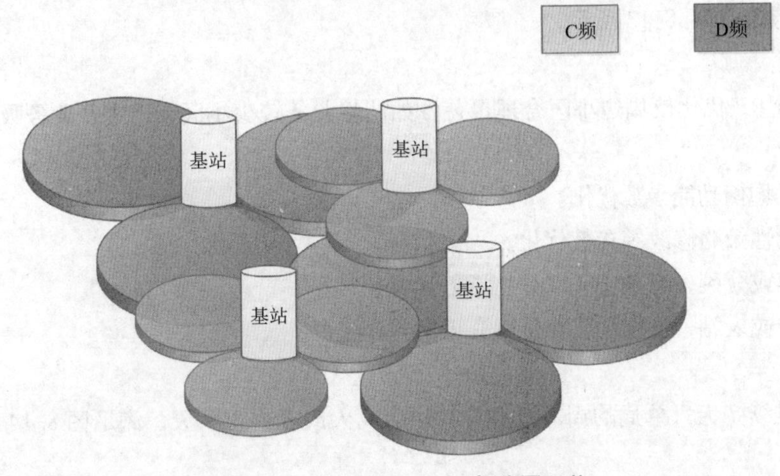

图 8-12　异频站间 C+D 部分同覆盖

4. 载波聚合（CA）

载波聚合（CA）主要是为了满足单用户峰值速率和系统容量提升的要求。一种最直接的办法就是增加系统传输带宽。具备在频段内及跨频段整合无线信道的基本特性，用以提升用户的数据传输速率，并减少延迟。

CA 技术可以将 2 ～ 5 个载波聚合在一起，实现更大的传输带宽，有效提高了上下行传输速率。终端根据自己的能力大小决定最多可以同时利用几个载波进行上下行传输。CA 功能支持连续或非连续频段载波聚合，目前联通、电信的 3.4 ～ 3.6 GHz 频段已经实现双载波聚合，下载速率达到 2 Gbit/s 以上。

5. 小区扩容优化

（1）小区分裂扩容。室分覆盖系统和高铁专网中，为减少相邻小区间的干扰和减少邻近小区切换，通常将若干小区组建为超级小区，其优势在于解决上述两点问题，但引入的缺点是降低了室分系统和高铁专网的容量。因此在高话务覆盖区域，如有超级小区组网，建议进行超级小区拆分。该操作不涉及工程改造，仅需做配置数据变更即可。

（2）小区载频扩容。因话务增长小区出现高负荷无法保证用户感知时，需要对覆盖区域站点进行频点扩容，通常可以采用双 / 多载波扩容、异频同覆盖小区扩容，以满足高话务场景需求。频点扩容需严格按照 RRU/AAU 能力实施。

（3）新建站扩容。若现场存在高话务弱覆盖场景，且无法通过双 / 多载波扩容和异频同覆盖扩容解决，需要新增一套基站（如宏站、室分、微站等）建立小区，增加容量。

（4）软硬扩容：

软扩：利用网管核查现网小区设备配置，在无须增加或替换基带板、主控板、AAU 和天线等硬件设备的情况下，可直接进行载频增加。

硬扩：对原站点进行扩容时，需要增加或替换基带板、主控板、AAU 和天线等硬件设备，方可进行载频增加。

8.3.4 5G 容量优化流程

5G 容量优化流程如图 8-13 所示。

1. 一般容量优化顺序

（1）优先进行 RF 优化使周边小区合理覆盖，如调整业务较少小区天馈进行业务吸收或调整高负荷小区覆盖范围。

（2）进行负载均衡功能参数优化。

（3）进行移动性策略修改等参数优化。

（4）进行扩容或分裂，增加小区以分担话务和流量。

（5）新建室分或宏站，增加小区容量以分担话务和流量。

2. 容量优化应用实例

当小区忙时连续 7 天（单周的周一至周日）中有 4 天或者周末 2 天，满足图 8-14 条件，小区进入扩容考虑范围。

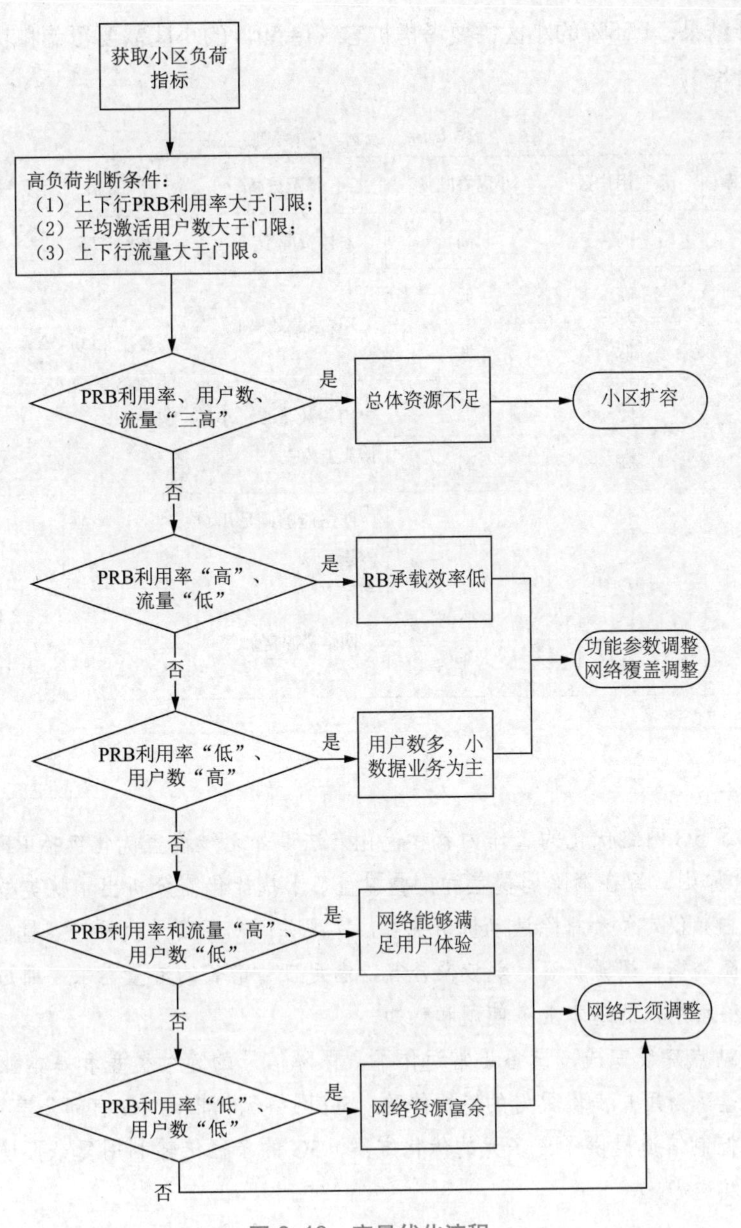

图 8-13　容量优化流程

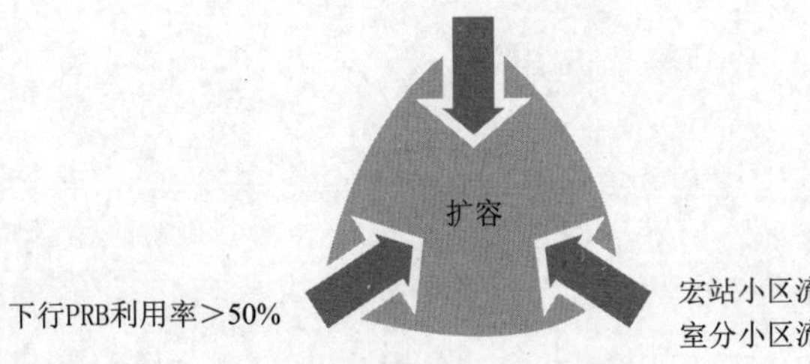

图 8-14　容量指标门限

根据现网统计结果，1.58%的小区需要考虑扩容，14.59%的小区需要覆盖和功能网络参数调整，统计分析结果见表8-4。

表8-4 统计分析结果

<table>
<tr><th>序号</th><th>PRB利用率</th><th>承载用户数</th><th>小区吞吐量</th><th>情况分析</th><th>措施</th><th>数量统计</th><th>占比</th></tr>
<tr><td>1</td><td>高</td><td>高</td><td>高</td><td>总体资源不足</td><td>载频扩容</td><td>60</td><td>1.58%</td></tr>
<tr><td>2</td><td>高</td><td>高</td><td>低</td><td rowspan="2">RB承载效率低</td><td rowspan="4">覆盖和功能网络参数调整</td><td>315</td><td>8.29%</td></tr>
<tr><td>3</td><td>高</td><td>低</td><td>低</td><td>65</td><td>1.71%</td></tr>
<tr><td>4</td><td>低</td><td>高</td><td>低</td><td rowspan="2">用户数量多，小数据业务为主</td><td>173</td><td>4.56%</td></tr>
<tr><td>5</td><td>低</td><td>高</td><td>高</td><td>1</td><td>0.03%</td></tr>
<tr><td>6</td><td>高</td><td>低</td><td>高</td><td>网络能够满足用户体验</td><td></td><td>4</td><td>0.11%</td></tr>
<tr><td>7</td><td>低</td><td>低</td><td>低</td><td rowspan="2">网络资源富余</td><td></td><td>3 179</td><td>83.70%</td></tr>
<tr><td>8</td><td>低</td><td>低</td><td>高</td><td></td><td>1</td><td>0.03%</td></tr>
</table>

小结

本章主要讲述了5G网络优化的工作内容和优化方法，如无线覆盖优化包括RF评估指标和标准、RF优化调整流程和原则，旨在消除弱覆盖和重叠覆盖；干扰优化需分析出干扰类型、干扰源是系统内还是系统外，通过扫频仪定位和排除法确认干扰源，实现关闭或阻断干扰源；容量优化包括天馈调整、参数优化、载波负荷均衡、资源扩容、载波聚合等，满足日益增长的流量需求，通过实现网络KPI指标的提升，进而保障移动用户的基本业务使用和感知。

网络优化是在站点建设完成、设备正常运作下，保障信号的连续覆盖和基本业务的正常使用，持续努力提升网络质量，为用户提供更好的感知体验。5G网络优化相比4G有部分差异，比如5G的SSB波束权值的配置为控制信道提供了更多元的优化方案，5G的多径传输利用复杂环境下信号到达终端路线的不同实现多流发送等。

参考文献

[1] 张建国，杨东来，徐恩，等 . 5G NR 物理层规划与设计 [M]. 北京：人民邮电出版社，2020.

[2] 达尔曼，巴克浮，舍尔德，等 . 5G NR 标准：下一代无线通信技术 [M]. 朱怀松，王剑，刘阳，译 . 北京：机械工业出版社，2019.

[3] 郭铭，文志成，刘向东 . 5G 空口特性与关键技术 [M]. 北京：人民邮电出版社，2019.

[4] 刘晓峰，孙韶辉，杜忠达，等 . 5G 无线系统设计与国际标准 [M]. 北京：人民邮电出版社，2019.

[5] 汪丁鼎，许光斌，丁巍，等 . 5G 无线网络技术与规划设计 [M]. 北京：人民邮电出版社，2019.

[6] 陈佳莹，张溪，林磊 . IUV-4G 移动通信技术 [M]. 北京：人民邮电出版社，2016.

[7] 3GPP TS 23.501. System architecture for the 5G System (5GS), 2021.

[8] 3GPP TS 23.502. Procedures for the 5G System (5GS) , 2021.

[9] 3GPP TS 38.101. NR; User Equipment (UE) radio transmission and reception, 2021.

[10] 3GPP TS 38.104. NR; Base Station (BS) radio transmission and reception, 2021.

[11] 3GPP TS 38.201. NR; Physical layer; General description, 2020.

[12] 3GPP TS 38.202. NR; Services provided by the physical layer, 2020.

[13] 3GPP TS 38.211. NR; Physical channels and modulation, 2021.

[14] 3GPP TS 38.212. NR; Multiplexing and channel coding, 2021.

[15] 3GPP TS 38.213. NR; Physical layer procedures for control, 2021.

[16] 3GPP TS 38.214. NR; Physical layer procedures for data, 2021.

[17] 3GPP TS 38.215. NR; Physical layer measurements, 2021.

[18] 3GPP TS 38.300. NR; NR and NG-RAN Overall description; Stage-2, 2021.

[19] 3GPP TS 38.304. NR; User Equipment (UE) procedures in idle mode and in RRC Inactive state, 2021.

[20] 3GPP TS 38.305. NG Radio Access Network (NG-RAN); Stage 2 functional specification of User Equipment (UE) positioning in NG-RAN, 2021.

[21] 3GPP TS 38.306. NR; User Equipment (UE) radio access capabilities, 2021.

[22] 3GPP TS 38.314. NR; Layer 2 measurements, 2021.

[23] 3GPP TS 38.321. NR; Medium Access Control (MAC) protocol specification, 2021.

[24] 3GPP TS 38.322. NR; Radio Link Control (RLC) protocol specification, 2021.

[25] 3GPP TS 38.323. NR; Packet Data Convergence Protocol (PDCP) specification, 2021.

[26] 3GPP TS 38.331. NR; Radio Resource Control (RRC); Protocol specification, 2021.

[27] 3GPP TS 38.401. NG-RAN; Architecture description, 2021.

[28] 3GPP TS 38.410. NG-RAN; NG general aspects and principles, 2020.

[29] 3GPP TS 38.413. NG-RAN; NG Application Protocol (NGAP), 2021

[30] 3GPP TS 38.420. NG-RAN; Xn general aspects and principles, 2020.

[31] 3GPP TS 38.423. NG-RAN; Xn Application Protocol (XnAP), 2021.

[32] 3GPP TS 38.460. NG-RAN; E1 general aspects and principles, 2021.
[33] 3GPP TS 38.463. NG-RAN; E1 Application Protocol (E1AP), 2021.
[34] 3GPP TS 38.470. NG-RAN; F1 general aspects and principles, 2021.
[35] 3GPP TS 38.473. NG-RAN; F1 Application Protocol (F1AP) , 2021.
[36] 3GPP TS 24.501. Non-Access-Stratum (NAS) protocol for 5G System (5GS); Stage 3, 2021.
[37] 3GPP. TR38.900. Study on channel model for frequency spectrum above 6 GHz, 2018.
[38] 3GPP. TR38.901. Study on channel model for frequencies from 0.5 to 100 GHz, 2020.
[39] 3GPP. TR36.873. Study on 3D channel model for LTE, 2018.